Linguistische
Arbeiten 313

Herausgegeben von Hans Altmann, Peter Blumenthal, Herbert E. Brekle, Gerhard Helbig, Hans Jürgen Heringer, Heinz Vater und Richard Wiese

Satz – Text – Diskurs

Akten des 27. Linguistischen Kolloquiums,
Münster 1992

Band 2

Herausgegeben von
Peter-Paul König und Helmut Wiegers

Max Niemeyer Verlag
Tübingen 1994

Die Deutsche Bibliothek – CIP-Einheitsaufnahme

Satz, Text, Diskurs : Akten des 27. Linguistischen Kolloquiums, Münster 1992. – Tübingen : Niemeyer. NE: Linguistisches Kolloquium <27, 1992, Münster, Westfalen>
Bd. 2. Hrsg. von Peter-Paul König und Helmut Wiegers. – 1994
(Linguistische Arbeiten ; 313)
NE: König, Peter-Paul [Hrsg.]; GT

ISBN 3-484-30313-1 ISSN 0344-6727

Printed in Germany.
Druck: Weihert-Druck GmbH, Darmstadt
Einband: Hugo Nädele, Nehren

Band 2

DIALOGANALYSE

TEXTLINGUISTIK

ANALYSE LITERARISCHER TEXTE

SOZIOLINGUISTIK/SPRACHE UND GESELLSCHAFT

Band 1

SEMANTIK

LEXIKOLOGIE/LEXIKOGRAPHIE

HISTORISCHE PERSPEKTIVEN

FACH- UND SONDERSPRACHEN

VORWORT

Vom 9. bis 11. September 1992 fand an der Westfälischen Wilhelms-Universität Münster das 27. Linguistische Kolloquium statt, an dem sich 147 Sprachwissenschaftler aus ganz Europa beteiligten. Im Zuge der Öffnung der osteuropäischen Staaten hat das Linguistische Kolloquium in den vergangenen Jahren gerade für Wissenschaftler aus Polen, der ehemaligen CSFR, den baltischen Staaten, Bulgarien und der GUS an Anziehungskraft gewonnen. Erfreulicherweise hat sich diese Entwicklung in Münster fortgesetzt.

Die vorliegenden zwei Bände enthalten 77 Beiträge, die von den Tagungsteilnehmern für die Veröffentlichung überarbeitet wurden. Das Linguistische Kolloquium versteht sich traditionell als offenes Forum für den interdisziplinären Austausch sprachwissenschaftlicher Positionen. Entsprechend haben auch wir bei der Ausschreibung des Kongresses auf thematische Beschränkungen verzichtet. Wie die Sektionseinteilung und die Vortragsthemen dokumentieren, sind in den vorgelegten Bänden sowohl klassische Disziplinen wie Grammatik, Syntax und Semantik als auch neuere Forschungsrichtungen vertreten. Einen besonderen Schwerpunkt bilden Fragestellungen der pragmatischen Linguistik.

Ein Kongreß ist vor allem das, was seine Teilnehmer aus ihm machen. Wir möchten daher an dieser Stelle noch einmal allen danken, die sich mit einem Vortrag oder Diskussionsbeiträgen am Kolloquium beteiligt haben.

Unser Dank gilt auch allen, die uns bei der Organisation und Durchführung der Tagung hilfreich zur Seite standen. Von den Veranstaltern der Linguistischen Kolloquien in Paderborn und Poznań haben wir zahlreiche wichtige Anregungen erhalten. Für logistische Hinweise und Hilfe bei der Lösung verwaltungstechnischer Probleme sind wir dem ehemaligen Dekan des Fachbereichs Germanistik Prof. Dr. J. Splett zu Dank verpflichtet. Besonders danken möchten wir Prof. Dr. F. Hundsnurscher, der uns stets großzügig unterstützte und die Kongreßvorbereitung in jeder Phase mit sachkundigem Rat begleitete.

Die erfolgreiche Durchführung des Linguistischen Kolloquiums wäre ohne das tatkräftige Engagement zahlreicher Helfer und Mitarbeiter nicht möglich gewesen. Für ihren Einsatz im Tagungsbüro, die Betreuung der Kongreßteilnehmer, Übersetzungsdienste und Hilfe bei der Vorbereitung der Publikation der Akten danken wir Carsten Albers, Kerstin Dunczyk, Michael Florin, Eckhard Hauenherm, Vladimir Karabalić, Miriam Lambertz, Catrin van Lengen, Mechtild Schleß und Mariethres Schulze-Eckel.

Nicht zuletzt möchten wir uns bei der Stadt Münster und bei der Westfälischen Wilhelms-Universität für ihre finanzielle Unterstützung bedanken.

Münster, im November 1993

Susanne Beckmann, Sabine Frilling,
Peter-Paul König, Helmut Wiegers

METHODOLOGIE

ECOLINGUISTICS & LOGICAL DEIXIS

Jørgen Døør / Jørgen Chr. Bang

1. Introduction: A dialectical theory of language

There is a growing awareness of the fact that division of intellectual labour has gone astray and that we have to find new ways to cooperate on the task of developing more adequate theories of language. Linguists, psychologists, sociologists and philosophers have to go together and do two complementary things: (a) to create transdisciplinary approaches to natural languages, and (b) to develop our own particular discipline eco-linguistics. In order to do that we have to work towards, or with, a general indication of what language is. We propose the following broad definition of language which both a philosopher and a linguist can use as a starting point: Language is

1) a medium for and of human communication,
2) conditioned by a social praxis,
3) dependent upon a dialectical unity of signs and symbols,
4) constituted by a logic of written and spoken parts which changes over time.

2. What is Ecolinguistics? A preliminary definition

For many years linguists, psychologists, sociologists, and philosophers have tried to shape a feminist linguistic. We have defined feminist linguistics as a theoretical praxis that a) is concerned with the aspects of language that articulate or are dominated by sex contradictions, b) is committed to take a political and moral point of view. It aims at a diminishing of the oppression and exploitation of the female sex, c) develops and uses methods to produce facts that can be used to test feminist theories of languages.

The reason for this kind of research is based on the hypothesis that language essentially contributes to shape our cognitive capacities; if language articulates oppression and exploitation of the female sex, we have to identify and describe the linguistic phenomena that are active in this process. The logic behind the enquiry is that theories of language are more like medical science than natural science; as medical science has as its objective to create a healthy person and society, the raison d'être of theories of language is to contribute to a more healthy use of language.

In the same way as feminist linguistics has been concerned with a critique of the conditions of women, ecolinguistics is also a critique of the unhealthy way in which 'nature' is presented in common language and theoretical language as well. Today most people have realized that we are marching towards the 'limits of growth', and that the most true description of the relationship between culture and nature is that we are part of an ecological crisis. Being part of an ecological crisis it is the obligation or duty of linguistics and philosophy to contribute to the solution of the problem. Ecolinguistics is an essential and vital occupation for the scientific community for the years to come.

From our point of view ecolinguistics has two different meanings, a broad and a narrow meaning.

The broad meaning of the term 'ecolinguistics' refers to the application of the traditional linguistic theories and methods for a specific purpose, i. e. to identify, describe and criticize the uses of language in which the ecological crises are distorted or suppressed. Therefore, any linguist – regardless of her/his theoretical point of view – is able and competent to contribute to ecolinguistics. This essay is to be interpreted as an invitation to participate in the dialogue on the subject matter, i. e. the linguistic contribution to the solution of the ecological crises. Topics for the dialogue could be:

a) How are ecological problems articulated in various texts?
b) What do we learn about ecological problems through various texts?
c) Which syntactical, semantical, and pragmatical means are used in communication about ecological matters in different contexts?
d) Which linguistic methods are appropriate for this kind of language research?

The narrow meaning of ecolinguistic implies an alternate conception of language and a part of a dialectical theory of languages. We propose the following preliminary determination of ecolinguistics:

Ecolinguistics is a critical description and explanation of texts understanding language as a system with an overall structure and function. In this system effects cannot be localized because something in one part of the system affects phenomena elsewhere in the system. It gives a central place to 'deixis' and regards the deictic phenomenon as the constitutive condition for an appropriate understanding of a text. The criteria for a healthy use of language is that it contributes to a sustainable development of our species.

Fig. 1 might be a useful indication of the methods and metaphors implicated by a dialectical theory of language and ecolinguistics. A few comments on fig. 1: Ecolinguistics takes a dialogue situation as its prototype. It consists of three persons (S_1, S_2, and S_3). The dialogue is intentional, i. e. it is directed towards an object (O) and a particular medium (M) is used. 'M' is dialectically determined by the environment (which consists of the co-texts, the con-texts and the situation in which the communication takes place). The communication or the speech activities are determined by three dimensions, the bio-logics, the socio-logics and the ideo-logics. The dialogue situation functions as a recursive base for the deep structure of a given discourse, whether or not more or less than three persons personally are present in the actual context and situation.

Fig. 1: Ecosystem and communication

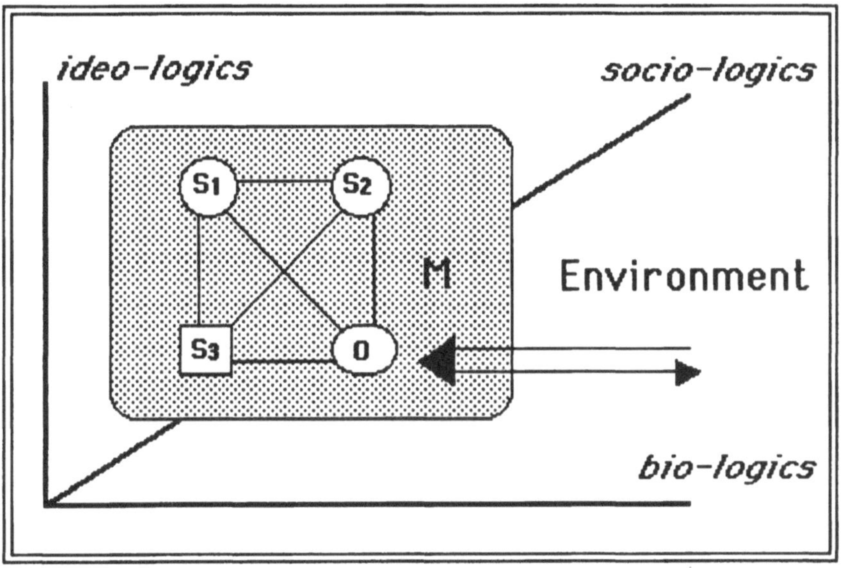

Fig. 2: Symbolic order

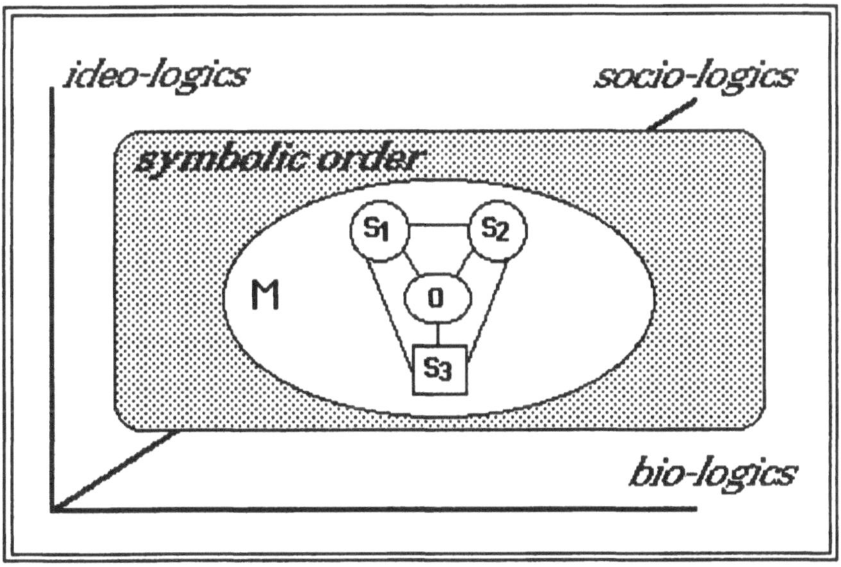

Every communicative activity – any speech activity – is part of a symbolic order that is our symbolic understanding, and interpretation, of our situations and is an actualization of our cultural logic. As mentioned above we regard deixis as one of the central categories of an ecolinguistic approach to language. In order to explicate the place and the functions of deictic phenomena we have to develop the traditional understanding of 'reference' and 'deixis' as indicated in fig. 3.

Fig. 3: Model of reference

Dimension of reference	Dominating reference	Reference to		
Anaphoric	Intra-textual	Text	cataphoric (forward) anaphoric (backward) symphoric (simultaneous)	
Lexical	Inter-textual	COtext	social & individual	lexicon & grammar
Deictic	Extra-textual	CONtext	C-prod C-comm C-cons C-derivated	Persons Time Place Logics

The deictic dimension of reference has the traditional three forms: persons, time and place; however, from the point of view of a dialectical and ecological theory of language, it is necessary to regard the logical connectives as having a deictic function, too. Sometimes 'the relevant context' involves several different contexts and situations, e. g. the context-situation of the producers ("C-prod"), that of the communicators ("C-comm"), that of the consumers ("C-cons"), or some derived contexts ("C-derivated").

3. A text-example

In linguistics the traditional examples are built upon the single-sentence-prototype, e. g. *John Smith went to the kitchen*. A better prototype, or the minimal unit for linguistical investigation, might be a dialogue including three persons. Let us consider the following example,

S1: (Anne): John Smith went to the kitchen.
S3: (Adam): Why?
S2: (Diana): Because he wanted to prepare the food.

Diana uses the logical connective *because*. We would like to explicate the connective-deictic function of this word.

In order to understand what Diana is saying, i. e. why it is a genuine answer to Adam's question, it is rather obvious that it refers to what Anne said *John Smith went to the kitchen*.

It is a clear case of anaphoric reference, an intra-textual kind of reference. By means of the word *because* the dialogue and the text has an explicit coherence.

But the *because* has a complementary function beside the anaphoric one, i. e. a deictic function. If we want to have an adequate understanding of why Diana's answer is a genuine answer, then we cannot understand its meaning unless we know something about the situation and context in which the dialogue takes place. "A deictic word is one which takes some element of its meaning from the situation (i. e. the speaker, the addressee, the time and the place) of the utterance in which it is used." (Hurford/Heasley 1985: 65)

The meaning of *because* is partly determined by the fact that John has just started a transformation of his relationship with his wife Diana; now he shares the responsibility for the production of their dinner. Before that time the only proper and adequate interpretation of the sentence *Because he wanted to prepare the food* would be that it was intended as a joke, i. e. it was absolutely not true that he ever went to the kitchen, because he wanted to prepare the dinner. Hence, if you don't have the situational understanding of the change in John's attitude and behaviour, you could neither understand Diana's answer nor the specific meaning of *because*. The significance of *because* is understood if and only if, (1) you have an understanding of the situation and the context, and (2) you are aware of the fact that *because* takes some part of its meaning from the logic of the situation in which it is uttered. The understanding of the *because* is constituted both by its anaphoric referential function and by its deictic reference to John Smith's new personality or attitudes.

If Adam didn't know the change in John Smith's attitudes, then he could have continued the dialogue by saying:

S3* (Adam): Are you joking?
S2* (Diana): No, John has recently changed his attitudes towards food and women.

Without the deictic determination of the *because* it is not possible to decide if Diana's remark is a joke, a satire, etc.

4. Deixis, Logic and Ecolinguistics

If it is true that the semantic force of a text (spoken or written language) is partly determined by the context and the situation, then every text has an irreducible subjective and topological part. A traditional linguist like John Lyons seems to come rather close to our ecolinguistic point of view by saying that

> Deixis, in general, sets limits upon the possibility of decontextualization; and person-deixis, like certain kinds of modality, introduces an ineradicable subjectivity into the semantic structure of natural languages. (Lyons 1977: 646)

If we cannot eliminate deictic phenomena from the use – the production and the interpretation – of natural language, then we must accept that we must abandon any idea of a pure, absolute semantics. Neither the object-language (a natural language), nor the meta-language (a linguistic theory) is freefloating; both of them are always anchored to a specific topos and to some organization of people. Language is always used in a cultural process and, therefore, it is conditioned or coloured by the values and ideologies as a part of the cultural logic. The semantic value of a word is determined partly by the cultural logic, partly by the nature of our biological capacities.

In an ecolinguistic framework the word *because* has:

1) an anaphoric function,
2) a deictic function,
3) a speech-act connector function.

At the syntactic level, *because* refers backwards to the sentence, *John Smith went to the kitchen.* (Anaphoric reference.)

At the semantic level, *because* gets some part of its semantic force from the context and the situation. (Deictic reference.)

At the pragmatic level, *because* connects Anne's and Adam's speech acts. Diana's performance is not 'joking' but 'giving reasons'. The identification implies the condition that both Anne and Adam and Diana share some knowledge about John Smith. The shared knowledge is a presupposition for understanding Diana's intentions. We call this kind of relation between speech acts discourse reference. The coherence and the cohesion of a speech activity, a dialogue, and a text are based on the discourse reference.

The logical connective has therefore three relationships,

1) a syntactic reference, anaphoric reference,
2) a semantic reference, deictic reference,
3) a pragmatic reference, discourse reference.

References

AILA'93, Announcement: ECO-LINGUISTICS – Problems, theories & methods. - Amsterdam/Odense.

Bang, J. Chr. (1992): "Deixis, sex & økolingvistik". - In: Gunnarson, B.-L. / Liberg, C. (eds.) 77-86.

- / Døør, J. (1991): "Deixis, gender & core contradictions". - In: Working Papers on Language, Gender and Sexism I, 2) (Monash University) 53-72.

- / Døør, J. / Perridon, H. (1991): "Three aspects of deixis". - In: Klein, E. / Pouradier Duteil, F. (eds.): Betriebslinguistik und Linguistikbetrieb. Akten des 24. Linguistischen Kolloquiums, Bremen 1989 II. (Tübingen: Niemeyer Verlag) 15-22.

Bernstein, B. (1971): Class, codes and control. I. Theoretical studies towards a sociology of language. - London.

Døør, J. (1992): "Sexism, objectivity & science – an essay in feminist theory of language and cultural values". - In: Gunnarson, B.-L. / Liberg, C. (eds.) 87-96.

Gunnarson, B.-L. / Liberg, C. (eds.) (1992): Språk, språkbruk och kön. - Uppsala: ASLA.

Hurford, J. R. / Heasley, B. (1985): Semantics: a coursebook. Cambridge: University Press.

Lakoff, G. (1987): Women, fire, and dangerous things. - Chicago: University Press.

Lyons, J. (1977): Semantics. I-II. - Cambridge: University Press.

- (1991): Natural language and universal grammar. Essays in linguistic theory. I. - Cambridge.

Spender, D. (1980): Man made language. - London: Routledge & Keagan Paul.

HANDLUNGSKOMPETENZ VERSUS HANDLUNGSRATIONALITÄT

Eine Kritik der Grundannahmen spieltheoretischer Analysen am Beispiel des Prisoner's Dilemma

Klaus Lintemeier

1. Einleitung: Paradigmen und Gegenstandskonstitution

In unterschiedlichen wissenschaftlichen Paradigmen wie der mathematisch-formalen Theorie strategischer Spiele und Wittgensteins Sprachspiel-Ansatz wird das (sprachliche) Handeln rationaler bzw. kompetenter (Sprach-)Spieler zu Vergleichszwecken als 'Spiel', das explizit oder implizit durch 'Regeln' konstituiert ist, beschrieben. Die methodologisch begründete Spiel-Analogie dient der linguistischen Gesprächs- oder Dialoganalyse zur Entwicklung einer grammatischen Beschreibung der Binnenstruktur von Sprachspiel- bzw. Dialogmustern und einer Rekonstruktion und Explikation der Sprechhandlungs-Kompetenz eines idealen Sprechers.

Das von H. Paul Grice und David Lewis initiierte Programm der intentionalistischen Semantik (als Theorie des Bedeutungsbegriffs) baut in Abgrenzung vom Regel-Ansatz Searlescher Prägung auf zwei Schritte auf: (1) auf eine intentionslogisch und handlungstheoretisch fundierte Allgemeine Kommunikationstheorie, deren Ziel in der Explikation des subjektiven Sinns (Bedeutsamkeit) einer konkreten Äußerung ('token') eines Sprechers einem Kommunikationspartner gegenüber besteht. Diese Explikation geschieht ohne Rekurs auf die reguläre oder konventionelle Bedeutung des Ausdrucks ('type') und ohne Bezugnahme auf Regeln für komplexere Sequenzen von Handlungsmustern oder sogar auf Zwecke von Sprachspielen, denen in der Grice-Semantik bereits aus Gründen der postulierten 'Zirkelfreiheit' kein funktionaler Stellenwert eingeräumt werden soll (vgl. Fritz 1982: 95); (2) unter Anwendung spieltheoretischer Koordinationsmodelle auf eine kommunikationstheoretisch begründete Bedeutungstheorie, deren Aufgabe in der begriffstheoretischen Rekonstruktion des intersubjektiven Sinns von Handlungsweisen und Ausdrücken als den Produkten von Handlungsweisen besteht.

Im Anschluß an die Renaissance des spieltheoretisch-mathematischen Paradigmas in der primär an philosophischen Fragestellungen und Antworten interessierten allgemeinen Handlungs- und Kommunikationstheorie erweiterte sich der Bereich intendierter Anwendungen mit der Publikation von "The evolution of cooperation" (Axelrod 1984) u. a. auf die vor allem von John Maynard Smith weiterentwickelte biologische Evolutionstheorie, die 'Hobbessche Ordnungs-Problematik', die Kollektivgut-Problematik und die Moralphilosophie. Die Folgerungen, die sich aus Axelrods Analysen ergeben und in zahlreichen Veröffentlichungen aus verschiedenen Perspektiven kritisiert und weitergeführt worden sind, werden an dieser Stelle nicht erörtert.[1]

Die folgenden Reflexionen hinterfragen am Beispiel des Prisoner's Dilemma (i) die Adäquatheit spieltheoretischer Modellbildung. Sie gehen (ii) der Frage nach, ob der Superspiel-Ansatz von Michael Taylor (1987) einen konzeptuellen Rahmen für die Analyse der sequentiellen Struktur von Sprachspielen und den Prinzipien, die die Sequenzierung von Sprechhandlungen regeln, bereitstellt. In kritischer Auseinandersetzung mit den beiden ersten Punkten werden (iii) die differentia specifica zwischen der intentionalistischen Semantik, die auf einem nutzentheoretisch interpretierten Begriff menschlicher Handlungsrationalität aufbaut, und einer primär regelorientierten Sprachspieltheorie erläutert, die das Verhältnis von Zielverfolgung und Regelbefolgung (vgl. Wiegers 1991) in den zentralen Konzepten der Sprechhandlungskompetenz und der Dialogmusterrekonstruktion zu explizieren versucht. Ich werde zu zeigen versuchen, daß die formale Spieltheorie nur eine Erweiterung der (parametrischen) Entscheidungstheorie auf Situationen der strategischen Interdependenz ist.

2. Prisoner's Dilemma: Computerturniere, Superspiele und TIT FOR TAT

2.1. Spielbeschreibung und Spielanalyse

Das Prisoner's Dilemma wurde zuerst 1950 von Merrill M. Flood und Melvin Dresher vorgestellt. Der Spieltheoretiker Albert W. Tucker formalisierte es kurz darauf und verlieh dem Spieltyp durch die spezifische Beschreibung der dilemmatischen Spielsituation seinen Namen.[2] Den Spieltyp beschreibe ich wie folgt:

> In einem amerikanischen Bundesstaat, in dem die Kronzeugenregelung rechtlich verankert ist, werden zwei Verdächtige in Untersuchungshaft genommen, die eines gemeinsamen Verbrechens beschuldigt werden. Eines kleineren Strafdelikts sind beide bereits überführt und zu einer Haftstrafe von jeweils einem Jahr verurteilt worden. Für den Nachweis der von beiden gemeinsam begangenen größeren Straftat liegen dem Staatsanwalt keine Beweismittel vor. Da die Möglichkeit eines Indizienprozesses ausscheidet, können die Gefangenen nur durch Geständnisse überführt werden. Der Staatsanwalt unterbreitet ihnen getrennt voneinander folgende Wahlmöglichkeiten mit den jeweiligen Konsequenzen: Gesteht der eine die Straftat, während der andere sie leugnet, wird der Kronzeuge auf freien Fuß gesetzt und der andere erhält fünf Jahre Gefängnis. Gestehen beide, so erhalten sie jeweils drei Jahre; leugnen sie, so erhält jeder das ihnen bereits sichere eine Jahr.

Beide Spieler, S_i und S_j ($i, j=1, 2; i \neq j$), können zwischen genau zwei dichotomen Handlungsalternativen, "Leugnen" (Cooperation) und "Gestehen" (Defektion), wählen. Bei individuell-entscheidungstheoretischer Analyse der Spielsituation durch S_i und S_j und rein egoistischer Bewertung der Folgenutzen ihrer Strategien ergibt sich aufgrund der symmetrischen Spielsituation für beide Spieler die identische Auszahlungsverteilung:[3]

Abb. 1

i, j	C	D
C	-1	-5
D	0	-3

Auszahlungsverteilung für S_i oder S_j

Unabhängig von den Strategien, die Spieler S_j wählt, ist es in allen Fällen für S_i besser, die Strategie "D" zu wählen. Bei einmalig vorliegender Spielsituation führt die beiderseitige Wahl dominanter Strategien (Prinzip individueller Rationalität) aber zu einem strikt ineffizienten Resultat (individuell suboptimal und pareto-inferior): Hätten beide Spieler - statt sich für die dominante Strategie zu entscheiden - die kooperative Alternative gewählt, so hätten sie sowohl den eigenen Nutzen als auch den Gesamtnutzen maximieren können. Doch aus der Logik von Situationen mit Prisoner's Dilemma-Charakter resultieren Täuschung und Mißtrauen.

Die Analyse des einmalig vorliegenden ('one-shot') Prisoner's Dilemma ist aus spieltheoretischer Perspektive uninteressant, weil die spieltheoretische 'Lösung' des Dilemmas trivial ist. Beide Spieler verfügen über eine strikt dominante Strategie, so daß die einzelnen Entscheidungen der Spieler unabhängig voneinander sind. Das einmalig vorliegende Prisoner's Dilemma repräsentiert im Sinne der Spieltheorie keine echte Entscheidungssituation.[4] Die notwendige Bedingung der wechselseitigen strategischen Abhängigkeit der Handlungen ist nicht erfüllt. 'Spiele', in denen die beteiligten Spieler über dominante Strategien verfügen, sind keine Spiele, sondern repräsentieren parametrische Entscheidungssituationen (unter Sicherheit).

Bei einem einstufigen Prisoner's Dilemma gibt es weder eine Vorgeschichte, an die sich die Spieler erinnern können, noch eine Zukunft, die Einfluß auf ihre Nutzenfunktionen hat. Als Beispiel für eine isolierte Betrachtung von Situationstypen dienen die abgeschlossenen Baumuniversen in Lehrbüchern der Spiel- und Entscheidungstheorie. Das Spielmodell kommt aber ohne extrem starke epistemische Prämissen nicht aus: Es ist gemeinsames Wissen der Spieler, welche strategischen Möglichkeiten ihnen jeweils zur Verfügung stehen, wie ihre Präferenzordnungen aussehen und daß sie im Sinne der rationalen Entscheidungstheorie (perfekt) rational sind. Mit dem Gebrauch des Prädikats "rational" sind im allgemeinen zwei Bedingungen gemeint: (i) eine interne Konsistenzannahme hinsichtlich der Glaubensannahmen und der Präferenzordnungen der Spieler und (ii) das beispielsweise bei Entscheidungen unter Risiko Gültigkeit beanspruchende Bayes-Prinzip: "Maximiere deinen subjektiv erwarteten Nutzen".

2.2. Superspiel-Analyse: Kooperatives Lösungskonzept

Die Folge der Einzelspiele kann (i) endlich (iterierte Spiele) oder (ii) unendlich (Superspiele) sein. Den Iterationsansatz (i) haben bereits Luce/Raiffa (1957: 97-105) analysiert und bewiesen, daß es in endlichen Folgen von Einzelspielen des Prisoner's Dilemma keine kooperative Lösung geben kann, weil sich die strategische Situation der Spieler nicht ändert. Der Beweis dieses Satzes basiert auf der Rückwärts-Induktion ("backward induction"): Wird ein Prisoner's Dilemma über diskrete Zeitperioden 1, 2, ..., T gespielt (beide Spieler kennen den Zeitpunkt T), dann wird ein rationaler Spieler in der letzten Runde n zu T unabhängig vom Ergebnis der Spiele vor n die dominante Strategie der Kooperationsenthaltung oder -verweigerung wählen, weil nach dem Spiel n keine Möglichkeit besteht, den defektierenden Spieler zu bestrafen. Hat aber das Spiel (n+1) keinen Einfluß auf das Spiel n, so hat auch n keinen Einfluß auf (n-1), weil das Spielergebnis für n bereits festliegt. Mittels einer rekursiven Induktion über n-1, n-2, ..., 2, 1 kann bewiesen werden, daß alle Spieler in allen Einzelspielen der Folge die unkooperative Strategie wählen.

Axelrod (1984) hat mit dem analytischen Instrumentarium von Simulationswettkämpfen in Computerturnieren gezeigt, daß kooperative Strategien in iterierten Spielen mit mehreren Konkurrenten ausbeutenden Strategien überlegen sein können. Seine Ausgangsfrage lautete: Wie kann gemeinsames kooperatives Handeln in wiederholten Prisoner's Dilemma-Spielen endogen entstehen und stabil bleiben? Axelrod führte zur Beantwortung dieser Frage nach einer Ausschreibung zwei Computerturniere durch, in denen die von professionellen Spieltheoretikern und Laien eingesandten Strategieprogramme für iterierte Prisoner's Dilemma-Spiele über eine endliche Sequenz (zweihundert) von Einzelpartien jeweils paarweise gegeneinander (und gegen eine Kopie ihrer selbst) 'interagierten'. Aus beiden Turnieren ging eine bedingt kooperierende Sequenzstrategie als Sieger hervor, die auf lange Sicht allen anderen Strategien überlegen war. Das von Anatol Rapoport eingereichte Strategieprogramm TIT FOR TAT (TFT) kooperiert im ersten Zug jeder Spielsequenz, reagiert auf die Wahl einer unkooperativen Strategie des Gegenspielers im nächsten Zug ebenfalls mit der Wahl einer unkooperativen Strategie als 'Strafe'. Für den Erfolg der bedingt kooperierenden Sequenzstrategie TFT in einer Gruppe konkurrierender Akteure lassen sich folgende Gründe angeben: TFT ist freundlich, d. h. defektiert niemals initial, kann also niemanden ausbeuten; TFT ist provozierbar, d. h. beantwortet eine Defektion des Gegenspielers mit Defektion als "Strafe" im nächsten Zug; TFT ist nachsichtig, d. h. bestraft eine Defektion, kehrt aber wieder zur Kooperation zurück, falls der Gegenspieler ebenfalls kooperiert hat; TFT ist durchschaubar, d. h. der Gegenspieler kann TFT's simplen Spielalgorithmus schnell 'verstehen'.

Die orthodoxe (in den Analysen von Axelrod allerdings modifizierte) Theorie stationärer (Sequenz identischer Einzelspiele) und zeitunabhängiger Superspiele (Ursache der payoff-Veränderung hängt nur von der Entscheidung in jedem Einzelspiel, nicht von den Spielzügen in den vorangegangenen Spielen ab) beruht auf fragwürdigen Einschränkungen und Grundannahmen, von denen die Möglichkeit einer kooperativen Lösung des Prisoner's Dilemma abhängt. Zum einen trafen in den Computerturnieren vollständig beschriebene Strategiekalküle aufeinander, deren dyadische Spielgeschichte bereits durch die Festlegung der Strategien zu t_0 determiniert wurde. Zum anderen ist die Lösung der Kooperationsproblematik nur unter idealtypischen und extrem eingeschränkten Bedingungen möglich:

a) Die Spieler müssen eine niedrige Diskontrate bei der Bewertung zukünftiger Gewinne haben. Zukünftige Auszahlungen werden nicht mit ihrem objektiven Zahlenwert berücksichtigt, sondern exponentiell diskontiert. Ein Superspielpayoff für einen Spieler S_i zur Spielzeit t wird mit einem Diskontfaktor α_i^{t-1} gewichtet. Das Komplement von $\alpha_i=1-\alpha_i$ heiße Diskontrate. Für den Diskontfaktor α_i gilt: $0 \leq \alpha_i < 1$. Der Diskontfaktor kann entweder als negative Zeitpräferenz von S_i gedeutet werden oder als subjektive Wahrscheinlichkeit für den Fortgang der Interaktion, als Antizipation des 'repeat business'.
b) Das Ende des Spiels darf den Spielern nicht bekannt sein, weil nach der Logik der Rückwärts-Induktion daraus folgen würde, daß rationale Spieler in allen Einzelpartien eines wiederholten Spiels die unkooperative Strategie wählen.
c) Die Anzahl der erlaubten Strategien (Spielzüge) ist künstlichen Selektionsbeschränkungen unterworfen: entweder S_i kooperiert oder er defektiert.

3. Zur Adäquatheit spieltheoretischer Modellbildung

3.1. Formale Quasi-Sequentialität vs. funktionaler Sequenzbegriff

Die 'Spielbaum-Knoten' eines Prisoner's Dilemma sind opak, d. h. nicht referentiell transparent: Ein Spieler S_i weiß zwar, daß er sich an einem Knoten im Spielbaum befindet, weiß aber nicht, an welchem Knoten er sich befindet. Die Spieler wählen ihre Strategien in Abhängigkeit von den Strategiewahlen der Gegenspieler in dem vorangegangenen Zug, nicht aber als eine Reaktion auf die Züge am selben Knoten.

Bereits ein 'Kommunikations-Knoten' geringer Komplexität, d. h. eine zwei-zügige Sequenz, ist adäquat nur als geordnetes Paar <Sp1(s), Sp2(s')> zu repräsentieren (vgl. Woods 1989). Ein Sprechakt s des Sprechers Sp1 wird von einem Sprechakt s' des Sprechers Sp2 am selben Knoten beantwortet. Der Sprechakt s' des Sprechers Sp2 ist eine partielle Funktion des Sprechakts s des Sprechers Sp1, in dem speziellen Sinn, daß die systematisch möglichen Relationen zwischen reaktiven und initialen Sprechhandlungsmustern und -untermustern an die Handlungsbedingungen der initialen Sprechhandlung zurückgebunden werden müssen. Die Rekonstruktion und Explikation der regelhaft-funktionalen Zusammenhänge zwischen Sequenzpositionen, d. h. die differenzierte Beschreibung der sequenzabhängigen Sprechaktmuster und -untermuster, ist die materiale Basis einer Sprachspieltheorie. Würden wir eine zweizügige Sprechaktsequenz (z. B. einen Minimaldialog) in spieltheoretischen Begriffen ausdrücken, dann wäre eine Sequenz als vollkommen ungeordnete Menge {Sp1(s), Sp2(s')} vorzustellen. Eine reaktive Sprechhandlung s' von Sp2 würde auf einen initialen Sprechakt s von Sp1 keinen sinnhaften Bezug nehmen. Die initialen Sprechhandlungen von Sp1 und Sp2 würden jeweils blind erfolgen. Kommunikatives Handeln in Sprachspielen wäre demnach in Analogie zu Gewinnspielen wie 'Stein-Schere-Papier' zu analysieren. Dem spieltheoretischen Zugang zur menschlichen Handlungsrationalität liegt ein mechanisch-formales Modell menschlichen Verhaltens, kein inhaltlich-funktionales Bild kommunikativen Handelns zugrunde.[5]

Können wir denn zumindest zeigen, daß in den Analysen der Theorie der Superspiele die Bedingung der funktionalen Sequenzierung von Strategien erfüllt ist? Die Simultanität von Spielzügen ist aber auch im Superspielansatz weiterhin synonym mit einer Situation, in der die Spieler keine Information über die Züge der Gegenspieler am selben Knoten haben. In jeder Periode, in der eine Einzelpartie gespielt wird, wählen die Spieler ihre Strategien simultan und im Wissen um die Entscheidungen des Gegenspielers in den vorangegangenen Partien. Nur über die Sequenz der Strategiewahlen in iterierten Spielen ist eine Information über das Verhalten des Gegenspielers möglich. Angesichts dieser Überlegungen läßt sich folgern, daß spieltheoretische Analysen einen rein formalen Sequenzbegriff verwenden. Wir können folglich nur von Quasi-Sequentialität sprechen.

3.2. Zur strategisch-kommunikativen Irrelevanz von TIT FOR TAT

Wie ist die TIT FOR TAT-Empfehlung zu bewerten, bedingt zu kooperieren? Ist diese strategische Maxime auf kommunikative Situationen übertragbar?[6] Soll Sprecher Sp2 der TFT-Sequenzstrategie folgen und Sprecher Sp1 in allen Fällen, in denen er (offensichtlich) unkooperativ handelt, bestrafen, und was bedeutet es inhaltlich, wenn Sp2 Sp1 bestraft? Interpretieren wir die intentionale Verletzung der Aufrichtigkeitsnorm einer Sprechhandlung als unkooperative Strategie, so ist der strategische Sinn der Bestrafung einer Lüge mit einer entsprechenden 'Gegen-Lüge' nicht offensichtlich. Im zweiten Zug einer Sequenz steht Sp2 ein Repertoire von reaktiven Sprechhandlungen zur Verfügung, die sich auf unterschiedliche Typen von Handlungsbedingungen des initialen oder einleitenden Sprechakts zurückbinden lassen. Soll Sp2 PERSÖNLICH WERDEN und Sp1 als Kommunikationspartner - als den für ein Sprachspiel konstitutiven Sp1 - ABWEISEN? Zu den systematisch möglichen Reaktionen gehört desweiteren, daß Sp2 Sp1 durch Realisierung eines VORWURFs auf eine Regelverletzung hinweisen kann; Sp2 kann die Berechtigung oder Kompetenz zur Realisierung der initialen Sprechhandlung ZURÜCKWEISEN; Sp2 kann explizit BESTREITEN, daß Sp1 die Aufrichtigkeitsnorm befolgt; Sp2 kann den (von ihm präsupponierten intersubjektiven) Sinn des kooperativen Sprachspiels thematisieren und MIT GESPRÄCHSABBRUCH DROHEN, weil die Sprechhandlung von Sp1 dem Zweck "Klärung eines problematischen oder problematisch gewordenen Sachverhalts" nicht dient, um mittels einer geeigneten Sprechhandlung die Bedingungen für eine kooperative Sprecherkonstellation erneut zu etablieren. Die Beschränkung der verfügbaren Strategien auf zwei dichotome Handlungsalternativen sowohl im initialen als auch im reaktiven Zug resultiert aus dem Versuch, den Verständigungsprozeß im Modell nicht berücksichtigen zu müssen.

4. Sprachspiel-Holismus: Handlungsrationalität oder Handlungskompetenz?

Die mathematische Theorie strategischer Spiele analysiert keine Spiele im Sinne komplex strukturierter, rückgekoppelter Regelsysteme. Im Fokus spieltheoretischer Analysen steht vielmehr die von der jeweiligen Entscheidungssituation abhängige Auszahlung nutzenmaximierender Spieler-Strategien. Die metaphorische Beschreibung der strategischen Entscheidungssituationen als 'Spiele' ist aufgrund der ausschließlich spieler-orientierten Analyseperspektive sowohl theoretisch als auch empirisch unbegründet. Auf der Ebene der Beschreibung der Spielregeln und Spielelemente wird implizit der Zweck oder Sinn eines Spiels mit dem Ziel der Spieler1/Spieler2-Strategie identifiziert. Für die Etablierung einer genuin linguistischen Sprachspielpragmatik ist es unangebracht, die Zwecke von Spielen mit der Sp1/Sp2-Nutzenmaximierung (Ziel- bzw. Strategieperspektive) zu identifizieren. Der Begriff der Nutzenfunktion kann nicht in das abstrakte und im Vergleich zu Spielsituationen wesentlich komplexere Regelsystem eines Sprachspiels integriert werden. Die pay-offs sind keine Merkmale der Struktur des Spiels, sondern stellen subjektive Nutzenzuordnungen zu Elementen der Resultatmenge dar. Mit dem Ausdruck "gemeinsame kooperative Handlung" ist entsprechend dem methodologischen Individualismus, der Gruppen als Aggregate von Individuen betrachtet, stets eine (Gesamtnutzen-)Aggregation von Einzelinteressen gemeint, aber kein komplexes und intern strukturiertes Handlungsmuster.

Für die hier im Anschluß an Hundsnurschers Konzept der Dialoggrammatik (1980) vertretene holistische Betrachtungsweise von Sprachspielen und der kommunikativen Bedeutung von sprachlichen Äußerungen können die für die intentionalistische Semantik in Anlehnung an die Spieltheorie gewählten Begriffe der Sprecher-Intention und Sprecher-Rationalität nicht in dem gleichen Sinne fundamental sein. Grundlegend für eine Sprachspielgrammatik ist die analytische Unterscheidung Hundsnurschers (1986: 41) zwischen dem Zweck von Sprachspielen und den Zielen von Sprechern. Den methodischen Grundgedanken der Sprachspielgrammatik bringt Wiegers (1991: 268) auf den Punkt: "Theoretisch fundamental ist der Begriff des Dialogmuster- bzw. Sprachspiels, bzw. der des Dialogmusterzwecks, nicht aber der des Sprecherziels."

Die Beschreibungsinteressen der Dialog- oder Sprachspielgrammatik und der intentionalistischen Semantik sind inkommensurabel. Die Dialoggrammatik als genuin linguistische Disziplin begründet ihre Methode in der Beschreibung (handlungstheoretische Ebene) und Erklärung (dialog- oder sprachspieltheoretische Ebene) der menschlichen Sprechhandlungskompetenz mittels der analytisch-systematischen Rekonstruktion von Dialogmuster-Strukturen. Dagegen besteht der Ausgangspunkt der sprachphilosophisch inspirierten intentionalistischen Semantik in der nutzentheoretisch gedeuteten menschlichen Handlungsrationalität.

Es ist sicherlich nicht zu bestreiten, daß zu den konstitutiven Regeln kompetitiver Sprachspiele gehört, daß die beteiligten Sprecher ihr primäres nicht-sprachliches Handlungsziel kommunikativ durchsetzen wollen. Zwischen den beiden konstitutiven Spieler-Gewinnstrategien und dem Zweck des Sprachspiels existieren aber weder logisch-analytische Beziehungen noch

Äquivalenzrelationen. So kann es im Rahmen der Realisierung von kooperativen PLANUNGSSPIELEN dazu kommen, daß innerhalb bestimmter Teil-Phasen jeder Sprecher den eigenen Vorschlag durchsetzen will (vgl. Fritz 1982: 70). In einem URLAUBSPLANUNGSGESPRÄCH sind beispielsweise in Abhängigkeit von Präferenzkombinationen und Präferenzhierarchien die Zielzustände:

(1) Sp1 und Sp2 wollen gemeinsam ihren Urlaub verbringen,
(2a) Sp1 will (mit Sp2) in New York den Urlaub verbringen,
(2b) Sp2 will (mit Sp1) auf den Malediven den Urlaub verbringen,

zwar distinkt und konträr. Sie müssen aber nicht notwendigerweise antagonistisch sein. Aus der Tatsache, daß Sp1 und Sp2 'ihren' Vorschlag innerhalb einer funktionalen VEREINBARUNGSPHASE durchsetzen wollen, folgt nicht mit logischer Stringenz, daß es sich bei dem Spiel um ein Gewinnspiel oder ein kompetitives Sprachspiel handelt. Daß ein Sprecher sein Handlungsziel kommunikativ durchsetzt, ist dialogtheoretisch mit einer wechselseitigen Übernahme von Handlungsobligationen der Sprecher vereinbar.

Die vorrangige Aufgabe der Sprachspielgrammatik besteht nicht in einer sprecherseitigen Beschreibung von globalen Illokutionen und sequenzabhängigen Sprechakten, sondern die unverzichtbare Beschreibung der Sprechhandlungsmuster und -untermuster ist die Bedingung der Möglichkeit einer Analyse der spezifischen Funktionen von illokutional-propositionalen Mustern im Rahmen unterschiedlicher Sprachspiele. Der Versuch, die spezifischen kommunikativen Funktionen dieser Handlungsmuster sprachspielunabhängig bestimmen zu wollen, führt zu einem rationalistisch-solipsistischen Sprecher-Begriff und damit zu einem eindimensionalen Modell sprachlichen Verständigungshandelns. Die hier im Begriff des Sprachspiel-Holismus angedeutete Notwendigkeit der Explikation und Rekonstruktion der dialogischen Kompetenz kann innerhalb eines solchen Modells nicht geleistet werden.

5. Schlußbemerkung

Die begrenzte Anzahl erlaubter Spielzüge und der mit der Bedingung der Simultanität der Züge korrespondierende rein formale Sequenzbegriff in spieltheoretischen Modellen dient der Ausgrenzung von Sinn- und Verstehensbegriffen. Für a priori spezifizierte Voraussagen über den Spielverlauf fehlt aber jede Evidenz, wenn die Dynamik eines Superspiels systematische Abweichungen der Spieler von dominanten Strategien (individuell irrational) hervorbringt.

Innerhalb der Theorie der reinen Koordinationsspiele sind spieltheoretische Optimalitäts- und Stabilitätsbegriffe abhängig von der Prämisse eines gemeinsamen Wissens in die (entscheidungstheoretische) Rationalität der Opponenten. Auf die Wahl einer dominierten (irrationalen) Strategie eines Spielers S_i muß Spieler S_j aber mit einem Glauben reagieren, der einen Zusammenbruch des gemeinsamen Wissens in die Rationalität bewirken würde. Diese Problematik stellt an den spieltheoretisch orientierten Handlungsanalytiker die Forderung, sich mit der Frage nach der Bedeutung von 'counterfactuals' des folgenden Typs zu befassen: "Wenn ein Spieler S_i eine dominierte Sequenz von Strategien ausführt, dann ist das Verhalten als ... zu verstehen". Die Interpretationslücke deutet an, daß aus strategischen Gründen eine Analyse der Bedeutung kontrafaktischer Sätze notwendig ist. Denn ein 'guter' Reaktionszug hängt wesentlich vom Verstehen der Handlung des Gegenspielers ab.

Eine Handlungs- oder Spieltheorie, die präsupponiert, daß sowohl illokutional-propositionales Verstehen als auch kommunikative Verständigung unproblematisch verfügbar sind, verkehrt die Logik wissenschaftlicher Schlußfolgerungen, indem sie die zu explizierenden Begriffe als extensional und intensional bestimmt voraussetzt, anstatt sie innerhalb der Theorie selbst zu problematisieren und zu klären. Ein solches Vorgehen reduziert einen Spieler auf die Rolle des von Binmore (1987: 206) so genannten "unglücklichen Bridge-Experten", der gewöhnlich verliert, obwohl er korrekt spielt. Auf die Frage, wie ein rationaler Spieler denn überhaupt verlieren könne, gibt er die Antwort: Mein Spiel war korrekt und hätte zum Sieg geführt, wenn mein Gegenspieler ebenfalls korrekt gespielt hätte.

Anmerkungen

1 Einen umfangreichen Überblick über Rezensionen, Kritiken und weiterführende Untersuchungen von Axelrod (1984) geben Axelrod/Dion (1988); eine Übersicht über die kontroverse Bestimmung des Verhältnisses von Kooperation und Rationalität in der Forschungsliteratur bietet Lintemeier (1991).

2 Albert W. Tucker (1950): A two-person dilemma. Mimeographed paper, Stanford University; zitiert nach Shubik (1982: 487). Die Arbeit von Flood und Dresher ist nicht veröffentlicht.

3 Von den 78 ordinalen 2X2 Bimatrixspielen sind 12 symmetrisch: Die Spielsituation ändert sich nicht, wenn die Spieler-Rollen vertauscht werden. Die acht symmetrischen Spiele mit optimalem Gleichgewichtspunkt sind aus strategischer Perspektive uninteressant. Die vier symmetrischen Spiele ohne optimales Gleichgewicht sind von strategischem Interesse. Es sind die folgenden bekannten Spieltypen: 'Leader', 'Battle of the Sexes', 'Chicken' und 'Prisoner's Dilemma'. Für die Erfassung des Dominanz- und des Paretooptimalitäts-Kriteriums ist eine ordinale Charakterisierung des Prisoner's Dilemma (mit beliebiger monotoner Transformation) bereits hinreichend. Es gilt: $T > R > P > S$ und $(T+S)/2 < R$. Die Abkürzungen stehen für Temptation (Versuchung), Reward (Belohnung), Punishment (Bestrafung) und Sucker's pay-off (Auszahlung für den Trottel).

4 Vgl. Holler/Illing (1991: 10) und Güth (1992: 167).

5 Schneider (1992: 569): "Zunächst besteht das Ziel darin, unsere Handlungsfähigkeit, auch unsere Fähigkeit zur Phantasie, unmittelbar zu verstehen. Dies erfordert bei einer komplexen Kompetenz das Verständnis einfacher Handlungen und, in einem sehr weiten Sinne, ein Verständnis der 'Prinzipien', nach denen wir die Handlungen immer komplexer machen können. Diese Prinzipien sind solche des Handelns, nicht ablaufender Mechanismen."

6 Rolf (1991) kommt im Rahmen der Diskussion des Begriffs des rationalen Handelns zu kongenialen Überlegungen hinsichtlich der strategisch-kommunikativen Inadäquatheit von TIT FOR TAT.

Literatur

Axelrod, R. (1984): The evolution of cooperation. - New York: Basic Books. - Übers.: Die Evolution der Kooperation. - München: Oldenbourg, 1987.

- / Dion, D. (1988): Annotated bibliography on *the evolution of cooperation*, Institute of Public Policy Studies University of Michigan - Ann Arbor: MI 48109.

Binmore, K. (1987): "Modeling rational players. Part I". - In: Economics and Philosophy 3, 179-214.
Fritz, G. (1982): Kohärenz. Grundfragen der linguistischen Kommunikationsanalyse. - Tübingen: Narr.
Grice, H. P. (1989): Studies in the way of words. - Cambridge, Mass./London: Harvard University Press.
Güth, W. (1992): Spieltheorie und ökonomische (Bei)Spiele. - Berlin etc.: Springer.
Holler, M.J. / Illing, G. (1991): Einführung in die Spieltheorie. - Berlin etc.: Springer.
Hundsnurscher, F. (1980): "Konversationsanalyse versus Dialoggrammatik". - In: Rupp, H. / Roloff, H.-G. (eds.): Akten des VI. Internationalen Germanisten-Kongresses Basel 1980. II. (Bern etc.: Lang) 89-95.
- (1986): "Dialogmuster und authentischer Text". - In: Hundsnurscher, F. / Weigand, E. (eds.) (1986): Dialoganalyse. Referate der 1. Arbeitstagung Münster 1986. (Tübingen: Niemeyer) 35-49.
Lewis, D. (1969): Conventions. A philosophical study. - Cambridge: Cambridge University Press.
Lintemeier, K. (1991): Auswahlbibliographie "Kooperatives Handeln". - Münster: mimeo.
Luce, R. D. / Raiffa, H. (1957): Games and decisions. Introduction and critical survey. - New York: Wiley.
Maynard Smith, J. (1982): Evolution and the theory of games. - Cambridge: Cambridge University Press.
Rolf, E. (1991): "Ist sprachliche Kooperation rational?" - In: Stati, S. / Weigand, E. / Hundsnurscher, F. (eds.) (1991): Dialoganalyse III. Referate der 3. Arbeitstagung Bologna 1990. I. (Tübingen: Niemeyer) 227-238.
Schneider, H. J. (1992): Phantasie und Kalkül. Über die Polarität von Handlung und Struktur in der Sprache. - Frankfurt/M.: Suhrkamp.
Shubik, M. (1982): Game theory and the social sciences. Concepts and solutions. - Cambridge/London: The MIT Press.
Taylor, M. (1987): The possibility of cooperation. - Cambridge: Cambridge University Press.
Wiegers, H. (1991): "Sprecherziele und sprachliche Zwecke. Überlegungen zur Sprachspielgrammatik". - In: Stati, S. / Weigand, E. / Hundsnurscher, F. (eds.) (1991): Dialoganalyse III. Referate der 3. Arbeitstagung Bologna 1990. I. (Tübingen: Niemeyer) 267-279.
Woods, J. (1989): "The maladroitness of epistemic TIT FOR TAT". - In: The Journal of Philosophy 86, 324-331.

THEORIE UND EMPIRIE IN DER SPRACHWISSENSCHAFT AM BEISPIEL NEUERER KORPUSLINGUISTISCHER FORSCHUNG

Wolf Paprotté

1. Das Korpus als Grundlage für empirisches Arbeiten

Stellen wir uns den Gegenstand der Sprachwissenschaft für einen Moment als materiell existierende, zumindest aber bei Bedarf exemplifizierbare Sammlung von sprachlichen Einzelobjekten (Wörtern, Phrasen, Texten, Sprachhandlungen) vor, die in einem nicht technischen Sinne 'repräsentativ' für eine Sprache sind, dann kann, stark vereinfachend, als Aufgabe der Sprachwissenschaft zweierlei festgelegt werden:

1. die empirisch angemessene Erfassung der Fakten (Beschreibung);
2. die Darstellung der Fakten mittels eines präzisen Repräsentationsmittels, welches Generalisierungen erlaubt, systematische Zusammenhänge zwischen den Beschreibungstermen verdeutlicht, dabei Form und Inhalt phonologisch, morphologisch, syntaktisch und lexikalisch erfaßt und Bedingungen des Gebrauchs und der Verarbeitung spezifiziert (Erklärung).

Meist ist mit der Erklärung der Anspruch verbunden, Sprachuniversalien und/oder die Voraussetzungen menschlicher Sprachfähigkeit aufzufinden. Natürlich setzen beide Aufgaben einander voraus, verharren aber trotzdem in einem unauflösbaren Gegensatz von (theoriedurchsetztem) objektivem Faktum und (auf Fakten gegründetem) Theoriekonstrukt eines Wissenschaftlers als erkennendem Subjekt.

Diese Aufgabenstellung der Linguistik ist eigentlich immer mit einem Ziel verbunden gewesen, sei dies auch nur reine Grundlagenforschung um der Einsicht in Sprache willen. Zunehmend wird Linguistik heute mit Blick auf die Verarbeitungsmöglichkeit von Sprache in komplexen Rechnersystemen betrieben. Anwendungsbereiche für den Rechnereinsatz sind dabei u. a. maschinelle Übersetzung (von Gebrauchstexten), Spracherkennung, natürlichsprachliche Schnittstellen in der Mensch-Maschine Interaktion, Sprachgenerierung, Handschrifterkennung, OCR usw. In allen diesen Fällen muß ein System mit authentischen Sprachdaten, die in großer Menge anfallen, umgehen können. Voraussetzung dafür ist aber eine Beschreibung, die die Variabilität und die Dynamik sprachlicher Phänomene berücksichtigt, Sprachmassendaten verarbeiten kann, und diese zugleich auf berechenbare Weise präzise erklärt.

Mit der Ablösung des strukturalistisch-deskriptivistischen Paradigmas durch die verschiedenen Stadien der generativen Theorie (ST, EST, GB) ging eine methodologische Reorientierung einher, die auf der Heuristik der Beispiels- und Gegenbeispielsfindung beruhte. Kompetente muttersprachliche Sprecher konnten damit, gestützt auf ihre Intuition, in Beispielsätzen versteckte Grammatikalitätsurteile abgeben und darauf eine Argumentation für die Erklärung von grammatischen Zusammenhängen aufbauen. Phänomene wie Fachsprachen, soziale und dialektale Variation innerhalb eines Sprachstandards, die kein Sprecher/Hörer vollständig beherrscht, aber auch Begrenzungen in Umfang und Komplexität des individuellen Lexikons zeigen jedoch, daß reale Sprecher/Hörer in ihrer Kompetenz Beschränkungen unterliegen und welche dies sind. Das Konstrukt des idealen Sprecher/Hörers ist demnach deskriptiv nicht relevant, um die Bandbreite der in einer Sprache tatsächlich vorkommenden Gebrauchsfälle zu belegen. (Es verweist lediglich auf die Differenz zwischen den empirisch vorkommenden und den möglichen, aber nicht belegten Gebrauchsfällen.) Ein Vergleich von Beispielsätzen für die grammatische Argumentation mit authentischen Korpusdaten macht einen gewissen Qualitäts- und Komplexitätsunterschied im Explanandum deutlich. Man vergleiche:

(1) Nowottny befragt den Kanzler.
Nowottnys Befragung des Kanzlers
(Heuristisches Beispiel aus einer Grammatik)

mit Korpusbeispielen, die bessere Einsicht in die Valenzeigenschaften von *befragen* ermöglichen:

(2) Jutta Szostak hat viele Frauen, aber auch Männer, nach ihren Meinungen befragt. (FAZ, 19/5/91)
420 Millionen Schilling sind schon ausgegeben worden, ehe die Eigentümer dieses Geldes, die Bürger, nach ihrem Willen befragt worden sind. (FAZ, 21/5/91)

Angesichts von Beschränkungen, denen die muttersprachliche Kompetenz selbst von Linguisten unterliegt, bietet ein Korpus von Texten die einzigartige Gelegenheit, nicht zum Zweck der linguistischen Argumentation generierten, authentischen Sprachgebrauch für die Analyse bereitzustellen. Unter Korpus verstehe ich dabei eine große Sammlung von Texten einer Sprache; 'groß' bedeutet in diesem Zusammenhang '> 10.000.000 Textwörter'; in neueren Konzepten vom Korpusaufbau werden Korpora von über 100.000.000 Textwörtern angestrebt, bzw. 'monitor corpora', in die laufend neue, interessante Belegfälle aufgenommen werden und aus denen uninteressantes Material entfernt wird (Sinclair 1982). Sowohl die Techniken der Stichprobenziehung wie linguistisches Vorwissen um sprachliche Variabilität und Dynamik verlangen beim Aufbau eines Korpus die Berücksichtigung einer größeren Zahl von externen und internen Textparametern. Dazu gehören solche externen Merkmale wie

- Kanal/Medium: gesprochen | geschrieben
- Textsorte
- Entstehungsort und -zeit
- Autor
- Thema bzw. Fachgebiet
- Adressaten usw. (Atkins et al. 1991)

oder interne Parameter, wie sie etwa Biber ermittelt hat und auflistet (Biber/Finegan 1992).

Korpora dieser Größe müssen maschinenlesbar und möglichst in einem einheitlichen Markup Format repräsentiert sein. Für letzteres empfiehlt sich die Benutzung von SGML und DTDs (Document Type Definitions) (vgl. die TEI Richtlinien von 1990). Dies ist nicht nur wegen der notwendigen Vereinfachung des Datenaustauschs erforderlich, sondern auch wegen des bei diesem Korpusumfang unverzichtbaren Einsatzes des Rechners als Instrument der Analyse und Theoriebildung.

Mit einem Korpus, wie ich es hier skizziert habe, steht einem Linguisten eine Materialbasis zur Verfügung, die Aussagen jenseits der Behauptung 'In meinem Idiolekt ist das aber so' möglich macht und bereits damit das Ausmaß an möglicher Subjektivität der Analyse verringert. Die Auswertung dieser Daten setzt den Einsatz von Rechnern voraus. Eine rein manuelle Auswertung ist im Regelfall nicht sinnvoll. Es ist klar, daß unterschiedliche Weisen des Rechnereinsatzes möglich sind, die ein Mehr oder Weniger an analytischer Intervention des Menschen erforderlich machen. Der Computer kann beispielsweise als Hilfsinstrument gebraucht werden, welches lediglich die Daten als Konkordanz reformatiert und alle Belegfälle eines Schlüsselwortes in seinem Kontext auflistet (KWIC Konkordanzen). Die gesamte analytische Arbeit wird hier vom menschlichen Bearbeiter vollzogen. Mittels eines syntaktischen Parsers, dessen Resultate nacheditiert werden, kann ein Rechner Korpusmaterialien jedoch selbständig mit syntaktischen Analysen/Strukturbäumen versehen. Hier besteht der menschliche Beitrag im Entwurf des Parsers ebenso wie im Korrigieren der Resultate. Denkbar - und als 'tagger' bereits vorhanden - sind lernfähige Programme, die Texte automatisch analysieren; sie setzen allerdings etikettierte Teilkorpora voraus, die als Trainingskorpora für Markov Modelle dienen. Es sei angemerkt, daß Korpora, die die Verwendung des Rechners zu ihrer Auswertung erfordern, auch nach neuen Analyse- und Auswertungsmethoden verlangen. Der Einsatz von stochastischen Verfahren und einer Gruppe von Markov Modellen, 'n-gram' und 'Mg-gram' Modelle (Jelinek 1985; Jelinek et al. 1983), hat sich in der Spracherkennung bereits als überraschend fruchtbar erwiesen.

Trotz der individuell singulären, notwendigerweise begrenzten Basis introspektiv gewonnener Beispiele besteht kein Grund dafür, auf Datengewinnung durch Introspektion gänzlich zu verzichten. Schließlich kann mit Hilfe von solchermaßen generierten Beispielsätzen jede Datenlücke eines Korpus geschlossen werden. Allgemeiner formuliert, während selbst ein großes Korpus nur positive Aussagen der Art erlaubt, 'Faktum {a, b, c ... n} ist belegt', kann mit introspektiv gewonnenen Daten auch negative Evidenz gewonnen werden, der Art, 'Faktum {a', b', c' ... n'} ist nicht möglich'. Die natürlich auch mögliche Aussage 'Faktum {a', b', c' ... n'} kommt im Korpus nicht vor' macht wenig Sinn, weil sie für die gesamte Welt und alle möglichen Situationen mit Relationen, Ereignissen und Individuen, die nicht gleichzeitig Korpusmaterial sind, gilt.

Am Arbeitsbereich Linguistik der Universität Münster stehen nach längeren Aufbauarbeiten Korpora für folgende Sprachen zur Verfügung: Deutsch und Englisch (je ca. 100 Millionen Textwörter); Italienisch, Französisch und Spanisch mit je ca. 25 Millionen Textwörtern; Neugriechisch mit ca. 12 Millionen Textwörtern.

2. Typed Feature Structures

Mittelfristiges Erkenntnis- und Entwicklungsziel ist ein hybrides Grammatikmodell, welches die Darstellung kategorialer Information und typischen linguistischen Regelwissens durch statistische Information ergänzt. Auf diese Weise kann beispielweise erreicht werden, daß reguläre Zusammenhänge, die zwischen bestimmten Einheiten in einem Text bestehen können, nach ihrer Wahrscheinlichkeit gewichtet und entsprechend dieser Gewichtung in einem Parsing Prozeß abgefragt werden.

Bereits die Vorstellung, statistische Modelle könnten zur Erkenntnis von Sprache beitragen, ist vielen Linguisten trotz der unbestreitbar erfolgreichen Modellierung von Spracherkennungsprozessen mit Hilfe von 'hidden Markov' Modellen suspekt. Für den Wert der Statistik neben dem logischen Modellieren von Sprache können Argumente z. B. aus dem Spracherwerb und dem Lernverhalten, aus dem OCR und der Handschrifterkennung angeführt werden; während einfache statistische Modelle leicht zu überblicken sind, lassen sich komplexe Regelapparate mit mehreren tausend Regeln kaum noch überschauen.

In der letzten Dekade hat sich eine starke lexikalistische Orientierung durchgesetzt, in deren Folge neue Repräsentationsmechanismen verwendet wurden. Mit der GPSG, der LFG und der HPSG liegen Grammatikmodelle vor, welche (Merkmal)/Attribut-Wert Matrizen (AWM) auf der Grundlage einer Typenlogik einsetzen. In einer Repräsentationssprache mit AWMs werden Typen als Denotation für Kategorien oder Begriffe verwendet, die man als Attribute oder Merkmale von spezifischen Objekten prädiziert. Die Objekte identifiziert man am besten durch eine Erklärung, um welchen Typus (welche Art) von Objekt es sich handelt. Objekte werden 'typisiert', so daß ihnen nur eine bestimmte Auswahl von Merkmalen zugeschrieben werden kann. Als Objekttypen der Linguistik sind etwa 'sprachliches Zeichen', 'Wortzeichen', 'Phrasenzeichen', 'Satz', 'Text', 'Regel' bekannt und dienen als Basis für die Klassifikation linguistischer Phänomene ebenso wie als Konsistenz deklarativer Beschreibungen erhaltende Mittel. In der Mengentheorie werden Typen zur Vermeidung von Paradoxa seit Russell eingesetzt. Um beispielsweise zu verhindern, daß

(3) M = {x | x ist nicht Element von x}.

zum Widerspruch

(4) M ∈ M → M ist nicht Element von M.

führt, wurde angenommen, daß eine Menge ein Element eines anderen (höheren) Typs ist, als es die Elemente der Menge sind. Als weiteres Beispiel mag folgendes dienen: wird nicht berücksichtigt, daß das Prädikat *ist eine Primzahl* ein Argument des Typs *Zahl* verlangt, kann die Proposition *Caesar ist eine Primzahl* den Wahrheitswert *falsch* erhalten (anstatt als sinnlose Proposition behandelt zu werden), so daß nun geschlossen werden kann, daß die Proposition *Caesar ist durch zwei teilbar* den Wahrheitswert *wahr* hat (das Beispiel stammt aus Mahr/Sträter/Umbach 1990).

Durch die Einführung von Typen wird ein Bereich von Argumenten festgelegt, von denen sinnvollerweise bestimmte Attribute prädiziert werden können. In Typendeklarationen wird festgelegt, um welche Art von Objekten es sich handelt und was von ihnen ausgesagt werden kann. Beispielsweise mag ein Wort ein Objekt mit spezifischer Silbenstruktur und besonderen Druckakzenteigenschaften sein; von Objekten der Typen Adjektiv und Verb können dagegen bestimmte Valenzeigenschaften ('verlangt das Subkategorisierungsschema X') ausgesagt werden. Typendeklarationen sind Aussagen der Form

(5) entity_e : E_Type (e, E sind Ausdrücke),

in denen das durch e bezeichnete Objekt links vom Doppelpunkt dem rechts vom Doppelpunkt stehenden Typ E angehört. Solche Aussagen können in Deklarationen gebündelt auftreten.

Sprachliche Zeichen sind Objekte, deren Beschreibung phonetische, morphologische, syntaktische und semantische Eigenschaften enthalten kann. Die Beschreibung eines einzelnen lexikalen Sprachzeichens und anderer sprachlicher Objekte erfolgt mittels Attribut-Wert-Matrizen unterschiedlicher Arten, die DAGs entsprechen (directed acyclic graphs):

(6)
```
[ PHON    felt
  GRAPH   Feld
  MORPH   [ FLEXFORM      [<NOM SG Feld> &
                           <GEN SG Feldes> &
                           <NOM PL Felder> &
                           <DAT PL Feldern>]
            INFLEX_CLASS 2                       ]
  SYN    [ CAT N
           SUBCAT < > ]
  SEM     'Acker'                                          ]
```

(6) mag als Beispiel für einen Lexikoneintrag dienen, mit welchem phonetische Information, Auskunft über die flektierten Formen und ihre morphosyntaktischen Kategorien, die Wortart und die Bedeutung des Lemmas *Feld* gegeben wird.

Komplexe Information zu einem sprachlichen Zeichen kann zum Beispiel dadurch dargestellt werden, daß rekursive Merkmalsmatrizen zugelassen werden, in denen Attribute selbst Merkmalsmatrizen, Listen oder Mengen von AWMs als Wert haben können. Da hier nur die methodologische Orientierung einer korpusbasierten Linguistik am Arbeitsbereich Linguistik umrissen wird, ist der interessierte Leser auf einführende Literatur verwiesen (vgl. Shieber 1986; Sells 1985; Pollard/Sag 1987; für die formalen Grundlagen: Ait-Kaci 1984).

In den oben erwähnten Grammatikformalismen, insbesondere der GPSG, HPSG und LFG, wird im Sinne eines relativ radikalen Lexikalismus komplexe Information z. B. über die Valenzeigenschaften lexikaler Elemente repräsentiert, wobei rekursive AWMs eingesetzt werden. Lexikale und phrasale Elemente, die als Kopfelemente fungieren, werden dabei mit Angaben über Anzahl und Art derjenigen Elemente versehen, die für ihre (syntaktische) Vollständigkeit erforderlich sind. Diese Information hängt am Knoten SUBCAT(egorisation). Nun lassen sich offensichtlich die Valenzpartner eines Valenzträgers auf verschiedene Art beschreiben, je nach Interpretation des Begriffs Valenz eher als syntaktisches, semantisches oder logisches Bindungsverhältnis (Jacobs 1987; Helbig 1983).

Für ein intransitives Verb wie *niesen* kann die Anzahl der obligatorischen Partner festgelegt (1), ihre grammatisch kategoriale Beschreibung (NP Nom) ebenso wie ihre syntaktisch funktionale Beschreibung (Subjekt) gegeben werden, und natürlich kann der semantische Kasus des Valenzpartners gekennzeichnet werden (AGENT). Diese Information kann in einer AWM als Menge von Listen dargestellt werden; auf jeder Liste kann die Abfolge der Elemente konventionell geregelt werden. Pollard/Sag (1987) beziehen sich auf eine "scale of obliqueness", entsprechend welcher die Anordnung der Valenzpartner von links nach rechts erfolgt. Jede Liste < , , > fungiert als Element einer Menge { < , >, < , >, < , >, < , >}. Im folgenden wird nicht dargestellt, wie durch Indizes der einzelnen Elemente pro Liste gewährleistet werden kann, daß die Beschreibungen verschiedener Valenzeigenschaften jeweils demselben Argument eines Valenzträgers zukommen.

Der Teilausschnitt einer AWM für *niesen* sähe dann folgendermaßen aus:

```
(7)      SYN | CAT | HEAD            MAJ V
       ┌ SUBCAT { ARITY            | 1                    ┐
       │          SYNCAT           | <NP NOM>             │
       │          SYNFUNC          | <SUBJECT>            │
       │          SEMCASE          | <AGENT>}             │
       └                           |                      ┘
```

Die Prädikat-Argumentstruktur unter dem ARITY Merkmal listet die Argumente, für welche Selektionsrestriktionen formuliert werden können; mit der Zuweisung grammatischer Kategorien wird die morphosyntaktische Beschreibung integriert; mit den grammatischen Funktionen erfolgt die funktionale Subkategorisierung eines Prädikats, und die semantischen Tiefenkasus erlauben es, eine Zuordnung semantischer Rollen zu grammatischen Funktionen und Oberflächenkategorien vorzunehmen (vgl. Bresnan 1982: 282 ff.).

Die Beschreibung (7) wird von allen intransitiven Verben geteilt, deren Subjekt üblicherweise den Tiefenkasus 'AGENT of' ausdrückt. Ähnlich könnte ein transitives Verb wie *legen* mit einer AWM der Art (8) beschrieben werden:

```
(8)      SYN | CAT | HEAD            MAJ V
       ┌ SUBCAT { ARITY            | 3                                          ┐
       │          SYNCAT           | <NP NOM, NP AKK, PP|PFORM auf >            │
       │          SYNFUNC          | <SUBJECT, DOBJ, POBJ| DIR PREP >           │
       │          SEMCASE          | <AGENT, PATIENT, DIRECTION > }             │
       └                           |                                            ┘
```

Exemplarisch sei als weiteres Verb *versuchen* aufgeführt:

(9)

```
┌ SYN | CAT | HEAD         | MAJ V                          ┐
  SUBCAT { ARITY           | 2
           SYNCAT          | <NP NOM, VP [INF] >
           SYNFUNC         | <SUBJECT, DOBJ >
└          SEMCASE         | <AGENT, OBJECT > }              ┘
```

Mit dem neuen Repräsentationsmechanismus der AWMs sind bekannte Schwierigkeiten der Valenztheorie nicht gelöst. Zu den auch hier offenen Fragen gehört beispielsweise die Unterscheidung zwischen freien Ergänzungen und fakultativen bzw. obligatorischen Valenzpartnern eines Kopfelementes. In engem Zusammenhang damit steht die Frage, welche Gebrauchssituation des Verbs als Grundlage für die Valenzermittlung genommen werden sollte. Um freie Ergänzungen behandeln zu können, könnte man beispielsweise besondere Argumentpositionen freihalten, die als 'meta-facts' Aussagen über Prädikationen von Valenzträger und definierten Argumenten erlauben, wie z. B.: jede Prädikation hat eine Relation LOCATION-OF, TIME-OF, MANNER-OF etc. Die Argumentpositionen in 'meta-facts' würden freigehalten und nur bei Bedarf gefüllt.

Als default Gebrauchssituation für die Valenzermittlung wird meist der positive Aussagesatz mit einer VP im Indikativ Aktiv angesehen und vermutet, daß regelhafte Beziehungen zwischen Argumentrollen, z. B. bei einem Wechsel von einem aktivischen zu einem passivischen Satz, formuliert werden können. Solche regelhaften Beziehungen, z. B. zwischen der Objekts-NP eines transitiven Verbs im aktivischen, positiven deklarativen Satz und der Subjekts-NP eines passivischen Satzes, werden in lexikalischen Regeln repräsentiert (10). Mittels ebensolcher Regeln läßt sich die Argumentsrollenreduktion darstellen, wie sie beispielsweise bei Imperativen eintritt. Auch diese Regeln lassen sich als AWMs darstellen; vgl. als grobe Annäherung an eine Passivierungsregel (10):

(10)

```
V [SUBCAT | {...    SYNCAT   | <NP NOM [2] , NP ACC [1]>
                    SYNFUNC  | <SUBJ [2] , OBJ [1]> ]}       ==>
V [VFORM PASS ,     SUBCAT   | { SYNCAT | <NP NOM [1], ...>
                               SYNFUNC | SUBJ [2]...>}
```

Es sei kurz erwähnt, daß die Interaktion von syntaktischer und semantischer Information in obigen Beispielen nicht befriedigend gelöst ist. Pollard/Sag schlagen ein Merkmal SYNSEM vor (Entwurf des zweiten Bandes), von welchem ein Pfad über die Werte LOCAL | CATEGORY zu den syntaktischen Wortartmerkmalen mit Subkategorisierungsmerkmalen führt und zwei andere Pfade sich über die Werte LOCAL | CONTEXT und LOCAL | CONTENT in die semantische Beschreibung verzweigen. Die hier exemplarisch aufgeführten Kasusrollen würden mit Indizes versehen in die semantische Beschreibung gehören.

Literatur

Ait-Kaci, H. (1984), A lattice theoretic approach to computation based on a calculus of partially ordered type structures. PhD. - Pennsylvania.

Atkins, S. / Clear, J. / Ostler, N. (1991): Corpus design criteria. Ms. 15. Jan. 1991: Pisa Workshop on Corpora. - Pisa.

Biber, D. / Finegan, E. (1992): "On the exploitation of computerized corpora in variation studies". In: Aijmer, K. / Altenberg, B. (eds.) (1992): English Corpus Linguistics. Studies in honour of Jan Svartvik (London, New York: Longman) 204 - 220.

Bresnan, J. (1982) The mental representation of grammatical relations. - Cambridge, Mass: MIT Press.

Helbig, G. (1983): "Valenz und Lexikographie". - In: Deutsch als Fremdsprache (DaF) 20, 137 -143.

Jacobs, J. (1987): Kontra-Valenz. Wuppertal: Unveröffentliches Manuskript.

Jelinek, F. (1985): "The development of an experimental discrete dictation recognizer". - In: Proc. IEEE 73 no. 11, 1616 - 1624.

Jelinek, F. / Mercer, R.L. / Bahl, L.R. (1983): "A maximum likelihood approach to continuous speech recognition". - In: IEEE Transactions for Pattern Analysis & Machine Intelligence PAMI-5, 179 -190.

Mahr, B. Sträter / W. / Umbach, C. (1990): "Fundamentals of a theory of types and declarations". KIT-Report 82. - Berlin.

Pollard, C. / Sag, I. (1987), Information-based syntax and semantics. I: Fundamentals, CSLI Lecture Notes 12. - Stanford.

Sells, P. (1985): Lectures on contemporary syntactic theories: An introduction to government-binding theory, generalized phrase structure grammar, and lexical-functional grammar. CSLI Lecture Notes 3. - Stanford.

Shieber, St. (1986): An introduction to unification based approaches to grammar. CSLI Lectures Notes No. 4. - Chicago: University of Chicago Press.

Sinclair, J. M. (1982): "Reflections on computer corpora in english language research". - In: Johansson, S. (ed.) (1982): Computer corpora in english language research. Norwegian computing centre for the humanities (Bergen) 1 - 24.

Sperberg-McQueen / Burnard, L. (1990): Guidelines for the encoding and interchange of machine readable texts (TEI P1). - Chicago/Oxford.

ZUR VERWECHSELUNG DER BEGRIFFSPAARE 'DESKRIPTIV/NORMATIV' UND 'SYNCHRONISCH/DIACHRONISCH'

Agustín F. Seguí

Unabhängig davon, wie einleuchtend Begriffe wie 'deskriptiv' und 'normativ' sich anhören mögen: Tatsache ist, daß sie in unterschiedlichen Zusammenhängen verwendet werden. Häufig werden beide Begriffe als Pole verschiedener Gegensätze gebraucht. So wird 'Beschreiben' bei Positivisten und Phänomenologen als Gegenpol zu 'Definieren', 'Beweisen' und 'Erklären' aufgefaßt. 'Deskriptiv' und 'normativ' lassen sich aber auch als Gegensatzpaar verstehen. So bei Saussure, der dem Normativen einmal die reine Beobachtung ("la pure observation", Saussure 1916: 13) und einmal das Feststellen von Fakten ("constater des faits", Saussure 1916: 118) entgegensetzt, also synonyme Gegenstücke zur normativen Betrachtungsweise erwähnt. Als drittes Synonym nennt Saussure die Beschreibung (Saussure 1916: z. B. 20, 117). Dazu kommen die noch bekannteren Dichotomien 'langue/parole' und 'Synchronie/Diachronie'. Letzterem Paar ist besondere Bedeutung beizumessen. Saussure setzt nämlich eine Hierarchie fest, derzufolge dem Paar 'normativ/deskriptiv' die Dualität 'Synchronie/Diachronie' zugrunde liegt (vgl. Saussure 1916: 117). Dies zeigt aber deutlich, daß mit der Hierarchie hier keine Parallelität oder Symmetrie einhergeht, von der Art:

(Abb. 1) **Synchronische/diachronische (Betrachtungsweise)**
| |
deskriptive/normative (Darstellung der Sprache)

sondern daß eine asymmetrische Hierarchie gemeint ist:

(Abb. 2) **synchronisch/diachronisch**
|
deskriptiv/normativ

Ohne bei Saussure eine ebenso eindeutige Zuordnung suchen zu müssen, läßt sich die dritte Dichotomie 'langue/parole' folgendermaßen in die Hierarchie einbringen (auch so zu finden z. B. in Helbig 1971: 37):

(Abb. 3) **langue/parole**
|
synchronisch/diachronisch
|
deskriptiv/normativ

Dem entspricht Saussures Behauptung, daß die Unterscheidung 'langue/parole' die "première verité" seines Systems ist (vgl. Anm. 65 v. De Mauro zu Saussure 1916). Es ließe sich zwar eine Hierarchie begründen (und sie ist - mit einer Ergänzung - tatsächlich zu finden in Zwirner 1969: 47):

(Abb. 4) Synchronie/Diachronie
|
langue/parole
|
deskriptiv/normativ

Mich aber interessiert hier ausschließlich die hierarchisch asymmetrische Zuordnung der erwähnten Begriffspaare. Die Asymmetrie ergibt sich daraus, daß Saussure von 'langue/parole' und von 'normativ/deskriptiv' nur im Zusammenhang mit 'Synchronie' spricht (bzw. mit 'histoire': vgl. Saussure 1916: 20 und De Mauros Anm. 41). Vom Normativen will Saussure vollkommen absehen. Übrig bleibt also nur:

(Abb. 5) synchronisch/diachronisch
|
deskriptiv

Danach hat für Saussure die synchronische Betrachtungsweise nur eine richtige Realisierungsmöglichkeit: die deskriptive. Diese kommt anscheinend wiederum ausschließlich für die Synchronie in Frage. Es ist also nur allzu natürlich, daß man gelegentlich 'deskriptiv' als Synonym zu 'synchronisch' benutzt, obwohl (aufgrund der Asymmetrie) von Synonymität keine Rede sein darf. Eine vollständige Symmetrie

(Abb. 6) synchronisch/diachronisch
| |
deskriptiv / normativ

im Sinne von 'diachronisch = normativ' wird von niemandem behauptet. Einzig die Identifizierung 'synchronisch = deskriptiv' ist bei einigen Autoren zu verzeichnen, was die unangenehme Folge hat, daß die Dichotomie 'deskriptiv/normativ' ihre methodologische Eigenständigkeit verliert. Ein zweifacher Gegensatz

(Abb. 7)

deskriptiv	diachronisch
	normativ

bewirkt nicht nur den o. g. Verlust der Eigenständigkeit (und dies jetzt sogar von beiden Begriffspaaren), er bringt außerdem die Asymmetrie zum Verschwinden und vereinfacht zu sehr die Definitionsarbeit. In der Tat wird oft 'deskriptiv' durch die gleichen Begriffsbestimmungen wie 'synchronisch' definiert. Dadurch wird (bereits bei Saussure, s. unten) aus einem eindeutigen Begriff ein mehrdeutiger.

Lewandowski charakterisiert den Begriff 'normative Grammatik' folgendermaßen:

> Eine Grammatik, die Regeln zur Unterscheidung richtiger und falscher Formen aufstellt, die Regeln des Sprachgebrauchs vorschreibt [...]; eine Grammatik, die nicht einen (synchronen) Sprachzustand beschreibt [...], sondern Sprachnormen aufrichtet. (Lewandowski 1973/1976: unter 'normative Grammatik')

Im zweiten Begriffsgebrauch springt man von einer Dichotomie (Synchronie/Diachronie) zu einer anderen (normativ/deskriptiv), die von der erstgenannten eigentlich erst ermöglicht wird. Eine Grammatik kann ja synchronisch und gleichzeitig normativ sein, und Saussure erwähnt die traditionelle Grammatik als Beispiel dafür (vgl. Saussure 1916: 118).

Bei bekannten Einführungen in die Sprachwissenschaft ist es ähnlich: Robins trennt Deskriptivität nicht sauber von Synchronie; erstere definiert er durch Begriffsbestimmungen, die eigentlich zur letzteren gehören:

> the descriptive study of a language, present or past, is concerned exclusively with that language at the period involved and not [...] with what may have preceded it or may follow it. (Robins 1964: 1.1.2)

Bei Hockett sieht es ähnlich aus:

> The study of how a language works at a given time, regardless of its past history or future destiny, is called d e s c r i p t i v e or s y n c h r o n i c linguistics. (Hockett 1958: 36.1)

Ein anfänglicher Moment der Reue wird dann in der Definition der deskriptiven Linguistik leider aufgehoben:

> In § 36.1 we introduced the two terms 'descriptive' and 'synchronic' as though they were synonyms. But there is a distinction. Descriptive linguistics deals with the design of the language of some community at a given time, ignoring interpersonal and inter-group differences. [...] Synchronic linguistics includes descriptive linguistics, and also certain further types of investigation, particularly synchronic dialectology. (Hockett 1958: 38.1)

Also wird hier Saussures Einteilung der synchronischen Linguistik in eine deskriptive und eine normative Darstellungsweise auch nicht zur Erklärung der Klassifizierung beibehalten. Lyons dagegen ist explizit:

> One of the most important of the many conceptual and terminological distinctions introduced into linguistics by de Saussure was his distinction between the d i a c h r o n i c and the s y n c h r o n i c study of language. (The distinction is sometimes drawn by opposing 'historical' to 'descriptive'. This is a different sense of the term 'descriptive' from that which is intended when 'descriptive' is opposed to 'prescriptive'. For that reason, it is preferable to use the technical terms coined by de Saussure.) (Lyons 1968: 1.4.5)

Einzig zu korrigieren wäre bei Lyons die Vermutung, Saussure habe das Paar 'historical/descriptive' als fehlerhafte Dichotomie nicht selber geprägt; dieses kommt aber im "Cours" ausdrücklich vor: "La tache de la linguistique sera [...] de faire la description et l'histoire de toutes les langues qu'elle pourra atteindre" (Saussure 1916: 20). Offensichtlich ist dieser Satz eine der Ursachen des Mißverständnisses der zitierten Linguisten.

Einen besonderen Fall stellt Martinet dar. Er behauptet:

> La linguistique est l'é t u d e s c i e n t i f i q u e du langage humain. Une étude est dite scientifique lorsqu'elle se fonde sur l'observation des faits et s'abstient de proposer un choix parmi ces faits aux nom de certains principes esthéthiques ou moraux. 'Scientifique' s'oppose donc à 'prescriptif'. Dans le cas de la linguistique, il est particulièrement important d'insister sur le caractère scientifique et non prescriptif de l'étude: l'objet

de cette science étant une activité humaine, la tentation est grande de quitter le domaine de l'observation impartiale pour recommander un certain comportement, de ne plus noter ce qu'on dit réellement, mais d'édicter ce qu'il faut dire. (Martinet 1960: 1.1)

An anderer Stelle bringt Martinet eine weitere Dichotomie folgendermaßen vor:

A quiconque aborde aujourd'hui la linguistique sans idées préconçues, il peut sembler normal qu'on commence l'étude d'un instrument dans son fonctionnement avant de rechercher comment et pourquoi cet instrument se modifie au cours du temps. C'est un fait, cependant, que l'étude scientifique, non prescriptive, des langues s'est, pendant près d'un siècle, pratiquement limitée aux problèmes d'évolution. (Martinet 1960: 2.2)

Dazu drei Bemerkungen:

a) Im zuletzt zitiertem Satz spricht Martinet von einer diachronischen aber zugleich deskriptiven Linguistik, was richtig ist, aber von denjenigen, die 'deskriptiv' mit 'synchronisch' gleichsetzen, nicht wahrgenommen wird. Dadurch erweitert Martinet - zweifellos im Sinne Saussures - das o. g. Schema an der sonst vernachlässigten Seite der Diachronie.

b) Martinets Gleichstellung von "scientifique" und "fondé sur l'observation des faits" bedarf einer Erläuterung. Wissenschaftlichkeit kann sowohl Beschreibung (bzw. Ergebnisse der Beobachtung) als auch Erklärung umfassen und trotzdem den Gegenpol zum Normativen bilden. Für die Positivisten war es jedoch üblich, der reinen Beschreibung die Erklärung gegenüberzustellen und Wissenschaftlichkeit allein der ersten zuzusprechen. Es ist möglich, daß für Saussure genauso wie für Martinet die Gleichung 'wissenschaftlich = beschreibend' gilt; auch letzterer spricht von Erklärungen nur im Zusammenhang mit der Diachronie ("rechercher comment et pourquoi cet instrument se modifie au cours du temps").

c) Es ist übrigens interessant festzustellen, daß Martinet nicht von Beschreibung, sondern von den Ergebnissen der Beobachtung spricht ("une étude est dite scientifique lorsqu'elle se fonde sur l'observation des faits"): Die Linguistik besteht nicht aus Beobachtungen, sie basiert aber darauf, d. h. auf der durch Beschreibung erfolgenden Wiedergabe der beobachteten Fakten. Die Beobachtung an sich ist also v o r w i s s e n s c h a f t l i c h. Das Normative wäre dann entweder nachwissenschaftlich (in dem Sinne, daß Normen eher zur Anwendung des rein Theoretischen gehören) oder vorwissenschaftlich (wenn man sich vergegenwärtigt, daß Mantik und andere utilitaristische Zwecksetzungen tatsächlich am Anfang fast aller heutigen Wissenschaften gestanden haben). Martinet befaßt sich allerdings in seinen Definitionen nicht mit so vielen Einzelheiten.

Wenden wir uns erneut der Dichotomie 'normativ/deskriptiv' zu. Diese darf nicht mißverstanden werden als a u s s c h l i e ß e n d e r Gegensatz zwischen 'dem, was ist' und 'dem, was sein sollte', denn 'das, was ist' schließt nur in ganz bestimmten Fällen 'das, was sein sollte' aus und umgekehrt, etwa in den philosophischen Utopien, von denen man weiß, daß sie 'das, was nicht ist, aber sein sollte' schildern. Ansonsten teilt sich - z. B. in der Medizin - 'das, was ist', in 'das, was sein soll' (nämlich das Gesunde) und 'das, was nicht sein sollte' (d. h. das Pathologische). Es muß also präzisiert werden: Durch Deskription erfahren wir (wenigsten im Idealfall) 'alles, was ist', durch Normsetzung dagegen zeigen wir 'nur das, was sein sollte'. Dies finden wir wieder ganz deutlich bei Saussure:

> La matière de la linguistique est constituée d'abord par toutes les manifestations du langage humain [...], entenant compte, dans chaque période, non seulement du langage correct et du 'beau langage', mais de toutes les formes d'expression. (Saussure 1916: 20)

'Deskriptiv' wird oft für 'strukturalistisch' verwendet (vgl. Lewandowski 1973/1976: unter "deskriptive Grammatik"). Diese Verwendung trifft für den früheren Strukturalismus zu. Spätere Entwicklungen beschäftigen sich aber auch mit 'normativen Strukturen'. Und trotzdem: es bleibt eine große Kluft zwischen diesen und den anderen Strukturen bestehen:

> Les rapports entre le synchronique et le diachronique ne peuvent être que différents en linguistique de ce qu'ils sont en d'autres domaines ou la structure n'est pas celle des moyens d'expression mais celle des signifiés eux-mêmes (par opposition aux signifiants), c'est-à-dire de réalités qui comportent en elles-mêmes leur valeur et leur pouvoir normatif. Le propre d'une norme, en particulier, étant d'être obligatoire, c'est-à-dire de conserver et de faire conserver sa valeur par cette obligation même, son équilibre actuel dépend de son histoire puisque le caractère distinctif de ce développement est précisément d'être dirigé vers un tel équilibre, tandis que l'histoire d'un mot peut être celle d'une suite de changements de significations sans autre rapport entre eux que la nécessité de répondre aux besoins d'expressivité des systèmes synchroniques successifs dont ce mot fait partie. Les structures conventionelles occupent donc deux situations radicalement opposées quant aux rapports du synchronique et du diachronique. (Piaget 1968: 67 = §14)

Das Normative kann sich auch metatheoretisch auf Sprachliches beziehen. Eine Sprachtheorie kann man 'kohärenter', 'besser strukturiert', 'ökonomischer' oder 'leistungsfähiger' als eine andere nennen. Bei der Benutzung dieser Kategorien läßt sich unsere Grunddichotomie umformulieren als 'adäquat (= deskriptiv) vs. inadäquat (= normativ)', wie Robins (1964: 11.2) es tatsächlich tut. Normative Bestimmungen können aber auch ganz außerlinguistischer oder gemischter Natur sein. Eine davon ist diejenige, die versucht, natürliche Sprachentwicklung zu hemmen aufgrund der "notion that linguistic change necessarily involves 'corruption'" (Lyons 1968: 43). In der Tat ist dieser Versuch eine geistige Erscheinung, die als Variante des Ubi-sunt-Motivs überall zu finden ist und das genaue Gegenteil des Fortschrittglaubens darstellt. Schon die Gruppe der griechischen Ableitungen und Komposita mit Stammform ἀρχ- beinhaltet die Bedeutung sowohl von 'Anfang' als auch von 'Herrschaft' (vgl. Chantraine 1970: ἄρχω), und in seinen religionswissenschaftlichen Büchern spricht M. Eliade über den "prestige magique des origines". Wichtig hier ist aber nur, daß Martinet von neutralen, rein linguistischen Normungen ("la tentation est grande de [...] ne plus noter ce qu'on dit réellement, mais d'édicter ce qu'il faut dire") auf die außerlinguistischen zusammenfassend abweicht ("principes esthétiques ou moraux"), d. h. auf einen Gegensatz zwischen (deskriptiv angegebenem) spezifisch Linguistischem und (normativ gefordeter) Fremdbestimmung sprachlicher Phänomene, wobei Beschreibung und epistemische Selbständigkeit sowie Normgebung und Verlust dieser Selbständigkeit jeweils zusammengehören würden. Auch Lyons sieht im Normativen ausschließlich außerlinguistische Werturteile:

> It should be stressed that in distinguishing between description and prescription, the linguist is not saying that there is no place for prescriptive studies of language. It is not being denied that there might be valid cultural, social or political reasons for promoting the wider acceptance of some particular language or dialect at the expense of others. (Lyons 1968: 43 = §1.4.3, Hervorhebung nicht im Original)

Es ist wahrscheinlich, daß Saussure ebenfalls in diesem Kontext außerlinguistische Wertungen ins Auge gefaßt hatte. Die Begriffe 'deskriptiv' und 'normativ' erscheinen also in mehreren, zueinander nicht ganz symmetrischen Dichotomien, namentlich in folgenden:

(1) normativ - deskriptiv
(2) Definition - Beschreibung
(3) Beweis - Beschreibung
(4) Erklärung - Beschreibung
(5) Auswertung - neutrale Beobachtung bzw. Ergebnisse davon
(6) Normen - Strukturen
(7) inadäquat - adäquat
(8) vorschreibend - wissenschaftlich
(9) außerlinguistisch - (inner)linguistisch
(10) Geschichte - Beschreibung
(11) metatheoretisch - theoretisch bzw. metasprachlich

(2) - (4) betreffen unsere Diskussion nicht. Alle anderen weisen Sinnverschiebungen hinsichtlich (1) auf. Saussure selbst verwendet (1) und (10). In (10) taucht das Element 'Geschichte' auf, das eigentlich zu einer anderen, mit dieser auf gar keinen Fall zu verwechselnden Dichotomie (Synchronie/Diachronie) gehört. Saussures Kohärenz läßt sich durch Deutung der absolut nicht symmetrischen Verbindung bei den Dichotomien retten. Martinet verwendet (8) und (9). In (8) ereignet sich eine nicht a priori zu verwerfende Ausweitung von 'deskriptiv' zu 'wissenschaftlich'. In (9) kommt dafür - bei ihm wie bei Lyons - eine Einschränkung zustande. Wichtiger ist die Feststellung, daß bei manchen Autoren (1) mit einer weiteren Dichotomie (synchronisch/diachronisch) vermischt, z. T. verwechselt und dadurch letzten Endes verwässert wird. Es kann schließlich von historischem Interesse sein zu konstatieren, daß diese Vermischung sogar bereits vor Saussure eingetreten ist:

> L'exigence d'une description scientifique synchronique était certainement dans l'air. En 1910 K. von Ettmayer, dans un texte au titre significatif ("Benötigen wir eine wissenschaftlich deskriptive Grammatik?, in *Prinzipienfragen der romanischen Sprachwissenschaft*, 2 vol., Halle 1910, p. 1-16), concluait: 'So meine ich denn, hier setze der Weg zu einer modernen, wissenschaftlich deskriptiven Grammatik ein, es gilt bewusst alle historischen Ziele und Hintergedanken beiseite zu lassen, und die Wortfunktionen soweit sie syntaktisch unterscheidbar sind zu untersuchen' (p. 16). (Saussure 1916: Anm. 172 v. De Mauro)

'Deskriptiv' wird hier auch mit dem Beiseitelassen aller 'historischen Ziele und Hintergedanken' gleichgesetzt. Auf derselben Ebene befinden sich dagegen 'die historischen Ziele' und 'die Wortfunktionen', was eine wichtige dichotomische Neuformulierung liefert:

(12) Geschichte - Funktion

Und wenn man die Geschichte unserer zwei Begriffspaare weiter zurückverfolgt, trifft man auf neue Varianten von (10) (dynamisch/statisch bzw. Geschichte/Soziologie, bei Auguste Comte; evolutiv/statisch, bei Saussure selbst; historisch/rational, bei Kant; Evolution/System, bei Gabelentz; vgl. Zwirner 1969: 32-36); wir brauchen sie aber hier nicht im einzelnen zu kommentieren.

Literatur

Chantraine, P. (1970): Dictionnaire étymologique de la langue grecque. - Paris: Klincksieck.
Helbig, G. (1971): Geschichte der neueren Sprachwissenschaft. - München: Hueber, 2. A. 1973.
Hockett, Ch. (1958): A course in modern linguistics. - New York: Macmillan, 1970.

Lewandowski, Th. (1973/1976): Linguistisches Wörterbuch. - Heidelberg: Quelle & Meyer, 4. A. 1984/1985.
Lyons, J. (1968): Introduction to theoretical linguistics. - Cambridge etc.: Cambridge Univ. Press, 1977.
Martinet, A. (1960): Eléments de linguistique générale. - Paris: Colin, 1978.
Piaget, J. (1968): Le structuralisme. - Paris: P.U.F., 6. A. 1974.
Robins, R. (1964): General linguistics: an introductory survey. - London: Longmans, 4. A. 1967.
Saussure, F. de (1916): Cours de linguistique générale. (Edition critique préparée par Tullio De Mauro) - Paris: Payot, 1975.
Zwirner, E. (1969): "Zur Herkunft und Funktion des Begriffspaares Synchronie-Diachronie". - In: Institut für deutsche Sprache: Sprache, Gegenwart und Geschichte. Probleme der Synchronie und Diachronie (Düsseldorf: Schwann) 30-51.

SPRACHE, PROZESSUALITÄT UND LINGUISTISCHES ERFASSEN

Hans G. Still

It is probable, that one operation and principle of the mind depends on another; which, again, may be resolved into one more general and universal [...] (David Hume, 1748) (Es ist wahrscheinlich, daß die eine Operation, das eine Prinzip des Geistes von einem anderen abhängt, das seinerseits auf ein allgemeineres und umfassenderes zurückgeführt werden kann) [1]

Er kun een Vei mulig, saa er τελος ikke udenfor, men i selve Fremskriden [...] (S. Kierkegaard, 1844) (Ist nur ein Weg möglich, dann ist das τελος nicht außerhalb, sondern im Fortschreiten selbst)[2]

Nur ein vermessener Skeptiker würde behaupten wollen, Grundzusammenhängen gegenüber sei die Linguistik sich ihrer selbst noch unsicher. Im allgemeinen kontrolliert sie Perspektive und Geltung ihrer Konzepte und Methoden. Doch das heißt nicht, daß das in jeder Hinsicht und an jedem Orte der Fall wäre. Wir wollen deshalb Anlaß geben, einige Grundverhalte erneut zu bedenken.

Daß nicht nur künstlich objektivierte, daß auch natürliche Sprachen transsubjektiviert Strukturbereiche eigener Ordnung darstellen, wird gewiß niemand in Frage stellen. Die Realität natürlicher Sprachen wird jedoch nur unvollständig erfaßt, wenn die Bedingungen ihrer mentalen Basierung und Bezogenheit nicht in gebührender Weise in Betracht gezogen werden. Prinzipiell und im Sinne einer gestuft komplementären Dimensionalität ist jede natürliche Sprache als eine basierte Ordnung aufzufassen. Sprache ist geworden aus Veranlagung, Notwendigkeit und Geschichtlichkeit. Als System ist sie verallgemeinerte Ordnung, 'Ordnung als Ordnung', aber auch 'als Ordnung' letztlich immer interaktiv bestimmte 'Ordnung durch etwas'. Diese Realität ist nicht in jeder Hinsicht ohne Belang für ihre Erfassung 'als Ordnung'. Die Einrichtung einer Sprache (Gröber 1906: 268) als Ordnung möglicher Unterscheidungssetzungen, als Ordnung von Nennungen und Kundgabeverfahren,[3] wird nicht immer einfach linear und 'dimensionslos' in Funktion genommen. Prozessualisierte Strukturen können Korrelativität, Konkomitanz, Dimensionalität implizieren, denn als ein der Veranlagung einer Trägergemeinschaft eingewöhntes Potential sind sprachliche Gliederungen prinzipiell auch etwas Gewußtes. Sie werden nicht immer nur 'verstanden', sie können auch 'aufgefaßt' werden.

Die Grammatikalität einer jeden Sprache beruht auf stabiliert geregelten Bildungsverfahren, Konstruktionen und Fügungspotentialitäten. Insofern ist das Primäre die Beherrschung der materiell artikulativen Ordnung: die Beherrschung der phonematisch-morphematischen sowie syntaktischen Konstitution. Bei Einbeziehung der inhaltlichen Bestimmungen können wir allgemein von der grammataktischen Konstitution einer Sprache sprechen, in Ansehung bestimmter Ausdrucksmittel im einzelnen von der Grammataxe dieser Ausdrucksmittel.

Analyse und Beschreibung der artikulativen Ordnung sind bekanntlich Gegenstand der Grammatik. Der Grammatiker, "cuius est constructiones vocum considerare", dessen Aufgabe es ist, die Verbindung der Laute zu betrachten (Ockham 1323/1974: 10, vgl. Platin, Soph., 253a), ermittelt und klassifiziert die Konstituenten und beschreibt, entsprechend den Verhältnissen der 'Sprachrichtigkeit', die Verfahren ("methods", "grammatical processes", Boas 1911: 27ff.) und Möglichkeiten ihrer Anordnung. Doch dabei darf nicht übersehen werden, daß eine solche, gewiß doch Tatsachen feststellende Unternehmung vom eigentlichen Einlagerungszusammenhang abhebt. Sie geschieht zwangsläufig über das Netz eines Mediums deskriptiver Konzeptualisierung.[4]

Nach übereinstimmender Auffassung Vieler bildet die Lexikosemantik, die Erfassung der 'Wortbedeutungen', das Pendant zur 'Grammatik'. Das Lexikon wird insofern von den grammatischen Mitteln abgegrenzt, als ihm nur jene Bedeutungsträger zugerechnet werden, die einen 'referenzfähigen', über das Instrumentarium der Kodierung hinausweisenden 'Inhalt' hervorrufen können.[5] Kann aber anderenteils wirklich behauptet werden, daß grammatische Mittel in jeder Hinsicht schlichtweg nur 'Mittel' darstellen? Im Hinblick auf die Vollständigkeit linguistischer Erfassung ist von großer Konsequenz, wie über diese Frage zu entscheiden ist. Es scheint unleugbar, daß bei Einbeziehung der 'Basiertheitsdimension' bestimmte Funktionsträger zudem auch als B e d e u t u n g s m o d i aufzufassen sind. Zu denken ist an solche Kategorien, bei denen eine 'präsentationale' Exponenz (Still 1991a: 120) in Betracht gezogen werden muß; beispielsweise unter bestimmten Bedingungen bei einer bestimmten Qualität 'konjunktivischer Bedeutung', bei 'projektiver' Inhaltsfassung, im Romanischen etwa (zu beachten bes. Gröber 1906: 274). Ein Reduktionsstrukturalismus, der sich auf ein Beschreiben mittels homoplaner Merkmalsbegrifflichkeit zurückzieht, ist zwar nicht versucht, gewissen Assoziierungsirrtümern zu erliegen, kann aber der Vollständigkeit charakterisierenden Erfassens nicht gerecht werden. Die Sprecher einer Sprache sind nicht in jeder Verfassung nur Sprecher, sie sind auch 'Sprachträger'. Sie übermitteln Inhalte, Werte, Unterscheidungen, doch über das Gefüge und die Implikaturen der Kodierungsqualitäten. 'Mentalistische Semantik' ja oder nein, das ist nicht die Frage. Kurios diesbezüglich Vereinseitigungen wie beispielsweise bei Quine (1969: 27ff.). Die Frage ist: Mentalistik wie, in welcher Hinsicht und unter welchen Bedingungen!

Das linguistische Erfassen grammataktischer Prozessualität und Implikatur betrifft weit mehr als 'bloße Grammatik'. Es beschränkt die Erfassung sprachlicher Textur nicht auf die Perspektive eines Grammatikalität und Informationsübermittlung gewährleistenden Regelsystems. Es stellt vielmehr das den Ausdrucksmitteln geregelt Zuzuordnende fest, erfaßt die für die Einzelsprache charakteristischen Bedeutungsmodi[6] und untersucht, ob, inwiefern und unter welchen Bedingungen die grammataktische 'Substruktion'[7] die Prozessualität der prädikativ in Funktion genommenen Ausdrucksmittel betreffen kann.

Es ist sinnvoll, bezüglich der inhaltlichen Seite, aufgefaßt als ein basiertes 'Seinkönnen' (possest),[8] drei Hinsichten zu unterscheiden: I n h a l t s wertigkeit, V e r h ä l t n i s wertigkeit und

Auffassungswertigkeit. Grundlage überhaupt ist die Inhaltswertigkeit der von Fall zu Fall in primärer, d. h. in sprachlicher Intention prädikativ kodierten Nachricht ("message", Jakobson 1959: 233). Die der Einzelsprache, dem von den Sprachteilhabern gewußten und beherrschten Kodierungsmedium zukommenden 'Verhältniswerte' (Strukturimplikate, "structural meanings", und Setzungsordnungen, "grammatical patterns") sind das, was die 'Sprachwertigkeit', die Beschaffenheit und Eigenart des Kodierungsmediums bestimmt. Ohne Verhältniswerte keine einzelsprachlich gegliederte Inhaltswertigkeit. Im Äußerungs- und Verstehensprozeß werden allerdings bei weitem nicht alle Strukturimplikate relevant. Und nicht alles von dem, was grammataktisch in Gebrauch genommen wird, wird 'aufgefaßt'. In aller Regel wird einfach 'gesetzt' und einheitsmäßig 'verstanden'. Bestimmte Eigentümlichkeiten der Grammataxe sind jedoch in posse von solcher Qualität, daß sie in eine Distanz fallen können und sich 'innerlich darstellen'.[9] Prinzipiell dürfen deshalb Hinsichten der 'Auffassung' nicht unberücksichtigt bleiben.

In Entsprechung zur Destination (a. Funktion, b. Themation) der jeweiligen Äußerung überhaupt - ggf. auch in Entsprechung zu ihrer kontextuellen Eingliederung - entscheidet sich der Sprecher (der 'Eplikant') in Übereinstimmung mit den strukturellen Prinzipien und Gebrauchsregelungen seines Mediums für eine bestimmte konstruktionale Kodierung und signifikative Bestückung. In der Übersetzung überträgt sich die Instruktion der Nachricht. Sie bleibt im wesentlichen auch dann erhalten, wenn die konstruktionale Kodierung im Target-Medium verschieden ist, dabei nicht nur unterschiedliche Aufteilungen, Implikate und Exponenzen mit sich führt, sondern gar auch epitaktisch divergiert.

Man hat - z. T. in extremer Überschätzung von Sprache 'als strukturverleihender Vermittlungsinstanz' - die Position vertreten, die durch einzelsprachlich spezifische Bedeutungsaufteilung und kategoriale Gliederung bedingte 'Inhaltlichkeit' sei mental prägend für die jeweilige Sprachgemeinschaft. Ein solches Denken führt in den Irrtum. Obwohl die Spezifik einzelsprachlicher Inhalte und Verhältnisse[10] nicht nur intuitiv gewußt wird, teilweise vielmehr auch die bewußte Auffassung lenken und betreffen kann, bleibt sie - bewußt oder unbewußt - einer Metataxe mentaler Rückkoppelung beziehungsweise Auswertung eingegliedert, die ihre Hinsicht verlagern, in Distanz gehen kann und in aller Regel nur eine bestimmte Inhaltlichkeit und Relevanz signifikativ in Funktion nimmt.

> Formata quippe cogitatio ab ea re quam scimus, verbum est quod in corde dicimus: quod nec graecum est, nec latinum, nec linguae alicujus alterius sed cum id opus est in eorum quibus loquimur perferre notitiam, aliquod signum quo significetur assumitur (Augustinus) (Der von dem gewußten Gegenstand geformte Gedanke ist nämlich das Wort, das wir im Herzen sprechen: Dies ist nicht griechisch, nicht lateinisch, noch einer sonstigen Sprache zugehörig; wenn es aber denen, mit denen wir sprechen, zur Kenntnis gebracht werden soll, dann nimmt es ein Zeichen an, um durch es bezeichnet zu werden)[11]

In einem bekannten Essay, "Speaking about Objects", konstatiert Willard Van Orman Quine (1969: 3):

> Was wir schließlich vom Linguisten als brauchbares Endprodukt haben wollen, ist nicht einfach eine Liste von satzweisen Äquivalenzen [...]. Wir wünschen vielmehr ein Buch mit Anweisungen, um - innerhalb vernünftiger Grenzen - zu jedem neu zusammengesetzten Satz in unserer Sprache einen Satz der Eingeborenen

mit etwa derselben Zweckbestimmung gebrauchsgerecht bilden zu können, und ebenso umgekehrt [...]. Ein feinsinnig alles bedenkender Linguist kommt nicht voran. A cagey linguist is a caged linguist.

Eine solche Aufgabenbestimmung entspricht gewiß der allenthalben sich aufdrängenden Orientierung an Erfordernissen praktischer Nutzanwendung. Quine geht es um jene Aspekte, die bei der Übertragung in ein anderes Medium das primär Wichtige darstellen, andererseits linguistisch in jedem Falle auch epilytisch relevant werden:[12] um die Kernprädikation (und ihre Übermittlung), um die Hauptreferenzspielräume (und ihren Erhalt), um die Wirkbestimmung (und die Mittel ihrer Übertragung). Allein wollte das linguistische Erfassen sich auf diese Faktoren beschränken, blieben wesentliche Hinsichten und Bestimmtheiten außer acht. Wir beachten den "Weber" und die "Weberlade".[13] Das "zu Webende" ist unterschieden vom "Weben"; beides vom "Gewobenen". Eine Sache sind die dem "Weben" zugrundeliegenden Gesetze, eine andere die Modi möglicher Partizipation des "Webenden" am "Webevorgang"; wiederum eine andere Sache die Modi möglicher Inferenz aus Gründen der Beschaffenheit des "Gewogenen" ... Selbständige Inhalte sind zu unterscheiden von unselbständigen, kontingente Faktoren (Qualitäten, Implikaturen, Konkomitanzen) von notwendig involvierten. "A cagey linguist is a caged linguist." Zugegeben. In bestimmter Hinsicht gewiß. Doch in anderer Hinsicht werden wir sagen müssen: Not being cagey, a linguist is a non-linguist.

Anmerkungen

1 Deutsch H. G. S. Zitat aus: An Enquiry concerning Human Understanding. David Hume, Enquiries .., ed. L. A. Selby-Bigge 3. A. 1975 P. H. Nidditch, Oxford: Clarendon Press. Zit. 14f.

2 Deutsche Übersetzung: Liselotte Richter. Zitat aus: Philosophiske Smuler, ed. N. Thulstrup 1977, 3. A. 1990, København: Reitzel. Zit. 76.

3 Prädikation ('Zuspruch') kann verstanden werden als Kundgabe signifikativer Zuordnung in Betracht eines Bezugsbereichs. Wie Platon im "Sophist" durch den Mund des Gastes aus Elea bemerkt, bringt, wer 'redet', und nicht nur 'nennt', durch die Verbindung von Nennwort und Aussage 'etwas zustande' (er 'vollbringt etwas', 'erreicht etwas', 'läßt etwas zustande kommen'); .. *οὐχ ὀνομάζει μόνον ἀλλά τι περαίνει, συμπλέκων τὰ ῥήματα τοις ὀνόμασι* (Soph., 262d, zit. nach der Ausgabe von J. Burnet, Platonis opera ..., I, Oxonii: e typographeo Clarendoniano, 1900. 18. A. 1987.

4 Durch die Wahrnehmung haben wir Gemeinschaft mit dem Werden, durch das Denken haben wir Gemeinschaft mit Gegenständlichkeiten, mit dem, was sich stets auf dieselbe Weise verhält. Vgl. Platin, Soph., 248a. Der unreflektierten, auf Gemeinschaft mit der Eingewöhnung allein beruhenden Sprachkenntnis steht das objektivierende Erfassen und benennende Unterscheiden gegenüber. So stellt - wir befinden uns in der zweiten Hälfte des 16. Jahrhunderts - Michel de Montaigne fest: "Me voicy devenu Grammairien, moy qui n'apprins jamais langue que par routine, et qui ne sçay encore tue c'est d'adjectif, conjunctif et d'ablatif.." Essais I, 48 (Œuvres II, 1924, ed. A. Armaingaud, Paris: Conard, zit. 421).

5 Eine solche Aufteilung sieht das Grammatische allein im Funktionalen. Für die Konstituenten der grammatischen Struktur ist dann nur das Wie und das Wo für des Gebrauchs auszumachen, "el cómo y el para qué se usan" (Schulte-Herbrüggen 1991: 32). Eine solche Unterscheidung ist insoweit von Wert, als sie eine fundamentale Abgrenzung deutlich werden laßt. Gebrauch und Funktion der Ausdrucksmittel haben jedoch Hintergründe (a. Qualität als der Möglichkeit nach positiv gewußte 'code-units', vgl. Jakobson 1959, b. strukturwertliche Bestimmtheit über das Sprachsystem in Relation zu anderen Bestimmtheiten) und Einlagerungsbedingungen als in Rückkoppelung mit den Sprachzentren des Gehirns (siehe Popper/Eccles 1982: 359ff.) Eingewöhntes und Hervorgebrachtes (a. als an sich deaktualisierte Strukturbestandteile im

Dienste einer umfassenderen Metataxe, b. als mögliche Gegenstände bewußter mentaler Objektivierung). Die Möglichkeiten der näheren Differenzierung kategorialer Implikaturen (siehe Still 1991a) sind sorgfältig in Betracht zu ziehen.

6 Diese bestimmen substantiell das mit, was 'innere Sprachform' genannt werden kann.

7 Im konkreten (kommunikativen) Vollzug ist das Grammataktische meist eigentlich nur in prädikamentaler Korrelation beziehungsweise Funktion im Dienste syntagmatischer Epitaxe. 'Grammataktische Substruktion' und 'prädikamental korrelierte Epitaxe' umschließen extremal das Feld möglicher Bedeutungsleistung. Die 'Grammataxe' besteht sowohl in dem, was eine Sprache ihren strukturellen Prinzipien und Gebrauchsbestimmungen gemäß hinsetzen kann, als auch in dem, was sie ihrer Einrichtung gemäß einsetzen muß (vgl. Jakobson 1959: 236). 'Epitaktisch' ist das, was 'syntagmatisch' auf einer höheren Stufe bewertet wird, prädikational relevant wird, Referenz haben kann, Geltung haben kann, 'für etwas supponieren kann' (Ockham 1323/1974: 193ff.).

8 Der amalgamierte Ausdruck "possest" geht zurück auf Nikolaus von Cues: "Trialogus de possest" (1460). Nicolai de Cusa opera omnia, XI/2, ed. Renata Steiger, 1973, Hamburg: Meiner.

9 Das, was mit 'innerer Sprachform' gemeint sein soll, wird z. T. sehr verschieden aufgefaßt beziehungsweise definiert (siehe Funke 1924). Für ein richtiges Verstehen der Humboldtschen Einschätzung besonders wichtig ist, was dieser in den Jahren 1824-26 im Zusammenhang typologischer Erwägungen dargelegt hat. Zu beachten vor allem 1906: 454ff.: "Wenn man sich [...] den Constructionsbau einer Sprache in seiner allgemeinen Form, und abgesehen von jeder einzelnen Rede denkt, und die Beziehungen aufsucht, in welche die einzelnen Wörter auf diese Form gestellt werden; so bildet man sich einen Begriff von der grammatischen Ansicht der Sprache. Diese Form ist in dem Kopfe des Redenden vorhanden, und jede einzelne Rede prägt sich in ihr aus [...]. Die Sprache ist [...] das Complement des Denkens, aber zugleich ein Mittel, den Gedanken, zur Mittheilung an andre und zur Rückwirkung auf das Subject, aus sich heraus und sich gegenüber zu stellen. Darum liegt die Form des vollendeten Denkens in ihr, allein auch noch eine andre, ihr mehr eigentümliche, nicht sowohl das Wesen des Gedanken, als das Symbol, in welches die Sprache den Gedanken fasst, angehende. Beide befinden sich im Gebiet der Grammatik, und lassen sich nicht von einander trennen, da die Sprache sie synthetisch in Eins verschmelzt [...]". Ist es aber so, daß sich die "grammatische Ansicht der Sprache" im Kopfe der Redenden und bei "jeder einzelnen Rede" ausprägt? Humboldt war hier offensichtlich versucht, die einfache Tatsächlichkeit zu überdeuten. Das Grammataktische gerät unter unterschiedlichem Bezug 'in die Auffassung': In einem Sinne wird sprachliche Kodierung allein hinsichtlich der Richtigkeit des Gebrauchs, hinsichtlich der Funktion und der Verstehenswertigkeit der Inhalte 'aufgefaßt' (Sinn a). In anderem Bezug geht es um ein mögliches 'Auffassen' (Sinn b) bzw. 'Durchschlagen' von Kodierungsqualität (Inhaltswertigkeit, Verhältniswertigkeit: Sprachwertigkeit) an sich. Beide Perspektiven sind deutlich zu differenzieren.

10 Es geht in der Semantik keineswegs nur um "Merkmaloppositionen" und oppositive Relationalitäten. 'Sprachbedeutungen' - wenn es denn solche sind - sind prinzipiell immer auch 'Positiva'. "Das Positive ist jenes Verschiedene, welches für sich und zugleich nicht gleichgültig gegen seine Beziehung auf sein Anderes seyn soll (Hegel 1830/1964: 280). Ref.: System der Philosophie, I: Die Logik. G. W. F. Hegel, Sämtliche Werke, VIII, Nachdr. 1964, Stuttgart-Bad Cannstatt: Frommann.

11 De Trinitate, lib. XV c. 10 "De verbo mentis". Ref.: Patrologia .., series Latina, XLII, 1886, Parisiis: J.-P. Migne. Zit. Spalte 1071. Deutsch in der Übersetzung von Michael Schmaus.

12 Sprachliche Gegebenheiten sind in unmittelbarer Hinsicht nicht etwas, was ein linguistisches Erfassen erst 'analysieren' müßte (vgl. Wittgenstein 1984: 292f.). Ich schlage deshalb vor, von Epilyse zu sprechen, wenn ausschließlich diejenigen Daten, Aspekte, Relevanzen und sprachlichen Intuitionen erfaßt werden, die ein kompetenter Sprecher bezüglich seiner Sprache explizieren beziehungsweise auf die hin ein sprachträgerliches Besinnen erfolgen kann.

13 Vgl. Platon, Cratylus, 387d ff. Ref.: Platonis opera ... , I (siehe Anm. 1).

Literatur

Ach, N. (1921): Über die Begriffsbildung. Eine experimentelle Untersuchung. - Bamberg: Buchner.

Anderson, J. R. (1976): Language, memory, and thought. - Hillsdale, N. J.: Erlbaum.

Baillie, J. B. (1917): "On the nature of memory-knowledge". - In: Mind, N. S., 26, 249-272.

Boas, F. (1911): Handbook of American Indian languages. I. Smithsonian Institution. - Washington: Government Printing Office.

Bréal, M. (1897): Essai de sémantique, science des significations. - Paris: Hachette, 4. A. 1908.

Fillmore, C. J. (1971): "Types of lexical information". - In: Steinberg, D. D. / Jakobovits, L. A. (eds.): Semantics. An interdisciplinary reader [...]. Cambridge: University Press, 370-392.

Funke, O. (1924): Innere Sprachform. Eine Einführung in A. Martys Sprachphilosophie. - Reichenberg i. B.: Kraus.

Gentner, D. (1975): "Evidence for the psychological reality of semantic components [...]". - In: Norman, D. A. / Rumelhart, D. E. et al. (eds.): Explorations in cognition (San Francisco: Freeman) 211-246.

Grasserie, R. de la (1894-96): Essai de syntaxe générale. - In: Le Muséon 13 (1894), 14 (1895), 15 (1896). Separatabdr. 1896.

Gröber, G. (1888): "Methodik und Aufgaben der sprachwissenschaftlichen Forschung". - In: Gröber, G. (ed.): Grundriß der romanischen Philologie. I. - Straßburg: Trübner, 2. A. 1904-06, 267-317, Nachdr. 1985.

Humboldt, W. von (1824-26 /1906): Grundzüge des allgemeinen Sprachtypus. - Wilhelm von Humboldts Werke, ed. A. Leitzmann. V. (Merlin: Behr) 364-475.

Jakobson, R. (1959): "On linguistic aspects of translation". - In: Brower, R. A. (ed.): On translation (Cambridge, Mass.: Harvard University Press) 232-239.

Kantor, J. R. (1922): "An analysis of psychological language data". - In: Psychological Review 29, 267-309.

King, G. W. / Chang, H.-W. (1963): "Machine translation of Chinese". - In: Scientific American 208/6, 124-135.

Leont'ev, A. A. (1971): Sprache, Sprechen, Sprechtätigkeit (Jazyk, Reč', rečevaja dejatel'nost'; dtsch.). Stuttgart u. a.: Kohlhammer.

Mahmoudian, M. (1991): "Expérimentation et sciences du langage". - In: Bulletin de la Section de linguistique de la Faculté des lettres de Lausanne 11, 9-32.

Markey, J. F. (1928): The symbolic process and its integration in children. A study in social psychology. - London: Paul, Trench, Trubner. New York: Harcourt.

Mirambel, A. (1959): "Essai sur la création linguistique". - In: Journal de Psychologie 56, 385-415.

Ockham (1323/1974): Summa Logicae. - Guillelmi de Ockham opera philosophica. I. Edd. Ph. Boehner, G. Gál, S. Bronn. St. Bonaventure, N. Y.: Editiones Universitatis S. Bonaventurae

Oeser, E. / Seitelberger, F. (1988): Gehirn, Bewußtsein und Erkenntnis. - Darmstadt: Wissenschaftl. Buchgesellschaft.

Popper, K. R. / Eccles, J. C. (1977/1982): Das Ich und sein Gehirn (The self and its brain; dtsch.). - München u. a.: Piper.

Quine, W. V. (1969): Ontological relativity and other essays. - New York u. a.: Columbia University Press.

Rosthorn, A. von (1894/1897): "Eine Chinesische Darstellung der grammatischen Kategorien". - In: Actes du dixième Congrès international des Orientalistes, Session de Genève, 1894, Section V (Actes .., II), 95-105. Nachdr. 1972.

Sapir, E. (1933): "Language". - In: Encyclopaedia of the social sciences, ed. E. R. A. Seligman. IX. New York: Macmillan, 155-169, Nachdr. 1959.

Schulte-Herbrüggen, H. (1976): "Die Mehrschichtigkeit des sprachlichen Zeichens". - In: Scritti in onore di Giuliano Bonfante. II. Brescia: Paideia. 979-1001.

- (1991): "Lexicografía y análisis semántico". - In: Estudios Filológicos 26, 17-35.

Smith, Edward E. et al. (1974): "Structure and process in semantic memory". - In: Psychological Review 81, 214-241.

- (1978): "Theories of semantic memory". - In: Estes, W. K. (ed.): Handbook of learning and cognitive processes VI: Linguistic functions in cognitive theory (Hillsdale, New Jersey: Erlbaum) 1-56.

Still, H. G. (1991a): "Semiophänomenale Invarianten und die Differenzierung kategorialer Implikaturen". - In: Feldbusch, E. / Pogarell, R. / Weiß, L. (eds.): Neue Fragen der Linguistik. Akten des 25. Linguistischen Kolloquiums, Paderborn 1990. I (Tübingen: Niemeyer) 117-123.
- (1991b): "Imperativ, Konjunktiv, Prekativ und Optativ im indoeuropäischen Beziehungszusammenhang (Hommage à Franz Bopp, 1791-1867)". - In: Lingua Posnaniensis 34, 115-126.
Wittgenstein, L. (1953/1984): Philosophische Untersuchungen. G. E. M. Anscombe / G. H. von Wright / R. Rhees (eds.). - Wittgenstein, Werkausgabe. I. Frankfurt/Main: Suhrkamp, 225-580.
Wygotski, L. S. (1934/1964): Denken und Sprechen (Myšlenie i reč'; dtsch.). - Berlin: Akademie-Verlag.

PRAGMATIK

ZUR FUNKTION UND NOTATION NONVERBALER ZEICHEN

Dieter W. Halwachs

Vorbemerkungen

Die folgenden Ausführungen sind eine Zusammenfassung von Erfahrungen bei der Einbeziehung nonverbaler Verhaltensweisen in die Kommunikationsanalyse. Der erste Teil dieser Arbeit bringt die verwendete Terminologie und Klassifikation sowie deren Quellen; eine detaillierte Strukturierung des Nonverbalbereichs kann in diesem Rahmen natürlich ebensowenig geboten werden wie eine allgemeingültige, konventionalisierte Terminologie. Der zweite Teil präsentiert ein im Laufe von verschiedenen Untersuchungen der letzten Jahre entwickeltes, einfaches und erweiterbares Notationssystem, das es ermöglicht, die für die Kommunikationsanalyse relevanten nonverbalen Verhaltensweisen übersichtlich darzustellen. Der dritte Abschnitt behandelt eine funktionale Gliederung nonverbaler Phänomene und stellt möglicherweise regelhafte Korrelationen zwischen Verbalebenen und Nonverbalkategorien zur Diskussion.

1. Klassifikation

Nonverbale Zeichen unterscheiden sich nach dem Kommunikationskanal in zwei Gruppen: in vokal-auditive Phänomene des paralingualen Bereichs und in visuell-motorische Phänomene des körpersprachlichen Bereichs.[1]

1.1. Der Paralingualbereich

Die verwendete Gliederung des Paralingualbereichs basiert im wesentlichen auf der Klassifikation von Trager (1958) in invariable Phänomene der Stimmqualität (= "voice qualities") und variable Phänomene der Vokalisation (= "language-vocalisations").

Die invariablen, habituellen Merkmale der Stimmqualität eines Sprechers - Stimmfülle, Klangfarbe, grundsätzliche Lautstärke und Tonhöhe - können zwar Wirkung auf den Hörer haben, sind jedoch als biologisch-physiologische Gegebenheiten feststehende Parameter und somit für die Kommunikationsanalyse von nur peripherer Bedeutung. Von primärer Relevanz sind die variablen Vokalisationsphänomene, da sie intentional eingesetzt werden können und damit auch kommunikative Funktion sowie potentielle Wirkung auf den Hörer haben. Bei den Vokalisationsphänomenen unterscheidet man nach Trager drei Gruppen:

1. 'vocal characterizers': Psychisch bedingte vokale Phänomene wie Lachen, Weinen etc. und somatisch-vokale Reaktionen wie Husten, Gähnen usw.
2. 'vocal qualifiers': Stimmodulationen wie Betonung und Dehnung sowie Lautstärke- und Sprechgeschwindigkeitswechsel.
3. 'vocal segregates': Paralinguale Interjektionen wie *hm*, *äh* und affektive Pausen, die aufgrund ihrer Länge bzw. Stellung im Text nicht syntaktisch-funktional zu werten sind.

1.2. Der körpersprachliche Bereich

Die potentiellen Ausdrucksformen körpersprachlichen Verhaltens werden üblicherweise - quasi nach dem Artikulationsort - in fünf Gruppen unterschieden:[2]

1. Mireme, Blicksignale, die u. a. phatische Funktion (= Herstellung und Aufrechterhaltung des kommunikativen Kontakts), regulative Funktion (= Steuerung des Sprecher-Hörer-Wechsels) und deiktische Funktion haben.
2. Mimeme untergliedert man in primäre, spontane und sekundäre, intendierte Ausdrucksbewegungen des Gesichts. Während die primäre, expressive Mimik Emotionen und Intentionen eines Sprechers indexikalisch signalisiert, handelt es sich bei den sekundären, schauspielerisch dargestellten Mimemen um Ikone.
3. Gesteme, Hand- bzw. Armbewegungen sowie Kopfgesten, untergliedern Ekman/Friesen (1969) in vier Subgruppen:
   a. Embleme: kulturspezifisch erlernte, sprachunabhängig kodierte, intentional verwendete Gesten mit einer fest umrissenen bzw. klar definierten Bedeutung.
   b. Illustratoren: sprachbegleitende, auf spezifische Sprachinhalte bezogene Gesten, die gleich Emblemen häufig intentional gebraucht werden, jedoch keine derart fest umrissene und klar definierte Bedeutung haben wie jene.
   c. Regulatoren: ebenfalls sprachbegleitende Gesten, die unabhängig von spezifischen Inhalten die Gesprächsinteraktion, primär den Sprecher-Hörer-Wechsel, steuern.
   d. Adaptoren: unbewußte Phänomene taktilen Verhaltens, die u. a. Aufschluß über den psychischen Zustand eines Sprechers geben können.
4. Kineme: Körperhaltungen und Körperbewegungen sind die wohl am wenigsten empirisch untersuchten nonverbal-körpersprachlichen Verhaltensweisen. Für die Kommunikationsanalyse sind in erster Linie Körperhaltungen eines Sprechers von Bedeutung, da diese als Hinweis sowohl auf dessen Emotionen als auch Intentionen interpretiert werden können. Spezifische Körperhaltungen sind höchstwahrscheinlich Indizes, die dem Hörer Aufschluß über Absicht und Einstellung seines Gesprächspartners geben.
5. Proxeme: steht als Bezeichnung für zwei unterschiedliche Typen nonverbal-körpersprachlicher Verhaltensweisen:
   a. Orientierungsproxeme: Die Positionierung der Gesprächspartner zueinander, ein Index, der Aufschluß über deren Emotionen und Intentionen geben kann.

b. Distanzproxeme: Der räumliche Abstand zwischen den Gesprächspartnern, der ebenfalls indexikalisch die wechselseitige Einstellung verdeutlichen kann.

2. Notation

Das im Laufe verschiedener empirischer Untersuchungen entwickelte Notationssystem ist als eine Art 'broad transcription' zu verstehen und folglich auch nicht für eine vollständige Darstellung aller während einer Aussage zu beobachtenden nonverbalen Phänomene gedacht; d. h.: Da immer nur diejenigen nonverbalen Verhaltensweisen notiert werden, die für die jeweilige Analyse relevant sind, und da versucht wurde, die Lesbarkeit der Texte zu gewährleisten, ist der Zeichensatz möglichst einfach gehalten. Außerdem werden Dauer bzw. Wirkungsbereich des jeweils markierten nonverbalen Verhaltens nur ungefähr angegeben. Die verwendeten graphischen Zeichen sind nach semiotischen Kriterien ausgewählt und lassen sich mit den gängigen Textverarbeitungsprogrammen darstellen.

2.1. Paralinguale Markierungen

Das zur Darstellung der Vokalisationsmerkmale verwendete Zeicheninventar folgt in modifizierter Form den von Ehlich/Rehbein (1976) vorgeschlagenen Notationskonventionen. Zeichen zur Markierung paralingualer Phänomene werden immer über die jeweilige Textzeile gesetzt oder hochgestellt:

1. 'vocal characterizers' - über der Textzeile
   z. B.: --(lachen)-- : die strichlierten Linien markieren die Dauer bzw. den Wirkungsbereich des jeweiligen Zeichens
2. 'vocal qualifiers' - über der Textzeile
   a. Modulationen : ----- / — = gedehnt/betont
   b. Lautstärke : < < < / > > > = lauter/leiser
   c. Sprechgeschw. : »»» / ««« = schneller/langsamer

   Während Dehnung und Betonung sich nur auf diejenigen Silben, Wörter oder Wortgruppen beziehen, über denen die jeweiligen Zeichen stehen, markieren Lautstärke- und Sprechgeschwindigkeitswechsel Veränderungen über einen längeren Gesprächsabschnitt; d. h.: Das jeweilige Zeichen gilt nicht nur für das Wort usw., über dem es steht, sondern für die gesamte nach der Markierung folgende Textsequenz bis zum nächsten Zeichen gleicher Kategorie.[3]
3. 'vocal segregates' - hochgestellt, in der Textzeile
   a. Interjektionen : z. B.: ah/äh/hm
   b. Pause/längere P. : +/++
4. Eine durchgängige Linie (P——) über den innerhalb einer Textpassage relativ häufig wechselnden paralingualen Phänomenen (Modulationen, Lautstärke- und Sprechgeschwindigkeitswechsel) steht für die grundsätzlichen Vokalisationsmerkmale, die nach dem

Text in einer Art Fußnote beschrieben werden. Wechseln diese durativen Merkmale innerhalb einer längeren Textpassage, sind mehrere solcher P-Markierungen mit nachgestellter Ordnungszahl und natürlich auch mehrere diese Veränderungen erklärende Anmerkungen notwendig. Der Übergang wird durch eine unterbrochene Linie dargestellt (P1———- - - P2——).

Unbefriedigend sind sicherlich die Beschreibungen dieser grundsätzlichen, durativen Vokalisationsmerkmale, da man, um allgemein verständlich zu bleiben, nach wie vor auf alltagssprachliche Formulierungen angewiesen ist.

2.2. Körpersprachliche Markierungen

Die Markierung körpersprachlicher Verhaltensweisen erfolgt ebenfalls durch eine Kombination aus Buchstaben- und Liniensymbolen, die aber im Gegensatz zur Notation paralingualer Zeichen immer unter der jeweiligen Textzeile stehen:

1. Eine durchgezogene Linie (K——) steht für Körperhaltung und Körperorientierung, die nach dem jeweiligen Textausschnitt ebenfalls in einer Art Fußnote beschrieben werden. Integriert in diese Beschreibung sind die Grundstellung der Augen, der anfängliche oder über die gesamte Textsequenz hinweg unveränderte Gesichtsausdruck sowie die Anfangsposition der Hände bzw. der Arme und des Kopfes bzw. der Schultern. Wenn sich Körperhaltung und -orientierung eines Sprechers während der dargestellten Textsequenz auffällig ändern, sind mehrere K-Markierungen bzw. Anmerkungen (K1, K2, ...) notwendig, der Übergang wird auch hier durch eine unterbrochene Linie dargestellt.
2. Die zwischen K-Linie und Textzeile stehenden strichlierten Linien markieren von der Grundstellung abweichende, meist nur kurzzeitig zu beobachtende körpersprachliche Verhaltensweisen. Die Linienlänge zeigt die ungefähre Dauer bzw. den Wirkungsbereich des jeweiligen Zeichens; für die Zeichenkategorie stehen Großbuchstaben: G = Gestem, MR = Mirem, MM = Mimem; die Subkategorie kennzeichnet ein vorangestellter Kleinbuchstabe, wie z. B. iG = illustrierendes Gestem, dMR = deiktisches Mirem usw.; Ketten von Zeichen gleicher Kategorie werden durch ein dem Großbuchstaben nachgestelltes "e" verdeutlicht, z. B. iGe = Kette illustrierender Gesteme.

2.3. Beispiele und Erweiterungen

Abgesehen von 'vocal characterizers' und dem Wechsel von durativen Vokalisationsmerkmalen bzw. der Körperhaltung und -orientierung zeigt das folgende, aus einem Interview stammende Beispiel den gesamten aufgelisteten Zeichensatz:

P «««

(1) ... Ich glaube, es ist ein Unterschied [ähm], wie sich + Probleme, Konflikte ++ in das Bewußtsein der Be-

K -iGe---

<<<
völkerung durchsetzen und wie + eine neue politische Kraft + sich in einem Staat durchsetzt, der ++ nur
-iGe---

mit sehr viel + Toleranz eine Demokratie genannt werden kann, der eine ungeheuer erstarrte Machtstruk-
-iGe------------------------------------ -iG--------------------

»» >>>
tur hat, der + keine demokratische Entwicklung + praktisch seit + Ende des zweiten Weltkriegs hat, ...
-iGe--------------------------------

P:	Vokalisation:	deutlich, relativ stark akzentuiert und moduliert, relativ langsam und laut
K:	Körperorientierung:	Richtung Gesprächspartner
	Körperhaltung:	aufrecht sitzend
	Kopf/Schultern:	gerade
	Gesichtsausdruck:	ernst; Stirnrunzeln
	Blick:	auf Gesprächspartner

Da nur kurz zu beobachtende körpersprachliche Verhaltenweisen häufig gemeinsam auftreten, war es notwendig, das Notationssystem in einer Form zu erweitern, die auch die Gleichzeitigkeit bzw. die jeweilige Überlagerung darstellt. Diese etwas komplizierte Art der Darstellung zeigt der folgende kurze Textausschnitt aus einer Diskussion:

(2) ... da waren Funktionäre der Landwirtschaftskammer massiv + beteiligt ...
-dMR--
-iG--------------

Eine mögliche, bisher noch nicht verwendete Ergänzung dieses Notationssystems, die gerade für den Bereich der Gestik von Nutzen sein könnte, wäre die Einbeziehung weiterer Unterkategorien in die Markierungen wie in Beispiel (3): "b" steht in diesem Fall für 'baton', worunter man nach der Illustratorensubklassifikation von Ekman/Friesen (1979: 113) Handbewegungen, "die ein Wort oder eine Phrase akzentuieren", versteht.

(3) ..., der eine ungeheuer erstarrte Machtstruktur hat, ...
-iG(b)----------------------------

Eine weitere wünschenswerte, beim derzeitigen Stand der Nonverbal-Forschung aber eher unrealistische Erweiterung des Zeicheninventars wäre die Verwendung spezifischer Kurzbezeichnungen für Körperhaltung und -orientierung sowie für den Gesichtsausdruck. Wenn es - ähnlich der Subklassifikation gestischer Phänomene - möglich wäre, Proxem-, Kinem- und Mimem-'types' zu abstrahieren, könnten diese ebenfalls mit Hilfe von Buchstaben in einer Klammer nach dem "K" notiert werden, was die unbefriedigenden Beschreibungen nach dem jeweiligen Textaussschnitt ersparen würde. Gleiches gilt für den Paralingual-Bereich. Auch hier wäre es von Vorteil, wenn man genau definierte Vokalisations-'types' in einer Klammer nach dem "P" in die Darstellung integrieren könnte.

3. Funktionen und Korrelationen

Wie sich aus dem Notationssystem ablesen läßt, gibt es neben der gezeigten Strukturierung des Nonverbalbereichs eine zweite, für die Kommunikationsanalyse zweckmäßigere Gliederung nonverbaler Zeichen nach ihrer Dauer bzw. nach ihrem Wirkungsbereich bezüglich verbaler Einheiten:

1. Transiente Merkmale: Meist nur kurzzeitig zu beobachtende nonverbale Verhaltensweisen, die sich während einer Aussage häufig ändern und in der Regel zu klar identifizierbaren Verbal-Einheiten in Beziehung stehen.
2. Permanente Merkmale: Nonverbale Verhaltensweisen, die während einer Aussage konstant bleiben und relativ unabhängig von den Inhalten der gleichzeitigen Verbaläußerung sind.

3.1. Transiente Merkmale

Aus dem Paralingualbereich können grundsätzlich alle oben aufgelisteten Zeichenklassen u. a. auch als transiente Merkmale auftreten. Eindeutig sind neben Interjektionen und affektiven Pausen aber nur die modulatorischen Phänomene Betonung und Dehnung als transient zu klassifizieren. Von den körpersprachlichen Phänomenen sind Gesteme und mit gewissen Einschränkungen, auf die hier nicht näher eingegangen werden kann, auch Mireme als transiente Verhaltensweisen zu werten.

Wie die Beispiele andeuten und wie auch verschiedene Analysen persuasiver Texte (z. B. Halwachs 1991) ergeben haben, treten transiente Verhaltensweisen relativ oft gleichzeitig auf und bilden typische nonverbale Merkmals-'cluster', wie die Kombination aus Betonung und illustrierendem Gestem. Bezüglich der gleichzeitigen Verbaläußerung haben solche Merkmals-'cluster' meist parasemantisch-amplifizierende Funktion; d. h. sie haben keinerlei referentielle Bedeutung und sind als bloße Fokussierung lexikalischer Elemente zu interpretieren. Das deiktische Mirem in Beispiel (2) zeigt, daß transiente Merkmale nicht immer inhaltslos sind. In diesem kurzen Diskussionsausschnitt verdeutlicht der Sprecher mit seinem Blickwechsel, an welchen seiner Gesprächspartner er sich wendet, und zeigt damit gleichzeitig, wer als *Funktionär der Landwirtschaftskammer massiv beteilig*t war. Dieses Mirem hat also einerseits dialogisch-regulative Funktion, es identifiziert den Angesprochenen, andererseits parasemantisch-modifizierende Funktion, da es den Informationsgehalt der Verbaläußerung verändert, im vorliegenden Fall ergänzt.[4]

Die Multifunktionalität nonverbaler Verhaltensweisen, die grundsätzlich für alle Zeichenkategorien gilt, verdeutlichen auch die Gestemketten in Beispiel (1). Neben ihrer primär amplifizierenden Funktion sind diese Serien von 'batons' als den Sprechrhythmus illustrierende und damit quasi visualisierende Taktzeichen zu werten und haben folglich nicht nur parasemantische, sondern auch parasyntaktische Funktion.

Scherer (1979) unterscheidet neben den erwähnten - in diesem Rahmen natürlich nur angedeuteten und nicht ausführlich behandelten - parasemantischen, parasyntaktischen und dialogischen Funktionen als vierte Dimension nonverbalen Verhaltens die parapragmatischen Funktionen,[5] die primär für die permanenten Merkmale von Bedeutung sind.

3.2. Permanente Merkmale

Die Gruppe der permanenten Verhaltensweisen umfaßt durative Vokalisationsmerkmale, Körperhaltung, Körperorientierung und Mimik. Wie erwähnt, haben diese Zeichenklassen expressiv-parapragmatische Funktion und sind im Gegensatz zu transienten Merkmalen relativ unabhängig von den Inhalten der gleichzeitigen Verbaläußerung.

Aus den Ergebnissen bisheriger Analysen persuasiver Texte - Interviews, Diskussionen und Politikerreden - ergibt sich eine Subklassifikation permanenter Verhaltensweisen nach ihrer relativen Dauer in texttypspezifische Merkmale (Kineme, Proxeme) und sprechaktspezifische Merkmale (Mimeme und durative Vokalisationsmerkmale).

So konnte während persuasiver Aussagen eine zumeist konstante Körperhaltung und Körperorientierung festgestellt werden. Charakteristisch für diesen Proxem-Kinem-'type' sind ein aufrechter Oberkörper bei gerader Kopf- und Schulterhaltung (= Kinem) und eine frontale Positionierung zum Gesprächspartner (= Proxem). Dieses Ergebnis läßt vermuten, daß der Texttyp Persuasion in der Regel mit dieser spezifischen Sprechhaltung und -positionierung verbunden ist, und dürfte somit auch die Annahme Kendons (1979: 232f.) bestätigen, daß Körperhaltungen mit bestimmten "Sprechaktivitäten" korrelieren.

Mimik und grundsätzliche Vokalisation bleiben in den untersuchten Texten ebenfalls häufig über eine gesamte Sprechaktsequenz hinweg unverändert, können jedoch höchstwahrscheinlich nicht als texttypspezifische Verhaltensweisen interpretiert werden. Die Tatsache, daß der Gesichtsausdruck und die grundsätzlichen Vokalisationsmerkmale relativ konstant bleiben, scheint weniger von der Textillokution, der Überzeugungsabsicht, bedingt, sondern steht eher in einem Zusammenhang mit den für persuasive Texte typischen assertiven Sprechakten; eine Annahme, die sich zumindest in den bisher analysierten Texten bestätigt. So korrelieren die assertiven Sprechakte in der Regel mit der in Beispiel (1) beschriebenen Mimik und Vokalisation - ernster Gesichtsausdruck und akzentuierte, relativ langsame und laute Artikulation. In einigen wenigen Fällen konnten auch Veränderungen an Sprechaktgrenzen festgestellt werden, wie z. B. ein Wechsel von dem für assertive Sprechakte spezifischen Verhalten zu einem Lächeln und höherer Sprechgeschwindigkeit bei einem folgenden ironischen Sprechakt. Ein regelhafter Zusammenhang zwischen Mimik, Vokalisation und Sprechaktillokution kann aber aufgrund der bisherigen empirischen Ergebnisse nicht nachgewiesen werden und bleibt folglich eine, wenn auch nicht unbegründete, Spekulation.

Bestätigt werden können diese allgemein vermuteten und in einigen Fällen teilweise nachgewiesenen Korrelationen nur durch ausführliche empirische Untersuchungen. Sollte sich dabei ein regelhafter Zusammenhang zwischen permanenten nonverbalen Verhaltensweisen und einzelnen Sprechakttypen bzw. Texttypen feststellen lassen, wäre das höchstwahrscheinlich eine wesentliche Hilfe für jede Kommunikationsanalyse und würde, wie erwähnt, auch das gezeigte Notationssystem vereinfachen.

Anmerkungen

1 Problematisch bei dieser Gliederung ist die Bezeichnungsvielfalt: Die Gruppe der auditiven Phänomene faßt man als paralinguale Zeichen (nach Trager 1958) oder als vokale Zeichen (vgl. Scherer 1982) zusammen, die visuellen Phänomene als körpersprachliche Zeichen oder nonverbale Zeichen. Zudem wird nonverbal neben extralingual und extraverbal auch als Übergriff für beide Merkmalskategorien verwendet. Die gängigen englischsprachigen Termini für die drei Begriffe sind 'nonverbal communication' als Überbegriff, 'paralanguage' für vokal-auditive Phänomene und 'kinesics' für den Bereich körpersprachlicher Verhaltensweisen.

2 Klassifikation und Terminologie des körpersprachlichen Bereichs sind im wesentlichen von H. S. Scherer (1984) übernommen.

3 Dieser Unterschied zwischen Modulationen und Lautstärke- sowie Sprechgeschwindigkeitswechsel wird auch in der Notation deutlich: die Zeichen für Betonung und Dehnung sind tiefgestellt. Anzumerken ist, daß es bei händischer Markierung sinnvoll ist, die Zeichen für Sprechgeschwindigkeitswechsel durch Pfeile zu symbolisieren. Diese Darstellungsform wurde in der Druckversion nicht verwendet, da Pfeile von einigen Textverarbeitungsprogrammen nicht ausgedruckt werden können.

4 Der Vollständigkeit halber seien neben Amplifikation und Modifikation auch die beiden noch fehlenden parasemantischen Funktionen, Substitution und Kontradiktion, erwähnt: Substituierende, eine Verbalaussage ersetzende Funktion haben meist Embleme, wie z. B. Nicken für Bejahung. Kontradiktorische Funktion haben nonverbale Zeichen, wenn sie dem propositionalen Gehalt der gleichzeitigen Verbaläußerung widersprechen, wie z. B. verneinendes Kopfschütteln bei gleichzeitiger verbaler Bejahung.

5 K. R. Scherer (1979) unterscheidet die parapragmatische Funktionsdimension nonverbaler Zeichen in die Ausdrucksfunktion oder Expression und in die Reaktion auf Äußerungen des Gesprächspartners, von denen hier nur die Expressionsfunktion behandelt wird.

Literatur

Ehlich, K. / Rehbein, J. (1976): "Halbinterpretative Arbeitstranskription". - In: Linguistische Berichte 45, 21-41.

Ekman, P. / Friesen, W. (1969): "The repertoire of nonverbal behavior: categories, origin, usage, and coding". - In: Semiotica 1, 49-98.

- (1979): "Handbewegungen". - In: Scherer / Wallbott (eds.) 108-123.

Halwachs, D. W. (1991): Persuasiver Sprachgebrauch in der Politik. Versuch einer Stilanalyse anhand von TV-Gesprächen. - Graz: Diplomarbeit (ms.).

Kendon, A. (1979): "Die Rolle sichtbaren Verhaltens in der Organisation sozialer Interaktion". - In: Scherer / Wallbott (eds.) 202-235.

Scherer, H. S. (1984): Sprechen im situativen Kontext. Theorie und Praxis der Analyse spontanen Sprachgebrauchs. - Tübingen: Stauffenburg.

Scherer, K. R. (1979): "Die Funktionen nonverbalen Verhaltens im Gespräch". - In: Scherer / Wallbott (eds.) 25-32.

- (ed.) (1982): Vokale Kommunikation. Nonverbale Aspekte des Sprachverhaltens. - Basel: Beltz.

Scherer, K. R. / Wallbott, Harald G. (eds.) (1979): Nonverbale Kommunikation. Forschungsberichte zum Interaktionsverhalten. - Basel: Beltz.

Trager, G. L. (1958): "Paralanguage: A first approximation". - In: Studies in Linguistics 13, 1-12.

DIE PROLOKUTION UND IHRE ROLLE IM SPRECHAKT[1]

Jianming He

Das Sprechen einer Sprache ist eine Form regelgeleiteten Verhaltens. (Vgl. Searle 1969/1971: 29) Dieser Gedanke liegt der Sprechakttheorie zugrunde. Während Austin in den 50er Jahren seine Studenten noch überzeugen mußte, daß Sprechen eine Handlung ist (vgl. Austin 1962/1972: 26), ist die Sprechakttheorie heutzutage ein wichtiger Forschungsbereich in der Sprachwissenschaft geworden. Im Anschluß an Austin bilden Searle, Wunderlich und Hundsnurscher mit seinen Schülern eine Forschungstradition. Trotz der Unterschiede zwischen den jeweiligen Schulen gibt es in der bisherigen Forschung eine gemeinsame Auffassung: Der Sprechakt besteht aus drei Komponenten oder drei Teilakten. Diese drei Komponenten sind lokutionärer Akt, illokutionärer Akt und perlokutionärer Akt.

Nach Austin umfaßt der lokutionäre Akt a) den phonetischen Akt (Äußerung von Lauten), b) den phatischen Akt (Äußerung von Wörtern in grammatischen Konstruktionen) und c) den rhetischen Akt (Verwendung von Wörtern und Konstruktionen in einer bestimmten Bedeutung). (Vgl. Austin 1962/1972: 110f.) Demgegenüber bezeichnet Searle den phonetischen und den phatischen Akt als Äußerungsakt. Searle trennt von dem Äußerungsakt den propositionalen Akt, der aus Referenz und Prädikation besteht. (Vgl. Grewendorf 1980: 288ff., Hindelang 1983: 16 und Searle 1969/1971: 40)

Ein Sprechakt hat ein bestimmtes Handlungsziel. Um dieses Ziel zu erreichen, kann man verschiedene Äußerungsformen verwenden. Das Handlungsziel und die Äußerungsformen hängen nicht allein von der Absicht des Sprechers, sondern auch von den Umständen und den Situationen ab. Der Sprechakt kann nur unter bestimmten Bedingungen vollzogen werden.

In der bisherigen Forschung der Sprechakttheorie geht man davon aus: Wenn bestimmte Bedingungen für einen bestimmten Sprechakt vorhanden sind, "gelingt" der Sprechakt. Demgegenüber bin ich der Meinung: Das bloße Vorhandensein dieser wenigen bestimmten Bedingungen und die Erfüllung jener Bedingungen, wie Searle meint, (vgl. Searle 1971/1974: 96) reicht bei weitem nicht aus, um einen Sprechakt zu vollziehen. Bevor oder während ein Sprecher einen Äußerungsakt vollzieht, muß er die Umstände und die Situationen einschätzen und beurteilen. Für die richtige Wahl der Äußerungsformen spielt es eine entscheidende Rolle, ob der Sprecher die Situation, in der er den Sprechakt vollzieht, richtig einschätzt.

Diese Einschätzung ist eine Handlung des Sprechers. Diese Handlung nenne ich "prolokutionären Akt" oder "Prolokution".

Unter dem Begriff "Prolokution" ist die Vorbereitung des Sprechers auf den Äußerungsakt zu verstehen. Die "Vorbereitung" ist hier im engeren Sinn gemeint. Meines Erachtens gehören sowohl die intentionale Festlegung der Illokution als auch die Prolokution zur Vorbereitung auf die Lokution. Darauf werde ich später noch eingehen. Wie die Illokution und die Perlokution ist auch die Prolokution ein Teilakt des Sprechaktes.

Das Verhältnis zwischen dem Sprechen und den Situationen, in denen die sprachlichen Handlungen stattfinden, hat schon seit langer Zeit die Aufmerksamkeit der Sprachwissenschaftler, unter anderem auch der Sprechakttheoretiker gewonnen. Die ersten Forderungen nach Berücksichtigung der Situation sind schon vor drei Jahrhunderten von Comenius erhoben worden. Ihm ging es in erster Linie um eine Verbesserung des Fremdsprachenunterrichts. (Vgl. Scherer 1984: 40) Bis heute gibt es eine Fülle von Fachliteratur, die sich mit der Situation oder dem situativen Kontext des Sprechens beschäftigt.

In Searles Forschung hat die Analyse der Bedingungen einen wichtigen Platz eingenommen. Searle hat versucht, die Frage zu beantworten: "Welche Bedingungen sind notwendig und hinreichend, damit der Akt des Versprechens mittels der Äußerung eines gegebenen Satzes erfolgreich und vollständig vollzogen wird?" (Searle 1969/1971: 84) Searles Forschung über die Bedingungen für einen Sprechakt (hier das Versprechen) beschränkt sich auf die Beantwortung einer Frage, nämlich ob ein Ausdruck aufrichtig oder nicht aufrichtig ist. Seine Forschung kann aber die Frage nicht beantworten, warum genau die eine und nicht eine andere der Äußerungsformen ausgewählt wird. (Vgl. Searle 1971/1974: 99f.)

Man kann sagen, daß bis jetzt Situationen und Bedingungen meistens nur als stiller Gegenstand betrachtet und erforscht werden. Eine Ausnahme stellt Rehbein dar. Er betrachtet Situationseinschätzung als ein Stadium des Handlungprozesses "Orientierung". (Vgl. dazu Rehbein 1977: 16)[2] Ansonsten wird häufig übersehen, daß die Situationen und Bedingungen zuerst vom Sprecher berücksichtigt, interpretiert und eingeschätzt werden müssen. Daß die Einschätzung der Situationen und der Bedingungen nicht zum Sprechakt gerechnet wird, liegt offensichtlich daran, daß Situationen und Bedingungen als selbstverständlich angesehen werden oder daß es zu kompliziert erscheint, wenn die Einschätzung der Situationen und Bedingungen, insbesondere die Einschätzung der mentalen Situationen, mit einbezogen wird.

Um den Wunsch auszudrücken, daß man gerne das Salz gereicht bekommen möchte, kann man im Deutschen normalerweise folgende Sätze benutzen:

(1) Würden Sie mir bitte das Salz reichen?
(2) Kannst du mir mal das Salz reichen?
(3) Gibt mir das Salz!
(4) Die Suppe ist mir nicht salzig genug, ich möchte gern noch etwas Salz haben.
usw.

Bevor oder spätestens während er einen von diesen Sätzen ausspricht, muß der Sprecher folgendes wissen: a) wo er sich befindet, in einem Restaurant, in einer Kantine, bei einem Freund zu Hause oder bei sich zu Hause? b) wer der (An)Sprechpartner ist, ein Kellner, ein Kollege, ein Freund oder ein Familienangehöriger? c) in welchem psychischen Zustand sich der Sprechpartner befindet? usw.

Kurz gesagt, der Sprecher muß die Situation berücksichtigen, einschätzen und beurteilen. Dies ist ein notwendiger Akt des Sprechers beim Sprechen.

Es gibt eine Reihe von Versuchen, "Situation" genau zu definieren. "Der Situationsbegriff [...] spielt in der gegenwärtigen linguistischen Diskussion etwa die Rolle, die 'der Äther' in den Anfängen der Naturwissenschaft gespielt hat." (Hundsnurscher 1989: 128) Unter "Situation" versteht Scherer die Gesamtheit unterschiedlicher Parameter, die das kommunikative Verhalten von Gesprächspartnern steuern. (Vgl. Scherer 1984: 27) Er unterscheidet in dieser Hinsicht drei Dimensionen: soziale Dimension, physikalische Dimension und informatorische Dimension. (Vgl. Scherer 1984: 44ff.)

Eigentlich sind alle Situationen, die der Sprecher vor und während der sprachlichen Handlung wahrnehmen kann, zu berücksichtigen. Meines Erachtens sind drei Typen von Situationen für die Prolokution einer sprachlichen Handlung besonders relevant:

a) Die objektiven und subjektiven Situationen oder Zustände des Sprechers (Sp_1): "Objektiv" bedeutet, um Klaus und Buhr zu zitieren, "unabhängig vom einzelnen Subjekt und seinem Bewußtsein" (Klaus/Buhr 1974: 885), "subjektiv" dagegen "nur dem erkennenden Subjekt zukommend, vom einzelnen Subjekt bestimmt, von ihm bedingt" (Klaus/Buhr 1974: 1189). Nach Scherer besitzen die Begriffe "Objektivität" und "Subjektivität" keine absolute Trennschärfe. Jedes Objektive birgt auch Subjektives in sich und umgekehrt jedes Subjektive auch Objektives. (Vgl. Scherer 1984: 17) Die objektiven Situationen des Sprechers sind die Situationen, die zum Zeitpunkt der Prolokution nicht vom Sprecher abhängig, aber auf ihn bezogen sind. Für den Sp_1 ist es genau so notwendig wie selbstverständlich, sich richtig einzuschätzen. Er muß unter anderem ganz genau wissen, was er für seinen Kommunikationspartner bedeutet, welchen Wunsch er hat, wie ihm selbst zumute ist bzw. in welchem psychischen Zustand er sich befindet, was für eine Äußerungsform er sich erlauben kann usw.

b) Die objektiven und subjektiven Situationen oder Zustände des Kommunikationspartners (Sp_2): Genau wie bei sich selbst muß der Sprecher auch die objektiven und subjektiven Situationen seines Kommunikationspartners so richtig wie möglich einschätzen. Allerdings ist dies viel schwieriger als jenes. Sp_1 muß versuchen, aufgrund seiner Lebenserfahrungen, seiner Erfahrungen mit Sp_2, soweit vorhanden, und durch Beobachtungen richtig einzuschätzen, was für einen Kommunikationspartner er hat, wie dem Sp_2 zumute ist bzw. in welchem psychischen Zustand sich Sp_2 befindet, ob Sp_2 zu der Kommunikation bereit und fähig ist, welche Äußerungsform gegenüber Sp_2 am besten geeignet ist usw. Es wird in der Forschung häufig nur auf die objektive Situation von Sp_2 geachtet, dagegen wird die subjektive Situation, wie z. B. der psychische Zustand, vernachlässigt. So wird z. B. bei der Analyse der direktiven Sprechakte von einem Vorgesetzten Sp_1 gegenüber einem Untergebenen Sp_2 fast nur auf die soziale Hierarchie geachtet. (Vgl. Hindelang 1983: 56) Aber auch in derselben Hierarchie kann jeder Vorgesetzte je nach Charakter für die Untergebenen anders sein. Sogar derselbe Vorgesetzte kann je nach seiner Laune anders sein.

c) Die sonstigen Situationsmerkmale: Neben den oben erwähnten sind bei der Prolokution noch andere Situationsfaktoren zu beachten, beispielsweise der Kommunikationsort, der Öffentlichkeitsgrad der Kommunikation und die Konventionen einer Zeit.

Hiermit möchte ich die Analyse der für die Prolokution relevanten Situationen beenden und komme nun zu der Rolle der Prolokution im Sprechakt.

Mit Einführung des Begriffs der Prolokution besteht nun der Sprechakt aus vier Teilakten. Diese vier Teilakte werden meistens synchron vollzogen. Analytisch getrennt sehen die Verhältnisse unter den vier Teilakten sowie zwischen den vier Teilakten und dem Sprechakt wie folgt aus:

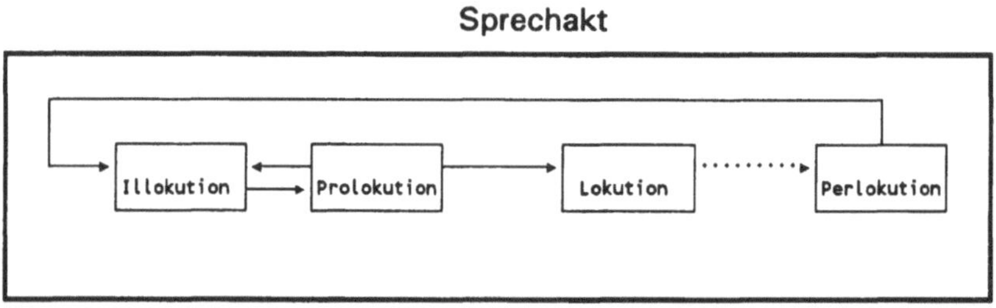

Bevor ich auf dieses Schema eingehe, möchte ich mich mit der vorherrschenden Auffassung über die Illokution und die Beziehungen zwischen Lokution, Illokution und Perlokution befassen.

Äußerungsakte werden nicht um ihrer selbst willen durchgeführt. Durch Äußerungen sollen bestimmte kommunikative Bedürfnisse befriedigt werden - kommunikative Bedürfnisse heißt, daß wir z. B. eine Frage stellen, eine Mitteilung machen, eine Warnung aussprechen, eine Empfehlung geben, eine Bitte vorbringen wollen. Um diese Bedürfnisse zu befriedigen, sprechen die Menschen Wörter und Sätze in bestimmter grammatischer Ordnung aus. Handlungen dieses Typs, die im Sprechen vollzogen werden, werden als illokutionärer Akt bezeichnet. (Vgl. Austin 1962/1972: 114f., Searle 1971/1974: 85 und Hindelang 1983: 8) "Der illokutionäre Akt ist die minimale Einheit sprachlicher Kommunikation", so meint Searle (1971/1974: 85).

Es ist unumstritten, daß es zwischen lokutionären, illokutionären und perlokutionären Akten ein enges Verhältnis gibt. Hindelang stellt dieses Verhältnis wie folgt dar:
"PERLOK → ILLOK → ÄUS" (Hindelang 1983: 12) Indem man einen Äußerungsakt vollzieht, vollzieht man einen illokutionären Akt. Ein perlokutionärer Akt vollzieht sich in dem Augenblick, wo ein illokutionärer Akt zustande kommt. Ein Äußerungsakt gilt als illokutionärer Akt. Ein illokutionärer Akt führt zum perlokutionären Akt. (Vgl. Hindelang 1983: 12ff.)

In der Forschung kommt man deshalb zu den obigen Feststellungen, weil man das Sprechen aus der Perspektive des Hörers oder des Beobachters analysiert. Anders als in der bisherigen Forschung möchte ich die sprachliche Handlung aus der Perspektive des Sprechers verfolgen. Für den Sprecher ist der illokutionäre Akt ein Prozeß, in dem er seine Intention bildet. Bevor oder während er den lokutionären Akt vollzieht, vollzieht er auch diesen Prozeß. Es ist richtig, daß der Kommunikationspartner meistens die Intention des Sprechers erst erkennen kann, während oder nachdem der Sprecher etwas äußert oder geäußert hat. Für den Sprecher ist aber wichtig, daß er die Intention schon bildet, bevor oder spätestens während er den Äußerungsakt vollzieht. Deshalb gehört der illokutionäre Akt auch zur Vorbereitung auf den lokutionären Akt (nämlich Äußerungsakt im engeren Sinn). Damit ist das Schema über das Verhältnis unter den vier Teilakten leichter zu verstehen.

Wie oben schon erwähnt, werden die Äußerungsakte nicht um ihrer selbst willen gemacht. Durch die Äußerungsakte will der Sprecher ganz bestimmte kommunikative Bedürfnisse befriedigen. Bevor oder während der Sprecher einen Äußerungsakt vollzieht, bildet er eine Intention. Der Gedanke fällt nicht vom Himmel. Die Bildung der Intention, die ich als Illokution verstehe, ist bedingt durch die Zielsetzung des Sprechers und seine Einschätzung der Situationen.

Bevor der Sprecher auf eine bestimmte Äußerungsform "zurückgreift", muß er seine objektive und subjektive Situation und die seines Kommunikationspartners sowie die sonstigen für den Sprechakt relevanten Situationsmerkmale einschätzen. Die Prolokution kann häufig dazu führen, daß der Sprecher seine Intention korrigiert. Mit der korrigierten Intention kommt der Sprecher wieder zur Prolokution. Wie selbstverständlich die Einschätzung der Situationen beim Vollzug eines Sprechaktes auch sein kann, sie gehört zu den Teilakten des Sprechaktes. Durch die Analyse der Prolokution läßt sich erklären, warum der Sprecher eine bestimmte der Äußerungsformen beim lokutionären Akt bevorzugt.

Welche Äußerungsform der Sprecher bei der Lokution benutzt, hängt von der Prolokution ab. Um einen Sprechakt zu vollziehen, steht dem Sprecher normalerweise eine Reihe von Äußerungsmöglichkeiten zur Verfügung. Welche Äußerungsform der Sprecher verwendet, ist nicht willkürlich. Die Entscheidung geht auf die Einschätzung der Situationen zurück.

Der Sprecher kann durch den Äußerungsakt bei seinem Kommunikationspartner etwas bewirken. Sp_1 kann Sp_2 gekränkt, getröstet, verunsichert, aufgeheitert, zum Lachen gebracht oder zu etwas verleitet haben. Dies wird als perlokutionärer Akt bezeichnet. Die Lokution muß nicht immer zu der Perlokution führen. Bis jetzt geht man davon aus, daß der perlokutionäre Akt von der Reaktion des Sp_2 abhängt. Meines Erachtens kann er jedoch auch unabhängig von der Reaktion des Sp_2, sondern nur abhängig von dem Sp_1 sein.[3]

Es hat sich also gezeigt, daß der Vollzug aller vier Teilakte im Rahmen des Sprechaktes stattfindet und daß die Einschätzung der Situationen durch den Sprecher, die ich als Prolokution bezeichne, ein notwendiger Bestandteil des Sprechaktes ist.

Anmerkungen

1 Während der Entstehung meines Konzepts haben mich Prof. Dr. Franz Hundsnurscher und HDoz. Dr. Werner Zillig mit ihrem fachlichen Rat sehr ermutigt und unterstützt. Beiden gilt mein herzlicher Dank.

2 Henne (1975) hat im Zusammenhang mit dem Sprech- und Hörverstehensakt den Begriff "prälokutiver Akt" (Henne 1975: 73) verwendet. Damit meint er hauptsächlich die Konzeption des Sprechers für "Äußerungs-, propositionalen, illokutiven (und ggf. perlokutiven) Akt" (Henne 1975: 73). Er trennt den prälokutiven Akt von den anderen sprachlichen Handlungen ab und vergleicht das Verhältnis von prälokutivem Akt und den anderen Teilakten einer Sprechhandlung mit der "Beziehung 'Denken und Sprechen'" (Henne 1975: 73).

3 In diesem Vortrag wird auf eine weitere Diskussion über die Perlokution verzichtet.

Literatur

Austin, J. L. (1962): How to do things with words. - Oxford: Oxford University Press. - Übers.: Zur Theorie der Sprechakte. - Stuttgart: Philipp Reclam jun., 1972.

Grewendorf, G. (1980): "Sprechakttheorie". - In: Lexikon der Germanistischen Linguistik. II (Tübingen: Niemeyer, 2. A.) 287-293.

Henne, H. (1975): Sprachpragmatik. Nachschrift einer Vorlesung. - Tübingen: Niemeyer.

Hindelang, G. (1983): Einführung in die Sprechakttheorie. - Tübingen: Niemeyer.

Hundsnurscher, F. (1989): Sprachliche Äußerungen als Bindeglieder zwischen Sprechsituationen und Kommunikationszwecken. - In: Scherer, H. (1989): Sprache in Situation. Eine Zwischenbilanz (Bonn: Romanistischer Verlag) 115-153.

Klaus, G. / Buhr, M. (1974): Philosophisches Wörterbuch. - Leipzig: VEB Bibliographisches Institut.

Rehbein, J. (1977): Komplexes Handeln. Elemente zur Handlungstheorie der Sprache. - Stuttgart: J. B. Metzler.

Scherer, H. S. (1984): Sprechen im situativen Kontext. Theorie und Praxis der Analyse spontanen Sprachgebrauchs. - Tübingen: Stauffenberg.

Searle, J. R. (1969): Speech acts. - Cambridge: Cambridge University Press. - Übers.: Sprechakte. Ein sprachphilosophischer Essay. - Frankfurt am Main: Suhrkamp, 1971.

- (1971): "Was ist ein Sprechakt?". - In: Schmidt, S. J. (1974): Pragmatik I. Interdisziplinäre Beiträge zur Erforschung der sprachlichen Kommunikation (München: Fink) 84-102.

"LÜGT MAN IM DEUTSCHEN, WENN MAN HÖFLICH IST?"

Peter-Paul König

1. Einleitung

"Lügt man im Deutschen, wenn man höflich ist?", überschreibt Harald Weinrich (1986) einen Beitrag, den er anläßlich der Ehrung mit dem Konrad-Duden-Preis verfaßt hat. Weinrich bezieht sich mit seiner Titelfrage auf ein Gespräch zwischen Mephistopheles und dem Baccalaureus in Goethes Faust II:

> **Baccalaureus:** Gesteht nur: Euer Schädel, Eure Glatze
> Ist nicht mehr wert als jene hohlen dort?
> **Mephistopheles (gemütlich):** Du weißt wohl nicht, mein Freund, wie grob du bist?
> **Baccalaureus:** Im Deutschen lügt man, wenn man höflich ist. (Goethe, Faust II: 251)

Zu welchen Ergebnissen kommt Weinrich? "Die [...]frage selbst [...] wird, nehme ich alles in allem, im Grunde mit Nein beantwortet", schreibt Dolf Sternberger (1966: 80) in seiner Nachbemerkung zu Harald Weinrichs "Linguistik der Lüge", Weinrichs Antwort auf die Preisfrage der Deutschen Akademie für Sprache und Dichtung aus dem Jahre 1964: "Kann Sprache die Gedanken verbergen?" Etwa so ließen sich auch Weinrichs auf die zur Diskussion stehende Titelfrage bezogenen Ergebnisse zusammenfassen. Weinrich bleibt eine eingehende Untersuchung und eine klare Beantwortung der Frage schuldig.[1] Dies hat wohl nicht allein mit der Textsorte 'Preisrede' zu tun; es dürfte im wesentlichen daran liegen, daß Weinrich kein Instrumentarium zur Verfügung steht, das es ihm erlaubt, eine klare Unterscheidung zwischen Lügen und anderen sprachlichen Handlungen - insbesondere solchen, die auf Täuschung hin angelegt sind - zu treffen.[2] Ein Blick in die einschlägige Literatur zur Höflichkeit zeigt, daß er damit keineswegs allein steht. So heißt es bei Brown/Levinson (1978/1987: 115):

> A further output of the positive politeness desire to avoid disagreement is the social 'white lie', where S, when confronted with the necessity to state an opinion, wants to lie [...] rather than damage H's positive face. [...] Both S and H know that this is not true [...].

Über ein geeignetes Instrumentarium verfügen m. E. einige Konzepte der erweiterten Sprechakttheorie, dies zeigen nicht zuletzt die Publikationen von Gabriel Falkenberg (1982) und Bettina Giese (1992). Die beiden Untersuchungen sind im gegebenen Zusammenhang ausgesprochen hilfreich und anregend. Dennoch soll den folgenden Ausführungen eine etwas abweichende Konzeption zugrunde gelegt werden. Es ist im Rahmen dieses Beitrags nicht möglich, die Differenzen eingehender zu diskutieren, die wesentlichen Unterschiede sollen jedoch zumindest kurz genannt werden: Giese und Falkenberg gehen vom Searleschen Bedingungs- bzw. Regelkatalog für Sprechakte aus; Searle unterscheidet ja bekanntlich zwischen

Regeln des propositionalen Gehalts, Einleitungsregeln, Aufrichtigkeitsregeln und der wesentlichen Regel. Nach Giese stehen die drei letztgenannten Regel- bzw. Bedingungstypen in einem Zusammenhang mit Täuschungshandlungen, wobei die Einleitungsbedingungen zum Teil mit Täuschungen in Verbindung gebracht werden können, zum Teil nicht.[3] Dem Bedingungskatalog zufolge, der den folgenden Ausführungen zugrunde gelegt wird und der sich auch in anderen Zusammenhängen bewährt hat,[4] werden Täuschungshandlungen mit einem Bedingungstyp und mit allen Elementen dieser Klasse von Bedingungen in Verbindung gebracht, nämlich mit den Akzeptanzbedingungen. Lügen erweisen sich als Täuschungshandlungen, bei denen eine bestimmte Akzeptanzbedingung verletzt ist.

Bevor näher auf die Lüge und deren Verhältnis zu anderen Täuschungshandlungen eingegangen wird, sollen einige Höflichkeitsformen genannt werden, die immer wieder mit Lügen in Zusammenhang gebracht worden sind. Als 'lügenverdächtig' gelten in der Forschungsliteratur vor allem:

- das Anredepronomen *Sie* in Absetzung vom vertraulichen *Du*,
- Euphemismen wie das Wort *Raumpflegerin*,
- die sogenannten 'indirekten Sprechakte' wie *Kannst Du mir (bitte) das Salz reichen*,
- Routineformeln wie *Sehr geehrter Herr/Sehr geehrte Frau*,
- Komplimente.

Es mag zunächst wenig plausibel erscheinen, einzelne der genannten Höflichkeitsformen mit Lügen in Verbindung zu bringen, so z. B. Höflichkeitsformen auf der Wortebene, die m. E. von vornherein von jedem 'Lügenverdacht' freizusprechen sind. Weinrichs (1966: 34) Frage "Können Wörter lügen?" erscheint auf den ersten Blick skurril; natürlich lügen nicht die Wörter, allenfalls lügen Sprecher, indem sie sich bestimmter Äußerungsformen bedienen. Dennoch wird man sich mit entsprechenden Positionen auseinandersetzen müssen.

2. Lügen und andere Täuschungshandlungen

Gesetzt den Fall, jemand antwortet auf die Frage:

(1) Hat Leningrad seinen Namen behalten, oder haben sich die Bewohner für eine Namensänderung entschieden?

mit folgender Äußerung:

(2) Natürlich haben sich die Stimmberechtigten für die Beibehaltung von 'Leningrad' entschieden.

Vermutlich würde der Antwortende der Lüge bezichtigt, denn die Abstimmung ging ja zugunsten des Namens 'St. Petersburg' aus - der Sprecher hat die Unwahrheit gesagt. Wahrheit und Lüge erscheinen häufig wie ein Gegensatzpaar. Lügen heißt demnach so viel wie 'die Unwahrheit sagen'.

Doch das angesprochene Verhältnis ist bekanntlich nicht ganz so einfach. Die Umbenennung Leningrads liegt bereits eine Weile zurück, vielleicht will der Befragte die Wahrheit sagen, er will den Fragenden nicht täuschen - er täuscht sich bzw. seine Erinnerung täuscht ihn. Wer wollte entscheiden, ob es sich bei (3) - am Tag nach dem Bekanntwerden der Vorwürfe gegen Jürgen Möllemann gesprochen - um eine Lüge handelt?

(3) Möllemann hat die aufgesetzten Empfehlungsschreiben nicht unterschrieben, einer seiner Mitarbeiter hat Blanko-Bögen verwendet.

Ob eine Äußerung 'irrig' oder 'gelogen' ist, kann man der sprachlichen Einheit allein nicht ansehen. Wer die Unwahrheit sagt, ohne es zu wollen, lügt nicht - nur wer wissentlich die Unwahrheit sagt, lügt. In diesem Sinne umschreiben viele Wörterbücher die Bedeutung der Wörter 'lügen' bzw. 'Lüge':

eine wissentliche unwahrheit sagen (Grimm 1854-1961, VI: 1273)
wissentlich und absichtlich eine Unwahrheit sagen (Campe 1809, III: 167)
absichtlich falsche Aussage (Wahrig 1966/4. A. 1986: 849)

Auf der anderen Seite gibt es Fälle, in denen jemand die Unwahrheit sagen will, aber die Wahrheit sagt, z. B. wenn jemand ausschließlich über die Informationen aus dem ersten Interview Möllemanns verfügt, diesen für glaubwürdig hält und behauptet:

(4) Möllemann hat das Empfehlungsschreiben selbst unterzeichnet.

Der Antwortende hätte in (4) wohl die Wahrheit gesagt. Wer jedoch weiß, daß er (4) auf der Grundlage der angesprochenen Meldung geäußert hat, wird ihm zu Recht eine Lügenintention nachsagen. Ein Lügner zeichnet sich weniger dadurch aus, daß er die Unwahrheit sagt, als dadurch, daß er die Unwahrheit sagen will.[5] Dies hat bereits Augustinus erkannt, wenn er schreibt:

mendacium est enuntiatio cum voluntate falsum enuntiandi
(Augustin, De mendacio, Kap. IV, zit. nach Weinrich 1966: 13)

Schon Augustinus hatte Zweifel, ob diese Charakterisierung ausreichend ist. Angenommen, der Antwortende geht z. B. davon aus, daß sein Gesprächspartner die Frage (1) gestellt hat, um zu prüfen, ob er weiß, wie in Leningrad abgestimmt wurde - der Fragende kennt das Ergebnis ganz genau; der Angesprochene antwortet wie in (2), wohl wissend, daß er seinen Gesprächspartner damit nicht täuschen kann, da dieser ja um das tatsächliche Ergebnis weiß, und in der Absicht, ihm zu erkennen zu geben, daß auch er das Ergebnis kennt und die Frage für unangemessen hält: Man kann in diesem Fall uneigentlichen Sprechens nicht von einer Lüge sprechen. Es liegt keine Täuschungsabsicht vor. Vergleichbar liegen die Verhältnisse z. B. beim ironischen oder fiktiven Sprechen.

Von ähnlichen Überlegungen ausgehend, gelangt Falkenberg zu folgender Charakterisierung:

[...] lügen [beinhaltet, P.P.K.] unserer Auffassung nach sowohl die Absicht [...], etwas Falsches zu sagen, als auch die, den andern zu täuschen [...]. (Falkenberg 1982: 120)

Wie sich Lügen zu anderen Täuschungshandlungen verhalten, kann an einem Beispiel, einem jiddischen Witz, entwickelt werden, den Strecker (1977: 167) in die Diskussion eingeführt hat:

(5) 'Wohin fährst du?'
'Nach Warschau, Holz einkaufen.'
'Wozu die Lüge? Ich weiß doch: Wenn du sagst, du fährst nach Warschau, Holz einkaufen, dann

fährst du in Wirklichkeit nach Lemberg, Getreide verkaufen. Zufällig weiß ich aber, daß du tatsächlich nach Warschau fährst, um Holz zu kaufen. Wozu lügst du also?'

In dem gegebenen Beispiel behauptet der Befragte, nach Warschau fahren zu wollen, und spricht damit die Wahrheit aus. Er tut dies aber, um seinen Gesprächspartner zu täuschen, dieser soll glauben, er fahre nach Lemberg. Es handelt sich in (5) also um eine Täuschungshandlung des Befragten, m. E. aber nicht um eine Lüge.[6] Allen Täuschungshandlungen gemeinsam ist ihre Unwahrhaftigkeit, die Unaufrichtigkeit des Sprechers. Nur wo sich diese Unwahrhaftigkeit auf einen - wie Weigand (1989: 129) schreibt - "repräsentativen Wahrheitsanspruch", d. h. auf ein 'Für-wahr-Halten', bezieht, kann man von einer Lüge im engeren Sinne sprechen. So handelt es sich z. B. bei unaufrichtigen Bitten und Scheinfragen nicht um Lügen, sondern um andere Typen von Täuschungshandlungen.

Die Sprechakttheorie sieht die Lüge in enger Beziehung zur Behauptung. So schreiben Ehlich/Martens (1972: 387):

Das Lügen ist auf den illokutionären Akt des Behauptens bezogen. [...] Die Lüge nun ist eine scheinbare Behauptung. Für den Hörer soll sie, so die Absicht des Sprechers, als Behauptung zählen.

Den Ausführungen Searles (1969/1971: 95f.) zum unaufrichtigen Versprechen folgend, stellt sich die 'klassische Lüge' allerdings nicht nur als scheinbare, sondern als tatsächliche Behauptung dar.

Behauptungen sind sprachliche Handlungen mit dem Zweck, den anderen dazu zu bringen, etwas zu glauben, und das heißt: der Behauptung zuzustimmen.[7] Eine Behauptung ist also dann erfolgreich, wenn der Angesprochene der Aussage Glauben schenkt. Voraussetzung dafür wiederum ist, daß er die Äußerung versteht und akzeptiert. Man kann entsprechend zwischen Bedingungen für das Verstehen, die Akzeptanz und die Erfüllung einer Behauptung unterscheiden:[8]

Verstehensbedingungen:

1. Aus der Äußerung im gegebenen Kontext wird erkennbar, daß Sp1 Sp2 gegenüber behauptet, daß p.
2. Die Äußerungsform im gegebenen Kontext ist zum Vollzug einer Behauptung geeignet.
3. Es ist nicht offensichtlich, daß Sp2 weiß, daß p.
4. Es ist nicht offensichtlich, daß eine der Akzeptanz- oder Erfüllungsbedingungen verletzt ist.

Akzeptanzbedingungen:

5. Sp1 glaubt, daß p.
6. Sp1 will, daß Sp2 glaubt, daß 5.
7. Sp1 will, daß Sp2 glaubt, daß p.
8. Sp1 will, daß Sp2 glaubt, daß 7.
9. Sp1 hat Beweismittel/Gründe etc. für die Wahrheit von p.

Erfüllungsbedingungen:

10. Sp2 hält die Verstehens- und Akzeptanzbedingungen für erfüllt.
11. Sp1 kann Sp2 gegenüber herleiten, daß p, bzw. Sp2 glaubt, daß Sp1 ihm gegenüber herleiten kann, daß p.

Mit Hilfe dieses Bedingungskatalogs ist es möglich, die Beziehung zwischen Lügen und verwandten Handlungen genauer zu bestimmen. Bei der Lüge ist die Akzeptanzbedingung 5 (Sp1 glaubt, daß p) verletzt. Lügen sind unaufrichtige Behauptungen, Austin (1962/1979: 40) hat in diesem Zusammenhang von "Mißbräuchen" ("abuses") gesprochen, für die gilt: "Die Handlung kommt zustande, ist aber unehrlich."

Lügen sind also Behauptungen mit einem spezifischen Defekt. Sie werden - sofern nicht zusätzlich eine der Verstehensbedingungen verletzt ist - normalerweise verstanden, und sie können natürlich auch erfolgreich sein, nämlich dann, wenn der Angesprochene die Unaufrichtigkeit nicht bemerkt. Bei irrigen Behauptungen liegt demgegenüber keine Verletzung der Akzeptanzbedingungen vor. Bei ihnen ist - wenn Sp2 die Falschheit der Aussage erkennt - die Erfüllungsbedingung verletzt. Ironische Realisierungen des Behauptungsmusters dagegen kommen gar nicht erst zustande, die Verstehensbedingung 4 ist defekt: Es ist offensichtlich, daß Sp1 nicht glaubt, daß p, daß Sp1 nicht will, daß Sp2 glaubt, daß p, usw. Im Fall der doppelten Täuschung schließlich ist die Akzeptanzbedingung 7 (Sp1 will, daß Sp2 glaubt, daß p) verletzt. Mit der einfachen Lüge hat diese Form der Täuschung gemeinsam, daß jeweils eine Verletzung einer der Akzeptanzbedingungen (und unter diesen stets einer Aufrichtigkeitsbedingung) vorliegt, die spezifischen Defekte bei Lüge und doppelter Täuschung unterscheiden sich jedoch voneinander. Auch die Verwandtschaft zu täuschenden Realisierungen anderer Sprechakttypen wie Bitte oder Frage liegt darin begründet, daß für all diese Fälle Verletzungen der Aufrichtigkeitsbedingungen charakteristisch sind.

In der linguistischen Literatur ist diskutiert worden, ob eine Charakterisierung der Lüge als spezifische Form der unaufrichtigen Realisierung des Behauptungsmusters nicht zu eng sei. So hat Eggs (1976: 316) darauf hingewiesen, daß es neben der direkten Erhebung von Wahrheitsansprüchen in Behauptungen auch indirekte Formen der Erhebung von Wahrheitsansprüchen im Zusammenhang anderer Sprechakte gebe:

> Man kann zwischen einem direkten und einem indirekten Wahrheitsanspruch unterscheiden: ein direkter Wahrheitsanspruch liegt bei Behauptungen vor (durch eine Behauptungshandlung 'teilt' uns ein Sprecher 'mit', daß er der Meinung ist, daß das von ihm Behauptete wahr ist). Ein indirekter Behauptungsanspruch liegt bei Präsuppositionen vor.

Dies soll im folgenden am Beispiel der 'Frage' diskutiert werden: Gesetzt den Fall, der in (1) Befragte weiß, daß die Leningrader sich für den Namen 'St. Petersburg' entschieden haben, geht aber davon aus, daß sein Gesprächspartner dies nicht weiß; er könnte ihn nun in täuschender Absicht z. B. fragen:

(6) Warum, meinst du, haben sich die Leningrader für die Beibehaltung ihres Städtenamens entschieden?

Mit (6) behauptet er zwar nicht, daß sich die Leningrader für die Beibehaltung ihres Städtenamens ausgesprochen haben, unterstellt aber, daß dem so ist. Man könnte hier von einem "indirekten Wahrheitsanspruch" im Sinne Eggs (1976: 316) bzw. von einer "indirekten Lüge" im Sinne Frankenbergs (1982: 137) sprechen.

3. Höflichkeit und Lüge

Auf der Grundlage der vorgestellten Überlegungen ist es möglich, das Verhältnis zwischen Lüge und Höflichkeit einer eingehenden Analyse zu unterziehen. Zunächst sollen einige

Höflichkeitsphänomene auf der Wortebene besprochen werden. In der Literatur wird in diesem Zusammenhang die sogenannte 'Höflichkeitsform' des Anredepronomens *Sie* genannt und dem vertraulichen *Du* gegenübergestellt. Weinrich (1986: 16) schreibt hierzu allgemein:[9]

> Man kann an dieser kleinen Beobachtung [...] eine grammatische Regel ablesen, die für alle Formen der sprachlichen Höflichkeit gilt: Sie lautet: Wenn von zwei Ausdrucksformen, die in einer Situation zur Wahl stehen, die eine scharf und die andere schwach konturiert ist, so gilt immer die schwach konturierte Form als die höflichere.

Es ist offensichtlich, daß es Fälle gibt, in denen die 'Höflichkeitsform' *Sie* Anwendung findet, ohne daß dabei gelogen wird, z. B. wenn ein Gast in einem Restaurant dem Ober gegenüber äußert:

(7) Bringen S i e mir bitte die Karte.

Selbst wenn ein Student in einer Studentenkneipe, in der es üblich ist, *Du* zu sagen, eine Äußerung wie (7) äußert, wird man wohl kaum von einer Lüge sprechen: Der Gast will die Bedienung nicht täuschen.

Eine Täuschungsabsicht liegt allerdings in Beispiel (8) vor: Zwei Tatverdächtige sind auf der Polizeiwache. Sie haben die ihnen zur Last gelegte Tat gemeinschaftlich begangen, kennen und 'duzen' einander, wollen den Polizisten gegenüber aber den Eindruck vermitteln, als ob sie einander unbekannt seien. Einer der beiden spricht den anderen mit folgenden Worten an:

(8) Weshalb sind Sie denn hier vorgeladen?

Man könnte geneigt sein, hier von einer 'indirekten Lüge' zu sprechen, denn das *Sie* wird ja in täuschender Absicht geäußert. Der Tatverdächtige will damit aber nicht den Angesprochenen belügen, sondern Dritte - eben die Polizisten - täuschen. Man mag dies eine 'doppelt indirekte Lüge' nennen; auf jeden Fall aber dürfte deutlich geworden sein, daß recht abstruse Beispiele herangezogen werden müssen, um Fälle aufzuzeigen, in denen durch die Verwendung höflichkeitsrelevanter Anredepronomina getäuscht (oder sogar gelogen) wird.

Als Beispiele lügenverdächtiger Höflichkeitsphänomene auf der Wortebene werden häufig Euphemismen genannt. Für sie gilt, was Weinrich (1986: 25) an anderer Stelle hervorgehoben hat:

> Höflichkeit ist ein sprachliches oder nichtsprachliches Verhalten, das zum normalen Umgang der Menschen miteinander gehört und den Zweck hat, die Vorzüge eines anderen Menschen indirekt zur Erscheinung zu bringen oder ihn zu schonen, wenn er vielleicht nicht vorzüglich ist.

Ein Beispiel dafür ist etwa die Verwendung des Ausdrucks *Raumpflegerin* in Äußerungen wie:

(9) Arbeiten Sie hier als R a u m p f l e g e r i n?

Wer (9) als 'indirekte Lüge' interpretiert, müßte beim Fragenden die Absicht nachweisen, Falsches zu sagen und damit zu täuschen. Man müßte also nachweisen, daß der Fragende nicht glaubt, daß die Angesprochene die Berufsbezeichnung *Raumpflegerin* verdient (Verstoß gegen Akzeptanzbedingung 5), daß der Fragende dabei die Absicht verfolgt, die Angesprochene zu täuschen, indem er sie glauben macht, daß sie eine *Raumpflegerin* - und eben keine

Putzfrau - ist (Akzeptanzbedingung 7). Ersteres dürfte nur mit großem Aufwand nachzuweisen sein, letzteres ist kaum vorstellbar.

Interessanter sind einige Höflichkeitsformen auf der Ebene sprachlicher Handlungen, die in die Nähe zur Lüge gerückt worden sind, so z. B. die sogenannten 'indirekten Sprechakte'. Neben der 'direkten' Form (10) stehen zum Vollzug eines Sprechakts (z. B. einer Bitte) in der Regel auch höflichere Äußerungsformen wie (11) und (12) zur Verfügung:

(10) Ich bitte dich, mir das Salz zu reichen.
(11) Kannst du mir bitte das Salz reichen?
(12) Es wäre nett von dir, wenn du mir das Salz reichen würdest.

Bei den beiden 'höflichen' Varianten kann weder dem Sprecher Unwahrhaftigkeit im Sinne der Akzeptanzbedingung 5 unterstellt werden - es besteht keine Differenz zwischen Glauben und Sagen - noch soll der Angesprochene getäuscht werden: Das Ziel des Sprechers, das Salz zu erhalten, ist nur erreichbar, wenn der Angesprochene den Aufforderungscharakter erkennt.

Zu den lügenverdächtigen Höflichkeitsformen werden häufig auch die Routineformeln gezählt. Man könne einen Lügner nennen, wer *Guten Tag* sagt, ohne dem anderen einen guten Tag zu wünschen, *Grüß Gott* sagt, ohne an Gott zu glauben, *Sehr geehrte Frau* bzw. *Sehr geehrter Herr* schreibt, ohne die entsprechende Person zu ehren, oder einen Brief mit *Hochachtungsvoll* bzw. *Mit freundlichen Grüßen* schließt, ohne der angespochenen Person gegenüber Hochachtung zu empfinden oder diese freundlich grüßen zu wollen. Wer dies so auffaßt, übersieht allerdings, daß es sich bei den genannten Formeln um konventionelle Grußformen bzw. Briefanfänge oder -beendigungen handelt. Zu solchen Routineformeln schreibt Coulmas (1981: 117):

> In ihnen [Routineformeln, P. P. K.] spiegelt sich insofern gesellschaftliches Wissen, als sie den Sprecher dazu in die Lage versetzen bzw. es ihm in vielen Fällen erleichtern, richtig zu reagieren und Kommunikationssituationen auf akzeptable Weise, in Übereinstimmung mit Konventionen, Normen etc. seiner Gesellschaft sprachlich zu bewältigen. Sprachliche Routine gibt ihm zudem Sicherheit. [...] Die Reziprozität zwischen Sprecher und Hörer ist unter Routinebedingungen gewährleistet: Ersterer kann davon ausgehen, daß letzterer ihn versteht und daß letzterer weiß, daß er davon ausgeht. Er kann sich, kurz gesagt, auf die Gangbarkeit ausgetretener Wege zur Erreichung immer wieder vorkommender kommunikativer Ziele verlassen.

Wer einen Kontrahenten mit den Worten *Guten Tag* grüßt, der bringt damit nicht zum Ausdruck, daß er ihm einen erfolgreichen Tag wünscht, oder begeht ihm gegenüber gar eine Täuschungshandlung - er grüßt ihn eben, und eine der dafür üblichen Formeln ist *Guten Tag*.

Ähnliches gilt auch für das Kompliment, das Lipmann (1927: 5) - etwas irreführend - als "konventionelle Lüge" bezeichnet:

> Mag sie [die "konventionelle Lüge", P. P. K.] auch ihrem ersten Ursprung nach [...] aus der Absicht erwachsen (sein), nichts dem Andern Unangenehmes zu sagen [...], so haben doch insbesondere sprachpsychologische Gründe (Bedeutungswandel, Mechanisierung oft gebrauchter Redewendungen) mit der Zeit bewirkt, daß solch konventionelle Redensarten [...] zu bloßen Formeln geworden sind, deren Aussprechen durch eine davon abweichende innere Stellungnahme nicht gehemmt wird. Weder braucht diese innere Stellungnahme beim Gebrauch der konventionellen Redensart überhaupt zum Bewußtsein zu kommen, noch viel weniger wird mit ihrem Gebrauch die Absicht verfolgt, daß der Hörende sie wörtlich nimmt.

Zum Spiel des Kompliments gehören Übertreibungen. Zwar könnte man hier von einer Differenz zwischen Glauben und Sagen sprechen, nicht aber von Täuschungsabsicht. Nur wo nicht übertrieben, sondern Nachteile als Vorzüge ausgegeben werden, kann dem Sprecher unter Umständen eine Täuschungsabsicht unterstellt werden.

4. Schlußbemerkungen

Man kann lügen, wenn man höflich ist, dies ist jedoch keineswegs der Normalfall. Wer höflich ist, lügt nur dann, wenn er gleichzeitig die Absicht hat, Falsches zu sagen und den anderen damit zu täuschen. Dies ist mit 'höflichen Sprachmitteln' eher schwieriger, handelt es sich dabei doch um - wie Schopenhauer schreibt - "offenkundig falsche Münze".

> Höflichkeit ist Klugheit; folglich ist Unhöflichkeit Dummheit [...]. Denn Höflichkeit ist, wie die Rechenpfennige, eine offenkundig falsche Münze: Mit einer solchen sparsam zu sein, beweist Unverstand: hingegen Freigiebigkeit mit ihr Verstand. Alle Nationen schließen den Brief mit votre tres-humble serviteur, - your most obedient servant, - suo devotissimo servo: bloß die Deutschen halten mit dem 'Diener' zurück. (Schopenhauer 1851, I: 445)

Schopenhauer empfindet die deutschen Höflichkeitsformen in Übereinstimmung mit einer landläufigen Meinung offensichtlich nicht gerade als übertrieben. Dem entspricht eine Lesart des Adjektivs *deutsch* 'offen, deutlich, kein Blatt vor den Mund nehmend'(vgl. Grimm 1854-1961, II: 1046), auf die sich offensichtlich die Figur des Baccalaureus an der eingangs zitierten Stelle aus Goethes Faust bezieht. Wer angesichts dieser 'Armut' des Deutschen Höflichkeitsformen aus anderen Sprachen ins Deutsche übernimmt (wer - um beim Beispiel Schopenhauers zu bleiben - beim Briefschluß mit dem 'Diener' nicht zurückhält), der riskiert, mißverstanden zu werden; und wer solch eine Diskrepanz zwischen 'Meinen' und 'Verstehen' beabsichtigt, der lügt im Deutschen, wenn er höflich ist.

Anmerkungen

1 Dies festzustellen heißt nicht, Weinrichs Text zu verwerfen, handelt es sich bei seinem Beitrag anläßlich der Ehrung mit dem Konrad-Duden-Preis der Stadt Mannheim im März 1986 doch um eine Preisrede und nicht um eine wissenschaftliche Untersuchung; die Titelfrage fungiert in erster Linie als 'Aufhänger'. Sommers (1992) Ausführungen zur Lüge bleiben ähnlich unscharf.

2 Im folgenden werde ich Handlungen, die mit Täuschungsabsicht vollzogen werden, verkürzend als 'Täuschungshandlungen' bezeichnen - unabhängig davon, ob sich der angestrebte Erfolg tatsächlich einstellt.

3 Von den Einleitungsbedingungen für Aufforderungen (1a: H ist in der Lage, A zu tun, 1b: S glaubt, daß H in der Lage ist, A zu tun, 2: Es ist nicht offensichtlich, daß H bei normalem Verlauf der Ereignisse A aus eigenem Antrieb tun wird) bringt Giese nur die Bedingung 1b mit Täuschungshandlungen in Verbindung. Zu den Erweiterungen des Searleschen Sprechaktmodells bei Giese vgl. auch Rolf (1992).

4 Vgl. z. B. König (1991), Beckmann (1993).

5 Zu einer anderen Einschätzung kommt Eggs (1976: 323), der als eines der Charakteristika von Lügen die 'intersubjektive Falschheit von p' nennt.

6 Zu einer anderen Einschätzung kommt Heringer (1990: 14), der einen 'weiten Lügenbegriff' vertritt.

7 Vgl. Rolf (1983), eine andere Sicht findet sich z. B. bei Searle (1969/1971: 100 f.).
8 Vgl. Sökeland (1979); Motsch/Pasch (1987: 27); König (1991).
9 Die Verhältnisse sind wesentlich komplizierter, als Weinrich hier vorgibt: Bereits die Bezeichnung des Anredepronomens *Sie* als 'Höflichkeitsform' ist durchaus problematisch.

Literatur

Austin, J. L. (1962): How to do things with words. - Oxford: Clarendon Press. - Übers.: Zur Theorie der Sprechakte. - Stuttgart: Reclam, 2. A. 1979.

Beckmann, S. (1993): "Argumentationsbeendigende Züge. Versuch einer Analyse und Wertung". - In: Darski, J. / Vetulani, Z. (ed.): Sprache - Kommunikation - Informatik. Akten des 26. Linguistischen Kolloquiums, Poznań 1991 (Tübingen: Niemeyer) 571-578.

Beetz, M. (1990): Frühmoderne Höflichkeit. - Stuttgart: Metzler.

Brown, P. / Levinson, S. C. (1978): "Universals in language usage: politeness phenomena". - In: Goody, W. N. (ed.): Questions and politeness (Cambridge: Cambridge University Press) 56-311. - Neuausgabe: Brown, P. / Levinson, S. C.: Politeness. Some universals in language usage. - Cambridge: Cambridge University Press, 1987.

Campe, J. H. (1809): Wörterbuch der Deutschen Sprache. - Braunschweig: Schulbuchhandlung.

Coulmas, F. (1981): Routine im Gespräch. - Wiesbaden: Athenaion.

Eggs, E. (1976): "TÄUSCHEN: Eine semantisch-pragmatische Analyse". - In: Linguistik und Didaktik 7, 315-326.

Ehlich, K. / Martens, K. (1972): "Sprechhandlungstheorie und double-bind". - In: Wunderlich, Dieter (ed.): Linguistische Pragmatik (Frankfurt a. M.: Athenäum) 377-403.

Falkenberg, G. (1982): Lügen. Grundzüge einer Theorie sprachlicher Täuschung. - Tübingen: Niemeyer.

Giese, B. (1992): Untersuchungen zur sprachlichen Täuschung. - Tübingen: Niemeyer.

Goethe, J. W. von (1854): Faust. Der Tragödie zweiter Teil. - Wieder in: Goethe, J. W. von: Werke. VI. - Frankfurt a. M.: Insel, 1981.

Grimm, J. / Grimm, W. (1854-1961): Deutsches Wörterbuch. I-XVI: - Leipzig: Hirzel.

Heringer, H. -J. (1990): "Ich gebe Ihnen mein Ehrenwort". Politik, Sprache, Moral. - München: Beck.

König, P.-P. (1991): "Habermas, der Tod und die Kaiserin. Überlegungen zur Sequentialität von Sprechhandlungen anhand einiger Beispiele aus der Totentanzliteratur". - In: Klein, E. / Pouradier Duteil, F. / Wagner, K. H. (eds.): Betriebslinguistik und Linguistikbetrieb. Akten des 24. Linguistischen Kolloquiums, Bremen 1989 (Tübingen: Niemeyer) 185-197.

Lange, W. (1984): Aspekte der Höflichkeit. - Frankfurt a. M. etc.: Lang.

Lipmann, O. (1927): "Zur Psychologie der Lüge". In: Lipmann, O. / Plaut, P. (eds.): Die Lüge (Leipzig: Barth) 1-14.

Rolf, E. (1983): Sprachliche Informationshandlungen. - Göppingen: Kümmerle.

- (1992): "Rezension zu B. Giese 'Untersuchungen zur sprachlichen Täuschung'". - In: König, P.-P. / Wiegers, H. (eds.): Sprechakttheorie. Münstersches Logbuch zur Linguistik 2, 87-93.

Schopenhauer, A. (1851): Parerga und Paralipomena I. - Wieder in: Schopenhauer A.: Schopenhauers sämtliche Werke in acht Bänden. V/VI. - Berlin: Verlagsgesellschaft für Literatur und Kunst, o. J.

Searle, J. R. (1969): Speech acts. Cambridge: Cambridge University Press. - Übers.: Sprechakte. - Frankfurt a. M.: Suhrkamp, 1971.

Sökeland, W. (1980): Indirektheit von Sprechhandlungen. - Tübingen: Niemeyer.

Sommer, V. (1992): Lob der Lüge. Täuschung und Selbstbetrug bei Tier und Mensch. - München: Beck.

Sternberger, D. (1966): "Nachbemerkung". - In: Weinrich (1966) 79f.

Strecker, B. (1977): "Kommunikationsprinzipien und der Aufbau der Kommunikation". - In: Heringer, H.-J. u. a.: Einführung in die Praktische Semantik (Heidelberg: Quelle & Meyer) 167-181.

Wahrig, G. (1966): Deutsches Wörterbuch. - Gütersloh: Bertelsmann, 4. A. 1986.

Weigand, E. (1989): Sprache als Dialog. Sprechakttaxonomie und kommunikative Grammatik. - Tübingen: Niemeyer.

Weinrich, H. (1966): Linguistik der Lüge. - Heidelberg: Schneider.

Weinrich, H. (1986): Lügt man im Deutschen, wenn man höflich ist? - Mannheim etc.: Bibliographisches Institut.

¿COMO SE LLAMA ... ? KOMMUNIKATIVE FUNKTIONEN DES GESTIKULIERENS IN WORTSUCHEN

Cornelia Müller

1. Einleitung

Wenn Sprache als Kommunikationsmedium Gesprächspartnern nur eingeschränkt zur Verfügung steht, sei es dauerhaft (in einer interkulturellen Kommunikationssituation), oder sei es zeitweilig (in Wortsuchen), so ergeben sich Rahmenbedingungen, die eine systematische Analyse kommunikativer Funktionen des Gestikulierens in Gesprächen entscheidend befördern. Diesen Überlegungen tragen die Auswahl der Daten (Videoaufnahmen dyadischer Gespräche, in denen Spanisch als Fremdsprache gesprochen wird) und die Fokussierung der Analyse auf Wortsuchen Rechnung. Grund für die Analyse dieser spezifischen Kommunikationssituation ist, daß gerade in dieser Situation gezeigt werden kann, daß Gesprächspartner Gesten systematisch als Medium der Kommunikation einsetzen. Ein Medium, das nicht bloßes Ornament des Sprechens ist, sondern das der interpersonellen Herstellung von Verständigung ebenso dient wie der Strukturierung von diskreten Handlungen in der Kommunikation von Angesicht zu Angesicht. Wir haben es mit einem komplex organisierten Zeichensystem zu tun, das parallel zur sprachlichen Kommunikation eine zweite kommunikative Ebene des Austausches darstellt. Gestik ist einerseits eng mit sprachlicher Kommunikation verbunden, anderseits aber ist sie auch sprachunabhängig. Daß Gesprächspartner sich gerade diese Eigenschaften des gestischen Ausdrucksmediums zunutze machen, soll im Rahmen der Analyse kommunikativer Funktionen in Wortsuchen aufgezeigt werden.

Folgende Aspekte sind näher zu beleuchten: Eine Klassifikation der Gestentypen, gefolgt von einer Analyse der kommunikativen Funktionen des Gestikulierens, die - obwohl anhand der Analyse von Wortsuchsequenzen herausgearbeitet - nicht auf diese spezielle Gesprächssituation eingeschränkt sind. Schließlich werden die beobachteten Gestenformen im Hinblick auf parallel und sequentiell auftretende Ebenen kommunikativer Funktionen analysiert. Doch zunächst noch einige Erläuterungen zum Datenkorpus, auf dem meine Analysen basieren.[1]

2. Das Korpus

Das Korpus besteht aus insgesamt neununddreißig Gesprächen à zwanzig Minuten Länge, davon wird in zehn Gesprächen Spanisch und in weiteren zehn Deutsch als Muttersprache gesprochen. Zehn Gespräche sind interkulturell im engeren Sinne: Zehnmal wird Deutsch und neunmal Spanisch als Fremdsprache gesprochen. Bei der Textsorte handelt es sich um Alltagsgespräche, d. h. wir haben es hier mit freien Konversationen ohne Themenvorgabe zu tun. Den Probanden wurde als Untersuchungsgegenstand Kommunikationsstrategien in fremdsprachigen Gesprächen sowie im interkulturellen Vergleich genannt. Teilgenommen haben an der Untersuchung Studenten, Lektoren, Lehrer und Gaststudenten der Freien Universität Berlin zwischen zwanzig und fünfunddreißig Jahren. Von jedem Teilnehmer wurde sowohl eine fremdsprachliche als auch eine muttersprachliche Aufzeichnung angefertigt. Insgesamt haben sich einundvierzig Personen beteiligt, davon dreiundzwanzig deutsche und fünfzehn spanische Muttersprachler sowie drei biliguale Catalán/Castellano Sprecher. Die hier vorgestellten Ergebnisse beziehen sich somit lediglich auf einen Teilbereich einer breiter angelegten Untersuchung, genauer gesagt auf die Gespräche, in denen Spanisch als Fremdsprache gesprochen wird.

Bevor nun die kommunikativen Funktionen des Gestikulierens näher beleuchtet werden, soll zunächst die Klassifikation der Gestentypen vorgestellt werden.

3. Die Klassifikation der Gestentypen

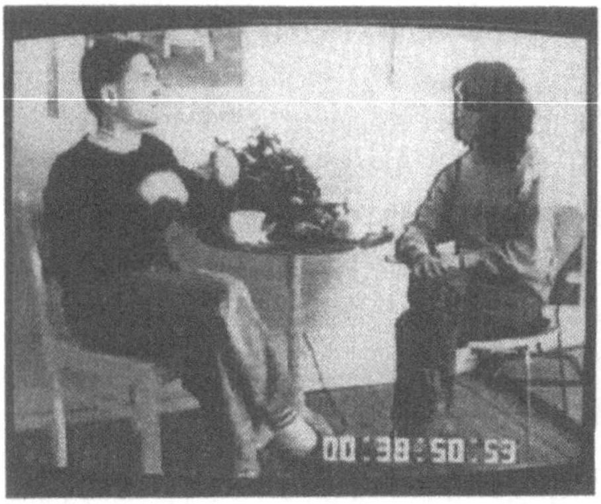

(Abb. 1)

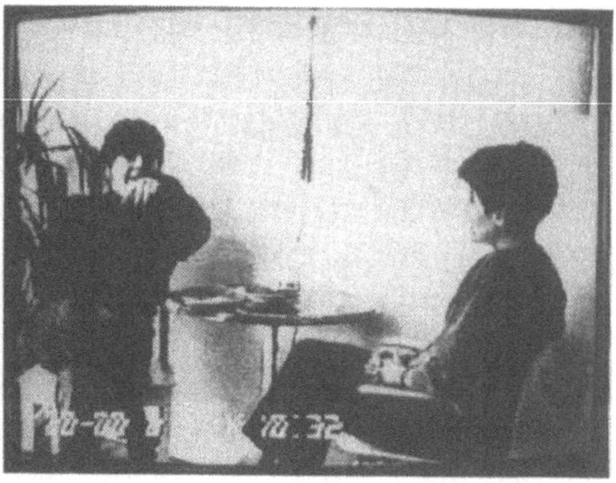

(Abb. 2)

Betrachtet man die abgebildeten Photographien, so läßt sich spontan recht eindeutig festlegen, wer in diesen festgehaltenen Augenblicken Sprecher und wer Zuhörer ist. In beiden Fällen spricht die linke Person. Was diese intuitive Zuordnung motiviert, ist die Tatsache, daß sich jeweils bei einem der Gesprächspartner Hand oder Hände vor dem Körper befinden - offenbar hat hier die Kamera einen Moment eines Bewegungsflusses festgehalten -, während die Hände des anderen Teilnehmers am Gespräch im Schoß ruhen. Die beiden Fälle unterscheiden sich somit im Hinblick auf zwei Aspekte: Ort und Bewegung der Hände. Im ersten Fall befinden sich die Hände vor dem Körper und im Bewegungsfluß, im zweiten befinden sie sich am Körper und ruhen.

Ich schlage eine Klassifikation der Gestentypen nach Hörer- und Sprechergesten vor. Diese Klassifikation folgt der Sichtweise der Kommunikationspartner. Sie ist es auch, die die Miteinbeziehung der Ruhepositionen der Hände in den hier vorgeschlagenen Gestikbegriff motiviert. Eine solche Auffassung von Gestik mag zunächst ungewöhnlich erscheinen. Tatsächlich werden diese Gestentypen - wenn überhaupt - nur von Psychologen mitbetrachtet, und dann unter dem Gesichtspunkt personenbezogener Informationen (Freedman 1977). Doch weder Psychologen noch Psycholinguisten (McNeill 1992) noch gesprächsanalytisch orientierte Forscher (Schegloff 1984, Kendon 1983) analysieren sie konsequent im Hinblick auf ihren kommunikativen Charakter. Letztere schließen sie sogar ausdrücklich von der Analyse aus. Dies geschieht ganz zu Unrecht, denn - und dies zeigt der vorliegende Beitrag - Ruhepositionen verschiedener Form haben nicht nur kommunikativen Charakter, sondern klare kommunikative Funktionen. Welche Formen von Handbewegungen den Sprecher- bzw. Hörergesten subsumiert werden, wird im folgenden kurz umrissen.

3.1. Hörergesten - verschiedene Formen potentieller Ruhepositionen

3.1.1. Selbst-Adaptoren

3.1.1.1. Hand-Kopf-Berührungen

Die Hand berührt den Mund, die Stirn, die Nase, den Nacken. Entweder handelt es sich um kurze, reibende Bewegungen oder aber um lange, anhaltende Berührungen. Die Hände verweilen über einen längeren Zeitraum unbeweglich oder reibend in einer Ruheposition. (Die Hand stützt den Kopf des Nachdenkenden oder des aufmerksamen Zuhörers.)

3.1.1.2. Hand-Hand-Berührungen

Die Hände berühren einander, meist ruhen sie gefaltet oder locker übereinandergelegt im Schoß des Zuhörers.

3.1.2. Objekt-Adaptoren[2]

Objekte werden mit einer Hand oder mit beiden Händen berührt oder gehalten. Die Hände halten beispielsweise eine Kaffeetasse, berühren die Armlehnen des Stuhles, spielen mit Kugelschreibern, Servietten und ähnlichen Objekten. Solche Berührungen dauern charakteristischerweise länger an, die Hände verweilen entweder über längere Zeit hinweg ruhig an oder auf dem Objekt (der geduldige Zuhörer hält seine Kaffeetasse ruhig in den Händen), oder aber sie verfolgen kontinuierliche, reibende oder klopfende Bewegungen (der ungeduldige, nervöse Zuhörer klopft mit dem Kugelschreiber auf den Tisch).[3]

3.2. Sprechergesten - verschiedene Formen redebegleitender Gesten

Redebegleitende Gesten sind Bewegungen der Hände und Arme vor dem Körper, die typischerweise das Sprechen begleiten. Sie stellen verschiedene Aspekte des Gesagten oder des nicht Gesagten dar. Sie verbildlichen Aspekte des Referenten, indem sie in abstrahierter und konventioneller Weise Form, Größe, Bewegungsqualität nachzeichnen. Dies ist zum Beispiel der Fall, wenn mit zwei ausgestreckten Fingern die ovale Form einer Ikone im Wortsinne nachgezeichnet wird - hier dominiert die semantische Funktion dieses Gestentypus. Eine besondere Variante redebegleitender Gesten sind Zeigegesten. Sie verweisen in konkreter (der reale Ort wird angezeigt) oder in hoch abstrahierter Form (Deixis am Phantasma, temporale aber auch lokale Deixis) auf den Referenten. Zeigegesten zeichnen sich darüber hinaus in besonderer Weise durch ihren (inter-) aktionalen Charakter aus. So signalisieren sie beispielsweise das Akzeptieren einer vom Gesprächspartner angebotenen Lösung durch eine Zeigegeste in Richtung des kommunikativen Gegenübers, die Richtung mithin, aus der die Lösung angeboten wurde.

3.2.1. Objekt-Adaptoren

Objekt-Adaptoren müssen nicht notwendigerweise Hörergesten sein. So liegt eine redebegleitende Geste und ein Objekt-Adaptor vor, wenn mit Gegenständen in der Hand, Zigaretten, Kugelschreibern, Brillen vor dem Körper gestikuliert wird.[4]

3.3. Hörer- und Sprechergesten: Prinzip der Klassifikation

Im folgenden sei das Prinzip, das der Klassfikation und Zuordnung der Bewegungen zum Sprecher- und Hörerstatus zugrunde liegt, graphisch dargestellt und erläutert.

(Abb. 3)

Bewegung / Ort	+	-	
an Körper oder Objekt	rp reib, rp neu	rp beibehalten	Hörer
vor dem Körper	redbegl, auflö	redbegl, einfri	Sprecher
	Sprecher	Hörer	

Die Bedeutung der Gestentypen im Hinblick auf den Grad des Sprecher-Hörer Status läßt sich durch die Bildung von Oppositionspaaren recht präzise festmachen. Die Paare unterscheiden sich in mindestens einem der beiden oben angeführten Aspekte.

Betrachten wir die typische Ruheposition (rp, beibehalten) (Abb. 4): Beide Hände ruhen (Bewegung: -) im Schoß (Ort: Körper). Verändert sich nun der Aspekt Bewegung (Bewegung:

+) - die Hände führen im Schoß kleine Bewegungen aus - so handelt es sich hier entweder um den Übergang zu einer neuen Ruheposition und/oder um das Aufnehmen einer kontinuierlichen, z. B. reibenden Bewegung. Die Bewegung signalisiert eine Reduzierung der Beteiligung als Hörer (Abb. 6). Der sprichwörtliche unaufmerksame Zuhörer reibt beständig die Hände aneinander.

Verändern sich aber beide Aspekte Ort und Bewegung, so haben wir die kanonische Sprechergeste vor Augen, die sich entweder im Fluß befindet (Abb. 7) oder aber aus einer Starre aufgelöst wird (Abb. 9). Verändert sich hingegen nur der Ort, d. h. findet eine ruhende Geste nicht am Körper oder auf einem Objekt statt, sondern im Gestenraum vor dem Körper, dann haben wir es mit dem Einfrieren einer redebegleitenden Geste zu tun, wie wir sie häufig in Initiierungsphasen bei Wortsuchsequenzen finden (Abb. 8).

(Abb. 4) toda esas ehm .h ehm casas[5]

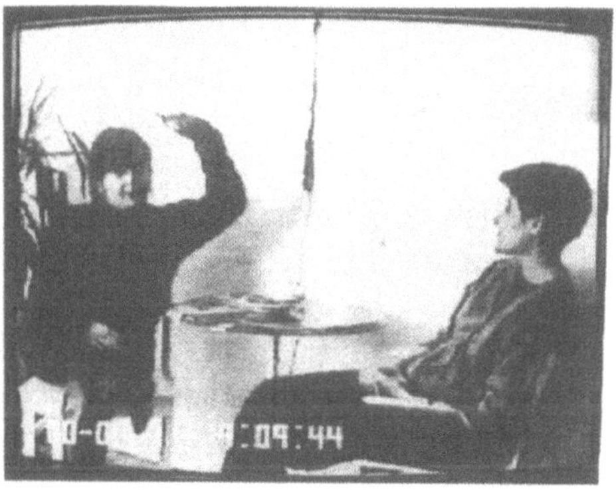

(Abb. 5) muy altos

(Abb. 6) cómo se llama en español ehm .h

(Abb. 7) EDIFICIOS

(Abb. 8) si RASCA (Abb. 9) CIELOS

4. Die Analyse: Kommunikative Funktionen des Gestikulierens und die gestische und verbale Realisierung der Wortsuchen

Was die Wortsuchen motiviert, sind lexikalische Problemquellen, wie sie sich häufig in fremdsprachlicher Kommunikation beobachten lassen. Gesucht wird die angemessene Übersetzung einer muttersprachlichen Bezeichnung. Sie werden mit dem Frageformat 'Cómo se llama?' (Wie heißt das?) oder 'Cómo se dice?' (Wie sagt man?) oder aber durch verbale Markierungen wie gedehnte Silben, Wortabbrüche, Wiederholungen von Wörtern oder durch gefüllte Pausen eingeleitet und in folgenden Reparaturformaten durchgeführt: Selbst-initiierte Selbstreparatur, Selbst-initiierte Fremdreparatur und Fremd-initiierte Selbstreparatur (Sacks/Schegloff/Jefferson 1977).

Die Wortsuchen werden als interaktiver Aushandlungsprozeß mit dem Ziel der Herstellung von Verständigung analysiert, einer Form oder Ebene von Verständigung, die es den Beteiligten erlaubt, das Gespräch fortzusetzen. Wann für die Beteiligten hinreichende Verständigung erreicht ist, zeigen sich die Kommunikationspartner wechselseitig auf - beispielsweise durch Auflösen einer eingefrorenen Geste (Abb. 9) - und ist deshalb auch für den analysierenden Betrachter zugänglich. Darüber hinaus werden Wortsuchen als kognitives Problem betrachtet, das sich folgendermaßen charakterisieren läßt: Der Nichtmuttersprachler hat einen muttersprachlichen Ausdruck im Sinn, den er mangels adäquater Übersetzung mit verbalen und gestischen Mitteln - im Wortsinne - umschreibt, beispielsweise durch Darstellen oder Zeigen von Höhe relativ zur eigenen Körpergröße (Abb. 5, 7, 8). Nicht zuletzt stellen Wortsuchen auf einer psychologischen Ebene eine Ausnahmesituation dar, und zwar insofern, als sie eine Rückbesinnung des kommunizierenden Selbst vom Gesprächspartner auf sich selbst notwendig machen, eine Rückbesinnung, die den Prozeß der Konzentration auf das zu Sagende unterstützt (Freedman 1977). Dies wird gestisch durch die Selbstberührung - die zuvor noch gestikulierende Hand bewegt sich zur Kopfregion (Abb. 6) - gewährleistet.

Doch nun zum zentralen Punkt meiner Analyse: Welche kommunikativen Funktionen haben Gesten in diesen verschiedenen Wortsuchen, und auf welche Ebenen der Kommunikation nehmen welche Gestenformen Bezug? Die recht komplexen Zusammenhänge werden zunächst durch die unten abgebildete Graphik veranschaulicht:[6]

(Abb. 10)

Kommunikative Funktionen	Ebenen der Kommunikation	Form Ort/Bewegung	Form Ort/Bewegung
(inter-) aktional	Handlungsebene (Aktivität > Wortsuche Initi./Korr./Ratifiz.	redbegl, neu redbegl, einfri redbegl, auflö redbegl,beschr	rp, beibehal rp, neu rp, reibend
sozial-organisatorisch	Beziehungsebene Beteiligung > Spre. Hör.	alle Sprechergesten	alle Hörergesten
darstellend	Inhaltsebene	redbegl, neu redbegl, einfri	hörerbezogen Hand-Kopf, bb Hand-Hand, bb
psychisch-regulativ	Personenbezogene Ebene		Hand-Kopf, Hand-Hand -> neu -> reibend

Die in der oben abgebildeten Graphik vertikal notierten kommunikativen Funktionen treten parallel auf, d. h. eine einzige Handbewegung zeichnet sich durch maximal vier kommunikative Funktionen aus. Ihre Analyse verkompliziert sich nicht nur durch die Parallelisierung der Funktionen in einer einzigen Geste, sondern auch dadurch, daß einer kommunikativen Funktion mit verschiedenen gestischen Formen Ausdruck verliehen werden kann. So kann die Phase der Initiierung einer Wortsuche ((inter-) aktionale Funktion) sowohl durch eine neue redebegleitende Geste, die den gesuchten Referenten beschreibt (darstellende Funktion) (Abb. 5, 7), als auch durch das Einfrieren einer fließenden Bewegung (Abb. 5, 8), deren Auflösung dann in der Phase der Ratifizierung das Einverständnis mit der vom Gesprächspartner angebotenen Lösung signalisiert (Abb. 9), kommuniziert werden. Eine dritte Möglichkeit, die Initiierungsphase als Aktivität zu kennzeichnen, besteht in der gestischen Beschreibung der Suche selbst, etwa durch rhythmisches Auf- und Abbewegen der gegeneinander gerichteten Handflächen (Abb. 4). Parallel zu den beschriebenen (inter-) aktionalen und darstellenden Funktionen demonstrieren die verschiedenen Varianten redebegleitenden Gestikulierens in allen Fällen den Sprecherstatus (sozial-organisatorische Funktion).

Was nun die kommunikativen Funktionen der Hörergesten anbetrifft, so trifft dies für sie in spiegelbildlicher Weise zu. Alle Hörergesten zeichnen sich durch ihr Potential aus, verschiedene Grade der Sprecher/Hörerbeteiligung zu organisieren (sozial-organisatorische Funktion) (vgl. Abb. 10). Darüber hinaus verdeutlicht das Beibehalten der Ruheposition seitens des Zuhörers während einer Turbulenz - z. B. einer Wortsuche - auf der sprachlichen Kommunikationsebene, daß diese als Seitensequenz des Sprechers betrachtet wird, die keine besondere Partizipation des Hörers verlangt. Das Einnehmen einer neuen Ruheposition zeigt hingegen an, daß die Aktivität als Seitensequenz behandelt wird; eine Seitensequenz, in der die Aktivität einer Korrektur von seiten des Hörers gefordert sein könnte. Eine solche Korrektur durch den Hörer kann von kontinuierlichen Hand-Hand-Berührungen begleitet werden, die den flüchtigen Status dieser Korrekturphase signalisieren und auf diese Weise die vorausschauende Strukturierung des Kommunikationsgeschehens ermöglichen. Dem suchenden Sprecher wird vermittelt, daß die Übernahme des Rederechtes durch den Hörer lediglich vorübergehenden Charakter hat (Abb. 6 - 9).

Gleichzeitig stellen insbesondere die Hand-Kopf-und Hand-Hand-Berührungen in durchaus konventionalisierter Form den Zuhörenden dar (Darstellungsfunktion) (Abb. 4)[7], und gerade sie erfüllen auch psychisch-regulative Funktionen, indem sie die Konzentration auf das gesuchte Wort durch die Bestätigung des Selbst in der Kommunikation (Freedman 1977) unterstützen. Dies zur Schichtung kommunikativer Funktionen einzelner Gestentypen. Abschließend sei nun die sequentielle Anordnung der Gesten in den charakteristischen Phasen der Wortsuche kurz vorgestellt. Folgende Interaktionsformate lassen sich festhalten:

Initiierung

- Beibehalten der Ruheposition der Hände und verbale Markierung der Suche (Abb. 4, 5)
- Neue Ruheposition der Hände und verbale Markierung der Suche (insbesondere Frageformat) (Abb. 6)
- Reibend in der Ruheposition und verbale Markierung der Suche (insbesondere Frageformat) (Abb. 6)
- Beginn einer redebegleitenden Geste und verbale Markierung der Suche (insbesondere Frageformat) (Abb. 7)
- Einfrieren einer redebegleitenden Geste und verbale Markierung der Suche (insbesondere Frageformat) (Abb. 8)

Korrektur

- Beibehalten der Ruheposition der Hände und verbale Paraphrase
- Reibend in der Ruheposition und verbale Paraphrase (Abb. 7, 8, 9)
- Neue beschreibende Geste und verbale Paraphrase

Ratifizierung
- Beibehalten der Ruheposition der Hände und Hörersignal (Abb. 9)
- Neue redebegleitende Geste und verbale Bestätigung
- Auflösen einer eingefrorenen Geste und verbale Bestätigung (Abb. 9)
- Neue Ruheposition der Hände und verbale Bestätigung

Die vorgestellten Interaktionsformate treten meist in Kombination auf. In der überwiegenden Zahl der Fälle finden in der Initiierungsphase zunächst gar keine Veränderungen statt, die Ruhepositionen werden beibehalten. Wenn aber der gestische Ausdrucksmodus mit eingesetzt wird, dann in der folgenden Reihenfolge: neue Ruheposition, Bewegung in der Ruheposition, neue redebegleitende Geste und schließlich Einfrieren derselben. Für die Korrekturphase gilt: Gelingt die rein sprachliche Auflösung des Problems nicht, wird Gestik in ihren darstellenden Qualitäten eingesetzt (Abb. 5, 7, 8). Wird die angebotene Korrektur gestisch ratifiziert, so kann dies durch die Auflösung der eingefrorenen Geste (Abb. 9), eine neue redebegleitende Geste (deikt. Geste in Richtung Gesprächspartner) oder das Einnehmen einer neuen Ruheposition geschehen.

Natürlich werden nicht in jeder Wortsuche alle gestischen Mittel eingesetzt. Gestik ist in zweifacher Hinsicht sequentiell eingebettet, d. h. die Hände können an jeder Stelle einer sprachlichen Äußerung und ausgehend von jeder Position der Hände auf das Problem Wortsuche reagieren. Taucht die Wortsuche auf, während der Sprecher gerade gestikuliert, dann wird er diese gestisch direkt durch das Einfrieren der Bewegung initiieren. Kommt das Problem zu einem Zeitpunkt auf den Plan, an dem die Hände gerade ruhen, dann hat der Sprecher die Wahlmöglichkeit zwischen einer neuen Ruhepositon und einer neuen redebegleitenden Geste. Diese subtile Interaktion von Gestik und Sprache unterstreicht nochmals den sprachbezogenen, aber gleichzeitig autonomen Charakter des gestischen Ausdrucksmediums.

Anmerkungen

1 An dieser Stelle sei Prof. Dr. G. Klann-Delius ebenso für den konstruktiven Rat bei der Ausarbeitung des Transkriptionssystems wie für die großzügige Bereitstellung der Auswertungsgeräte gedankt.

2 Ich folge hier bewußt nicht der von Ekman/Friesen (1969) vorgeschlagenen Klassifikation, die Objekt- und Selbst-Adaptoren unter eine Kategorie verschiedener Adaptoren subsumiert und beide als " [...] usually interactive and rarely communicative [...]" (Ekman/Friesen 1969: 94) kennzeichnet. Daß beide Formen Informationen übermitteln, die sowohl interaktive als auch kommunikative Relevanz besitzen, darauf weist die hier vorgelegte Analyse kommunikativer Funktionen des Gestikulierens hin.

3 Hörergesten werden im folgenden mit 'rp' für Ruheposition abgekürzt.

4 Sprechergesten werden im folgenden auch als redebegleitende Gesten kurz 'redbgl' bezeichnet, wobei 'einfri' als Kurzform für Einfrieren und 'aufl' als Kürzel für Auflösen einer eingefrorenen Geste gewählt wurde. Das Verharren in einer Position wird als 'rp beibehalten' oder 'rp bb' notiert.

5 Die Äußerungen der Muttersprachlerin (rechte Sprecherin) sind in Versalien, die der Nichtmuttersprachlerin in Kleinschreibung abgedruckt. Ins Deutsche übersetzt lautet der Text wie folgt: "diese ganzen ehm ehm hohen häuser wie heißt das auf spanisch ehm? GEBÄUDE. ja. WOLKENKRATZER".

6 Ich danke Prof. Dr. Helmut Richter für seine Geduld, seinen Scharfsinn und für seine konstruktiven Vorschläge insbesondere bei der Findung und Klärung der hier vorgeschlagenen Begriffe.

7 Vgl. auch die Abbildungen und Ausführungen zur Klassifikation der Gestentypen.

Literatur

Ekman, P. / Friesen, W. (1969): "The repertoire of nonverbal behavior: categories, origins, usage and coding". - In: Semiotica 1, 49-98.

Freedman, N. (1977): "Hands, words and mind." - In: Freedman, N. / Grand, S. (eds.): Communicative structures and psychic structures (New York: Pergamon Press) 109-132.

Kendon, A. (1983): "Gesticulation and speech: Two aspects of the process of utterance". - In: Key, M.R. (ed.): The relationship between verbal and nonverbal communication (The Hague: Mouton) 207-227.

McNeill, D. (1992): Hand and mind. What gestures reveal about thought. - Chicago: Chicago University Press.

Sacks, H. / Schegloff, E. / Jefferson, G. (1977): "The preference for self-correction in the organization of repair in conversation". - In: Language 53, 361 -382.

Schegloff, E. (1984): "On some gestures' relation to talk". - In: Atkinson, M. / Heritage, J. (eds.): Structures of social action (Cambridge: Cambridge University Press) 266-296.

SKANDALBEWÄLTIGUNG

Kommunikation in kritischen Situationen

Wolfgang Niehüser

1. Zum Stand der Skandalforschung

Vor zwanzig Jahren hat Niklas Luhmann gesagt, daß es kaum Forschung über Skandale gebe, die nicht selbst skandalös sei.[1]

Dieser Bewertung wird man aus heutiger Sicht wohl nicht mehr uneingeschränkt zustimmen können. Es sind insbesondere in den letzten Jahren eine Vielzahl von soziologischen, historischen und politikwissenschaftlichen Untersuchungen veröffentlicht worden,[2] die man keineswegs pauschal als unwissenschaftlich abqualifizieren kann, obwohl - und das ist zweifellos auf die Bemerkung Luhmanns zurückzuführen - bei der gegenseitigen Rezeption das Prädikat "unwissenschaftlich" auffallend häufig verwendet wird. Vielleicht ist das auch ein Grund dafür, warum sich die Linguistik bislang aus dieser Diskussion weitgehend herausgehalten hat.

Ich will die Forschungsdiskussion nur insofern streifen, daß ich die wichtigsten Problemstellungen benenne:

Die Debatte orientiert sich allgemein an der sogenannten "Skandaltriade" (vgl. Neckel 1989: 58). Das ist - wie man unschwer erkennen kann - eine Wiederbelebung des altehrwürdigen Kommunikationsmodells. 1987 hat der Soziologe Jörg Bergmann die "Klatsch-Triade" ins Feld geführt; nun gibt es also auch die Skandal-Triade. Dabei werden - wie könnte es anders sein - drei fundamentale Rollen unterschieden:

Abb. 1

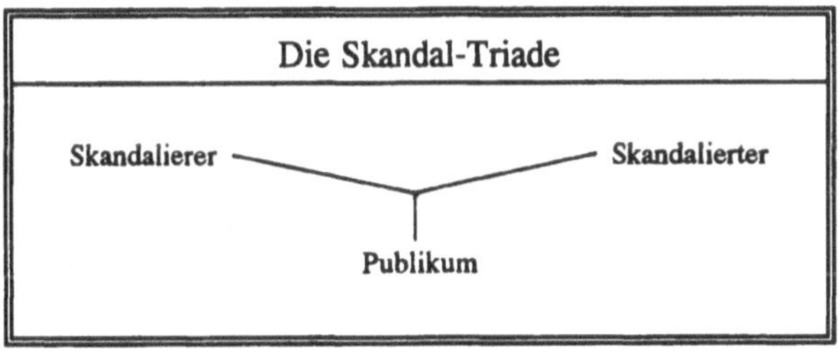

- einmal die Rolle des Skandalierers: das ist derjenige, der öffentlich auf eine Verfehlung von allgemeinem Interesse aufmerksam macht;
- dann die Rolle des Skandalierten: das ist derjenige, der einer Verfehlung bezichtigt wird;
- und schließlich die Rolle des Publikums, das dem Skandalprozeß interessiert, empört oder belustigt beiwohnt.

Insbesondere werden in diesem Zusammenhang folgende Fragestellungen erörtert:

- Welchen Charakter muß eine Handlung haben, damit sie einen Skandal auslösen kann? Geht es hier vorrangig um Gesetzesübertretungen, oder kann auch die Verletzung allgemeiner oder spezieller gesellschaftlicher Normen skandalträchtig sein? Warum löst in dem einen Fall eine bestimmte Handlung einen Skandal aus, die gleiche Handlung in einem anderen Kontext aber nicht?
- Welcher Personenkreis ist skandalierungsfähig? Warum werden häufig ausschließlich statushöhere Personen skandaliert?
- Wer ist prinzipiell in der Lage, einen Skandal auszulösen? Wie kann man das Verhältnis zwischen Informant, Presse und Politikern, die Skandalberichte aufgreifen, beschreiben? Wer ist in diesem Zusammenhang der eigentliche Skandalierer?
- Welche Motive können dem Skandalierer zugeordnet werden? Geht es nur um die Information der Öffentlichkeit, oder können mit einer Skandalierung auch nicht eingestandene eigennützige Ziele verfolgt werden?
- Wie ist die Rolle des Publikums einzuschätzen? Werden Skandale rezipiert, um ein Informationsbedürfnis zu befriedigen, oder spielen auch Aspekte wie Unterhaltungsbedürfnis, Häme, Neid und Rachsucht eine Rolle?
- Man sieht schon an diesem kleinen Ausschnitt von Fragen, daß die Auseinandersetzung mit Skandalen ein ziemlich komplexes Gebiet ist. Ich möchte deshalb, ohne ins einzelne zu gehen, meinen eigenen Standpunkt darstellen.

Nach meiner Auffassung ist jede Person (also nicht nur Politiker mit weitreichenden Machtbefugnissen), die auf irgendeiner Ebene des gesellschaftlichen Lebens eine öffentliche Funktion übernimmt, ein möglicher Kandidat für die Besetzung der Schurkenrolle in einer Skandalgeschichte. Wer sich exponiert, muß damit rechnen, daß bestimmte bislang verborgen gebliebene Inhalte (Geheimnisse) von interessierten Kreisen veröffentlicht und ihr Widerspruch zu der Rolle des Funktionsträgers herausgearbeitet wird. Das bedeutet, daß insbesondere Handlungen skandalträchtig sind, die nicht mit dem öffentlichen Image einer Person, für das sie ja zum Teil selbst verantwortlich ist, vereinbar sind.

Wenn jemand z. B. eine Zeitlang für sein uneheliches Kind keinen Unterhalt bezahlt, dann ist das eigentlich nichts, was die Öffentlichkeit besonders interessiert. Wenn es sich dabei jedoch - wie im Fall eines bekannten Fernsehmoderators - um eine Persönlichkeit handelt, die ein Buch "Liebe ist möglich" geschrieben hat, in dem der Satz steht: "Kinderfeindlichkeit ist die größte Armut einer reichen Gesellschaft", dann kann diese scheinbare oder wirkliche Verhaltensinkonsistenz zum Anlaß für einen Skandalierungsversuch gemacht werden.

Gegenüber Repräsentanten von Institutionen besteht grundsätzlich in der Öffentlichkeit eine hohe Erwartungshaltung in bezug auf ihre persönliche Integrität. Wird dieser Vertrauensvorschuß enttäuscht, sind häufig starke negative emotionale Reaktionen die Folge, die sich dann in einem Skandal entladen können. Insbesondere wenn sich Politiker als uneigennützige Diener am Gemeinwesen stilisieren, dann kann jeder noch so kleine Hinweis auf Eigennutz schwerwiegende Konsequenzen haben.

Dabei darf jedoch nicht übersehen werden, daß die für alle Beteiligten überraschende Enthüllung eines sogenannten empörungswürdigen Verhaltens fast immer ein Mittel ist, das im Rahmen eines Konflikts zwischen unterschiedlichen Interessengruppen eingesetzt wird (vgl. Käsler 1989). Eine bestimmte Person und damit auch die Gruppe, die sie vertritt, kann jedoch nur dann in den Augen der Öffentlichkeit herabgesetzt werden, wenn eine bestimmte Verhaltensweise überzeugend als skandalhaft definiert wird. Das heißt im Mittelpunkt jedes Skandals steht ein Etikettierungsproblem.[3] Der Skandalierer muß, um Erfolg zu haben, dem Publikum klarmachen, daß er die Bezeichnung Skandal in bezug auf eine bestimmte Handlung zutreffend verwendet, während der Skandalierte alles daransetzen muß, die Gegenstandslosigkeit dieser Etikettierung aufzuzeigen. Das bedeutet: Ein Sachverhalt wird erst dadurch zum Skandal, "daß er bekannt gemacht und erfolgreich als Skandal definiert worden ist" (Hitzler 1989: 334).

Ich will nun im folgenden die unterschiedlichen strategischen Probleme erläutern, die sich sowohl für den Skandalierer als auch für den Skandalierten während jeder Phase eines Skandals stellen.

2. Phasen eines Skandals - Strategische Aspekte

Abb. 2

Phasen eines Skandals
1. Die Tat 2. Die Inkubationszeit 3. Die Skandalierung 4. Die Empörung 5. Die Verteidigung 6. Die Beendigung

2.1. Die Tat

Logische Voraussetzung eines Skandals ist - so könnte man vermuten - eine Handlung (oder Handlungsunterlassung) eines Funktionsträgers, die von bestimmten Gruppierungen des öffentlichen Lebens als anstößig empfunden werden könnte. Einschränkend ist jedoch an dieser Stelle darauf hinzuweisen, daß diese sogenannte "logische Voraussetzung" nicht immer erfüllt sein muß. Wir kennen Skandale, die einen typischen Verlauf genommen haben, bei denen sich dann aber im nachhinein herausstellte, daß der Skandalierte die unterstellte Handlung tatsächlich nicht ausgeführt hatte. Die Anwendung der Maxime "Kein Rauch ohne Feuer" dürfte daher nicht immer ihre Berechtigung haben.

Es gibt keine allgemeingültigen Kriterien für skandalierungsfähiges Verhalten. Der potentielle Skandalierer wird daher nicht bei jeder Handlung eines Funktionsträgers, mit der er nicht einverstanden ist, einen Ansatzpunkt für eine Skandalierung suchen. Er wird vielmehr solange warten, bis ein "gravierender Verstoß" vorliegt. Ich vermute, daß eine Handlung dann als gravierender Verstoß gilt, wenn sie im weitesten Sinne mit der Verletzung eines "Ehrenmoments" im Zusammenhang steht. Ehrenrührig ist ein Verhalten im besonderen dann, wenn es im Widerspruch zu den Maximen steht, die der Skandalierte ansonsten selbst propagiert.

Um sich vor Skandalen zu schützen, kann daher die Handlungsmaxime des Funktionsträgers auf dieser Ebene nur lauten: "Vermeide Inkonsistenzen des Verhaltens!" Die große Zahl von bedeutsamen Skandalen aus den letzten Jahren belegt jedoch, wie schwer es ist, diesem Grundsatz zu folgen.

2.2. Die Inkubationszeit

Als "Inkubationszeit" bezeichne ich die Zeitspanne zwischen der Ausführung (und wiederholten Ausführung) der skandalösen Handlung und ihrer öffentlichen Anprangerung. Dieser Zeitraum ist in mehrfacher Hinsicht sehr interessant.

Die Tatsache, daß bis zur öffentlichen Aufdeckung einer skandalierbaren Handlung oft viele Jahre verstreichen, hängt oft nicht nur mit dem Umstand zusammen, daß die Vorfälle einfach nicht eher entdeckt worden sind. So hat es etwa acht Jahre gedauert, bis die Vorgänge um das sogenannte "Celler Loch" (vermeintlicher Terrorakt, der aber in Wirklichkeit vom Verfassungsschutz initiiert wurde) an die Öffentlichkeit gelangten - bezeichnenderweise kurz vor der Landtagswahl 1986. Noch länger ist diese Zeitspanne bei Skandalen, die sich auf die nationalsozialistische Vergangenheit von Persönlichkeiten des öffentlichen Lebens beziehen. Hat also bis zu dem Zeitpunkt ihrer Bekanntmachung niemand etwas von diesen Vorgängen gewußt?

Ich halte diese Annahme für naiv. Plausibler erscheint mir dagegen die Vermutung, daß während der ganzen Phase der "Inkubationszeit" immer wieder Klatsch und Gerüchte kursieren, die einen Hinweis auf die skandalierfähigen Handlungen geben. Dabei ist jedoch zu bedenken, daß ein Gerücht ein Informationsprozeß ist, der in mehrfacher Hinsicht ungesicherte Informationen verbreitet.[4] Dennoch können Gerüchte, die im Normalfall so ungeprüft weitergegeben werden, wie man sie empfängt, von interessierten Personen oder Gruppen zum Anlaß genommen werden, ihrem Wahrheitsgehalt nachzugehen. Unterstellen wir, daß die Recherchen des potentiellen Skandalierers zum Erfolg führen, dann wird die Inkubationszeit im wesentlichen zu einer Phase der Vorbereitung für die Skandalierung.

Dabei müssen eine ganze Reihe von Aspekten ins Kalkül gezogen werden. Der potentielle Skandalierer wird sich überlegen müssen, wie er seine Vorwürfe belegen kann, welches Medium er zur Veröffentlichung wählt, ob er den zugrundeliegenden Sachverhalt mit einem

Schlag oder nur stückweise bekanntmachen will, und vor allem, welcher Zeitpunkt am besten für den Angriff geeignet ist. Hinzu kommt, daß sämtliche juristischen und sonstigen Konsequenzen abgeschätzt werden müssen.

Der potentielle Skandalierer kann sich jedoch auch entscheiden, darauf zu verzichten, selber als öffentlicher Ankläger aufzutreten, und lieber darauf zu warten, daß ein anderer diese Rolle übernimmt. In diesem Fall muß er dafür sorgen, daß weitere Gerüchte in Umlauf geraten und so eine Atmosphäre des Mißtrauens entsteht. Dabei wird er bedenken, daß die Gerüchte besonders erfolgreich kursieren, die mit schon bestehenden Vorurteilen gegenüber bestimmten Personen oder Instanzen in Übereinstimmung stehen.

Der Skandalierte, der in dieser Phase eigentlich nur als Objekt ("Opfer") von Gerüchten fungiert, wird sich abwartend verhalten, weil er sich nicht sicher sein kann, ob es wirklich zu einer Skandalierung kommen wird. Übernervöse Personen können sich selbst durch vorschnelle Reaktionen großen Schaden zufügen.

2.3. Die Skandalierung

Diese Phase gehört gänzlich dem Skandalierer; er tritt mit Hilfe der Medien öffentlich auf und versucht, eine Person des gesellschaftlichen Lebens mit einem "empörungswürdigen" Verhalten in Zusammenhang zu bringen. Sein Erfolg hängt neben der Stichhaltigkeit seiner sachlichen Anklagepunkte davon ab, daß ihm keine "unlauteren", d. h. eigennützigen Motive unterstellt werden können. Er wird also den Versuch unternehmen müssen, die Rolle eines Kämpfers für "gesellschaftlich hochgeschätzte Ideale" glaubhaft darzustellen.

2.4. Die Empörung

Der Skandalierer wird letztlich nur dann erfolgreich sein, wenn es ihm gelingt, durch seinen Vorwurf öffentliche Erregung auszulösen. Bleibt diese Resonanz aus, könnte die ganze Aktion im Sande verlaufen. Der Skandalierte hätte es in dieser Situation nicht einmal nötig, den Vorgang zur Kenntnis zu nehmen.

Hält sich das Thema jedoch über einen längeren Zeitraum in den Medien, wird der Skandalierte um eine Stellungnahme nicht herumkommen. Diese wird in der Regel rational, nüchtern und sachlich ausfallen, trifft jedoch unter Umständen auf eine Öffentlichkeit, die stark emotionalisiert ist und deshalb jeder Form von Argumentation kritisch gegenübersteht.

Ein grundsätzliches Problem des Skandalierten kann also darin bestehen, daß er auf eine emotionalisierte Öffentlichkeit trifft, der er zumeist nichts anderes anzubieten hat als unterschiedliche Formen rationaler Argumentation. Deshalb wird es in vielen Fällen sinnvoll sein, zunächst etwas Zeit verstreichen zu lassen, bevor man öffentlich auf den erhobenen Vorwurf reagiert. Dann jedoch stehen dem Skandalierten eine Fülle von Reaktionsmöglichkeiten zur Verfügung.

2.5. Die Verteidigung

Verteidigungsstrategien werden in der Literatur vornehmlich anhand von Interaktionssituationen analysiert, in denen sich die Akteure in einem direkten Gesprächszusammenhang befinden, also in face-to-face-interaction.[5] Es ist jedoch davon auszugehen, daß die Bewertung einzelner Strategien unter dem Aspekt der öffentlichen Rechtfertigung vor einem im wesentlichen anonymen Publikum anders ausfallen wird. Andererseits ist es sehr wahrscheinlich, daß die Protagonisten eines Skandals, die davon überrascht werden, intuitiv auf Strategien zurückgreifen, die ihnen aus alltäglichen Interaktionssituationen heraus vertraut sind - ohne die Öffentlichkeitsbedingung mit zu reflektieren: ein typischer, aber häufig verhängnisvoller Fehler.

Schauen wir also zunächst auf die generellen Möglichkeiten, die man hat, wenn man sich mit einem Vorwurf auseinandersetzten muß. Ich fasse die wichtigsten Klassifizierungsansätze zusammen.

Abb. 3

Die Verteidigung

1. Vermeidung einer Reaktion
   - gar nicht reagieren
   - Thema wechseln
2. Hinhalten/Ablenken
   - Lächerlich machen
   - Bagatellisieren
   - Gegenvorwurf erheben
3. Verteidigung der Unschuld
   - Leugnung eines Vorfalls
   - Handlung abstreiten
   - Handlung umdeuten
4. Abstreiten der Verantwortlichkeit
   - Absichtlichkeit bestreiten
   - Informationsdefizite geltend machen
   - auf äußere Zwänge verweisen
   - Zurechnungsfähigkeit bestreiten
5. Rechtfertigung
   - negativen Charakter des Ereignisses vermindern
   - sozialen Vergleichsprozeß einleiten
   - Normdiskussion einleiten
   - sich auf höhere Ziele berufen
6. Entschuldigung

Gruppe 1: Vermeidung einer Reaktion

Die erste Gruppe umfaßt Verhaltensweisen, bei denen es darum geht zu verhindern, daß man sich überhaupt mit dem Vorwurf auseinandersetzen muß. So kann man z. B. gar nichts sagen, oder man kann versuchen, das Gesprächsthema zu wechseln.

Gruppe 2: Hinhalten/Ablenken
Ebenso kann man den Vorwerfenden lächerlich machen, den Vorwurf bagatellisieren oder sofort Gegenvorwürfe erheben.

Die Strategien der ersten und zweiten Gruppe haben nur dann Erfolg, wenn sich der andere leicht einschüchtern läßt oder Hemmungen hat zu insistieren. Im Normalfall wird er jedoch seinen Vorwurf wiederholen.

Gruppe 3: Verteidigung der Unschuld
Mit den Strategien dieser Gruppe kann man im besten Fall erreichen, daß der Vorwurf vollständig zurückgenommen werden muß.

Dazu kann man zunächst darauf hinweisen, daß das Ereignis, das dem Vorwurf zugrunde liegt, überhaupt nicht stattgefunden hat. Oder man gibt zu, daß das Ereignis stattgefunden hat, leugnet aber, daß man selbst daran beteiligt war. Wählt man die zweite Strategie, muß man bedenken, daß man auch für die indirekte Verursachung von Ereignissen verantwortlich gemacht werden kann. (Zum Beispiel: Eine Vase ist vom Tisch gefallen; man sagt: der Hund habe es gemacht; es stellt sich aber heraus, daß man den Hund so wild gemacht hat, daß schließlich der Unfall passieren mußte - das anfängliche Leugnen würde in diesem Fall als unaufrichtig gewertet werden.)

Als dritte Möglichkeit kann man zugeben, daß man etwas gemacht hat, daß das aber eine andere Handlung war, als der Vorwerfende annimmt; z. B. *Ich habe ihm keinen Vogel gezeigt, sondern nur auf die Stelle hingewiesen, wo mich ein Stein getroffen hat.* Hier geht es also um das Umdeuten einer Handlung.

Gruppe 4: Abstreiten der Verantwortlichkeit
Die Strategien der Gruppe 4 "Abstreiten der Verantwortlichkeit" und der Gruppe 5 "Rechtfertigung" bilden - wenn man so will - das Kernstück des Verteidigungsapparats. Sie unterscheiden sich jedoch in einem wesentlichen Punkt.[6]

Beim "Abstreiten der Verantwortlichkeit" signalisiert man dem anderen, daß man seine negative Einschätzung einer bestimmten Verhaltensweise teilt, daß man jedoch nicht völlig dafür verantwortlich gemacht werden kann. Bei der "Rechtfertigung" dagegen übernimmt man die volle Verantwortung für eine bestimmte Handlung, bestreitet jedoch die negative Bewertung dieser Handlung.

Man kann die Verantwortung für ein Ereignis reduzieren, indem man darauf hinweist, daß man es nicht absichtlich herbeigeführt hat (z. B. bei Unfällen oder Fehlern) oder daß man die negativen Konsequenzen einfach nicht voraussehen konnte.

Eine schwächere Variante der letzteren Strategie besteht darin, daß man versichert, daß man die negativen Konsequenzen hätte voraussehen können, daß man dies aber aus Unvorsichtigkeit, Sorglosigkeit oder Dummheit nicht getan hat.

Schließlich kann man noch auf äußere Umstände verweisen. Man kann sagen, daß man unter Zwang oder dem Einfluß anderer gehandelt hat ("Sündenbockstrategie"). Oder man kann darauf hinweisen, daß man unter dem Einfluß von Alkohol, Drogen etc. gestanden hat oder krank oder müde war.

Bei häufiger Anwendung dieser Strategien stellt sich oft ein unerwünschter Nebeneffekt ein: Man wird zu einer Person, die das eigene Verhalten nicht immer kontrollieren kann, die also in gewisser Weise ein Sicherheitsrisiko darstellt.

Gruppe 5: Rechtfertigung

Durch Rechtfertigungsstrategien der fünften Gruppe kann man den ursprünglich negativen Eindruck einer Handlung in einen positiven verwandeln. Dabei hat man im wesentlichen drei Möglichkeiten:

1. Man kann direkt den negativen Charakter des Ereignisses vermindern, indem man sagt, daß es gar nicht so bedeutsam, schlimm oder dramatisch war, wie es hingestellt wurde.
2. Man kann einen sozialen Vergleichsprozeß einleiten und darauf hinweisen, daß alle anderen es auch tun und eventuell dafür nicht bestraft werden. Im günstigsten Fall kann man dieses Argument in eine Normendiskussion überleiten: *Wenn es jeder tut, muß überlegt werden, ob es überhaupt schlecht ist.*
3. Man kann sich durch die Angabe höherer Ziele rechtfertigen (z. B. *Ich verprügele den Jungen doch nur zu seinem eigenen Besten*; *Ich war in der SED, um Schlimmeres zu verhindern*).

Gruppe 6: Entschuldigung

Häufig wird der strategische Wert von Entschuldigungen unterschätzt. Entschuldigungen sind nicht einfach nur Demutsgesten, die dem Eingeständnis einer Niederlage gleichkommen. Sie sind vielmehr, wie Goffman (1971) dargelegt hat, der Versuch, den anderen davon zu überzeugen, daß das unerwünschte Ereignis kein Ausdruck der wahren Persönlichkeit des Attackierten ist. Jemand, der sich entschuldigt, spaltet sein Ich gewissermaßen in zwei Teile auf. Der eine Teil, "das böse Ich", hat eine beklagenswerte Handlung ausgeführt; dieses Ich existiert jedoch nicht mehr. Der andere Teil, "das gute Ich", blickt auf diesen Vorfall mit Abscheu zurück, bittet um Entschuldigung und gibt gleichzeitig zu verstehen, daß sich das Ereignis nicht wiederholen wird.

Weil sich der Entschuldigende zu dem Zeitpunkt, an dem er die Entschuldigung vorbringt, nur von seiner besten Seite zeigt, kann er in mehrfacher Hinsicht Pluspunkte sammeln. So hat man in psychologischen Experimenten[7] nachgewiesen, daß Personen, die sich bei anderen entschuldigen, von diesen positiver bewertet werden.

Aus diesem umfangreichen Katalog von Möglichkeiten muß nun im Fall einer öffentlichen Rechtfertigung mit großem Bedacht ausgewählt werden. Es gilt unter Berücksichtigung der Schwere des Vorwurfs und des Grades der öffentlichen Erregung das Für und Wider jeder Verteidigungsstrategie genaustens zu bedenken.

Zunächst wird man abschätzen müssen, ob es überhaupt erforderlich ist, eine Reaktion zu zeigen. Gar nicht zu handeln kann oft das einzig Richtige sein. Hat die Skandalierung in der Öffentlichkeit dagegen eine Resonanz erfahren, sollte man sich davor hüten, den Vorfall herunterzuspielen oder gar lächerlich zu machen. (So etwas kann z. B. in ersten spontanen Interviews passieren.)

Wichtiger ist es vielmehr in dieser Phase, sich auf e i n e Verteidigungsstrategie festzulegen. Die Betonung liegt dabei auf "eine". Besonders in diesem Punkt unterscheidet sich die Situation desjenigen, der sich öffentlich rechtfertigt, von der Situation eines Akteurs in alltäglichen Kommunikationssituationen. Diesem wird nämlich in einem gewissen Rahmen gestattet, mehrere Strategien nacheinander zu wählen; also z. B. den Vorwurf zunächst zu bagatellisieren, dann den Vorfall zu bestreiten, dann teilweise zuzugeben und sich schließlich dafür zu entschuldigen. In der öffentlichen Auseinandersetzung ist dieses Vorgehen zwar auch zu beobachten, ist dort jedoch zumeist mit starken Imageverlusten auf seiten des Skandalierten verbunden. Von einer Persönlichkeit des öffentlichen Lebens wird erwartet, daß sie eine klare Verteidigungsstrategie wählt und dann auch dabei bleibt. Im Skandalfall ist ein frühzeitiges Dementieren von Tatsachen, die sich dann im nachhinein als richtig herausstellen, verhängnisvoll.

Gute Züge sind natürlich die, die zu einer völligen Rehabilitierung führen können, also insbesondere Abstreiten und Rechtfertigen. Aber auch hier ist immer Vorsicht geboten. Man sollte einen Vorwurf wirklich nur dann abstreiten, wenn man wirklich nichts gemacht hat oder wenn man sicher sein kann, daß einem auf gar keinen Fall etwas nachgewiesen werden kann. Besteht da nur der geringste Zweifel, ist jede andere Strategie besser.

Aber auch Rechtfertigungen haben ihre Tücken. So ist z. B. der Hinweis, daß das, was man gemacht hat, eine geläufige Praxis ist,[8] immer dann ein gefährlicher Zug, wenn die anderen, die man ins Feld führt, eine genau bestimmbare Gruppe sind, die durch diese Aussage befürchten müssen, selbst zu Angegriffenen werden zu können. Diese werden dem Akteur sofort die Solidarität aufkündigen.

Besondere Vorsicht sollte man im Hinblick auf Strategien aufwenden, die auf das Abstreiten der Verantwortlichkeit abzielen. Ich habe gesagt, daß Funktionsträger mit erhöhten Ansprüchen leben müssen. Das betrifft insbesondere auch das Voraussehen und Einplanen scheinbar unvorhersehbarer Ereignisse. Wer sich also häufig von den Ereignissen überraschen läßt und dies auch zugesteht, wird langfristig um gravierende Imageschädigungen nicht herumkommen.

Entschuldigungen und Wiedergutmachungen sind oft ganz gute Züge, insbesondere dann, wenn man voraussieht, daß einem keine andere Verteidigungsstrategie offensteht. Dabei kommt es unter der Öffentlichkeitsbedingung aber darauf an, daß man das erstens sofort macht (mit der Geste: *Bei uns ist auch einmal etwas schief gelaufen*) und nicht noch vorher einige andere Strategien ausprobiert, und zweitens, daß man die Entschuldigung nicht zu oft wiederholen muß.

Abschließend möchte ich noch auf drei Strategien hinweisen, die häufig angewendet werden, die aber allesamt nicht geeignet sind, das Vertrauen der Öffentlichkeit in ihre Funktionsträger insgesamt zu stärken.

Die erste Strategie besteht darin, eine große Anzahl äußerst komplizierter Erklärungen und Sachverständigenmeinungen für den skandalierten Vorgang zu präsentieren, deren Zusammenhang schließlich niemand mehr durchschauen kann. Das Publikum verliert auf diese Weise schnell das Interesse an dem Skandal. Dies ist auch fast immer dann der Fall, wenn in den deutschen Parlamenten die jeweiligen Untersuchungsausschüsse ihre oft langjährige Arbeit aufnehmen. Dabei wird durchgängig ein solch hoher Grad von Komplexität erzeugt, der den Nichtbeteiligten jede vernünftige Stellungnahme unmöglich macht.

Dann gibt es die Möglichkeit, Gegenskandale zu inszenieren. Diese Technik ist sehr einfach; sie besteht darin, dem Skandalierer ein von ihm nicht eingestandenes Eigeninteresse an der Skandalierung zu unterstellen. Es sollte jedoch bedacht werden, daß die Handlung, einen Gegenvorwurf zu erheben, noch zu den Strategien "Hinhalten/Ablenken" gehört. Der Skandalierer vermeidet auf diese Weise, zu dem Vorwurf inhaltlich Stellung nehmen zu müssen. Ablenkungsmanöver dieser Art werden jedoch häufig vom Publikum durchschaut und tragen deshalb meist nicht zur deutlichen Verbesserung der Position des Skandalierten bei.

Hat sich ein öffentlich erhobener Vorwurf als weitgehend berechtigt erwiesen, kann der einzelne Skandalierte, sofern er im Rahmen einer Institution tätig ist, versuchen, Schaden von seiner eigenen Person dadurch abzuwenden, daß er die Verantwortung für die skandalierte Handlung auf einen anderen delegiert. Der Öffentlichkeit wird dann ein "Sündenbock" für den von der ganzen (oder Teilen der) Institution verursachten Schaden präsentiert. Ob man diesen Vorgang - wie Gross (1965) glaubt - als "Ritualschlachtung" deuten kann, möchte ich dahingestellt sein lassen. Entscheidender ist vielmehr, daß diese Herrschaftstechnik das in der Bevölkerung verbreitete Mißtrauen gegen ihre Institutionen verstärkt (*Die Kleinen hängt man, die Großen läßt man laufen*).

2.6. Die Beendigung

Skandale können grundsätzlich auf drei verschiedene Weisen ihr Ende finden:

1. Die Unschuld des Skandalierten wird erwiesen. Der Skandalierer muß seine Vorwürfe zurücknehmen. Irgendeine Form von Entschädigung (finanziell, moralisch) wird geleistet.
2. Die Schuld des Skandalierten (oder seines Stellvertreters) wird erwiesen. Sanktionen werden eingeleitet, die sich jedoch - gemessen am emotionalen Aufwand während des Skandals - bescheiden ausnehmen: Kündigungen, Rücktritte, vorzeitige Pensionierungen, demonstrative Ortswechsel etc. Gelegentlich kommt es auch zu ordentlichen Gerichtsverfahren.
3. Der Skandal hat ein "offenes Ende". Schuld oder Unschuld können nicht erwiesen werden. Obwohl die Bearbeitung des Skandals noch eine Zeitlang in den Institutionen weitergetrieben wird (Untersuchungsausschüsse), verliert das Publikum zunehmend das Interesse

an der Berichterstattung. Man ist des Skandals überdrüssig. Selbst wenn neue Tatsachen auftauchen, werden sie nicht mehr in Betracht gezogen. - Ein neuer Skandal beansprucht die ganze Aufmerksamkeit des Publikums.

Anmerkungen

1 Luhmann (1972: 62)
2 Die Aufsatzsammlung von Ebbighausen/Neckel (eds.) (1989) gibt einen guten Überblick über die wichtigsten Forschungsansätze.
3 Vgl. Schmitz (1981)
4 "Rumor is thus characterized as unsubstantiated information on any issue or object". (Rosnow/Fine 1976: 131)
5 Linguistik: Rehbein 1972, Fritz/Hundsnurscher 1975; Soziologie: Scott/Lyman 1968, Goffman 1971; Sozialpsychologie: Schlenker 1980, Mummendey 1990.
6 Darauf hat schon Austin (1956) hingewiesen.
7 Vgl. Snyder/Higgins (1988)
8 In der sogenannten "Dienstwagenaffäre" hat Rita Süßmuth gesagt: "Wir haben uns nicht anders verhalten als alle Minister und Staatssekretäre."

Literatur

Austin, J. L. (1956/57): "A plea for excuses". - In: Proceedings of the Aristotelian Society 57, 1-30.
Bergmann, J. R. (1987): Klatsch. Zur Sozialform der diskreten Indiskretion. - Berlin.
Ebbighausen, R. / Neckel, S. (eds.) (1989): Anatomie des politischen Skandals. - Frankfurt a. M.
Fritz, G. / Hundsnurscher, F. (1975): "Sprechaktsequenzen. Überlegungen zur Vorwurf/Rechtfertigungs-Interaktion". - In: Der Deutschunterricht 27, 81-103.
Goffman, E. (1971): Relations in public. Microstudies of the public order. - New York.
Gross, J. (1965): "Notiz zu einer Theorie des Skandals". - In: Gross, J.: Lauter Nachworte (Stuttgart) 161-166.
Hitzler, R. (1989): "Skandal ist Ansichtssache. Zur Inszenierungslogik ritueller Spektakel in der Politik". - In: Ebbighausen / Neckel (eds.) 334-354.
Käsler, D. (1989): "Der Skandal als 'politisches Theater'". Zur schaupolitischen Funktionalität politischer Skandale. - In: Ebbighausen / Neckel (eds.) 307-333.
Lieckfeld, C.-P. (1990): Saubere Kost. - In: Hafner, G. M. / Jacoby, E. (eds.): Die Skandale der Republik (Hamburg) 256-260.
Luhmann, N. (1972): Rechtssoziologie. I. - Reinbek b. Hamburg.
Mummendey, H. D. (1990): Psychologie der Selbstdarstellung. - Göttingen.
Neckel, S. (1989): "Das Stellhölzchen der Macht. Zur Soziologie des politischen Skandals". - In: Ebbighausen / Neckel (eds.) 307-333.
Rehbein, J. (1972): "Entschuldigungen und Rechtfertigungen". - In: Wunderlich, D. (ed.): Linguistische Pragmatik (Frankfurt a. M.) 288-317.
Rosnow, R. L. / Fine, G. (1976): Rumor and gossip. The social psychology of hearsay. - New York/ Oxford/Amsterdam.
Schlenker, B. R. (1980): Impression management. The self-concept, social identity, and interpersonal relations. - Belmont, CA.
Schmitz, M. (1981): Theorie und Praxis des politischen Skandals. - Frankfurt a. M.

Scott, M. B. / Lyman, S. M. (1968): "Accounts". - In: American Sociological Review 33, 46-62.
Snyder, C. R. / Higgins, R. L. (1988): "Excuses: Their effective role in the negotiation of reality". - In: Psychological Bulletin 104, No.1, 23-35.

SPANNUNG BIS ZUM SCHLUSS

Syntaktische Muster von Bewertungshandlungen

Stephan Oberhauser / Anette Stürmer / Albert Herbig

1. Der Rahmen: computergestützte Analyse sprachlicher Bewertungshandlungen

Im Rahmen des Projekts Compas B (früher Stimul)[1] an der Universität des Saarlandes werden Arbeiten zum Thema 'Bewerten' durchgeführt. Die leitenden Fragestellungen dabei sind:

- Welche Typen von Ausdrücken werden in Texten (bestimmter bewertender Textsorten) zum Bewerten verwendet?
- Wie sind sie einzeln und in ihren Zusammenhängen angemessen zu beschreiben?

1.1. Das Bewertungskonzept

Bewerten wird dabei verstanden als eine Klasse von Sprachhandlungen, in denen jeweils über einen Bewertungsgegenstand (Person, Sachverhalt, Gegenstand ...) bzw. dessen bewertungsrelevante Gegendstandsaspekte auf eine bestimmte Weise, nämlich bewertend, prädiziert wird. Prädiziert werden Bewertungen auf der Basis von gegenstandsklassenspezifischen Bewertungsmaßstäben. Der Bestand an sprachlichen Möglichkeiten, Bewertungen auszudrücken, wird als Bewertungsinventar bezeichnet.

1.1.1. Das Bewertungsinventar

Das Bewertungsinventar wird modelliert in fünf Perspektiven, aus denen heraus bewertende Äußerungen zu beschreiben sind. Aus allen Perspektiven kann Bewerten zum einen aus einer Mikrosicht (mit Propositionen als Beschreibungseinheiten) und zum anderen aus einer Makrosicht (propositionsübergreifend bis hin zum Text als Beschreibungseinheit) betrachtet werden. Die verschiedenen Elemente innerhalb dieser fünf Perspektiven werden als Bewertungsmittel bezeichnet.

1.1.1.1. Die Perspektiven des Bewertungsinventars

Es werden folgende Perspektiven unterschieden:

1. sprachliche Ausdrucksmöglichkeiten des Bewertens (SAB): Unter dieser Perspektive werden diejenigen Bewertungsmittel gefaßt, die Ausdrucksmöglichkeiten an der Sprachoberfläche darstellen.

2. bewertende Sprachhandlungen (BSH) wie z. B. LOBEN.
3. bewertungskonzeptbezogene Sprachhandlungen (BKSH): Bewertungskonzeptbezogene Sprachhandlungen sind solche, deren Formulierungen explizite Hinweise auf den Bewertungsmaßstab und die darauf bezogenen mentalen Operationen enthalten wie VERGLEICHEN, GRADIEREN oder auch GEWICHTEN.
4. bewertungsmanagementbezogene Sprachhandlungen (BMSH): Bewertung 'managende' Sprachhandlungen modifizieren bewertende Sprachhandlungen im Hinblick auf den Adressaten, indem sie diese interaktiv wirksam machen, wie z. B. VERSTÄRKEN oder ABSCHWÄCHEN. Dies kann z. B. geschehen, indem über die Art und Weise des Formulierens (z. B. durch uneigentliches Sprechen) oder das Ausdrücken von Sprechereinstellungen eine Sprachhandlung zusätzlich mit Bedeutung angereichert wird. Hierzu gehören auch typographische und graphische Elemente.
5. Frame (FR): Bewertungen werden auf der Basis von gegenstandsklassenspezifischen Bewertungsmaßstäben prädiziert. Solche Bewertungsmaßstäbe sind Bestandteile unserer Wissensbestände und können folgendermaßen beschrieben werden:
   - Einer Gegenstandsklasse, die als Gegenstandsframe beschrieben wird, sind relationierte und gewichtete Bewertungsaspekte, d. h. Frameaspekte, zugeordnet.
   - Mit diesen Frameaspekten sind Wertkriterien verbunden sowie darauf bezogene Sollergebnisse.

Vor dem Hintergrund dieser Modellierung des Gegenstandes haben wir versucht, syntaktische Muster der Bewertungshandlungstypen zu beschreiben. Exemplarisch wurde dies an dem Handlungstyp LOBEN im Rahmen der Textsortenvariante 'literarische Rezension' durchgeführt.

2. Syntaktische Muster von Bewertungshandlungen und ihrer Propositionen: LOBEN in Rezensionen von literarischen Texten

2.1. Zielsetzung

In Bewertungshandlungen des Typs LOBEN in Rezensionen von literarischen Texten nimmt der Rezensent (Bewertungssubjekt BS) auf den Bewertungsgegenstand (BG) Buch (genauer: auf Romane) bzw. einen oder mehrere Frameaspekte (FA) desselben Bezug und prädiziert darüber eine positive Bewertung. Die Analyse ist also anzusiedeln im Spannungsfeld von

- syntaktischer Struktur (Perspektive SAB),
- Frame (Perspektive FR) und
- bewertungskonzeptuellen Aspekten (Perspektive BKSH).

Ziel war es, bewertungsrelevante Elemente der Perspektive BKSH, des Frames und die syntaktische Realisierung der jeweiligen Handlung miteinander zu relationieren und dadurch musterhafte Zusammenhänge zu erforschen. Je nach Frageinteresse erhält man so Antworten auf folgende Fragen:

1. Welche unterschiedlichen Varianten des Handlungstyps LOBEN werden durch die Implizitheit bzw. Explizitheit der bewertungsrelevanten Elemente der Perspektiven BKSH und FR konstituiert?
2. Wie werden sie syntaktisch realisiert?
3. Können die Bewertungen durch unterschiedliche syntaktische Realisierungen in unterschiedlicher Weise fokussiert werden?

2.2. Arbeitsmethode und Vorgehensweise

Die Beispielsätze des Korpus, die unter der Perspektive BSH als Ausdrücke des LOBENs verzeichnet sind, wurden in propositionsgroße Untersuchungseinheiten zerlegt und dann aus den Perspektiven BKSH und FR sowie SAB (genauer: der syntaktischen Ebene dieser Perspektive) heraus analysiert. Das Ergebnis der Analysen wurde in eine formalisierte Version übersetzt und über bzw. unter dem Beispiel notiert. Zu diesem Zweck wurde eine Art Partiturnotation verwendet, wobei in drei Partiturzeilen die relevanten Untersuchungsebenen herausgestellt wurden: Die erste Zeile umfaßt die bewertungsrelevanten Elemente (also die Perspektiven BKSH und FR), die zweite die Untersuchungseinheit in ihrer sprachlichen Realisierung, in der dritten Zeile findet sich die syntaktische Beschreibung nach Heringer (1978).

2.3. Arbeitsergebnisse

2.3.1. Handlungsmustervarianten im Überblick

Die einzelnen zum Handlungstyp LOBEN analysierten Untersuchungseinheiten wurden zunächst danach differenziert, ob die bewertungsrelevanten Elemente BG und FA explizit oder implizit ausgedrückt sind. Diese erste Systematisierung der Daten ergab 25 verschiedene Handlungsmustervarianten - die drei häufigsten seien hier genannt, wobei hier nur zwei Zeilen der Partiturnotation wiedergegeben sind[2]:

a. BG B+ (BG)

(1) Ein virtuoser Familienroman des Schotten Ö.

b. (BG) FA B+

(2) Er schreibt in vertrauter Weise.

c. FA B

(3) Die montierten Passagen sind in sich schlüssig konzipiert.

2.3.2. LOBEN als Haupt- oder Nebenhandlung

In einem zweiten Schritt wurden diese Handlungsmustervarianten danach differenziert, ob die LOBEN-Handlung als Haupt- oder als Nebenhandlung[3] zu verstehen ist und ob BG oder ein FA im Zentrum der Bewertung steht. Entsprechend lassen sich die Varianten zu folgenden Gruppen zusammenfassen:

a. LOBEN als Haupthandlung

a.1 Die ausgedrückte Bewertung gilt für den Roman als ganzen

- Die LOBEN-Handlung wird syntaktisch als Verbalsatz ausgedrückt, wobei die positive Bewertung in unterschiedlichen Positionen stehen kann:[4]

  BG B+

  (4) Es ist ein *wunderbarer* Roman.

  (5) Der Roman *gefällt* einfach.

- Die Loben-Handlung wird syntaktisch als Nominalsatz ausgedrückt:

  BG B+

  (6) Ein aktueller Roman.

- BG wird positiv bewertet, indem ihm negative Eigenschaften abgesprochen werden:

  BG ¬B-

  (7) Das Buch vermeidet Pathetisches.

a.2 Die ausgedrückte Bewertung gilt nicht für den gesamten BG, sondern nur für einen FA

- Die positive Bewertung eines explizit genannten FA wird festgestellt:

  FA B+

  (8) Die Sterbeszene zählt zu den Glanzstücken.

- Die positive Bewertung eines expliziten FA wird dem Textproduzenten zugeschrieben:

  (BG) FA B+

  (9) Dem Autor gelingen engagierte Szenen.

- Der zu bewertende Frameaspekt wird nicht explizit benannt, ist aber leicht zu erschließen. Auch hier steht der Textproduzent für den BG:

  (BG) (FA) B+

  (10) Er verhilft den Figuren zu ihrem Recht.

- Der zu bewertende Frameaspekt steht syntaktisch in P-Position, wird also verbal ausgedrückt, wieder steht der Textproduzent für den BG:

  (BG) FA B- B+

  (11) Er schildert das Fragwürdige behutsam.

b. LOBEN als Nebenhandlung

- Die Handlung des LOBENS ist präsupponiert innerhalb einer INFORMIERENden Sprachhandlung:

  (BG) BG B+

  (12) Örens bemerkenswerter türkischer Roman erscheint ...

- Die Handlung des LOBENs ist präsupponiert innerhalb einer KRITISIERENden Sprachhandlung:

  BG B- B+

  (13) Das Buch versteckt seine Glanzlichter.

2.3.3. Syntaktische Ebene und bewertungsrelevante Elemente

Hier wurden die analysierten Einheiten im Hinblick auf relevante Kombinationen zwischen syntaktischer Ebene und den bewertungsrelevanten Elementen untersucht. Dabei wurde nach folgender Reihenfolge sortiert: bewertungsrelevante Elemente (BG vor FA), implizites oder explizites Auftreten, syntaktische Position (E1 vor P). Dabei entstanden auch einige 'Kombinationshypothesen' (KH). Darunter sind auffällige Zusammenhänge zwischen einzelnen bewertungsrelevanten Elementen und deren syntaktischer Realisierung zu verstehen.

a. Die syntaktischen Positionen des BG[5]

a.1 Formen des BG in E_1-Position bzw. Nom_1 und Umgebung:

- Expliziter BG als E_1

  (14) *Das Buch* versteckt seine Glanzlichter.

In der Regel findet sich hier ein direkter Referenzbezug aus "das Buch", den expliziten BG, als dasjenige, über das etwas ausgesagt wird.

- Expliziter BG als Nom_1 im Nominalsatz (Kurzsatz)

  (15) Ein aktueller *Roman*

  KH: In dieser Form scheint dem Nom_1 häufig ein ATTR zugeordnet, in dem dann die Bewertung ausgedrückt ist.

- Impliziter BG als E_1

  (16) Er spielt seine Rolle mit Virtuosität.

  Ausnahmslos handelt es sich bei diesen impliziten BG's um den Autor selbst, der teilweise namentlich, teilweise als der "Autor" benannt wird. Dies ist bei weitem die umfangreichste BG-E_1-Kombination im untersuchten Material. Es werden in der Regel Aussagen über bestimmte Frameaspekte getroffen, die direkt mit den Schreibfähigkeiten des Autors in Beziehung stehen (Art der Darstellung, Schreibweise). Das heißt, in den entsprechenden LOBEN-Handlungen werden Teilaspekte (eben häufig Frameaspekte) des Buches aufgenommen (meist in einem weiteren E, teils aber auch in P) und positiv bewertet.

- Impliziter BG in E_1-Position im Ergänzungssatz

  (17) Es ist beeindruckend, wie *Örens* das Leben um die Jahrhundertwende beschreibt.

  Hier findet sich eine LOBEN-Formel am Anfang des Satzes. Worauf diese bezogen ist, wird im Ergänzungssatz ausgedrückt, wobei wiederum die Autorentätigkeit stellvertretend für die Buchqualität bewertet wird.

- Impliziter BG als ATTR zu E_1

  (18) *Aras Örens* Botschaft geht über Prousts seriöse Distanz hinaus.

  In allen Beispielen ist hier der implizite BG "Autor" in die ATTR-Position des E_1 gerückt.

a.2 BG in anderen syntaktischen Positionen

- Expliziter BG in E_5-Position

  (19) Der Satz stammt aus dem wunderbaren *Buch* ...

- Impliziter BG in E_3-Position

  (20) Im Buch gelingen *dem Autor* engagierte Szenen.

- Expliziter BG (und impliziter BG) in A-Position

  (21) In Nigros *Roman* fehlt jeder Hang zur Mythenhuberei.

  (22) *Im Buch* gelingen dem Autor engagierte Szenen.

b. Die syntaktischen Positionen des FA

b.1 Expliziter FA

- Expliziter FA in E_1-Position

  (23) Im Buch gelingen dem Autor *engagierte Szenen.*

  KH: Bei den vorliegenden Beispielen steht der FA in E_1-Position nie ohne bewertendes Attribut.

- Expliziter FA in E_4-Position

  (24) Der Erzähler besitzt eine erstaunliche *Formulierungsgabe.*

- Expliziter FA in P-Position

  (25) Der Autor *stellt* Menschen glaubwürdig *dar.*

  Diese Variante taucht häufig in Verbindung mit einem impliziten BG in E_1-Position (=Autor) und einem positiv bewerteten Zusatz in A-Position (X macht was wie).

c. Die syntaktischen Positionen der pos. Bewertung (+)

- B+ in ATTR-Position zu E_1

  (26) Es ist ein *wunderbarer* Roman.

- B+ in ATTR-Position zu Nom_1 im Nominalsatz

  (27) Ein *aktueller* Roman

- B+ in A-Position

  (28) Wir erleben die Lebensabrechnung *in einem Meisterwerk* der Zeitbehandlung.

- B+ in Eadj.-Position (notwendige Umstandsergänzung)

  (29) Der Autor stellt Menschen *glaubwürdig* dar.

- B+ in P-Position

  (30) Der Autor *schafft es*, uns 40 Seiten lang in Spannung zu halten.

- B+ in E_4-Position

  (31) Das Buch versteckt seine *Glanzlichter.*

- B+ in E_5-Position

  (32) Die Sterbeszene zählt zu den *Glanzstücken.*

- B+ in Nominalsätzen

  Nom_1-Position:

  (33) *Spannung* bis zum Schluß

  Nom_4-Position:

  (34) *Einen Trommelwirbel* für den Autor

3. Zusammenfassung

Die Analyse syntaktischer Muster von Bewertungshandlungen, exemplarisch am Beispiel LOBEN, hat gezeigt, daß es sinnvoll ist, bei der syntaktischen Analyse von Bewertungshandlungen bewertungskonzeptbezogene Elemente, Elemente des Frames und die syntaktische Realisierung der jeweiligen Handlung miteinander zu relationieren. Die syntaktische Analyse allein reicht nicht aus, um syntaktische Muster von Bewertungshandlungen zu bestimmen.

Anmerkungen

1 Vgl. dazu Stürmer et al. (1992) und Herbig et al. (1991).

2 Folgende Zeichen werden in den ersten Partiturzeilen verwendet:

BG	= der Bewertungsgegenstand wird explizit genannt.
(BG)	= der Bewertungsgegenstand wird implizit genannt.
B+	= ein Element wird als positiv bewertet gekennzeichnet.
B-	= ein Element wird als negativ bewertet gekennzeichnet.
FA	= der Frameaspekt wird explizit ausgedrückt.
(FA)	= der Frameaspekt wird implizit ausgedrückt.
¬	= eine Eigenschaft wird abgesprochen.

3 LOBEN als Nebenhandlung ist eine innerhalb einer anderen Handlung präsupponierte positive Bewertung.

4 Zur Verdeutlichung sind in einigen Beispielen die jeweils relevanten Lexeme kursiv gedruckt.

5 Die Abkürzungen für die syntaktischen Positionen der bewertungsrelevanten Elemente sind, soweit nicht zusätzlich eingeführt, Heringer (1978) entnommen:

E	= Ergänzung
Nom	= Nominalphrase

Die tiefgestellten Zahlen geben den Fall der Ergänzungen bzw. Nominalphrasen an.

ATTR	= Attribut
A	= Angabe

Literatur

Herbig, A. / Rauch, E. / Sandig, B. / Zhong, L. (1991): "STIMUL-computergestützte Stilmusterforschung". - In: Line, M. P. / Wallmannsberger, J. (eds.): Computer und Sprache. Papiere des Workshops Universität Saarbrücken 23.-25.11.1989. Innsbrucker Beiträge zur Kulturwissenschaft, Anglistische Reihe III, 207-224.

Heringer, H. J. (1978): Wort für Wort. Interpretation und Grammatik. - Stuttgart: Klett.

Stürmer, A. / Oberhauser, S. / Herbig, A. / Sandig, B. (1992): "Bewerten und Bewertungsinventar. Modellierung und computergestützte Rekonstruktionsmöglichkeiten". - In: Fries, N. (ed.): Sprachliches Bewerten (erscheint).

SCHWEIGEN - EIN PROBLEM DER SPRACHE

Jolanta Rokoszowa

> Wie kam es dazu, daß ein ganzer Teil der Rede in allen Grammatiken aller Sprachen übergangen wird? [...] Und gerade der Teil, auf den sich die Phrase stützt, auf dem sie sich aufbaut - und nicht nur eine Phrase, sondern auch die logische Einleitung der zweiten und auch der Gedankenfaden der dritten, vierten, etc. [...] Dieser Teil der Rede ist Verschweigen. (Norwid o. J: 37)

Das obige wie auch das folgende Zitat entstammen dem Werk von Cyprian K. Norwid, einem polnischen Dichter und Denker aus der Zeit der Romantik. Das Prosawerk "Milczenie" (Schweigen) wurde zum ersten Mal 1902, 25 Jahre nach dem Tode des Dichters, veröffentlicht:

> Schweigen also, oder, wenn man über die praktische Anwendung spricht, Verschweigen ist zweifelsohne ein Teil der Rede (Norwid o. J.: 39).

Intuitiven Anschauungen, nach denen das Schweigen Bestandteil der Sprache ist, begegnet man vielerorts. Als weiteres Beispiel mögen die im folgenden zitierten Überlegungen Romano Guardinis dienen:

> Zum Wesen allen Sprechens gehört, daß es auf das Schweigen bezogen ist. Erst beide Verhaltensweisen zusammen bilden das volle Phänomen [...] Ohne den Zusammenhang mit dem Schweigen wird das Wort zum Gerede, ohne den mit dem Wort wird das Schweigen Stummheit. Sie bilden zusammen ein Ganzes, und es ist eine nachdenklich machende Tatsache, daß es für dieses Ganze keinen Begriff gibt. In ihm existiert der Mensch. (Zitiert nach Grewe 1966: 823)

Was ist das Wesen des Schweigens? Viele haben versucht, diese Frage zu beantworten. Einen guten Überblick über die einschlägige Literatur zum Thema vermittelt die Bibliographie in Schmitz (1990). Der Soziologe Niklas Luhmann betont den paradoxen Charakter des Redens über die Welt, das immer "gleichzeitig Schweigen in Anspruch nimmt". (Luhmann/Fuchs 1989: 1) "Eine Kommunikation teilt die Welt nicht mit, sie teilt sie ein. Sie sagt, was sie sagt; sie sagt nicht, was sie nicht sagt" (Luhmann/Fuchs 1989: 7). "Immer aber geht es um eine Form, die zwei Seiten hat: um Reden und Schweigen. Immer geht es um die Einheit dieser Form" (Luhmann/Fuchs 1989: 1).

In einem früheren Aufsatz habe ich meine Erörterungen mit einer Metapher eingeleitet, auf die ich an dieser Stelle noch einmal zurückgreifen möchte:

> Schweigen ist eine notwendige Begleiterscheinung der Sprache. Es ist ihre andere Seite, ihr Hintergrund. Schweigen scheint für das richtige Funktionieren der Sprache notwendig zu sein. Es drängt sich hier die Analogie zur Rolle der Luft in der uns umgebenden Welt auf, die für alle Erscheinungsformen des Lebens notwendig ist. Aber so wie das Verhältnis zwischen der belebten Welt und der sie umgebenden Luft nicht gelöst werden kann - die belebte Welt nährt sich von der Luft und gleichzeitig erzeugt sie sie, und die Luft durchdringt zwangsläufig jedes unserem Erkennen und unserer Erfahrung zugängliche Dasein -, so scheint auch Schweigen für Sprache unvermeidlich zu sein, ja mehr noch, Sprache erzeugt Schweigen, und Schweigen dringt in alle Wirkungsbereiche der Sprache ein. (Rokoszowa 1983: 130)

Die Idee einer Einheit von Sprache und Schweigen gehört zu den Thesen des Aufsatzes von

Ulrich Schmitz (1990), in dem er das Schweigen nicht als "Abwesenheit der Sprache, sondern [als] ein konstruktives Element menschlicher Kommunikation" auffaßt und gleich hinzufügt:

> Die Grenze [zwischen Sprache und Schweigen] liegt innerhalb, nicht jenseits der menschlichen Sprachtätigkeit. (Schmitz 1990: 27)
>
> Die Wissenschaft zieht ihre eigenen künstlichen starren Grenzen, als erstes grenzt sie ihren chaotisierenden Konkurrenten, das Schweigen aus (Schmitz 1990: 41).

Der chaotisierende Konkurrent des Sprechens erscheint hier als ein Medium, das das Sprechen in einer nicht geordneten, nicht strukturierten, ad absurdum führenden Art und Weise ersetzen kann. So spricht Schmitz (1990: 42) von einem "Schweigen, das [die Wissenschaft] zum Schweigen brachte" und betont zudem, daß Schweigen "grundsätzlich alles" bedeuten könne: "Es ist der Joker der Sprache" (Schmitz 1990: 32).

Dieser Aufsatz hat eine charakteristische stillschweigende Voraussetzung. Er geht nämlich von der These aus, daß es nur e i n Schweigen gibt, daß es eine einheitliche Erscheinung darstellt, der wir bestimmte Eigenschaften zuschreiben können. Es geht um Eigenschaften wie: 1. fraktale Verhältnisse zur Sprache (Rede); 2. Beziehungen zur Sprache als Figur; 3. Abhängigkeit vom Kontext; 4. die Fähigkeit, alles Mögliche auszudrücken als Effekt der Kontextabhängigkeit usw.

Die Behauptung, daß es nur eine Art von Schweigen gebe und daß diese chaotisch sei, bedarf meines Erachtens einer weiteren Diskussion. Schmitz (1990) nimmt an, daß das Schweigen der Joker der Sprache sei; ich würde eher sagen, daß das Schweigen eine gezeichnete, eine markierte Joker-Karte ist, mit der man ein konventionelles, nicht unbedingt betrügerisches Spiel spielen kann, ein Spiel, in dem kein Chaos herrscht und in dem alle Bewegungen des gezeichneten Jokers von den Spielern fehlerlos abgelesen werden können. In dem angeblichen Chaos gibt es eine latente Ordnung, durch die bereits vorausgesetzt ist, daß das Schweigen keine einheitliche Erscheinung darstellt; in Wirklichkeit existieren mehrere Typen von Erscheinungen, die man alltagssprachlich gleichermaßen als Schweigen bezeichnen kann.

Im folgenden möchte ich mich lediglich auf einige wenige Aspekte der oben metaphorisch ausgedrückten These konzentrieren. Meine Absicht ist es, Eigenschaften des Schweigens hervorzuheben, die die aufgestellte These untermauern könnten. Ich gehe davon aus, daß sich die Wahl zwischen Sprechen und Schweigen innerhalb von drei grundsätzlichen Alternativen vollzieht:

Alternative 1: Artikulieren/Nicht-Artikulieren
Sprechen/Nicht-Sprechen

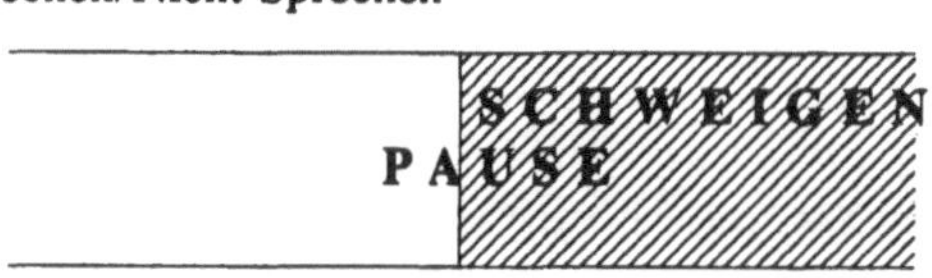

Sie besteht auf der Ebene des sprachlichen Zeichens (signifiant), d. h. bezieht sich auf Aspekte der Form (SYNTAX).

Alternative 2: Ausdrücken/Nicht-Ausdrücken
ausdrückbar/nicht-ausdrückbar

Sie besteht auf der Ebene des sprachlichen Zeichens (signifié), d. h. betrifft Aspekte des Inhalts (SEMANTIK).

Alternative 3: Sagen/Nicht-Sagen

Sie besteht auf der Handlungs- und Entscheidungsebene, d. h. betrifft Aspekte der Wertigkeit (PRAGMATIK).

Für die Unterscheidung der Typen des Schweigens sind noch weitere Alternativen wesentlich, die allerdings von den drei bereits genannten deutlich abzugrenzen sind:

Alternative 4: Hören/Nicht-Hören

Damit sind alternative Verhaltensweisen des Hörers angesprochen. Sie tangieren nicht den Informationskanal, sondern stehen in Relation zu eventuellen Informationsstörungen. Schweigen ist in diesem Zusammenhang als 'angepaßtes Schweigen' aufzufassen: Der Hörer soll (muß) schweigen. Ein Verstoß muß deshalb Folgen haben.

Alternative 5: Antworten/Nicht-Antworten

Die Entscheidung zwischen den beiden genannten Möglichkeiten liegt beim sogenannten 'zweiten Sprecher', dem Antwortenden. In bezug auf das Schweigen spielt der Antwortende in der Sprechsituation eine besondere Rolle: Wenn er nicht antwortet, wirkt sein Schweigen völlig anders als das des 'ersten Sprechers'. Dem Schweigen kommt in diesem Zusammenhang eine ausschließlich negative Funktion zu. Dies trifft nur dann nicht zu, wenn in der Sprechsituation zusätzliche Bedingungen gelten (z. B. das Recht des Angeklagten auf Antwortverweigerung vor Gericht), die das Schweigen des 'zweiten Sprechers' neutralisieren.

Die Liste von Alternativen, die sich aus dem Wesen der sprachlichen Kommunikation ergibt, dürfte unvollständig sein. Die drei ersten Alternativen erscheinen als die wichtigsten und dürften gleichzeitig für die übrigen prototypisch sein.

Die Alternative 1 betrifft den Sprechenden. Wichtig ist in diesem Zusammenhang das Problem der Sprechpause. Ich möchte hier an die Pausologie als spezielle wissenschaftliche Disziplin erinnern (O'Connell/Kowal 1983). Den Ausgangspunkt für die Analyse des Schweigens bildet der Prozeß der Textbildung. Die Pause gilt dabei als lineares Schweigen, das mit der Sprechsituation korreliert. Da Pausen die Form sprachlicher Verständigung beeinflussen, werden sie im Rahmen der Pausologie als formal bestimmbare Einheiten betrachtet. Das in diesem Zusammenhang favorisierte induktiv-empiristische Verfahren ist zwar der einfachste Weg zur Beschreibung bzw. Bestimmung der Einheiten, bringt aber dennoch einige Schwierigkeiten mit sich. Als ein zentrales Problem erweist sich u. a. die Unterscheidung zwischen Pause und Schweigen: Man kann nicht ohne weiteres angeben, wie lange ein Nicht-Reden dauern muß bzw. darf, damit es als Pause interpretierbar ist. Folglich stellt sich die Frage, ob eine sehr kurze Pause schon als Schweigen oder ob ein sehr langes Schweigen noch als Pause aufgefaßt werden kann. Das Problem ist auf der Grundlage der Prototypentheorie lösbar.

Geht man von dieser Theorie aus, ist festzustellen, daß das 'Nicht-Artikulieren' (vgl. Alternative 1) verschiedene mögliche Erscheinungsformen hat, die man sich als Kontinuum zwischen zwei Grenzwerten vorstellen kann. Den einen Pol dieses Kontinuum bildet die phonetische Pause, d. h. ein Phänomen, das nur mit Mühe dem Bereich des Schweigens zugeordnet werden kann. Den Gegenpol dazu konstituiert das vollständige, ununterbrochene Schweigen, in dem sich z. B. die Mitglieder von Kontemplationsorden üben.

Hervorzuheben ist, daß es hier in jedem Fall um das Schweigen des Sprechers geht. Die Pausen sind also - physikalisch betrachtet - Lücken und Unterbrechungen, die im Informationskanal des Sprechers auftreten. Als problematisch erweist sich in diesem Zusammenhang, daß die Dauer der Pause grundsätzlich operabel ist. Pausen können folglich als 'angemessen', 'zu lang', 'beiläufig' oder als 'peinlich' empfunden werden. Darüber hinaus ist es schwierig, die im Rahmen der Alternative 1 möglichen Arten des Schweigens voneinander abzugrenzen. Die Resultate der Unterscheidung sind von der Art der angesetzten Kriterien abhängig.

Während die Alternative 1 (Artikulieren/Nicht-Artikulieren) in Relation zum Sprechprozeß steht und den Informationskanal sowie die formale Struktur des Kodes - d. h. die signifiant-Seite des sprachlichen Zeichens - tangiert, geht es im Rahmen der Alternative 2 (Ausdrücken/Nicht-Ausdrücken) um das Verhältnis des signifiant zum signifié. Im Zentrum des Interesses steht hier das Problem des Schweigens als einer erkennbaren Grenze - das Problem des Schweigens als einer Bezugsgröße des Zeichens. Zu betonen ist, daß das signifiant in diesem Fall 'ausgefüllt' ist, d. h. keine Pause oder Lücke vorliegt. Dennoch ist der Begriff 'Schweigen' auch hier - zumindest indirekt - anwendbar:

Im oben beschriebenen Zusammenhang wird die Grenze zwischen Sprache und Schweigen durch den Faktor 'Wissen' bestimmt. Es geht hier also um eine Erscheinungsform des Schweigens, die besonderes Interesse verdient, weil sie vom Wissen abhängig und mit dem Wissen verbunden ist. Das Unwissen und die Abwesenheit einer Sache bestimmen die Grenzen des sogenannten transzendenten Schweigens (bzw. der Stille).

Beim Sprechen rekurriert man in vielfältiger Hinsicht auf stillschweigend vorausgesetztes Alltagswissen. Dieses Wissen bildet - als "tacit component" (Polany 1962) - einen wichtigen Bestandteil der Rede: Hierdurch bedingt ist es möglich, daß sich mit relativ geringem sprachlichen Aufwand immer wieder neue Bedeutungen erzeugen lassen. So erklärt sich u. a. der besondere Stellenwert von Präsuppositionen, konversationellen bzw. diskursiven Implikaturen, Anspielungen, Stereotypen, Klischees, Ellipsen und Euphemismen.

Wird etwas ausgesprochen, was eigentlich zum Alltagswissen gehört und daher stillschweigend vorausgesetzt werden könnte, so entsteht ein neuer Inhalt. Dies gilt zum einen dann, wenn ein Sprecher etwas scheinbar Selbstverständliches sagt (z. B. *Ich kann mich an meinen*

Vornamen erinnern oder *Das ist ein Baum*). In Fällen wie diesen werden Sachverhalte expliziert, die zu den pragmatischen Präsuppositionen (vgl. Stalnaker 1974) zählen, d. h. normalerweise nicht Gegenstand von Mitteilungen sind. Zum anderen ist hier an Äußerungen zu denken, die nur dann sinnvoll wirken, wenn man unterstellt, daß der mitgeteilte Inhalt nicht zum Alltagswissen gehört, z. B. *Der Präsident ist heute nüchtern* (vgl. Cooper 1974) oder *X arbeitet bei einer Bank und ist bis heute noch nicht ins Gefängnis gekommen* (vgl. Grice 1975).

Innerhalb der Alternative 3 (Sagen/Nicht-Sagen) ist Schweigen als Handlung definiert: In welchem Verhältnis es zur Sprache steht, hängt von der Entscheidung des Sprechers ab. Schweigen erscheint hier als bewußter Akt, als Prozeß, der sozial unterschiedliche Verhältnisse determiniert.

Im Rahmen einer abschließenden Zusammenfassung bleibt festzuhalten, daß sich die vielfältigen Erscheinungsformen des Schweigens auf drei zentrale Prototypen zurückführen lassen, die mit verschiedenen Ebenen der Sprachbeschreibung korrelieren. Der im Zusammenhang mit der Alternative 1 angesprochene Grundtyp ist auf der Ebene der sprachlichen Form angesiedelt und insofern Gegenstand einer Grammatik des Schweigens. Im Rahmen der Alternative 2 steht Schweigen in Beziehung zur Bedeutungsebene: Hier geht es um eine Semantik des Schweigens. In der Alternative 3 stellt sich das Schweigen als Handlung dar und erfordert demgemäß eine pragmatische Problemsicht.

Die Alternativen 1 und 2 ergeben sich zwangsläufig aus dem Wesen der Sprache. Während der Wechsel zwischen "Artikulieren" und "Nicht-Artikulieren" im Rahmen der ersten Alternative die lineare, chronologische Abfolge sprachlicher Zeichen (signifiant) bedingt und physikalischen Schallgesetzen bzw. den Normen der Verschriftlichung unterliegt, ist Schweigen in der zweiten Alternative mit der Bedeutungsseite sprachlicher Zeichen (signifié) verbunden und daher von den Regeln und Gesetzen der Semantik abhängig. Die Regeln, denen das Schweigen im Rahmen der Alternativen 1 und 2 unterliegt, bestimmen zusammen die formalen und inhaltlichen Grenzen der Sprache: Sie bedingen sowohl die Struktur der Sprache als auch ihre Relationen zur Außenwelt. Innerhalb der Alternative 1 erscheint das Schweigen als primäre, prototypische Einheit; im Rahmen der Alternative 2 kommt dieser Stellenwert dem Sprechen zu: Man kann auch schweigen, indem man spricht.

Ich gehe davon aus, daß es nur wenige Typen von Schweigen gibt, die als grundlegend gelten können. In der Peripherie dieser zentralen Typen entstehen zahlreiche Formen und Verwendungsweisen des Schweigens, die zwar z. T. deutlich von den Grundtypen abweichen, jedoch keineswegs ein chaotisches Gesamtbild ergeben. Dies trifft zu, obwohl Schweigen - wie eingangs bemerkt - der ontologische Status einer Einheit zuzuschreiben ist, die scheinbar 'aus dem Nichts heraus' existiert.

Literatur

Cooper, D. E. (1974): Presupposition. - The Hague: Mouton.

Grewe, W. G. (1966): "Die Sprache der Diplomatie". - In: Merkur, 805 - 823.

Grice, H. P. (1975): "Logic and conversation". - In: Cole, P. / Morgan, J. L. (eds.): Syntax and semantics. III (New York etc.: Akad. Press) 41- 58.

Luhmann, N. / Fuchs, P. (1989): Reden und Schweigen. - Frankfurt/Main: Suhrkamp.

Norwid, C. K. (o. J.): Milczenie. - Warszawa: J. Mortkowicz.

O'Connell, D. C. / Kowal, S. (1983): "Pausology". - In: Sedelow, W. A. / Sedelow, S. Y. (eds): Computers in language research 2. (Berlin: de Gruyter) 221 - 301.

Polany, M. (1962): Personal Knowledge. Towards a Post-Critical Philosophy. - Chicago.

Rokoszowa, J. (1983): "Język a milczenie". - In: Biuletyn Polskiego Towarzystwa Językoznawczego XL, 129-137.

Schmitz, U. (1990): "Beredtes Schweigen. Zur sprachlichen Fülle der Leere". - In: Osnabrücker Beiträge zur Sprachtheorie 42, 5-58.

Stalnaker, R. C. (1974): "Pragmatik presupposition". - In: Munitz, M. K. / Unger, P. K. (eds): Semantics and philosophy (New York: Univ. Press) 135 - 148.

ÜBER DIE BEWERTUNG VON RÄUMLICHKEIT - UND DIE DEFIZITE DES INTERESSES DER REPRÄSENTATIONS-LINGUISTIK AN WEGBESCHREIBUNGEN

Rüdiger Vogt

In meiner Heimatstadt Hamburg sagt man, Othmarschen sei ein schöner Stadtteil, weil dort so viele Bäume stünden, Steilshoop dagegen wirke trostlos wegen der vielen Hochhäuser. Man ist stolz darauf, in den Stadtteilen an der Alster zu wohnen und meidet Barmbek oder Hamm mit ihren proletarischen Mietskasernen. Sicher weisen solche Einschätzungen stereotype Eigenschaften auf, sie zeigen jedoch auch, daß geographischen Räumen eine nicht zu gering zu veranschlagende soziale Bedeutung zukommt. Denn die Art und Weise, wie wir unsere unmittelbare räumliche Umgebung wahrnehmen, stellt einen Teil unserer sozialen Identität dar, wir nehmen unsere Umgebung nicht klaglos als gegeben hin, sondern beurteilen sie. Wenn man sich nun die Diskussion um Sprache und Raum in den letzten Jahren ansieht, stellt man fest, daß dem Aspekt der Bewertung räumlicher Verhältnisse kaum Beachtung geschenkt wurde.

Im folgenden werde ich zeigen, warum die herrschende Repräsentations-Linguistik in der von ihr forcierten Wegauskunftsforschung sich dieser Frage entzogen hat, obwohl sie durchaus zu den von ihr reklamierten Interessen gehört (1). Diesem Ansatz werde ich eine Rekonstruktions-Linguistik gegenüberstellen, die Instrumentarien für die Untersuchung der sozialen Dimension von Raumerfahrung in Transkripten und Texten entwickeln kann (2). Abschließend erfahren beide Ansätze eine pointierte Gegenüberstellung (3).

1. Weg- oder Ortsbeschreibungen: Der Ansatz der Repräsentations-Linguistik

Die Auseinandersetzung mit der Repräsentations-Linguistik möchte ich mit der kursorischen Analyse zweier Texte eröffnen, in denen "Raum" auf unterschiedliche Weise thematisiert wird.

(1) F Könnten Sie mir sagen wie ich zur Gesamtschule komme?
A   Jaa [4 sec] da
1———————————————————————————————
F   ja
A sehen Sie die Treppe?   die gehen Sie hoch da kommen Sie ins
2———————————————————————————————

F		ja		
A	Einkaufszentrum	da gehen Sie ein kurzes Stück geradeaus dann		
3				
F		hm		
A	nach rechts	und dann immer geradeaus bis Sie zu einer		
4				
F			Aha über die Straßenbrücke rüber	
A	Straßenbrücke kommen			da gehen Sie
5				
F				aha
A	rüber und da ist die Gesamtschule, die ist nicht zu verfehlen			
6				
F	vielen Dank			
A		bitte		
7				

(2) Östlich von Billstedt liegt Mümmelmannsberg, das nicht erst durch Udo Lindenbergs Song *Beton City* zum Synonym für eine verfehlte, jedenfalls hypertrophe Wohnungsbau- und Städtebaupolitik der 60er Jahre wurde. Dennoch: Der Straßenplan ist mit seinen rechtwinkligen, nach Norden ausschwingenden Blockrandbebauungen nicht schematischer als der von Harvestehude [ein um die Jahrhundertwende entstandenes citynahes Wohnquartier an der Alster mit schönen Jugendstilhäusern; R. V.], die Häuser (1970-80, 7200 Wohneinheiten) sind doch nicht so dimensioniert wie andernorts.[1]

Vergleichen wir die Texte: (1) ist kein Transkript, sondern ein meiner Intuition entsprungener Wegauskunftsdialog, (2) ein Auszug aus einem Städteführer für Hamburg, zwei ganz unterschiedliche Text- bzw. Dialogsorten also. Geht es in (1) um das Wie einer Wegbeschreibung, so informiert (2) relativ allgemein den Besucher Hamburgs über einen Stadtteil, vor allem aus architektonischer Sicht. In Beleg (1) überwiegen deskriptive Äußerungen, er enthält neben Verben, die Fortbewegung ausdrücken (*gehen, kommen* und Äquivalente *dann müssen sie nach links*) auch die charakteristischen deiktischen Adverbien und Präpositionen (*links, rechts, geradeaus* etc.) und, zur Bezeichnung von Markierungspunkten, das dialogsortenspezifische Inventar von Nomen (*Einkaufszentrum, Straßenbrücke, Treppe* usw.). Darüber hinaus verweisen kommentierende Äußerungen wie *da sehen Sie die Treppe?* und solche, die der Aufrechterhaltung der sozialen Interaktion dienen, wie Nachfragen und Bestätigungen, auf das charakteristische Inventar sprachlicher Besonderheiten von Wegauskunftsdialogen.

(2) dagegen weist deutlich andere Eigenschaften auf: Nomen wie *Blockrandbebauung* und *Straßenplan* mit fachsprachlichem Charakter verweisen auf den Politikbereich der Stadtplanung, in den Adjektiven wie *hypertroph* und *verfehlt* drückt der Autor negative Bewertungen aus; auch die deskriptiven Elemente sind in relativierende Konstruktionen wie Vergleiche eingebettet. Der Autor erweist sich als Städtebauexperte, der aus dieser Perspektive die Beurteilung eines Stadtteils vornimmt. Der kommunikative Zweck dieses Textes liegt darin, dem Stadtunkundigen Auskunft über ihm unbekannte Stadtteile zu geben.

In diesem Sinne handelt es sich hier um eine Ortsbeschreibung, die das Ziel hat, "einen Ort mündlich oder schriftlich so zu beschreiben, daß der andere ihn sich möglichst gut vorstellen, bzw. eine vorliegende Beschreibung angemessen verstehen kann" (Voigt 1983: 16). Die oben herausgearbeiteten Bewertungen sind der deskriptiven Orientierung des Textabschnitts untergeordnet, sie ergänzen seinen informativen Wert.

Gemeinsam hingegen ist beiden Texten, daß ihr referentieller Bereich zumindest in Teilen übereinstimmt: Jener Weg, der in (1) beschrieben wurde, führt durch den Stadtteil, der in (2) aus einer allgemeineren Sicht charakterisiert wurde. So unterschiedlich wie die Texte ist auch der kommunikative Zusammenhang, in dem sie erscheinen: Während der erste durch den Informationsbedarf eines an einem ungünstigen U-Bahn-Ausgang ausgestiegenen Ortsunkundigen evoziert sein könnte, so deckt der zweite den Anspruch eines über die Stadt Hamburg umfassend berichtenden Reiseführers ab: Aus Gründen der Vollständigkeit muß auch dieser Stadtteil erwähnt werden, obwohl es nicht wahrscheinlich ist, daß der Empfehlungen suchende Tourist sich dorthin verirrt. Dennoch haben beide Texte etwas miteinander zu tun, zeigen sie doch, daß sich Sprecher nicht nur deskriptiv mit den im Stadtplan festgehaltenen Daten beschäftigen, sondern diese auch bewerten. Und auch jene fiktive ortskundige Person, die in (1) eine optimale Route erläutert, würde auf die Frage *Wie finden Sie denn den Stadtteil?* Bewertungen und Einschätzungen vornehmen, vielleicht auch Vergleiche anstellen. Nur: sie wird nicht gefragt, zumindest nicht auf der Straße von einem Daten sammelnden Linguisten mit verdecktem Mikrofon. Sie wird dies jedoch in Privatgesprächen tun, wenn beispielsweise Auskunft darüber erbeten wird, ob Mümmelmannsberg wirklich so schrecklich sei, wie man immer höre. Dann läuft aber kein Aufzeichnungsgerät, und seine Beurteilung dieses Stadtteils als eines sozialen Brennpunkts bleibt linguistisch unberücksichtigt. Das ist eigentlich schade, gehört dies doch auch zum Weltwissen, das für die Beurteilung sprachlicher Äußerungen nicht unerheblich ist.

Die Dialogform 'Wegauskunft' fand vor mehr als 10 Jahren großes Interesse in der deutschsprachigen 'main-stream'-Linguistik - jener bereits eingangs eingeführten Repräsentations-Linguistik -, die sich mit Namen wie Klein und Wunderlich verbindet. Mit der Wahl dieses Gegenstandes wurde es möglich, mit relativ geringem Aufwand erhobenes empirisches Material in Hinblick auf die sequentielle Organisation einerseits, aber auch andererseits in Hinblick auf die Frage zu bearbeiten, inwieweit der Kontext die Bedeutung von Ausdrücken, insbesondere der deiktischen, verändert; und schließlich eröffnete dieser Gegensatz die Möglichkeit, Elemente subjektiven Wissens in Form eines Stadtplans kontrollieren zu können, und führte den Weg zur Frage, wie denn der Raum im Bewußtsein der Subjekte repräsentiert sei, genauer, über welche Konzepte eines konkreten Raums die Subjekte verfügten. Schon der Beitrag von Klein (1979) legt eine solche Deutung nahe, denn er beschäftigt sich i.w. mit dem Verhältnis von räumlichem Wissen und seiner sprachlichen Ausdrucksform. Kleins grundlegende Annahme liegt in der Vermutung, die einzelnen Befragten verfügten über eine kognitive Karte, also über je individuelle Vorstellungen über den zur Debatte stehenden geographischen Raum: insofern wird eine Wegbeschreibung angesehen als eine Ausdrucksform von geographischem Wissen, charakterisiert als Primärplan. Terminologisch erhält diese Überlegung ihre Fundierung in dem Begriff der Repräsentation, also der Stellvertretung äußerer Umstände und Verhältnisse im Geiste. In der konkreten Wegbeschreibung erscheint jedoch nicht die kognitive Karte der befragten Personen, sondern nur ein gewisser Ausschnitt, von dem man annimmt, daß er in Hinblick auf die kommunikative Aufgabe eingegrenzt werde. Dieser Sekundärplan, der in Form einer imaginären Wanderung in der Vorstellung des Auskunft Erteilenden durchschritten wird, gibt die Grundlage für die sprachliche Gestaltung einer Wegauskunft ab. Die geographischen Repräsentationen müssen also in sprachliche Ausdrücke überführt werden. Eine solche Transformation liegt etwa in Beleg (1) vor. Warum aber interessiert sich die Repräsentations-Linguistik nicht für Texte, in denen der geographische Raum in sozialer Perspektive gewertet wird, in dem geographisches und soziales Wissen miteinander verknüpft sind? Denn nach den Vorstellungen von Klein gehören solche Wissensbestände durchaus zur im Primärplan repräsentierten kognitiven Karte. Er weist darauf hin, daß nicht alle im Primärplan enthaltenen Wissensbestände auch im Wegauskunftsdialog repräsentiert würden, da sie offenbar irrelevant seien - aus diesem Grunde konstruiert er auch die Ebene eines Sekundärplanes:

> Beispielsweise kann die kognitive Karte eine lange Straße mit einem kleinen, unauffälligen Geschäft enthalten, das aber dem Antwortenden sehr gut vertraut ist, vielleicht weil er dort oft einkauft, oder auch selbst dort gearbeitet hat o. ä., es hat dann in der kognitiven Karte des Betreffenden sogar einen hervorragenden Platz. Aber er wird es wahrscheinlich nicht in seinen Sekundärplan aufnehmen, weil es für das Anliegen des Fragers irrelevant ist: Es ist für das Finden des Weges kein sinnvoller Fixpunkt. (Klein 1979: 28)

Diese Ausführung umreißt sehr schön das Problem des Repräsentations-Linguisten Klein: Wenn es nämlich auch darum ginge, die Primärpläne stellvertretend abzubilden, dann müßten sich die Wegbeschreibungsforscher Untersuchungsansätze überlegen, die auch die jeweils individuellen Relevanzsysteme in Erfahrung zu bringen hätten. Daran besteht jedoch kein erkennbares Interesse; gerade die Reduktion auf die Dialogform 'Wegauskunft' grenzt das Untersuchungsgebiet so ein, daß es lediglich um die jeweils individuell versprachlichten Repräsentationen von Stadtplänen, besser: von Planausschnitten, geht.

Während dieser einschlägige Aufsatz noch keine rechte Entscheidung trifft, ob er sich für den Ablauf des Gesprächs entscheidet und für dessen soziale Besonderheiten, oder aber für die kognitiven Karten, d. h. die Primär- und Sekundärpläne im Geist der Menschen, so rücken neuere Aufsätze aus dem Bereich der Künstlichen Intelligenz wie z. B. Habel (1988) genau diesen Bereich in den Mittelpunkt ihres Interesses, ohne auf die zugegebenermaßen marginalen Bestandteile von sozialer Welt in solchen Wegauskunftsdialogen einzugehen. Die Frage nach sozialen Konventionen wird als gegeben hingenommen, es geht eben hauptsächlich darum, die Repräsentation des Raumes (den Stadtplan also) darzustellen, in der Hoffnung, so die Repräsentationen dieses Raumes in den Köpfen der Menschen - auch im Sinne sprachlicher Kompetenz - simulieren zu können. Interessant ist, daß Habel mit empirisch erhobenem sprachlichen Material arbeitet, denn eigentlich wäre es ja ausreichend, den

Stadtplan etwa in Form von Kanten und Knoten stellvertretend abzubilden. Dabei kommt es jedoch zu einem Problem: Die empirisch erhobenen Wegbeschreibungen bleiben zum großen Teil unzulänglich. Habel (1988) hat in seiner Untersuchung festgestellt, daß bei der Prüfung der von ihm ausgewerteten Interviews nur etwa ein Drittel die Beurteilung 'gut' bzw. 'sehr gut' im Sinne von Korrektheit und Nachvollziehbarkeit erzielen konnten: jeweils ein Drittel waren 'mittel' und sogar 'schlecht' bzw. 'falsch'. Diese Fehlerhaftigkeit - fügt er, seine eigene Tätigkeit als Simulator vor Kritik vorab in Schutz nehmend, hinzu - solle auch für die Bewertung maschineller Systeme als Maßstab dienen (vgl. Habel 1988: 112).

Wozu dann aber die Erhebungen sprachlicher Daten, wenn sie doch so fehlerhaft sind? Habel benutzt sie erstens zur Verfeinerung seiner Computersimulation von Wegenetzen, indem er beispielsweise feststellt, daß in den als 'gut' bewerteten Interviews überproportional häufig Landmarken genannt worden seien, um dann seinen Simulationsalgorithmus zu verfeinern mit dem Ziel, die Qualität der maschinellen Stellvertretung zu verbessern. Zweitens jedoch verwendet er sie, um angemessen auch die sprachlichen Repräsentationen dieser räumlichen Netze zu erarbeiten. Die linguistische Empirie dient somit zur Optimierung der Simulation; diese muß/darf genauso gut oder schlecht sein wie die faktischen Dialoge. Erreicht wird so nur eine Verbesserung der Stellvertretung von Sekundärplänen, die nicht-geographischen Bestandteile des Primärplanes bleiben jedoch unberücksichtigt, und der Anspruch, mittels der Computer-Simulation quasi analog auch die Raumrepräsentationen im menschlichen Geiste darstellen zu können, wird hier zur Makulatur. Nun könnte man einwenden, daß diese Kritik zu pauschal sei, da sich Habel doch nur für die Wegauskunftsdialoge interessiere und mithin sein Ansatz durch diese Kritik nicht getroffen werde. Allerdings hat ein anderer Vertreter jener an maschineller Simulation von sprachlichen Äußerungen interessierten Repräsentations-Linguisten, Metzing (1988a), in einem eher die Grundlagen der 'prozeduralen Sprachanalyse' - jenes kognitivistischen Ansatzes der Untersuchung von sprachlichen Fähigkeiten und Prozessen - betreffenden Aufsatz gezeigt, daß der Anspruch dieser linguistischen Schule durchaus weitergehend ist, fordert er doch die Einbeziehung auch der sozialen Welt in die Modellierung des Sprechers/Hörers:

> Hinzuzufügen wäre noch eine weitere Ebene [...], die Ebene sozialwissenschaftlicher Theorien; ihre Gegenstände sind sozio-kulturelle Objekte, soziale Interaktionsstrukturen und Prozesse. Durch soziale Interaktionsprozesse werden Kommunikationspartner und eine gemeinsame soziale Welt konstituiert, bestätigt und verändert. Ohne eine Verankerung in einer gemeinsamen Handlungs- und Kommunikationspraxis blieben die natürlichsprachigen Zeichen ohne soziale Bedeutung. (Metzing 1988a: 66)

Aber leider bleibt diese Dimension dem theoretischen Ansatz aufgesetzt, fremd wie ein bunter Baustein unter grauen: Analytisch bleibt sie uneingelöst, zumindest in den Beiträgen des Sammelbandes "Sprache in Mensch und Computer" (Schnelle/Rickheit 1988). Ich denke, daß der Weg zu den Formen sozialen Bewußtseins nur beschritten werden kann, wenn der Repräsentationsansatz fallen gelassen und statt dessen eine Rekonstruktion der in sprachlichen Äußerungen oder Texten geleisteten Bewertung räumlicher Umstände vorgenommen wird. Nur so können die in der Wegbeschreibungsanalyse wegrationalisierten Elemente der subjektiven Sicht auf die eigene räumliche Umgebung analytisch erfaßt, mit Mitteln der Sprachanalyse zum Ausdruck gebracht werden.

2. Möglichkeiten der Rekonstruktions-Linguistik - am Beispiel einer Ortskritik

Ein Stadtplan ist klar, aber beschränkt: er zeigt uns, wie wir von der Autobahn zum Rathaus kommen, er zeigt uns jedoch nicht, auf welchen Straßen viel oder wenig Verkehr ist, welche schmutzig sind oder welche sauber, in welchem Stadtteil die Reichen und in welchem die Armen leben, kurz: Informationen, die für den Lebenszusammenhang von Stadtbewohnern nicht unerheblich sind. Für diese Bereiche, die für die Wahrnehmung bzw. Erfahrung der direkten räumlichen Umgebung von Bedeutung sind, möchte ich auf einen Terminus aus der neueren Kultursoziologie zurückgreifen, nämlich auf den der "Landkarte des Bewußtseins", der die subjektive Wahrnehmung und Interpretation sozialer Verhältnisse umfaßt (cf. Clarke et al. 1979). Ein Teil dieser Landkarte besteht auch aus den individuellen Erfahrungen des eigenen Handlungsraumes. Wichtigster Aspekt dürfte dabei die Bewertung der eigenen Lebensumstände sein, jener Gesichtspunkt, der in der Wegbeschreibungsforschung sorgsam ausgeklammert blieb.

Jener Teil der Landkarte des Bewußtseins, der sich auf den engeren sozialen Handlungsraum eines Subjekts bezieht, steht im Mittelpunkt der folgenden Überlegungen. Dabei wird sich der Rekonstruktions-Linguist am bereits Gesagten und Geschriebenen orientieren, das in Hinblick auf die in einem Text oder Transkript zum Ausdruck kommenden sprachlichen Formen der Bewertung von Räumlichkeit ausgewertet wird. Grundlage hierfür ist die Überlegung, daß die Bedeutungen von Ausdrücken - und nicht nur der deiktischen - kontextabhängig sind; das Ziel der Untersuchung stellt die Entwicklung einer Lesart dar, die das Erscheinen der einen Text konstituierenden sprachlichen Formen explizit macht. Diesen Ansatz der Rekonstruktion möchte ich im folgenden mit Hilfe der die subjektive Sicht von gesellschaftlich Handelnden erfassenden Kategorie der Lebenswelt kategorial absichern (cf. Schütz/Luckmann 1979). Unter 'Lebenswelt' verstehe ich einen von Mitgliedern einer sozialen Gruppe geteilten Wissensvorrat, das 'fraglos Gegebene', das durchaus einen wesentlichen Teil jener Karte des Bewußtseins ausmacht. Die Kategorie der Lebenswelt erfaßt erstens die räumliche Strukturierung dieser Welt und zweitens die dort praktizierten sozialen Beziehungen, in denen das Subjekt erscheint. In räumlicher Hinsicht unterscheiden Schütz/Luckmann die Welt in aktueller Reichweite - damit ist der Bereich gekennzeichnet, der der unmittelbaren Erfahrung eines Subjekts zugänglich ist - von der Welt in potentieller Reichweite, also der Möglichkeit des Subjekts, den ersten Bereich zu überschreiten, sei es als Medienkonsument oder als Träumer. Analog zu dieser Unterscheidung sind die Wirkzonen von Handelnden ausdifferenziert: Der Bereich, auf den ein Subjekt durch direktes Handeln einwirken kann, ist primär; sekundär dagegen sind die durch technische Möglichkeiten ausgedehnten Handlungsbereiche - wie z. B. das Telefonieren. Die primäre Wirkzone, moderner vielleicht ausgedrückt: den Handlungsraum eines Subjekts - gilt es in Texten zu rekonstruieren. Aber auch die sozialen Beziehungen, die in der phänomenologischen Wissenssoziologie in Personalpronomina-Termen ausgedrückt werden, insbesondere die Dimensionen des 'Wir' und des 'Ihr', sind für den angesprochenen Zusammenhang von Bedeutung. An einem Beispiel möchte ich diesen Ansatz der Textrekonstruktion deutlich machen:

(3) Mein Mümmelmannsberg
Ich lebe jetzt schon 14 Jahre hier, und ich könnte es mir nicht vorstellen, einmal von hier wegziehen zu müssen. Viele Leute sagen, sie würden nicht für 1.000.000 DM hier herziehen. Aber ich weiß nicht, warum, denn Probleme wie z. B. zu viele Ausländer, Straßenraub, dreckige Straßen, Alkohol- und Drogenprobleme gibt es doch überall. Eigentlich lebt man hier gar nicht so schlecht. Wir haben viele Einkaufsmöglichkeiten in der Nähe. Ein Auto braucht man auch nicht unbedingt, denn Bus und Bahnen sind ausreichend vorhanden. Eigentlich lebt man hier echt wie im Kino, hier ist immer was los: Entweder brennt grade eine Wohnung ab, oder es gibt mal wieder 'ne Schlägerei, und an Jungenmangel ist hier auch noch keiner gestorben. Eines Tages werden wir hier auch wegziehen, aber bis dahin habe ich meinen Spaß in Mümmelmannsberg.
Ende

Auch dieser Text trägt den Stempel des Zusammenhangs, in dem er entstanden ist: Eine 14jährige Schülerin der 8. Jahrgangsstufe in der in Beleg (1) als Ziel gewählten Gesamtschule wird von ihrem Lehrer aufgefordert, einen Aufsatz zu schreiben: Thema: *Mein Mümmelmannsberg*.[2] Wie bewältigt die Schreiberin nun ihre Aufgabe? Am Ende markiert sie das *Ende*, obwohl sie nicht mehr weiterschreibt, fast erleichtert, die Torturen des Schreibens überwunden zu haben. Dabei ist ihr doch ein recht ansprechender Schulaufsatz gelungen, der eine insgesamt ganz schlüssig vorgetragene Argumentation für den lesenden Lehrer enthält, die Qualitäten des Stadtteils verteidigend: Zu Beginn vertritt sie die These, daß dieser Stadtteil doch gar nicht so schlecht sei, nimmt zu potentiellen Gegenargumenten Stellung und verweist in ihrem Resümee wieder auf den Anfang. Leider wurde der Aufsatz nicht zensiert, so daß ihre Anstrengungen in Hinblick auf die Erfüllung der Aufgabe 'Schreiben eines Schulaufsatzes' nicht honoriert wurden. Durch diese Vorgabe wollte der Lehrer eigentlich verhindern, daß 'ordentliche' Schulaufsätze geschrieben wurden, vielmehr sollte sich das Schülersubjekt möglichst ohne allzu präzise Vorgaben ausdrücken.

In einem zweiten Schritt gilt es, den propositionalen Gehalt dieses Textes zu charakterisieren. Zweifellos wird deutlich, daß es sich bei dem beschriebenen Stadtteil um einen 'sozialen Brennpunkt' handelt, gibt die Autorin doch stichwortartig Informationen über die Lebensqualität im Stadtteil.[3] Doch wie ist das Verhältnis der Schreiberin zu ihrem Text? Gewisse sprachliche Auffälligkeiten legen es nahe, hinter die diesen Stichwörtern eigene Fassade zu schauen: die gewählte Form der koordinierenden Verknüpfung scheint die sozialen Probleme zu bagatellisieren. Zudem wählt sie die Erwachsenenperspektive, wenn sie über die Verkehrsmittel schreibt, deutlich gemacht durch den Wechsel vom *wir* zum *man*: Von *Wir Mümmelmannsberger* zum anonymen Verkehrsmittelbenutzer. Jene distanzierte Diktion, die ihre Herkunft aus den Normen der Aufsatzdidaktik nicht leugnen kann, benutzt die Autorin auch, wenn sie über die Qualitäten des Stadtteils schreibt *Entweder brennt grade eine Wohnung ab, oder es gibt mal wieder 'ne Schlägerei*, d. h. soziale Ereignisse benennt, die sie sich *wie im Kino* als unbeteiligte Zuschauerin ansieht, die ihren *Spaß* hat. Allerdings bricht diese Sicht: Am unpersönlichsten wird ihr Text, wenn sie über Persönliches schreibt. Das eigene Erleben kommt nur distanziert in den Blick in Form des Spruches *an Jungenmangel ist hier auch noch keiner gestorben*, den ich als Anspielung auf pubertär-erotische Erlebnisse deute.

Textstruktur, Entstehungszusammenhang und Ausdrucksformen stehen, wie ich hoffe, gezeigt zu haben, in einem charakteristischen Zusammenhang, den es für jeden Text wieder neu zu bestimmen gilt: Das ist keine Aufgabe für die Repräsentations-Linguistik, die sich doch mit dem bloß Evidenten zufrieden zu geben scheint. Für den Rekonstruktions-Linguisten dagegen werden diese Verhältnisse zum zentralen Problem. Für ihre begriffliche Fassung eignet sich gut der Terminus 'Schreibweise'. Darunter verstehe ich - in Anlehnung an Barthes (1953: 17ff.) - die Wahl von Ausdrucksmitteln in Abhängigkeit von einem sozialen Relevanzsystem. Die so explizierte Kategorie der Schreibweise verbindet also die linguistische mit der sozialwissenschaftlichen Ebene. So lassen sich auch die Unterschiede in den Texten eines Korpus als unterschiedliche Bewertungen eines Themas explizieren. In Text (3) verteidigt ja die Autorin den Stadtteil vor der Kritik. Ihre Schreibweise läßt sich charakterisieren als die einer Heranwachsenden, die noch nicht ganz als vollwertiges Mitglied der Gemeinschaft am sozialen Leben teilnimmt. Dies wird deutlich in den Brüchen der Perspektive. Darüber hinaus erweist sie sich als Schülerin, die eine institutionell geprägte Aufgabe erledigt.

Um welche Textsorte handelt es sich bei Beleg (3) eigentlich? Hier steht eine These im Mittelpunkt, die durch eine Argumentation gestützt wird; die deskriptiven Anteile sind dieser Orientierung untergeordnet. Diesen argumentativen Text möchte ich als 'Stadtteilkritik' klassifizieren, mittels derer ein geographischer Raum positiv oder negativ bewertet wird.[4]

3. Repräsentationen vs. Rekonstruktionen von Raum: eine Bilanz

Die Auseinandersetzung mit verschiedenen Textsorten, in denen Konzepte von Räumlichkeit eine Rolle spielen, hat die folgenden Resultate erbracht:

Der Anspruch der Repräsentations-Linguistik, alle wichtigen Komponenten geographischen Wissens zu simulieren, wird in ihren konkreten Analysen nicht eingelöst. Vielmehr bleibt der Verweis auf die soziale Welt der Sprecher/Hörer oberflächlich, da er nicht konkret eingelöst wird. Das liegt u. a. daran, daß die Vertreter dieser Richtung klare Algorithmen formulieren wollen - und die soziale Bewertung des geographischen Raums deshalb sorgsam ausgespart bleibt. Es geht, zugespitzt formuliert, dieser Linguistik um mögliche Äußerungen, die an den faktischen gemessen werden.

Dagegen kann die Rekonstruktions-Linguistik gerade durch ihre Beschränkung auf empirisch belegte Texte und Transkripte die soziale Welt der Sprecher und Schreiber analytisch einholen, da ihre Aufdeckung im Zentrum ihres Interesses steht. Mit den vorgestellten Mitteln der die subjektive Sicht von Subjekten akzentuierenden Kategorien

(Lebenswelt, Schreibweise) steht ein Zugang zur Verfügung, der geeignet ist, die soziale Bewertung des geographischen Raums für konkrete Texte und Transkripte herauszupräparieren und sozialwissenschaftlich zu fundieren. Eine solche Rekonstruktion entzieht sich prinzipiell der Simulierbarkeit, unter anderem deswegen, weil die empirischen sprachlichen Produktionen der Subjekte immer auch "überraschend", "unvorhersagbar" sind - und für sie mithin kein Algorithmus konstruierbar ist.

Anmerkungen

1 Das Zitat ist der folgenden Quelle entnommen: Hipp, H. (1989): Du Mont Kunstreiseführer Freie und Hansestadt Hamburg. Geschichte, Kultur und Stadtbaukunst an Elbe und Alster. - Köln: Du Mont. 2. A. 1990, 274/5.

2 Dieser Text stammt aus einem Korpus von über 100 Texten zum Thema *Mein Mümmelmannsberg*, die Schüler und Schülerinnen der Gesamtschule Mümmelmannsberg in Hamburg (Klassenstufe 6 bis 9) geschrieben haben. Dabei sollten die inhaltlichen Vorgaben möglichst offen bleiben, um die Schreiber und Schreiberinnen nicht durch die Erwartung zu behindern, schriftsprachlichen Normvorstellungen im Stilistischen zu entsprechen. Die Aufgabenstellung erfolgte in der Erwartung, daß sich die Kinder und Jugendlichen ganz persönlich mit dem Stadtteil, in dem sie leben, auseinandersetzen würden. Eine genauere Darstellung der Untersuchung findet sich in Vogt (1992).

3 'Soziale Brennpunkte' werden in diesem Zusammenhang verstanden als Stadtteile, in denen die folgenden Merkmale zu beobachten sind: Hohe Dauerarbeitslosigkeit und Sozialhilfeabhängigkeit, Rückgang familiärer und sozialer Bindungen, Vereinsamung, Langeweile, Alkoholmißbrauch, Drogenkonsum, Vandalismus und Gewalttätigkeit.

4 Einem Hinweis aus der Diskussion in Münster folgend, bin bei der Suche nach Vorbildern dieses Textexemplars auf eine vergleichbare Textsorte in der 'klassischen' Rhetorik gestoßen. In dieser Tradition lassen sich solche Texte der epideiktischen Rhetorik zuordnen, jenem Teil der Redekunst, die dem funktionalen Zusammenhang der juristischen Entscheidungsfindung entrückt ist: der Redner kann unter freien Themen auswählen und sein Ziel verfolgen, die Schönheit von Gegenständen herauszustellen (cf. Lausberg 1960: 130f.). Eines der möglichen Themen solcher Exemplare der Redekunst stellt auch das Lob - oder der Tadel - einer Stadt dar, entsprechend der Würdigung von Menschen.

Literatur

Barthes, R. (1953): Le degré zero de l'écriture. - Paris: Editions du Seuil. - Übers.: Am Nullpunkt der Literatur. Frankfurt: Suhrkamp 1982.

Clarke, J. / Hall, S. / Jefferson, T. / Roberts, B. (1979): "Subkulturen, Kulturen und Klasse". - In: Clark, J. et al. (eds.): Jugendkultur als Widerstand. Milieus, Rituale, Provokationen (Frankfurt: Syndikat, 2. A. 1981)

Habel, Ch. (1988): "Prozedurale Aspekte der Wegplanung und Wegbeschreibung". - In: Schnelle/Rickheit (eds.) 107-133.

Klein, W. (1979): "Wegauskünfte". - In: Zeitschrift für Literaturwissenschaft und Linguistik 9, 9-57.

Lausberg, H. (1960): Handbuch der literarischen Rhetorik. Eine Grundlegung der Literaturwissenschaft. - München: Hueber.

Metzing, D. (1988a): "Prozedurale Sprachanalyse". - In: Schnelle/Rickheit (eds.) 65-80.

Metzing, D. (1988b): "Prozedurale Aspekte von Wegauskunftsdialogen". - In: Schnelle/Rickheit (eds.) 81-106.

Schnelle, H. / Rickheit, G. (eds.) (1988): Sprache in Mensch und Computer. Kognitive und neuronale Sprachverarbeitung. - Opladen: Westdeutscher Verlag.

Schütz, A. / Luckmann, Th. (1979): Strukturen der Lebenswelt. I. - Frankfurt: Suhrkamp.

Vogt, R. (1992): Die Entdeckung des Sozialen. Über die Struktur kindlicher und jugendlicher Lebenswelten. - Hamburg [unveröff. Typoskript].

Voigt, G. (1983): "Beschreibungen: Orte, Wege, Räume". - In: Praxis Deutsch 61. 12-18.

Wunderlich, D. (1978): "Wie analysiert man Gespräche? Beispiel: Wegauskünfte." - In: Linguistische Berichte 58, 41-76.

BEKENNEN
Zur Analyse eines religiösen Sprechakts

Andreas Wagner

1. BEKENNEN - Gegenstandsbereich und Grundfragen

Wenn BEKENNEN hier als religiöser Sprechakt bezeichnet wird, so soll das nicht mehr bedeuten, als daß ich nur BEKENNTNISSE aus dem Bereich der (christlichen) Religion behandle und profane BEKENNTNIS-Akte (Liebes-BEKENNTNISSE, BEKENNTNISSE zu Straftaten usw.) ausgrenze. Auch beziehe ich mich auf den BEKENNTNIS-Akt, den BEKENNTNIS-Vorgang, den Handlungscharakter, nicht auf Bekenntnisse als Textformen.

Die deutsche Sprache - und es soll nur um eine Analyse in diesem Sprachraum gehen - hat ein explizites Sprechhandlungsverb für BEKENNEN ausgebildet; das erleichtert die Fixierung dieser Sprachfunktion und hebt die Untersuchung schon auf eine mehr als intuitive Ebene; Sprechhandlungsverben sind ja so etwas wie Sprache über Sprechakte, also metasprachliche oder besser metasprechaktliche Ausdrücke.

Das BEKENNTNIS gehört von seiten der Theologie zu den am stärksten reflektierten Sprachgebilden; die theologischen Analysen stellen somit schon ein breites Repertoire an Funktionsbestimmungen, Einzelanalysen u. ä. zur Verfügung, auf das bei der sprechakttheoretischen Analyse zurückgegriffen werden kann. Mit diesem Pfund sollte man wuchern.

Der Theologe Hans Schwarz zählt in einem zusammenfassenden Artikel in der TRE sechs zentrale Funktionen auf, die er dem BEKENNEN (realisiert in den christlichen Bekenntnissen als Textformen) zuspricht:

> 1. Selbstdefinition 2. Gemeinschaftsfunktion 3. Abgrenzungsfunktion 4. Kerygmatische [=Verkündigungs-] Funktion 5. Doxologische [=Gott rühmende] Funktion 6. Katechetische [=unterweisende] Funktion (Schwarz 1984: 441)

Es ist anzunehmen, daß in der Aufzählung von Schwarz die meisten wichtigen Funktionen des BEKENNENS getroffen sind, und Vollständigkeit kann und braucht nicht - wie sich unten erweisen wird - angestrebt zu werden. Im Idealfall jedenfalls müßte ein und dieselbe Formulierung, ein und dieselbe Proposition in der Lage sein, alle diese Funktionen zu repräsentieren - und in der Tat steht für die aufgezählten Funktionen der Text des apostolischen Glaubensbekenntnisses Pate. Der Theologe fragt sich, wie das sprachlich möglich ist. Und es erhebt sich für ihn weiter die Frage, ob immer nur eine Funktion vorhanden ist oder mehrere, und, wenn letzteres zutrifft, wie sich die verschiedenen Funktionen zueinander verhalten und wie diese Multifunktionalität sprachlich bzw. sprechakttheoretisch zu erklären ist.

Sprechakttheoretisch ist dagegen interessant, BEKENNEN als konkreten Sprechakt der deutschen Sprache zu untersuchen. Unschwer ist schon auf den ersten Blick zu erkennen, daß sich hinter den von Schwarz festgestellten Funktionen verschiedene Illokutionen verbergen. Was heißt das für die Klassifizierung dieses Sprechaktes? Auf diese Frage will ich mich in sprechhandlungstheoretischer Hinsicht konzentrieren; Probleme der performativen BEKENNTNIS-Formulierungen, der syntaktischen Realisationsformen von BEKENNTNISSEN, Fragen der Verankerung des BEKENNTNISSES in außersprachlichen Kontexten u. ä. müssen außen vor bleiben.

Meiner Analyse liegt das sprechakttheoretische Modell zugrunde, wie es im Anschluß an Searle Eingang in die Diskussion gefunden hat. Ab und an muß man aber, um den Problemen des Sprechaktes BEKENNEN gerecht zu werden, noch andere sprachliche Beobachtungen in die Analyse dieses konkreten Sprechaktes des Deutschen mit einbeziehen, dies soll aber das Modell der Sprechaktanalyse nicht weiter beeinträchtigen.

2. Funktionen und Illokutionen des BEKENNENS

2.1. BEKENNEN als mehrfachadressierter Sprechakt

Nehmen wir als Beispiel BEKENNTNISSE im Gottesdienst. Bei ihnen sind zwei, evtl. drei Kommunikationsebenen zu unterscheiden:

a) Beim Sprechen des Glaubensbekenntnisses etwa bilden Gemeinde und Pfarrer eine gemeinsame Sprechergruppe gegenüber Gott (= Kommunikationsebene I).
Sprecher: Gemeinde und Pfarrer -> Empfänger: Gott
b) Eine zweite Kommunikationsebene besteht zwischen Gemeinde oder einer sonstigen Öffentlichkeit und einem, der ein Bekenntnis vor dieser Öffentlichkeit ablegt (= Kommunikationsebene II).
Sprecher: der Bekennende -> Empfänger: Gemeinde o. ä.
c) Evtl. ist noch eine weitere Ebene anzunehmen, wenn man das gemeinschaftliche Sprechen ins Auge faßt und die Sprecher unter sich als eine Kommunikationsebene sieht (= Kommunikationsebene III).
Sprecher: die Bekennenden -> Empfänger: die Bekennenden

Wir haben also mit Sprechhandlungen auf verschiedenen Ebenen zu rechnen. Diese Ebenen auseinanderzuhalten ist ein erster Schritt bei der Entwirrung der sprachlichen Vorgänge beim BEKENNEN.

2.2. Das mehrfachadressierte Bekenntnis als multifunktionaler Sprechakt

2.2.1. Kognitive Sprachfunktion

BEKENNEN hat Bedeutungsdimensionen im Hinblick auf den oder die Sprecher: als Selbstreflexion und als Besinnung auf die Inhalte des Glaubens ist es Ausdruck der Kognitiven Sprachfunktion (Polenz 1974):

> Andererseits muß berücksichtigt werden, daß nicht jede Sprachäußerung eine interpersonale Handlung sein muß. Es gibt auch den introvertierten, noch nicht partnerbezogenen Monolog, als nur gedachte Äußerung, als Selbstgespräch oder schriftlich-vorläufig als Notiz, Konzept oder Entwurf. Sprache als Mittel des Denkens und des Gedächtnisses. [...] Kognitive Sprachfunktion: Sprecher benutzen Sprache als Mittel des intendierten Ausdrucks von Wahrnehmungen, Empfindungen, Erinnerungen, Plänen, Meinungen usw. noch ohne Partnerbezug, noch ohne einen bestimmten Sprachhandlungstyp. Hierhin gehört der introvertiert-monologische Aspekt von Bühlers «Darstellung» und «Ausdruck» (Logiker, Mathematiker, Lyriker). (Polenz 1974: 104)

Dahingestellt sei, ob man die Kognitive Funktion als eigene Sprachfunktion (Polenz) bewerten soll oder sie als Teil aller Illokutionen (Proposition) faßt; die Heuristik scheint mir für die Ausgrenzung zu sprechen.

Diese Funktion ist unabhängig von der Beziehung auf eine bestimmte Kommunikationsebene; sie ist immer vorhanden, wenn ein BEKENNTNIS gesprochen wird. Im privat gesprochenen BEKENNTNIS kann sie auch als Hauptfunktion die dominante Sprachfunktion sein.

2.2.2. Illokutionen des BEKENNENS

2.2.2.1. Zum Problem der Phatischen bzw. Kontaktfunktion

Ähnlich wie mit der Bewertung der Kognitiven Sprachfunktion verhält es sich mit der Phatischen Funktion (Jakobson 1960). Coseriu plädiert dafür, sie nicht als eigene Funktion zu werten, sondern als Teil der Appellativen Funktion im Sinne Bühlers zu begreifen (Coseriu 1981: 56-68). Auf handlungstheoretischem Hintergrund wird die Phatische Funktion Jakobsons von vielen - m. E. zu Recht - als Sprechakttyp aufgenommen; vorausgesetzt ist dabei, daß sich die Intention des Redenden auf die Herstellung oder Aufrechterhaltung des KONTAKTS zwischen den Kommunikationspartnern richtet. So kann Brinker formulieren:

> Der Emittent gibt dem Rezipienten zu verstehen, daß es ihm um die personale Beziehung zum Rezipienten geht (insbesondere um die Herstellung und Erhaltung des persönlichen Kontakts). (Brinker 1985: 111)

Ob diese Funktion zu den Hauptfunktionen gerechnet werden muß oder eine untergeordnete Größe darstellt, braucht hier nicht entschieden zu werden. Bei der Analyse von BEKENNTNISSEN spielt diese Größe jedenfalls eine nicht unbedeutende Rolle. Darum sei diese Modifikation des Searleschen Klassifikationsmodells im weiteren vorausgesetzt.

2.2.2.2. Zum Problem des gleichzeitigen Vorhandenseins verschiedener Illokutionen

Mit Hilfe der Bühlerschen Vorstellung vom gleichzeitigen Vorhandensein verschiedener Sprachfunktionen bei einem sprachlichen Zeichen läßt sich das Verhältnis verschiedener Funktionen des BEKENNENS zueinander bestimmen: Bei einer Äußerung kann einmal die eine, in einer anderen Situation dagegen eine andere Funktion dominieren: in der wissenschaftlichen Sprache dominiert die DARSTELLUNGS-Funktion, in der Lyrik die AUSDRUCKS-Funktion, in der Kommandosprache die APPELL-Funktion; auch gibt es Situationen, in denen zwei Funktionen im Gleichgewicht sind, z. B. "Apell und Ausdruck bei Kose- und Schimpfwörtern" (Bühler 1934: 32):

> [...] das sind, um es noch einmal hervorzuheben, nur Dominanzphänomene, in denen wechselnd einer von den drei Grundbezügen der Sprachlaute im Vordergrund steht. (Bühler 1934: 32)

Diese Beobachtung Bühlers gilt nicht nur für seine Sprachfunktionen, sondern auch für Illokutionen. So hat auch das BEKENNEN mal eine dominante KOMMISSIV-, DEKLARATIV- und/oder KONTAKT-Funktion, mal dominiert die Kognitive Funktion, obwohl immer mehrere im Spiel sind.

2.2.2.3. Illokutionen auf Kommunikationsebene I

2.2.2.3.1. Weit verbreitet in der Theologie ist die Ansicht, daß ich mich im BEKENNEN zum christlichen Glauben verpflichte, z. B. mit der Wirklichkeit als 'Schöpfung' so umzugehen, wie es das BEKENNTNIS fordert bzw. wie es die Normen, Gebote und Pflichten, die das Bekenntnis impliziert, verlangen. Das BEKENNTNIS ist so gesehen ein KOMMISSIV, ein verpflichtender Sprechakt nach Searle, ein Sprechakt des "selfinvolvement" (Evans 1963; Wonneberger/Hecht 1986); an diese Funktion ist zu denken, wenn man die häufige Wiederholung des Glaubensbekenntnisses im christlichen Gottesdienst im Blick hat. Diese Funktion ist auf Kommunikationsebene I anzusetzen, weil die Verantwortung und Verpflichtung Gott und nicht den Menschen gegenüber besteht.

2.2.2.3.2. Die KONTAKT-Funktion spielt bei jedem BEKENNEN auch Gott gegenüber eine Rolle.

2.2.2.3.3. Je nach theologisch-konfessioneller Beurteilung kann das erste Sprechen des Glaubens-BEKENNTNISSES beim Glaubenseintritt auch Gott gegenüber als ein DEKLARATIVER Akt gewertet werden; das Glaubensverhältnis wird durch das Aussprechen des im BEKENNTNIS manifesten Glaubensinhalts begründet, der Bekennende tritt in das religiöse Sprachspiel ein. Als Tauf-BEKENNTNIS bzw. Tauf-GELÖBNIS hat das BEKENNTNIS eine lange Tradition (vgl. auch 2.2.2.4.).

2.2.2.3.4. Beim Sündenbekenntnis liegt ebenfalls ein DEKLARATIVER Akt vor: die Sünden als Sünden zu bekennen und dadurch Vergebung zu erlangen kann nur durch ein Sündenbekenntnis geleistet werden. Vermutlich ist dieser Aspekt des Sündenbekenntnisses dafür verantwortlich, daß es ein Sprechakt ist, der (beliebig) wiederholt werden kann, ja wiederholt werden muß (im Gegensatz zu einem einmaligen Glaubensbeitritts-BEKENNTNIS); Sünden werden nach einem Sündenbekenntnis immer wieder begangen, müssen also auch immer wieder bekannt werden.

2.2.2.4. Illokutionen auf Kommunikationsebene II

Auch auf dieser Kommunikationsebene kann ein BEKENNEN des Glaubens als öffentliche Anerkennungserklärung beim Glaubensübertritt und beim Glaubenseintritt fungieren oder nach 'Irritationen' als erneute Glaubensversicherung gebraucht werden. Der Gläubige erklärt sich dadurch zum Mitglied der christlichen Kirche. In einigen Kirchen hat diese Funktion sogar kirchenrechtlichen Status. Damit hat es DEKLARATIVE Funktion auf Kommunikationsebene II (vgl. auch 2.2.2.3.3.).

2.2.2.5. Illokutionen auf Kommunikationsebene III

BEKENNEN kann gemeinsame Glaubensinhalte zum Ausdruck bringen und damit gemeinschaftsfördernd wirken, wenn ein BEKENNTNIS-Akt gemeinsam ausgeführt wird (etwa durch Sprechen im Gottesdienst). Die Sprecher halten durch das gemeinsame Sprechen Kontakt (in Jakobsonschem Sinn) miteinander. Damit hat das BEKENNTNIS also KONTAKT-Funktion auf Kommunikationsebene III.

3. BEKENNEN als mehrdeutiger Sprechakt

3.1. In bezug auf die Illokutionen ist somit zu sagen, daß BEKENNEN nicht eindeutig klassifizierbar ist; es verkörpert bzw. trägt verschiedene Grundfunktionen auf einmal (KONTAKT, KOMMISSIV, DEKLARATIV); welche Funktion gerade dominiert oder ob mehrere gleichzeitig dominieren, hängt von der Sprecherintention und der Beziehung auf die jeweilige Kommunikationsebene ab.

Der mehrdeutige Sprechhandlungscharakter des BEKENNENS ist, wie Bühler schon formuliert hat, kein Spezifikum dieses Sprechaktes, weil jeder Sprechakt Anteil an mehreren Sprachfunktionen hat; aber die stark ausgeprägte Anlage zur Multifunktionalität unterscheidet ihn wohl von anderen, eindimensionaleren Sprechakten.

Vielleicht muß in der Sprechaktanalyse diese Unterscheidung zwischen multifunktionalen und eindimensionalen Sprechakten stärker Berücksichtigung finden.

3.2. Die Mehrdeutigkeit hängt auch von der jeweiligen Beziehung auf eine der drei möglichen Kommunikationsebenen ab. Auch diese Art der Ambiguität scheint das BEKENNEN von vielen anderen Sprechakten zu unterscheiden.

3.3. Um solche beschriebenen Mehrdeutigkeiten zu vermeiden, muß ein Sprecher seine Intention und seinen Adressaten möglichst mit Indikatoren und sonstigen sprachlichen (Anreden) und außersprachlichen (im Gottesdienst z. B. mit Hilfe der Liturgie) Mitteln explizieren.

3.4. Als Zusammenfassung vgl. nachfolgende graphische Übersicht:

Selbst-reflexion	KONTAKT	Kommunikationsebene I (Sprecher - Gott)
	DEKLARATIV	
	KOMMISIV	
	DEKLARATIV	Kommunikationsebene II (Sprecher - Hörer)
	-	
	KONTAKT	Kommunikationsebene III (Sprecher - Sprecher)
Kognitive Funktion	Illokutionen	

3.5. Mit diesen kurzen Ausführungen ist das BEKENNTNIS natürlich noch lange nicht vollständig sprachlich beschrieben. Es wäre nun der Schritt zum Erfassen von BEKENNTNIS-Texten zu vollziehen, die nicht nur von ihrem BEKENNTNIS-Handlungscharakter, vom BEKENNTNIS-Vollzug her verstanden werden können, sondern weitere Komponenten wie Inhalt (Sünden-BEKENNTNISSE, tradierfähige Lehr-BEKENNTNISSE), außersprachliche Situation (privates BEKENNTNIS, öffentliches BEKENNTNIS), Trägerkreise usw. mit einbeziehen.

Literatur

Brinker, K. (1985): Linguistische Textanalyse. - Berlin: Schmidt.

Bühler, K. (1934): Sprachtheorie. - Jena: Fischer.

Coseriu, E. (1981): Textlinguistik. Eine Einführung. Hrsg. v. J. Albrecht. 2. A. - Tübingen: Narr.

Evans, D. D. (1963): The logic of self-involvement. A philosophical study of everyday language with special reference to the christian use of language about god as creator. - London.

Jakobson, R. (1960): "Linguistik und Poetik ". - Wieder in: Jakobson, R. (1971): Poetik. Ausgewählte Aufsätze 1921-1971. Hrsg. v. E. Holenstein und T. Schelbert (Frankfurt/M.: Suhrkamp) 83-121.

Polenz, P. von (1974): "Idiolektale und soziolektale Funktionen der Sprache". - In: Leuvense Bijdragen. Tijdschrift voor moderne filologie 63, 97-112.

Schwarz, H. (1984): "Art. Glaubensbekenntnis(se) IX. Dogmatisch". - In: Theologische Realenzyklopädie. XIII. Hrsg. v. G. Müller (Berlin/New York: de Gruyter) 437-441. (= TRE)

Searle, J. R. (1973): "Linguistik und Sprachphilosophie". - In: Bartsch, R. / Vennemann, T. (eds.): Linguistik und Nachbarwissenschaften (Kronberg/Ts.: Scriptor) 113-125.

- (1969): Speech acts. - Cambridge: University Press. - Übers.: Sprechakte. - Frankfurt/M.: Suhrkamp, 1971.

Wonneberger, R. / Hecht, H. P. (1986): Verheißung und Versprechen. Eine sprachanalytische Klärung. - Göttingen: Vandenhoeck und Ruprecht.

SATZTYPEN, SATZARTEN, SATZMODI UND IHRE RELEVANZ IN EINER KOMMUNIKATIVEN GRAMMATIK

Edda Weigand

1. Problemstellung

In letzter Zeit hat sich unter den Begriffen Satztyp, Satzart, Satzmodus ein eigener Schwerpunkt linguistischer Forschung herausgebildet. Dabei lassen sich im wesentlichen zwei neue Forschungsperspektiven unterscheiden. In der einen Perspektive werden Satztypen/Satzmodi in bezug auf illokutive Typen im Rahmen einer formalen Semantik untersucht (z. B. Vanderveken 1990a,b; Grewendorf/Zaefferer 1991), in der anderen stehen diese Kategorien in Zusammenhang mit der Diskussion des Grammatik-Pragmatik-Verhältnisses (z. B. die Gruppe um Rosengren 1992). Der Bezug auf eine formale Semantik bedingt, daß Pragmatik auf eine Theorie der Satzbedeutung reduziert wird (Vanderveken 1990b: 214). Theorien dieser Art haben nicht eigentlich Sprache in der Verwendung zum Gegenstand; sie können somit auch keinen Anspruch erheben, mit dem sich eine Sprachverwendungstheorie auseinandersetzen müßte.

Demgegenüber will die zweite Richtung unter der Problemstellung des Verhältnisses von Grammatik und Pragmatik die gesamte Sprachverwendung beschreiben. Trotz aller Verschiedenheit der Ansätze im einzelnen handelt es sich hier um den Versuch, den Einstieg in diesen Zusammenhang von der Seite des sprachlichen Ausdrucks her zu gewinnen. Ausgegangen wird von einem Sprachbegriff als Zeichensystem. Die Frage, ob ein solcher Sprachbegriff und die damit verbundene strukturelle Methodologie überhaupt für kommunikative Zusammenhänge brauchbar ist, wird nicht gestellt. Statt dessen wird beharrlich an der langue-Grammatik festgehalten und versucht, sie in Beziehung zur Pragmatik zu setzen, wobei sowohl der Gegenstand 'Pragmatik' wie die Beziehung zwischen langue-Grammatik und Pragmatik unklar bleibt. Während jeder Handwerker weiß, daß das Werkzeug dem Gegenstand angepaßt sein muß, versuchen Vertreter des zeichentheoretischen, strukturellen Paradigmas den Gegenstand 'Sprachverwendung' dem Werkzeug der Komponentenanalyse und Ebenentrennung anzupassen. Sie überschreiten damit die Grenzen des strukturellen Paradigmas, die durch den Gegenstand des Sprachsystems vorgegeben sind. Der neue Gegenstand der Sprachverwendung ergibt sich nicht durch Erweiterung des alten Gegenstands 'Sprachsystem'. Wir verwenden nicht Regeln des Sprachsystems und setzen diese mit pragmatischen Regeln in Beziehung, sondern wir handeln dialogisch, wenn wir miteinander sprechen. Der neue Gegenstand verlangt daher eine neue handlungstheoretische Methodologie, die nicht von der Isolierung der Komponenten ausgehen kann, sondern diese in ihrem Zusammenspiel in der kleinsten kommunikativ autonomen Einheit des minimalen Handlungsspiels untersucht.

Mit dieser grundlegenden Problematik der Paradigmenablösung kann ich mich hier nicht im einzelnen befassen (vgl. Weigand 1993). Ich werde jedoch zentrale Vorstellungen, auf denen das alte Paradigma ruht, problematisieren, indem ich sie auf den neuen Gegenstand der Sprachverwendung beziehe. Zum anderen werde ich der Frage nachgehen, welche Einheiten eigentlich mit den Kategorien Satztyp, Satzart und Satzmodus erfaßt werden, die in einer zeichentheoretischen Pragmatik eine entscheidende Rolle spielen, in einer Handlungstheorie jedoch nur beschränkt relevant sind.

2. Das zeichentheoretische Paradigma

2.1. Problematisierung gewohnter Vorstellungen

Den traditionellen Gegenstand der Sprachbeschreibung bildet seit de Saussure Sprache als Zeichensystem, d. h. als regelhaftes System der Zuordnung einer Ausdrucksseite und einer Inhaltsseite. Diese Auffassung von Sprache als Sprachkalkül - nach Meillet (1936: 158): "Chaque langue est un système rigoureusement agencé, ou tout se tient." - wird auch nach der sogenannten pragmatischen Wende im Grunde unverändert beibehalten. Zwar erkennt man, daß wir es in der Sprachverwendung nicht mit einem abstrakten Sprachbegriff zu tun haben, aber auch Sprache in der Verwendung wird als Zeichensystem beschrieben, genauer als die Verwendung eines Zeichensystems in kommunikativen Situationen. Diese gewohnte Vorstellung erhält Risse, wenn wir ihre Kernbegriffe überprüfen.

Voraussetzung für die Verwendung des Begriffs 'Zeichensystem' ist der Begriff der Regel. Man geht davon aus, daß die Einheiten des Systems regelhaft, und das heißt durchgängig regelhaft, aufeinander bezogen sind. Eine solche Auffassung von Sprache als Kalkül ist jedoch 'gründlich verfehlt', wie z. B. Baker/Hacker (1980: 264) an zahlreichen Beispielen gezeigt haben. Unsere Sprachen sind keine einheitlichen Gebilde; die Konventionen des Sprachgebrauchs umfassen den regelhaften Gebrauch und einzelne Verwendungsweisen, die nur aufgelistet, nicht durch eine Regel generalisiert werden können. Wandruszka (1969) hat dieses empirische Faktum mit einer Fülle von Beispielen aus den verschiedenen europäischen Sprachen belegt. Die Verwendungsweisen von Wörtern, z. B. *der Motor läuft, die Nase läuft* und *die Tränen laufen über das Gesicht*, lassen sich nicht durchgängig semantisch-komponentiell analysieren, sondern sind vielfach als unterschiedliche Gebrauchsweisen formal einzeln zu erlernen.

In gleicher Weise wie der Regelbegriff werden auch die Komponenten des Zeichens selbst, Ausdruck und Inhalt, als Einheiten problematisch, wenn wir sie nicht mehr von vornherein als Konstrukte definieren, sondern auf sprachliches Handeln in kommunikativen Situationen beziehen. Dann zeigt sich nämlich, daß weder Inhalt noch Ausdruck für sich als Komponenten zu isolieren, sondern nur in ihrem Zusammenspiel im Ganzen des Handlungsspiels zu fassen sind. Bei der Frage: 'Was ist Bedeutung?' weist uns Wittgensteins Diktum, daß die Bedeutung in vielen Fällen mit dem Gebrauch gleichzusetzen ist (1958/1977: I 43), den richtigen Weg, löst aber noch nicht das Problem. Unklar bleibt nach wie vor, was wir unter Gebrauch zu verstehen haben. Wenn wir den Gebrauch von Äußerungen als ihren Handlungszweck verstehen, so ist die einfache Gleichsetzung von Bedeutung und Gebrauch wie folgt zu modifizieren: Sprachliche Bedeutung ist das, wozu wir Ausdrücke und kommunikative Mittel gebrauchen.

So wie Bedeutung hier in Bezug steht zum Handlungszweck und den kommunikativen Mitteln, gibt es auch die Einheit des Ausdrucks, die die Neostrukturalisten als gesicherten Ausgangspunkt ihrer Überlegungen betrachten, nicht für sich. Dabei hat bereits de Saussure (1974: 41b) zur Frage des Ausdrucks das Entscheidende gesagt: "[...] nous n'avons possession du son que dans la mesure où nous prenons tout le sème, donc avec la signification" (vgl. auch de Saussure 1957: 34). Heringer (1988: 106) schließt sich dem an: "X is not a physical object, e. g. the physical event we produce when uttering X. It is the regulating idea, the pattern according to which we classify the utterances as the same, as being of the same type." Das heißt, auf die von Empiristen immer wieder monierte Frage nach der Abgrenzung von Äußerungseinheiten werden wir keine Antwort finden, solange wir dafür formale Kriterien suchen. Die Einheit der Äußerung ist nicht über formale Kriterien zu segmentieren, sondern nur über ihre Bedeutung, ihren Zweck.

Damit sind wir wieder auf die kleinste kommunikativ autonome Einheit des minimalen Handlungsspiels verwiesen. Erst in ihr klären sich die Bezüge, wird das Zusammenspiel der Komponenten sichtbar. Ich will diese Problematisierung gewohnter Vorstellungen mit einem Beispiel schließen, das die Unmöglichkeit demonstriert, kommunikative Zusammenhänge vom Ausdruck her erschließen zu wollen:

(1) Du malst schon wieder?
(2) Du spielst schon wieder Klavier?
(3) Du spielst schon wieder Game-boy?

Die Suche nach einem Ausdruck für die Handlungsfunktion dieser Äußerungen - sei es nun erfreute Feststellung oder Vorwurf - verläßt sehr schnell den Bereich des sprachlichen Ausdrucks und muß andere Mittel, kognitiver und situativer Art, einschließen. Wie soll hier - außer in spekulativer Konstruktion - die Ebenentrennung von Grammatik und Pragmatik greifen?

2.2. Die "Zeichen" Satztyp/Satzart und Satzmodus

Nach dieser generellen Problematisierung eines zeichentheoretischen Zustiegs vom Ausdruck her betrachten wir die Kategorien Satztyp, Satzart und Satzmodus etwas genauer. Um welche Einheiten handelt es sich hier? Altmann (1987: 22) spricht explizit vom "Zeichen" 'Satzmodus', und auch Rehbock (1992: 114) bekennt sich zu "Zeichensequenzen" und "zeichentheoretischen" Überlegungen. In der Tat kann es sich bei den Kategorien 'Satzart', 'Satztyp' und 'Satzmodus' um nichts anderes als um grammatische Zeichen handeln, wobei in der Regel die Klassifizierung des Ausdrucks unter den Begriffen 'Satztyp'/'Satzart', die Klassifizierung des Inhalts unter dem Begriff 'Satzmodus' erfaßt wird (zum Begriff der Kategorie sowie der grammatischen Zeichen vgl. Weigand 1978):

(Abb. 1)

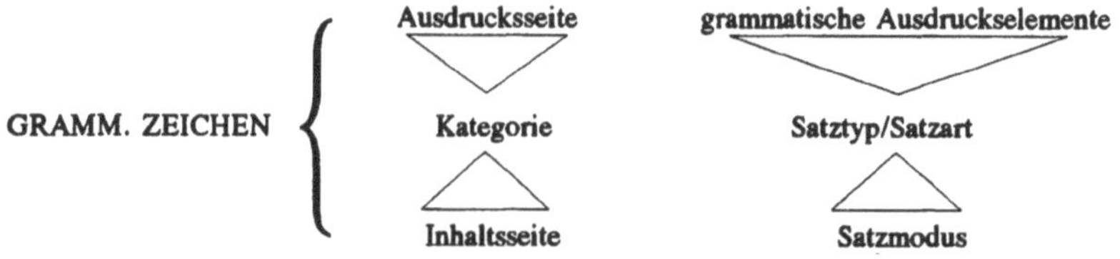

Erstaunlich ist nun, daß zwar einerseits die Kategorie 'Satztyp'/'Satzart' in der traditionellen Grammatik schon immer eine wichtige Rolle gespielt hat, daß aber andererseits die Frage, welche Satztypen man unterscheiden müsse, von den einzelnen Grammatikschreibern unterschiedlich beantwortet wurde. Entsprechend unterschiedlich fällt auch, wie Näf (1984: 27) gezeigt hat, die Analyse eines Beispielsatzes nach dem begrifflichen Instrumentarium der einzelnen Grammatiken aus. Die Frage, welche Satztypen wir also zu unterscheiden haben, ist nach wie vor offen. Sie findet sich auch in dem Fragenkatalog, mit dem Brandt et al. (1992: 2) ihr Forschungsprogramm umreißen, allerdings hier in einer Form, die die ontologische Gegebenheit einer Einheit 'Satztyp' suggeriert: "Wie viele und welche Satztypen gibt es?" Das, wovon Grammatiker jahrhundertelang ausgegangen sind, kann ja nicht nur gedankliche Konstruktion sein! Dieses Vorurteil der quasi-ontologischen Gegebenheit der Kategorie 'Satztyp' bewahrt Vertreter des Satztypen-Ansatzes davor, den Dissens, den sie bezüglich des Fragenkatalogs einräumen müssen, richtig einzuschätzen. Man streitet sich hier offenbar um die Anzahl der Haare in Kaisers Bart, ohne zu sehen, daß der Kaiser gar keinen Bart hat.

Nicht nur die Frage, welche Satztypen zu unterscheiden sind, findet keine allgemein akzeptierte Antwort, auch die Frage, wie die einzelnen Satztypen ausgedrückt werden, wird kontrovers beantwortet, was nicht verwunderlich ist, da beide Fragen zusammenhängen. Daraus folgt aber, daß wir es bei dem grammatischen Zeichen 'Satztyp'/'Satzart' mit einer Kategorie zu tun haben, die ihre Aufgabe, Ausdruckseinheiten zu klassifizieren, nicht erfüllt. Auch Brandt et al. (1992: 5f.) erkennen, daß sie "nicht auf dem richtigen Weg sind", wenn sie "die Satztypen nur mit Hilfe von oberflächenstrukturellen Eigenschaften definieren". Daher wollen sie "die grammatischen Eigenschaften, aufgrund deren sich Sätze nach Satztypen gliedern, auf einer tieferen Ebene suchen", nämlich in der Rektions- und Bindungstheorie. Da es für den Begriff 'Grammatik' keine Patentanmeldung gibt, mag jeder grammatische Eigenschaften suchen, wo er will. Doch muß er es sich gefallen lassen, daß die Gültigkeit dieser Eigenschaften auf den Bereich eingeschränkt wird, in dem sie gefunden wurden.

Nach der Analyse des Ausdrucks des "Zeichens" 'Satztyp' werfen wir noch kurz einen Blick auf den Inhalt dieses Zeichens, der mit dem Begriff 'Satzmodus' klassifiziert wird.

Hierzu ist zweierlei zu sagen: Zum einen weiß man nicht genau, was der Inhalt sein soll, entweder eine Sprechereinstellung oder eine einstellungsfreie Referenztypspezifizierung für Sätze (Brandt et al. 1992: 34). Zum anderen wird - unter der Annahme, daß es sich um eine Sprechereinstellung handelt - der Inhalt 1:1 der Kategorie 'Satztyp' zugeordnet. Sieht man einmal davon ab, daß es sich hierbei nicht gerade um eine für natürliche Sprachen geläufige Zuordnung handelt, bleibt bei einer 1:1-Zuordnung die Ebene des Satzmodus ohne Relevanz. Sprechereinstellungen sind nach meinem Verständnis ein Problem der epistemischen Logik, in einer linguistischen Sprechakttheorie stellen sie kein eigenständiges Phänomen dar. Definiert man Sprechakte über pragmatische Ansprüche, so sind Sprechereinstellungen in dieser Definition mitenthalten (vgl. Weigand 1991a). Ein Wahrheits- oder ein Wollensanspruch setzt eine bestimmte Sprechereinstellung voraus, die nicht eigens - redundant - expliziert werden muß. Wenn man sich demgegenüber die Mühe macht, Satzmodus als Referenztypspezifizierung zu verstehen, nach Rehbock (1992: 95) als "Modus der virtuellen Faktizität e, den die Proposition p beschreibt", so ist daraus allein die Einsicht zu gewinnen, daß der Multiplizierung von Kategorien kein Ende gesetzt ist, wenn man sich einmal durch Ebenentrennung von der Bindung an ein funktionierendes Ganzes befreit hat.

Während Vertreter des Satztypen-Ansatzes, wie z. B. Rehbock, sich an anderer Stelle als Empiristen profilieren, entgeht ihnen offenbar, daß es sich bei den sogenannten Zeichen 'Satztyp' und 'Satzmodus' um einen neuen, gänzlich unempirischen Typ von Zeichen handelt, nämlich um Zeichen ohne Ausdruck und Inhalt, da weder der Ausdruck dieser Einheiten klar bestimmt werden kann, noch ein eigenständiger Inhalt zu unterscheiden ist. Dennoch versuchen sie, unter der Fragestellung "Wie kommt man vom Satzmodus zur Illokution?" (Brandt et al. 1992: 2) auf diesem obskuren Weg die Ebene der Pragmatik zu erreichen. Methodologisch vergleichbar gehen auch Motsch/Pasch (1987) vor (vgl. dazu Weigand 1991a: 99f.). Auch Meibauers Fragestellung (1987: 10), "wie die grammatisch determinierte Illokutionsbedeutung semantisch zu repräsentieren ist", zeigt nur, welche Pseudoprobleme ein solcher Weg mit sich bringt. Aus sprachphilosophischer Perspektive kommen Baker/Hacker (1984: 90) zu dem Schluß: "In so far as a theory rests on the notion that the grammatical form of a sentence is a definitive guide to its use, this theory must be written off as ludicrous."

3. Der handlungstheoretische Ansatz

3.1. Grundannahmen

Im Unterschied zum zeichentheoretischen Ansatz geht der handlungstheoretische dialogische Ansatz nach meinem Verständnis von folgenden Grundannahmen aus (vgl. genauer Weigand 1989, 1992, 1993):

- Sprachliches Handeln läßt sich als Zuordnung von Zwecken und Mitteln beschreiben.
- Die kleinste kommunikativ autonome Einheit der Beschreibung ist das minimale Handlungsspiel, d. h. die Zweiersequenz, die kleinste heuristische Einheit ist der dialogisch

orientierte Sprechakt. Vertreter des zeichentheoretischen Ansatzes mögen die Frage stellen, warum man überhaupt kleinste autonome oder heuristische Einheiten ansetzen muß. Erst diese minimalen Einheiten des Handlungsspiels bzw. des dialogisch orientierten Sprechakts setzen den Rahmen, in dem die Komponenten in ihrem Zusammenspiel betrachtet werden können. Alle Techniken der Segmentierung und Isolierung von Komponenten und der Ebenentrennung sind Maßnahmen, die - sofern sie nicht den Rahmen des Handlungsspiels beachten - gänzlich unempirisch bleiben. Empirisch im Rahmen einer Handlungstheorie heißt ja nicht bloß physikalisch meßbar, sondern schließt ein, daß physikalisch meßbare Einheiten als solche auch Wirkung im Handlungsspiel haben, ganz im Sinn von de Saussures Erkenntnis, daß es keinen Ausdruck für sich gibt. Auch das modische Stichwort der modularen Zusammensetzung hilft nicht, die komponentielle Analyse und Ebenentrennung wieder zu überwinden. Aus Konstrukten können nur Konstrukte zusammengesetzt werden.

- Zur Beschreibung der Zuordnung von Zwecken und Mitteln sind gewisse heuristische Festlegungen zu treffen, die sich auf die Ebene der Beschreibung, nicht auf die Realität beziehen. Zu diesen Festlegungen gehören vor allem der Bezug auf konventionelle Strukturen sprachlichen Handelns und die methodologische Eingrenzung der Einheiten der Beschreibung (vgl. genauer Weigand 1993).

3.2. Relevanz der Kategorie Satztyp in einer kommunikativen Grammatik

Vor diesem Hintergrund haben wir uns nun der Frage zu stellen, welchen Platz die Kategorie 'Satztyp' in dem neuen Paradigma einer kommunikativen Grammatik einnimmt. Der Begriff "kommunikative Grammatik", an dem Rehbock (1993) Anstoß nimmt, bringt explizit zum Ausdruck, daß es für die Beschreibung sprachlichen Handelns keine Trennung von Grammatik und Kommunikation, von Grammatik und Pragmatik geben kann. Ich gehe aus von der heuristischen Einheit des dialogisch orientierten Sprechakts als Zuordnung eines Handlungszwecks und einer Äußerungsmenge:

(Abb. 2) Zweck (Weltausschnitt) <--> Äußerungsmenge

Innerhalb der Äußerungsmenge sind verschiedene Äußerungstypen zu unterscheiden, die auf unterschiedliche Typen der Zuordnung zurückzuführen sind. Dies sind nach meinem Verständnis die Typen der direkten, indirekten und idiomatischen Zuordnung (Weigand 1991b):

(Abb. 3)

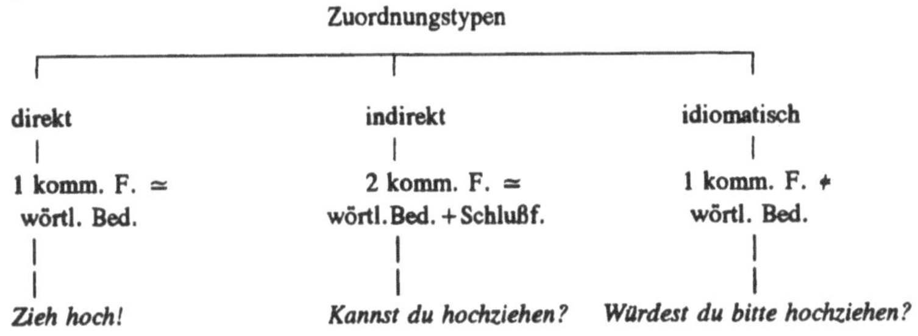

(komm. F. = kommunikative Funktion, wörtl. Bed. = wörtliche Bedeutung, Schlußf. = Schlußfolgerungen, ≃: entspricht, ≄: entspricht nicht)

Aus der Definition dieser Zuordnungstypen, die stichwortartig in das Schema eingetragen ist (ausführlicher in Weigand 1989), kann man entnehmen, daß die Kategorie Satztyp nur unter Bezug auf die wörtliche Bedeutung und d. h. vor allem in direkter Realisierung Relevanz hat. Betrachten wir daher die Realisierungsmöglichkeiten des direkten Sprechakts genauer:

(Abb. 4)

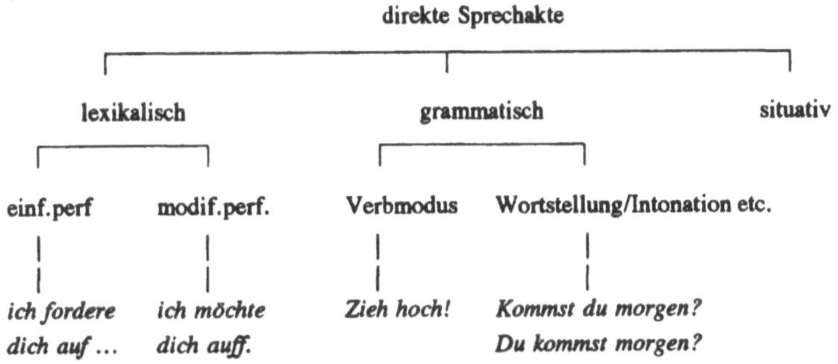

(einf. perf. = einfach performativ, modif. perf. = modifiziert performativ)

An diesem Schema wird deutlich, daß die Kategorie Satztyp auch im direkten Sprechakt nicht generell, sondern nur für die grammatische Realisierung Relevanz gewinnen kann. Unter grammatischer Realisierung eines direkten Sprechakts ist zunächst die flexivische Realisierung über den Verbmodus zu verstehen, doch wird z. B. an der Realisierung der Fragehandlung *Kommst du morgen?* oder *Du kommst morgen?* sofort klar, daß der Verbmodus allein die Möglichkeiten der grammatischen Realisierung noch nicht erschöpft. Daher verstehe ich unter der Kategorie Modus nicht nur die Kategorie Verbmodus, sondern auch eine formale Kategorie Satzmodus, gleichbedeutend mit Satztyp oder Satzart, im Sinn der Klassifizierung grammatischer Ausdrucksmittel:

(Abb. 5)

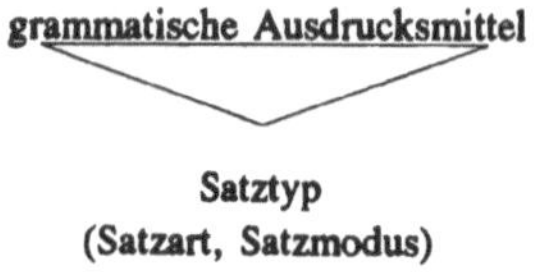

Die Frage, welche Ausdrucksmittel für die Realisierung der Satztypen in Betracht kommen, ist nicht zu trennen von der Frage, welche Satztypen überhaupt zu unterscheiden sind, und sie ist nicht für sich morphologisch-syntaktisch zu beantworten, sondern nur im Zusammenspiel der Komponenten innerhalb des Sprechakts. Was z. B. als Aufforderungssatz zu gelten hat, kann nicht in traditionellen Grammatiken nachgeschlagen werden, sondern ist nur zu entscheiden einerseits unter Bezug auf die Handlungsfunktion des Direktivs, andererseits unter Bezug bzw. unter der Einschränkung auf die grammatische Realisierung in direkten Sprechakten. Im Grunde sind bereits die traditionellen Grammatiker vergangener Jahrhunderte so verfahren, daß sie einerseits formale, andererseits inhaltliche Kriterien in die Bestimmung der Satztypen einfließen ließen, ohne sich freilich darüber immer explizit Rechenschaft abzulegen. So erklärt sich die konfuse und widersprüchliche Beschreibungssituation in den verschiedenen Grammatiken. Satztypen sind nicht ontologisch vorgegeben, sondern nur im Rahmen des Sprechakts unter Bezug auf die primären funktionalen Einheiten der dialogischen Zwecke und unter Einschränkung auf die grammatische Realisierung in direkten Sprechakten festzulegen:

(Abb. 6)

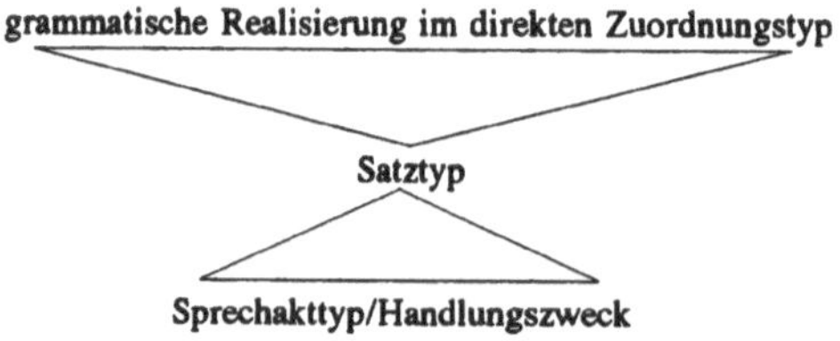

Erst nach dieser Festlegung kann entschieden werden, wie die einzelnen Satztypen grammatisch realisiert werden. Auf der Basis einer dialogischen Sprechakttaxonomie (Weigand 1989), jedoch eingeschränkt auf initiative Sprechakte, ergibt sich für das Deutsche folgende Übersicht der Satztypen in bezug auf Sprechakttypen einerseits und grammatische Realisierungsmittel andererseits:

(Abb. 7)

ZWECK	SATZTYP	GRAMMATISCHE MITTEL
DIREKTIV	Aufforderungssatz	Imperativ/Konjunktiv I, Intonation,
	Mach mit!	Wortstellung
	Du machst mit!	
	Spielen wir!	
	Jeder erhebe sein Glas ...!	
REPRÄSENTATIV	Aussagesatz	Indikativ/Konjunktiv II, Modalverben,
	Die Erde ist rund.	Intonation
	Die Erde könnte rund sein.	
	Ich ginge weg.	
EXPLORATIV	Fragesatz	Wortstellung, Intonation,
	Kommst du morgen?	Fragewörter
	Du kommst morgen?	
	Wer kommt?	
REPR	Ausrufesatz	Wortstellung, Intonation, Partikel
(EXPRESSIV)	*Hat man hier eine herrliche Aussicht!*	
	Wie herrlich ist es hier!	
REPR	Wunschsatz	Indikativ/Konjunktiv II,
(DESIDERATIV)	*Wäre ich doch ein Vogel und*	Wortstellung, Partikel
	könnte fliegen!	
(DEKLARATIV	keine Ausdrucksmöglichkeit allein über grammatische Mittel)	

REPR (EXPRESSIV) = expressive Sprechakte als Unterklasse der Repräsentative

Abb. 7 kann in folgendem Schema generalisiert werden, das die grammatischen Mittel, die im Deutschen zum Ausdruck der Kategorie 'Satztyp' dienen, zusammenfaßt:

(Abb. 8)

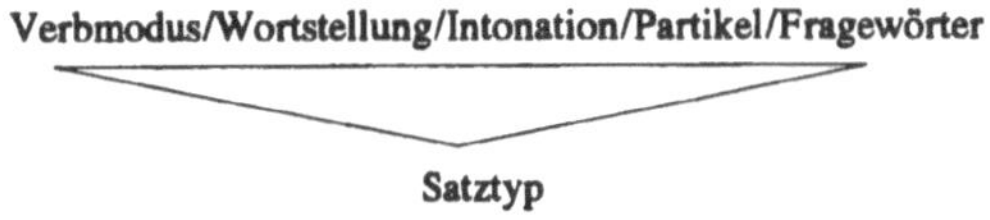

Partikel und Fragewörter werden als grammatische Ausdrucksmittel betrachtet, da sie Elemente von geschlossenen Klassen sind.

Wie wir alle wissen und wie z. B. Näf (1984) an Beispielen gezeigt hat, kann der gleiche Handlungszweck über unterschiedliche Satztypen realisiert bzw. der gleiche Satztyp in unterschiedlichen Situationen für verschiedene Handlungszwecke verwendet werden. Und nicht nur dies. So können z. B. als Fragesätze klassifizierte Äußerungen wie (4) *Du könntest den Tisch decken? (5) Könntest du den Tisch decken?* in der gleichen Situation unterschiedliche Handlungsfunktionen erfüllen, (4) die Funktion einer Vergewisserungsfrage, (5) die Funktion eines indirekten Sprechakts der Aufforderung. Das heißt, in dem komplexen System der Zuordnung von funktionalen Strukturen F(p) und Äußerungsstrukturen hat die Kategorie Satztyp aufs Ganze gesehen nur sehr begrenzte Relevanz. Man kann ihr in direkten Sprechakten eine gewisse Ordnungsfunktion zusprechen, da vermutlich universell für die fundamentalen Sprechaktklassen (mit Ausnahme der Deklarative) jeweils eine minimal aufwendige Realisierung über die Satzart zur Verfügung steht (vgl. Weigand 1989: 220f.). Eine besondere Rolle kommt dabei der Intonation zu. Die Unterscheidung der fundamentalen Sprechaktklassen Direktive, Repräsentative und Explorative kann nämlich allein durch die Intonation realisiert werden, deren Differenzierung sowohl von kompetenten Sprechern wahrgenommen wie auch mit heute verfeinerten Apparaten festgehalten werden kann (vgl. Altmann 1987: 41ff.):

(6) Du machst deine Schularbeiten. REPRÄSENTATIV
(7) Du machst deine Schularbeiten! DIREKTIV
(8) Du machst deine Schularbeiten? EXPLORATIV

Aufgrund dieser neueren Erkenntnisse hinsichtlich der Intonation würde ich heute im Unterschied zum Stand meines Buches von 1989 bei Äußerungen wie (7) nicht mehr von idiomatischer Zuordnung sprechen, sondern die Intonation als dominierenden direkten Ausdruck betrachten. Der Verbmodus Indikativ kommt damit nur nachgeordnet in Betracht. Beispiel (7) ist nicht anders zu beschreiben als Beispiel (8), bei dem die traditionelle Grammatik schon immer allein die Intonation als Ausdruck des Fragesatzes angesehen hat. Gegen die Dominanz der Intonation könnte eingewendet werden, daß die Intonation zwar scheinbar in (7) über den Verbmodus Indikativ dominiere, nicht jedoch in Fragesätzen wie (9) *Wie lange brauchst du?*, die in der Regel fallende Intonation aufweisen. Zum Teil ist dieser Einwand berechtigt, da er deutlich macht, daß es keine Ausdrucksphänomene qua Ausdruck allein gibt; andererseits aber besteht kein Grund, warum man für Fragesätze ein einziges, steigendes Intonationsmuster zugrunde legen sollte.

Die Intonation kann z. B. auch bei der Realisierung von Vorwürfen eine dominierende Rolle spielen. Während in Äußerungen wie (1-3) erst die Situation entscheidet, ob es sich um eine erfreute Feststellung oder einen Vorwurf handelt, wird der Handlungszweck Vorwurf sofort eindeutig, wenn diese Äußerungen mit entrüsteter Intonation realisiert werden. Seltsamerweise ist es gerade die Intonation, die mitunter bei der Analyse der Moduskategorie ausgeschlossen wird (so bei Palmer 1986: 6).

4. Paradigmenablösung

Als formale Kategorie, d. h. als Klassifikation grammatischer Ausdrucksmittel, hat die Kategorie Satztyp für die Zuordnung bedingt Relevanz. Als inhaltliche Kategorie Satzmodus, d. h. als Klassifikation von Bedeutungseinheiten, bleibt sie im Fall einer 1:1-Zuordnung zwischen Satztyp und Sprechereinstellung redundant oder erlangt als Referenztypspezifizierung nur innerhalb eines konstruierten Zusammenhangs Quasi-Relevanz. Am Beispiel des Zeichens Satztyp werden m. E. die Grenzen des zeichentheoretischen Paradigmas deutlich. Der vermeintlich sichere Einstieg vom Ausdruck her führt im Bereich der Sprachverwendung nur zu komplexen Pseudo-Systemen ohne empirische Relevanz. Wenn wir da weiterkommen wollen, wo das alte Paradigma an ein Ende gelangt ist, müssen wir uns neuen Wegen öffnen und sprachliches Handeln mit einer Methodologie und Begrifflichkeit beschreiben, die dem neuen Gegenstand angemessen ist.

* Die Problematik dieses Beitrags war Thema eines Seminars, das ich im November 1991 auf Einladung von Prof. Dr. Anton Näf im Rahmen des Doktorandenkolloquiums der Westschweizer Universitäten ("3e cycle") in Glion bei Montreux abgehalten habe. Herrn Näf und den Teilnehmern dieses Seminars möchte ich für die Möglichkeit, dieses strittige Thema zu diskutieren, herzlich danken.

Literatur

Altmann, H. (1987): "Zur Problematik der Konstitution von Satzmodi als Formtypen". - In: Meibauer (ed.) 22-56.

Baker, G. P. / Hacker, P. M. S. (1980): Wittgenstein. Understanding and meaning. An analytical commentary on the Philosophical Investigations. I. - Oxford: Blackwell.

- (1984): Language, sense and nonsense. A critical investigation into modern theories of language. - Oxford: Blackwell.

Brandt, M. / Reis, M. / Rosengren, I. / Zimmermann, I. (1992): "Satztyp, Satzmodus und Illokution". - In: Rosengren (ed.) 1-90.

Grewendorf, G. / Zaefferer, D. (1991): "Theorien der Satzmodi". - In: von Stechow, A. / Wunderlich, D. (eds.): Semantik. Ein internationales Handbuch der zeitgenössischen Forschung (Berlin/New York: de Gruyter) 270-286.

Heringer, H. J. (1988): "Not by nature nor by intention. The normative power of language signs". - In: Bernardo, G. di (ed.): Normative structures of the social world (Amsterdam: Rodopi) 101-134.

Meibauer, J. (1987): "Probleme einer Theorie des Satzmodus". - In: Meibauer (ed.) 1-21.

- (ed.) (1987): Satzmodus zwischen Grammatik und Pragmatik. Referate anläßlich der 8. Jahrestagung der Deutschen Gesellschaft für Sprachwissenschaft, Heidelberg 1986. - Tübingen: Niemeyer.

Meillet, A. (1936): Linguistique historique et linguistique générale II. - Paris: Champion.

Motsch, W. / Pasch, R. (1987): "Illokutive Handlungen". - In: Motsch, W. (ed.): Satz, Text, sprachliche Handlung (Berlin: Akademie-Verlag) 11-80.

Näf, Anton (1984): "Satzarten und Äußerungsarten im Deutschen". - In: Zeitschrift für germanistische Linguistik 12, 21-44.

Palmer, F. R. (1986): Mood and modality. - Cambridge etc.: CUP.

Rehbock, H. (1992): "Deklarativsatzmodus, rhetische Modi und Illokutionen". - In: Rosengren (ed.) 91-172.

- (1993): "'Grammatik' als tollkühne Metapher. Zu Edda Weigand: 'Grammatik des Sprachgebrauchs' in ZGL 20, 1992, 182-192". - In: Zeitschrift für germanistische Linguistik 21, 205-214.

Rosengren, I. (ed.) (1992): Satz und Illokution. I. - Tübingen: Niemeyer.

de Saussure, F. (1957): Cahiers Ferdinand de Saussure 1957.

- (1974): Cours de linguistique générale, fasc. 4, hg. von R. Engler. - Wiesbaden: Harassowitz.

Vanderveken, D. (1990a): Meaning and speech acts. I-II. - Cambridge etc.: CUP.

- (1990b): "On the unification of speech act theory and formal semantics". - In: Cohen, Ph. R. / Morgan, J. / Pollack, M. E. (eds.): Intentions in communication (Cambridge/Mass.: The MIT Press) 195-220.

Wandruszka, M. (1969): Sprachen - vergleichbar und unvergleichlich. - München: Piper.

Weigand, E. (1978): Die Zuordnung von Ausdruck und Inhalt bei den grammatischen Kategorien des Deutschen. - Tübingen: Niemeyer.

- (1989): Sprache als Dialog. Sprechakttaxonomie und kommunikative Grammatik. - Tübingen: Niemeyer.

- (1991a): "The dialogic principle revisited. Speech acts and mental states". - In: Stati, S. / Weigand, E. / Hundsnurscher, F. (eds.): Dialoganalyse III. Referate der 3. Arbeitstagung Bologna 1990 (Tübingen: Niemeyer) 75-104.

- (1991b): "Sprechakte unter kontrastiver Perspektive. Am Beispiel direktiver Handlungsspiele". - In: Iwasaki, E. / Shichiji, Y. (eds.): Begegnung mit dem 'Fremden'. Grenzen - Traditionen - Vergleiche. Akten des VIII. Kongresses der Internationalen Vereinigung für Germanische Sprach- und Literaturwissenschaft. Tokyo 1990. IV (München: Iudicium) 438-450.

- (1992): "Grammatik des Sprachgebrauchs". - In: Zeitschrift für germanistische Linguistik 20, 182-192.

- (1993): "Weder Metapher noch tollkühn. Eine Erwiderung auf Helmut Rehbocks Diskussionsbeitrag (in diesem Heft)". In: Zeitschrift für germanistische Linguistik 21, 215-230.

Wittgenstein, L. (1958): Philosophical investigations. - Oxford: Blackwell.- Übers.: Philosophische Untersuchungen. - Frankfurt/M.: Suhrkamp, 1977.

DIALOGANALYSE

FRAU ODER ALIBIFRAU

Beobachtungen zu einer Gesprächsrolle

Ursula Frei-Borer

1. Einleitung

"Pro Runde wenigstens eine Frau. Auf diese Weise demonstrieren die Männer, daß sie Frauen gern haben." (Widmer 1992) Mit diesem Lead setzt eine Journalistin, deren Beruf neuerdings das Frau-Sein ist, in einer Frauenzeitschrift zusammenfassend fest, weshalb bei gesellschaftlichen Anlässen und Gesprächsrunden die Frau fürs Alibi gefragt sei. So schreibt sie: "Mißverständnis. Ich bin kein richtiges Callgirl. Nur so eine Art. Ich bereichere Männerrunden. Das ist mein Job, seit einiger Zeit. Vorher war ich Journalistin. Das bin ich natürlich immer noch. Aber eben, eher nebenbei. Hauptberuflich bin ich jetzt Frau." (Widmer 1992) - "Frauenspezifisches" habe sie zwar nicht zu bieten, gesteht Widmer; vielmehr verstehe sie sich als "Mentaltransvestit":

> Ich habe keine Kinder, arbeite wie ein Mann, akzeptiere patriarchalische Strukturen, Hierarchien. Hysterische Anfälle und Tränen weiß ich mittlerweile zu unterdrücken [...]. Statt dessen klopfe ich, wenn's sein muß, mit der Faust auf den Tisch. Diese Sprache verstehen sie, die Männer. Und auch: präzise Logik, analytisches Denken. Im Gegensatz zu Gefühlsduselei und Hexenkram. Was die Kleider anbelangt, so trage ich in der Regel ein Deux-pièces mit Schulterpolstern. So kann ich die naturgegebene weiblich-breite Hüftregion korrigieren. Täusche - weil breite Schultern - Belastbarkeit und Männlichkeit vor. Und auch die Stimme, weiß der Teufel, paßt sich immer mehr nach unten an. Hohe und schrille Töne, so ließ man mich schon vor Jahren wissen, verraten Inkompetenz [...] (Widmer 1992).

In der alltäglichen Kommunikationspraxis, vor allem aber in den medial vermittelten Dialogen, wie sie Fernsehgespräche mit mehreren Teilnehmern darstellen, ist das Bewußtsein um die gestalterischen Möglichkeiten im Bereich der Rollenbesetzung groß. Dies belegen die schriftlich abgefaßten Leitlinien der Anstalten (Huemer 1979; Picard/Schellenberg 1984), aber auch - gerade was die Gesprächsrolle "Frau" betrifft - einleitende, kommentierende Tribute, die der anwesenden Weiblichkeit in Repräsentationsfunktion gezollt werden. Eine sorgfältige Evaluation des rollenspezifischen Bedarfs hat auf diverse Faktoren Rücksicht zu nehmen: die Rollenbesetzung ist abhängig vom Thema, von den vermuteten Erwartungen der Zuschauer sowie von den eingeschätzten Fähigkeiten und der Rollenbereitschaft der möglichen Gesprächsteilnehmer. Aber auch die Präferenzen des verantwortlichen Moderators prägen maßgeblich: er lädt die Rollenhandelnden ein, bestimmt deren Gewicht in der Runde, fixiert die einzelnen Gesprächsrollen expressis verbis nach seinem Gutdünken und greift nötigenfalls korrektiv in die Rolleninterpretation einzelner ein. Es gibt zwar für die Verbindlichkeit der Rollenzuteilung und Rollenerwartung keine eindeutigen Maßstäbe, aber die

Auswahlpraxis sowie das Rollenverhalten, d. h. die Rollenerfüllung bzw. die Sanktionen bei Rollenmißachtung belegen die grundsätzliche Akzeptanz allgemeingültiger und bekannter, im Alltag praktizierter Regeln. Die Verpflichtung auf die zugedachte Rolle findet zum einen bereits mit der Einladung zum Gespräch, zum andern bei der genannten Rollenfixierung im Rahmen des Vorstellprozederes statt.

2. Das Material

Das hier untersuchte Material sind sogenannte "Clubgespräche" und andere Fernsehgespräche mit mehreren Teilnehmern, die vom Schweizer Fernsehen, vom Österreichischen Rundfunk und von den Deutschen Anstalten ARD und ZDF ausgestrahlt und auf Video aufgezeichnet wurden; sie sind in der Videothek des Deutschen Seminars der Universität Basel unter der Signatur UFB zugänglich. Beachtenswert ist, daß es enorme kulturelle Unterschiede im Kommunikationsverhalten allgemein gibt, was sich natürlich auch im Rollenverhalten der Frauen niederschlägt. Eine diesbezügliche Differenzierung über die bei den gewählten Beispielen gemachten Andeutungen hinaus kann hier aus Platzgründen allerdings nicht erfolgen.

3. Drei Rollenbereiche

Allen geplant zusammengesetzten Gesprächsrunden liegt ein Rollenkonzept zugrunde, das für jeden Sprecher eine primäre Doppelrolle vorsieht: die Rolle des Kommunikators mit den Verpflichtungen dem Gespräch und den Partnern gegenüber und jene des Repräsentanten. Im weiteren werden verschiedene Positionen besetzt, und es lassen sich 3 Rollenbereiche unterscheiden, welche sich durch je spezifische Näherungsweisen auszeichnen: die persönlich Betroffenen, die Fachleute und die Frau bzw. Alibifrau.

3.1. Die persönlich Betroffenen

Die persönlich Betroffenen sind Teilnehmer, die durch ihre Person als Authentizitätsgaranten das Dialoggeschehen - meist von der emotionalen Seite her - beleben und beeinflussen. Oft wird das Schicksal solcher persönlich Betroffener in Form einer mehr oder weniger ausführlichen Fallschilderung zum Ausgangspunkt bzw. zur Isotopieebene des Gesprächs.

3.2. Die Fachleute

Das Rollenkonzept der Fachleute verlangt sachbezogene - nicht unbedingt objektive - Hintergrundinformation und faktische Abstützung oder auch Relativierung und Objektivierung. Die Rollenträger sind in erster Linie Garantieinstanz auf der sachlich-thematischen Ebene.

3.3. Die Frau bzw. Alibifrau

In der medialen Öffentlichkeit ist es zumeist nicht so einfach zu erklären: wir brauchen noch eine Frau; die Alibifunktion wäre zu offensichtlich und oberflächlich, der Gastgeber unglaubwürdig. Die Liste der Defizite weiblichen Ausdrucks ist lang und die vergleichbar geringere Kommunikationskompetenz vielfach belegt (Fishman 1980; Lakoff 1975 u. 1977; Postl 1991; Trömel-Plötz 1982). Von Interesse ist nun die Frage nach der rollenspezifischen Leistung für das Gespräch, ein Ansatz, der über die Kausalität der als mangelhaft empfundenen und bewerteten weiblichen Ausdrucksweise hinausführen soll.

Betrachtet man die weibliche Positionsbesetzung unter dem Aspekt der Funktionalität, so wird evident, daß erhebliche Unterschiede bestehen zwischen den beiden Rollen "Frau" und "Alibifrau", was das Dialogkonzept und das Rollenprogramm betrifft. Für die Sprecherinnen allerdings sind die Übergänge zwischen diesen beiden Gesprächsrollen so fließend, daß ein eigentliches Rollen-Switching praktikabel wird, wie das bei andern Gesprächsrollen sehr viel schwerer und meist nur unter metakommunikativer Absicherung stattfindet.

Der klassischen Alibifrau wird eine grundsätzlich geschlechtsneutrale Gesprächsrolle zugeteilt; sie kann sowohl bei den Fachleuten als auch bei den persönlich Betroffenen sein. Je nach Art und Intensität der Rollenfixierung und Rollenverpflichtung passiert dabei häufig jenes Fatale, das so manche bewußt kommunizierende Frau ärgert: die bekannten, typisch weiblichen Dialogmerkmale, die sich oft genug unvorteilhaft auswirken, werden durch eine übermäßige Fixierung auf eine exzentrische, zumeist gefühlsbetonte Spezialrolle unverhältnismäßig potenziert. Dazu ein Beispiel: Die Rolle der persönlich Betroffenen, ohnehin emotionsreich, wird besetzt durch eine bekanntermaßen formulierungsfreudige, logorrhoisch-aggressive Schriftstellerin (Iris von Roten, gest.), hauptberuflich Juristin, welche vor Jahren zu Unrecht Mißbilligungen ihres Werkes wegen zu verkraften hatte und nun rehabilitiert werden soll; sie gilt als Frauenrechtlerin mit Tradition, zumindest in der Schweiz, ist fast 70 Jahre alt und soll zum Thema "No Future" ("Zischtigsclub", 8.1.1985) sprechen. Fatal ist eine solch belastete Rollenverpflichtung auch deshalb, weil auf diese Weise zusätzlich die Distanz zu den rollenmäßig privilegierten Männern künstlich vergrößert wird.

Zu den alltäglichen Erfahrungen, die Frauen in breiten Schichten noch immer machen, gehört, daß sie mehr leisten müssen, um im männlichen Denk- und Hierarchiesystem Anerkennung zu finden. Übertragen auf die Funktion der Frau im Gespräch, bedeutet nun aber eine enorme Leistung für den Dialog in der wörtlichen Interpretation, daß sie anderes, außerhalb der Norm Stehendes beiträgt. Im folgenden soll die Gesprächsrolle "Frau" mit ihrer Bedeutung für das Gespräch und die Runde umrissen werden.

Entsprechend der bevorzugt weiblichen Kommunikationsmodalität ist die Frau der Runde zuständig für alle Belange der Beziehungsebene, einen für die zwischenmenschliche Interaktion äußerst wichtigen Bereich, wie aus der Sprechakttheorie bekannt. Sowohl der Grad der Ritualisierung wie auch die Modalität sind Indikatoren der jeweiligen Gesprächskultur und informieren unter anderem über die kulturbedingte soziale Stellung der Frau. Dies gilt für die öffentlichen Dialoge im Fernsehen ganz besonders. Am informativsten sind Rollenverpflichtung und Rollenfixierung zu Beginn des Gesprächs, wo der Ton des Dialogs, die Verhandlungsebene und damit die Art der Beziehung der Teilnehmer zueinander festgelegt werden. Aber auch die rollenbestätigenden z. T. ritualisierten Voten am Ende des Fernsehgesprächs belegen den Stellenwert bzw. die Notwendigkeit der interaktiven beziehungsbezogenen Vermittlung. Vor allem bei negativ belasteten Beziehungen, wo defensive, korrektive und hauptsächlich aggressive Kämpfe um Image und Status den Dialog überlagern (vgl. Goffman 1975: 19ff.), wird die den Frauen attestierte Pufferfunktion relevant: der eher ruhige Pol dient als Rückzugsbestimmung, wird in kritischen Phasen - oft freilich auch rein rhetorisch - angegangen, befragt oder auch provoziert, einen konstruktiven Beitrag für eine neue Ausgangsstimmung zu leisten. Die Definition der Beziehung findet über den Stil statt, und die mannigfach belegbare Funktion des weiblichen Stils liegt im Support des Gesprächs, einer eigenständigen Leistung, die mit Alibi im Grunde genommen nichts zu tun hat. Interessant in diesem Zusammenhang ist die Beobachtung, daß Männer kaum je diese Funktionen ausüben, Beziehungsarbeit im beschriebenen umfassenden Maß leisten, schon gar nicht im seltenen Fall, wenn sie einziger männlicher Gesprächsteilnehmer sind. Dann wird schon eher das Phänomen "Hahn im Korb" wirksam, analog zur Frau als "Lichtblick der Runde". Deutlich zu verfolgen ist die kommunikative Leistung der Frau etwa bei jenen sich entwickelnden Spiralen funktionaler Sprechakte, wie sie bei Sager als "präsentive[ ]" und "valuative[ ]" collokutive Akte beschrieben sind (Sager 1981: 278ff.).

4. Geschlechtsspezifisches Kommunikationsverhalten

Die folgenden sieben Merkmale weiblichen Kommunikationsverhaltens werden in Literatur und Alltag immer wieder ins Feld geführt und dienen dem rollenspezifischen Ausdruck:

1. Frauen kommen nicht so oft zu Wort wie Männer; das kann ja auch bedeuten, daß sie besser zuhören können. Gemeint ist hier jenes aktive Zuhören, das protektiv den Kanal sichert und der Kommunikation jene Qualität verleiht, die ein Miteinander-Reden von einem aggressiven Schlagabtausch unterscheidet. Es muß sich dabei nicht einmal um eine taktische Ausrichtung des Zuhörens handeln, wo möglichst viele Anhaltspunkte für das Gegenvotum gesammelt werden. Es gibt auch das Zuhören, das sich in sich selbst erschöpft; es ist ein Gewährenlassen des Gesagten und damit des Sprechers. Selbst dann, wenn die Frau in der Folge einen gegenteiligen Standpunkt vertritt, den männlichen Partner vielleicht sogar angreift, bleibt die Sequenz des verständigen, toleranten, jedoch nicht unbedingt - oder bedingungslos - respektvollen Zuhörens als gesamthaft positiv konnotierter Bestandteil weiblicher Rollenausgestaltung existent.

2. Frauen werden öfter unterbrochen, oder: Frauen lassen sich öfter und schneller unterbrechen; dies kann bedeuten, daß Frauen besser schweigen können. Sie beherrschen - analog zum Zuhören - die Fähigkeit des aktiven, durchaus dialogischen Schweigens. Der Natur der Mediengespräche und ihrem Öffentlichkeitsgrad entsprechend hat dieses Schweigen allerdings keinen strategischen und nur selten einen taktischen Wert, anders eben als im privaten Alltagsdialog, wo auch die individuelle Sprechzeit nicht artifiziell limitiert ist.
3. Es entspricht einem Grundbedürfnis des Menschen, gehört, geachtet oder gar "als gut befunden" zu werden. Frauen lernen offensichtlich besser, mit dem Instrumentarium des Beurteilens - insbesondere Lobens - umzugehen. Die häufig als Inkompetenz-Marker abqualifizierten Höflichkeitsformulierungen, Abschwächungen und Absicherungsformeln z. B. mögen von ihrer Kausalität her durchaus mit der traditionsgemäß anerzogenen Unsicherheit erklärt werden, sind in ihrer Funktionalität aber unverzichtbare Bausteine auf der Beziehungsebene der Kommunikation.
4. Um von einer befriedigenden Rolleninterpretation sprechen zu können, müssen sich Rollenerwartung und Rolleninterpretation in einem approximativen Gleichgewicht halten. Es hat sich in zahlreichen Beispielen gezeigt, daß die Erwartungserfüllung bzw. die Bereitschaft zu Rollenerfüllung und Rollenantizipation bei Frauen weit größer ist als bei den männlichen Teilnehmern. Ein maßgeblicher Grund dafür (nebst der traditionsreichen, soziologisch bedingten weiblichen Rollenerziehung) mag in der Massivität der Sanktionen bei Verstoß begründet liegen; so werden Frauen bei drohendem oder effektivem Ausscheren schneller, direkter und bedeutend wirkungsvoller korrigiert.
5. Es besteht ein kausaler wie funktionaler Zusammenhang zwischen Rollenfixierung - der primären wie einer allfälligen späteren, repetitiven oder modifizierenden - und den soziologisch verankerten, tradierten und von den Frauen selbst kultivierten, grundsätzlich autokorrektiven Mechanismen. So fällt auf, daß das bekannte Hedging, häufiges Paraphrasieren sowie rollenspezifische Deverbalisation und Emotionalisierung vermehrt auftreten, wenn eine Rollenverletzung beginnt oder kurz zuvor stattgefunden hat. Es sind dies entweder spontane oder aber nonverbal provozierte Reaktionen und entsprechen dem Bedürfnis nach Erklärung oder Rechtfertigung.
6. Die von Lakoff bereits 1977 gemachte Feststellung, daß Frauen eher Verstärkungen benutzen, als treffendere Ausdrücke zu suchen, bestätigt sich in eindrücklicher Weise: speziell dann, wenn die gepflegte Rolle besonders manifest wird, verdichten sich diese verstärkenden Ausdrücke. Sie gehen einher mit personen- wie themabezogener Emotionalisierung als integrativem Bestandteil der Äußerung und haben rollenunterstützenden Charakter. In der konkreten Gesprächssituation bedeutet dies, daß der Dialogpartner Voten mit dominanten Verstärkungen nicht unbedingt sehr ernst nehmen muß, weil das damit Gemeinte nicht vollständig konkretisierbar ist. Weiter kann man die Sprecherin in solchen Sätzen äußerst leicht unterbrechen, da substantiell nichts wegfällt und man das Unterdrückte verbal nicht

fassen kann. Im Gegenteil: das Unterbrechen kann sogar als vorwegnehmendes Verständnis und als besondere Antizipation ausgegeben und interpretiert werden.
7. Hält sich eine Gesprächsteilnehmerin nicht an die ihr zugeteilte Rolle, d. h. weicht sie in ihrem Rollenverhalten von den impliziten oder expliziten Vorstellungen der Moderatoreninstanz oder der Öffentlichkeit ab, so werden - und in den allermeisten der beobachteten Fällen erst dann - zwei eher diskriminierende, gemeinhin als anti-weibliches Dialogverhalten bezeichnete Mechanismen aktuell: zum einen das bereits genannte Unterbrechen und zum andern der persönliche Kommentar, d. h. die Frau wird mit einer gegen ihre Person - anstatt die vertretene Sache, den Inhalt - gerichteten Bemerkung kaltgestellt, etwa mit der Einleitung: "Aber meine verehrte Frau XY, das dürfen Sie doch nicht so sagen!". Im untersuchten Material finden sich gelegentlich Beispiele, in denen nonverbal Zurückhaltung der Frau gefordert wird, indem etwa ein Gesprächspartner eine Hand auf den Arm der sprechenden Nachbarin legt!

5. Zusammenfassung und Schlußgedanken

Gesamthaft gilt es zu bedenken, daß sogenannte weibliche Merkmale des Dialogverhaltens immer das Resultat eines Vergleichs und daher als relativ zu interpretieren sind: Das weibliche Sprechen hebt sich als Extravaganz von der männlich geprägten Norm ab. Folgt man versuchsweise dem oben in aller Kürze an den drei Beispielen des Zuhörens, Schweigens und Äquilibrierens gezeigten Interpretationsansatz, so stellt man fest, daß das dialoganalytische Interesse nicht bei der Qualifizierung des typisch weiblichen oder männlichen Dialogisierens stehenbleiben darf, wie das im eingangs zitierten Artikel auf journalistische Weise geschieht. Vielmehr muß die allgemeingültige, traditionsreiche Wertskala einzelner Dialogverhaltensmuster geschlechtsneutral neu überdacht werden, und zwar unter Berücksichtigung der jeweiligen Kommunikationskulturen, wie sie sich schon auf relativ engem Raum (z. B. D, Ö, CH) innerhalb nur einer Sprache unterschiedlich manifestieren (Frei-Borer 1991: 13ff.; Löffler 1989). Es wäre ja immerhin denkbar und aus der Sicht der historischen Entwicklung unserer Kommunikationstradition nicht ausgeschlossen, daß das Zuhören, das respektvolle Ausreden-Lassen, die beziehungsfördernde Höflichkeit u. a. m. eines Tages ebenso als Kompetenz-Marker, als effektvoll und effizient gelten, wie das heute ein verbaler Schlagabtausch mit aggressiver Imagepflege oder kraftvoller Demontagetechnik ist. Denn beide Verhaltensweisen spielen jenseits der thematischen Gesprächsebene, d. h. der sachlichen, themabezogenen Erörterung bzw. Unterhaltung steht auch beim "softeren" Kommunikationsmodus nichts im Weg.

Beobachtungen unter dem Aspekt der Funktion einzelner Rollen führen zum Schluß, daß der Wert der Rollen nicht sozial gesehen oder geschlechtsspezifisch gedeutet, sondern nur mit Bezug auf die Dialogleistung eingeschätzt werden sollte. Das Übel liegt denn auch weder bei der immer angeprangerten Mangelhaftigkeit männlichen Verhaltens gegenüber der Frau noch bei den sogenannten weiblichen Defiziten; das Unbehagen wurzelt in der Fehlerwartung gewissen Rollen gegenüber, in der Fehleinschätzung der Rollenbeiträge, ferner in der Mißinterpretation der Rollen und - last but not least - in der Arroganz bei Rollenfixierung, Rollenverpflichtung und den dialogflankierenden korrektiven Maßnahmen - auch weiblicher Moderatoren Frauen gegenüber.

Die Emanzipation der Frau zum "Mentaltransvestit" schließlich muß in jedem Fall ein Eigentor sein, da sie, anstatt sich an der wertneutralen Bedeutung und Wirkung ihrer eigenen, individuellen Rolle und Rollenausgestaltung zu orientieren, durch den Geschlechtswandel in fatalem Maß der männlich geprägten Norm huldigt. Die Verwischung, Unterdrückung oder gar Korrektur der geschlechtsspezifischen Unterschiede im Dialogverhalten sind vom Standpunkt des funktionalen Rollenhandelns aus gesehen kontraproduktiv und verraten eine zwar verständliche, aber unnötige Unsicherheit auf seiten beider Geschlechter. Denn abgesehen von der Beruhigung des Gewissens, welches durch jahrelanges intensives Training - zumindest theoretisch - auf grundsätzliche Gleichschaltung programmiert ist, melden sich berechtigte Zweifel an Realisierbarkeit und Nutzen geschlechtsneutraler Kommunikation. Es drängt sich die Frage auf, ob da ein Alibi das andere ersetzt.

Literatur

Fishman, P. M. (1980): "Conversational insecurity". - In: Giles et al. (eds.): Language. Social psychological perspectives (Oxford)

Frank, K. (1992): Sprachgewalt: die sprachliche Reproduktion der Geschlechterhierarchie: Elemente der feministischen Linguistik im Kontext sozialwissenschaftlicher Frauenforschung. - Tübingen: Niemeyer.

Frei-Borer, U. (1991): Das Clubgespräch im Fernsehen. Eine gesprächslinguistische Untersuchung zu den Regeln des Gelingens. - Bern etc.: Lang.

Goffman, E. (1975): Interaktionsrituale. Über Verhalten in direkter Kommunikation. - Frankfurt a. M.: Suhrkamp.

Günthner, S./ Kotthoff, H. (eds.): Von fremden Stimmen: weibliches und männliches Sprechen im Kulturvergleich.- Frankfurt a. M.: Suhrkamp.

Huemer, P. (1979): Überlegungen zum Club 2.- Wien: Masch.

Lakoff, R. T. (1975): Language and woman's place.- New York.

- (1977) "Women's language". - In: Language and Style 10, 222-247.

Löffler, H. (1989): "Die Frage nach dem landesspezifischen Gesprächsstil - oder die Schweizer Art zu diskutieren". - In: Weigand, E. / Hundsnurscher, F. (eds.): Dialoganalyse II. Referate der 2. Arbeitstagung Bochum 1988 (Tübingen: Niemeyer) 207-221.

Picard, A. / Schellenberg, P. (1984): "Zischtigs-Club". Grundsätzliche Ueberlegungen zur Sendung. - Zürich: Masch.

Postl, G. (1991): Weibliches Sprechen: feministische Entwürfe zu Sprache und Geschlecht. - Wien: Passagen Verl.

Sager, S. F. (1981): Sprache und Beziehung. Linguistische Untersuchungen zum Zusammenhang von sprachlicher Kommunikation und zwischenmenschlicher Beziehung. - Tübingen: Max Niemeyer.

Trömel-Plötz, S. (1982): Frauensprache: Sprache der Veränderung. - Frankfurt a.M.: Fischer Taschenbuch.

Widmer, G. (1992): "Die Frau fürs Alibi". - In: annabelle 7 (Zürich).

DIALOGMUSTER UND DIALOGVERLAUF

Verlaufsanalyse eines gestalttherapeutischen Gesprächs

Götz Hindelang

1. Thesen und Postulate

Im folgenden sollen zunächst einige Thesen und Postulate zum Verhältnis von Dialogmuster und Dialogverlauf formuliert werden:

1) Zur Beschreibung von Gesprächsverläufen braucht man eine spezielle dialoganalytische Metasprache; d. h. es ist notwendig, ein terminologisches System zu entwickeln, das es erlaubt, die einzelnen sprachlichen Handlungen zu benennen, die die Sprecher vollziehen.[1]
2) Eine Gesprächsverlaufsanalyse sollte im Rahmen einer Dialogtypanalyse erfolgen; d. h. ein solches metasprachliches System kann zunächst nicht für sprachliches Handeln im allgemeinen entwickelt werden. Es sollte vielmehr jeweils für einzelne Dialogtypen erarbeitet werden.
3) Die Ausdrücke dieser dialoganalytischen Metasprache sollten Bezeichnungen für die sprachlichen Handlungen enthalten, die konstitutiv und typisch für einen bestimmten Dialogtyp sind. Die Beschreibung der konstitutiven sprachlichen Handlungstypen und die ihrer Verknüpfungsmöglichkeiten ergeben ein Dialogmuster für einen bestimmten Dialogtyp.
4) Für die Analyse von Gesprächsverläufen ist es von zentraler Bedeutung, die Unterscheidung von Kompetenz und Performanz zu beachten. Dialogverläufe sind sprachliche Performanzen. Ihnen liegt eine komplexe dialogische Kompetenz zugrunde. Konkrete Gesprächsverläufe sind nicht selten aufgrund äußerer Bedingungen wie Störungen und Unterbrechungen oder aufgrund kontroverser Vorstellungen der Gesprächsteilnehmer über die Ziele der Interaktion recht heterogene und chaotische Prozesse. Sie entstehen aus Überlagerung, Vermischung und unvollständiger Realisierung ganz unterschiedlicher Dialogmuster.[2]
5) Die Dialogmuster haben den Status von Vergleichsobjekten im Sinne von Wittgenstein (1969: § 130), d. h. wie Wittgensteins Sprachspiele haben sie die Rolle von Vergleichsobjekten, "die durch Ähnlichkeit und Unähnlichkeit ein Licht auf die Verhältnisse unserer Sprache werfen sollen"[3]. Dialogmuster werden also nicht unmittelbar als Teile der dialogischen Handlungskompetenz empirischer Sprecher aufgefaßt. Sie dienen vielmehr als Maßstab oder Folie, eben als Vergleichsobjekt bei der Beschreibung

aktueller Gesprächsverläufe. Ausgearbeitete Dialogmuster sind die optimale Form der in These 1) geforderten Metasprache.

2. Elemente eines Dialogmusters für gestalttherapeutische Gespräche

Aus Platzgründen ist es hier nicht möglich, das Dialogmuster vollständig vorzustellen, das für die Beschreibung der ersten Phase in einem gestalttherapeutischen Gespräch anzusetzen wäre. Es sollen hier nur diejenigen sprachlichen Handlungsmuster erläutert werden, die bei der Analyse des Gesprächsverlaufs in Kapitel 3 eine Rolle spielen. Als zentrale sprachliche Handlungstypen des Therapeuten sollen die VERGEGENWÄRTIGUNGS-ANLEITUNG, die EXPRESSIONSANLEITUNG und die FOKUSSIERUNGS-ANLEITUNG beschrieben werden.

Die VERGEGENWÄRTIGUNGS-ANLEITUNG hat den Zweck, dem Klienten zu ermöglichen, seine Probleme in der momentanen Situation der Therapiesitzung aktuell zu erleben. Perls (1976: 82), der Begründer der Gestalttherapie, schreibt dazu: "Wir fordern unsere Patienten auf, über ihre Traumata und Probleme nicht in den fernen Bereichen der Vergangenheit und Erinnerung zu reden, sondern ihre Probleme und Traumata - ihre unabgeschlossenen Situationen *noch einmal* im Hier und Jetzt zu *erleben.*" Für diese Vergegenwärtigung des Problems in psychodramatischer Form gibt es eine Reihe von Untermustern der VERGEGENWÄRTIGUNGS-ANLEITUNG. Die für die folgende Verlaufsanalyse relevanten Untermuster sind die ADRESSIERUNGS-ANLEITUNG, die IDENTIFIKATIONS-ANLEITUNG und die ANLEITUNG ZUR TRAUMARBEIT. Die Handlungsbedingungen dieser Untermuster lassen sich wie folgt beschreiben:

ADRESSIERUNGS-ANLEITUNG: Der Klient K hat in der vorhergehenden Äußerung A auf eine Person X (oder ein anderes Objekt X) referiert und von X prädiziert, daß p. Der Therapeut T fordert K mit einer ADRESSIERUNGS-ANLEITUNG auf

- zu imaginieren, X sei sein Gesprächspartner (dieser Teil der Intervention von T soll als INSZENIERUNGS-ANLEITUNG bezeichnet werden);
- X gegenüber zu prädizieren, daß p.

IDENTIFIKATIONS-ANLEITUNG: Der Klient K hat in einer vorhergehenden Äußerung auf eine Person X (oder ein anderes Objekt X) referiert. Der Therapeut fordert K mit einer IDENTIFIKATIONS-ANLEITUNG auf

- zu imaginieren, K sei X (INSZENIERUNGS-ANLEITUNG), und
- in der Rolle von X zu sprechen.[4]

ANLEITUNG ZUR TRAUMARBEIT: Die Anleitung zur Traumarbeit hat in der Regel drei Phasen:

- T fordert K auf, den Traum zu erzählen.
- T fordert K auf, den Traum in der 1. Pers. Sing. Ind. Präs. darzustellen.

- T greift ein Element X aus der Traumerzählung (z. B. eine Person oder einen Gegenstand) auf und spricht für X eine IDENTIFIKATIONS-ANLEITUNG aus.

Ein zentrales Ziel der gestalttherapeutischen Arbeit ist es, den Klienten zu befähigen, "sich selbst Ausdruck zu verleihen" (Perls 1976: 109). Die sprachlichen Handlungen, mit denen der Therapeut auf die Verbesserung des Selbstausdrucks von K hinwirkt, sollen AUSDRUCKS-ANLEITUNGEN genannt werden. Im wesentlichen lassen sich dabei zwei Formen unterscheiden: SPEZIFIZIERUNGS-ANLEITUNGEN und EXPRESSIONS-ANLEITUNGEN. Im folgenden soll die EXPRESSIONS-ANLEITUNG näher charakterisiert werden:[5]

Der Klient K hat eine Äußerung A gemacht, T glaubt, daß K sich mit A nicht vollständig, direkt und emotional klar ausgedrückt hat. Er hat Grund zu der Annahme, daß K sich selbst dabei hemmt (Selbstblockierung), eine angemessenere und lebendigere Äußerungsvariante A' hervorzubringen. T kann eine EXPRESSIONS-ANLEITUNG formulieren, indem er K auffordert, die Äußerung A

- lauter, direkter, gefühlvoller ... zu sagen,
- mit Gesten zu begleiten,
- durch eine Körperbewegung/einen Tanz auszudrücken,
- nochmals zu wiederholen.

Einen zentralen Platz im gestalttherapeutischen Gespräch nehmen die FOKUSSIERUNGS-ANLEITUNGEN ein. Während die VERGEGENWÄRTIGUNGS-ANLEITUNGEN dazu dienen, das Problem des Klienten ins Hier und Jetzt der Therapiesituation zu transportieren, haben die FOKUSSIERUNGS-ANLEITUNGEN die Funktion, dem Klienten dabei zu helfen, genau und präzise wahrzunehmen, wie er sich im Moment gerade fühlt. Er lernt, seine Aufmerksamkeit auf seine Körperempfindungen, seine unwillkürlichen Körperbewegungen, seine Emotionen und deren Repräsentation im Körper zu lenken.[6] Wir können SPEZIFISCHE und ALLGEMEINE FOKUSSIERUNGS-ANLEITUNGEN unterscheiden.

SPEZIFISCHE FOKUSSIERUNGSANLEITUNGEN lassen sich durch folgende Handlungsbedingungen charakterisieren:

K hat eine bestimmte verbale Äußerung A gemacht und/oder ein Bündel nichtverbaler Verhaltensformen $V_1 \ldots V_n$ gezeigt. T hat Grund zu der Annahme, daß K sich bestimmter Aspekte seiner verbalen Handlung oder seines nicht-verbalen Verhaltens nicht bewußt ist. Es liegt also auf seiten von K ein Bewußtheitsdefizit vor. Mit einer SPEZIFISCHEN FOKUSSIERUNGSANLEITUNG lenkt der Therapeut die Aufmerksamkeit des Klienten auf diese unbewußten Aspekte seines Verhaltens. Der Therapeut kann eine SPEZIFISCHE FOKUSSIERUNGS-ANLEITUNG machen, indem er K

- auffordert, zu spüren, was er im Moment macht/empfindet,
- fragt, was K im Moment macht/empfindet,
- fragt, ob K im Moment die Emotion E fühlt,

- fragt, ob K im Moment fühlt, daß p,
- fragt, ob sich K bewußt ist, daß er im Moment X macht,
- fragt, wie K einen Verhaltensaspekt V von sich wahrnimmt,
- fragt, wo K eine bestimmte Emotion E fühlt,
- fragt, woran K erkennt, daß er eine Emotion E fühlt.

Die ALLGEMEINE FOKUSSIERUNGS-ANLEITUNG ist nicht an ein beobachtetes oder unterstelltes Bewußtheitsdefizit im Verhalten des Klienten gebunden. Mit ALLGEMEINEN FOKUSSIERUNGSANLEITUNGEN bringt der Therapeut den Klienten dazu, immer wieder auf sich selbst und sein Körpergefühl zu achten. Es kann als eine konstitutive Eigenschaft der sequentiellen Struktur von gestalttherapeutischen Gesprächen gelten, daß nach einer bestimmten Phase, in der sich der Klient mit seinen Vorstellungen und Phantasien beschäftigt hat, der Therapeut eine ALLGEMEINE FOKUSSIERUNGS-ANLEITUNG äußert und so K wieder dazu bringt, seine Aufmerksamkeit auf seine emotionale Befindlichkeit im Hier und Jetzt zu lenken.[7]

3. Verlaufsanalyse von zwei Gesprächsausschnitten

Im folgenden werden zwei Gesprächsausschnitte aus einem gestalttherapeutischen Gespräch analysiert, das in Büntig (1977: 1063 f.) dokumentiert ist.[8] Das Gespräch beginnt wie folgt:

(1) Klientin: Ich will unbedingt an einem Traum arbeiten, der immer wiederkommt; er ängstigt und belastet mich, und ich will ihn endlich loswerden.

(2) Therapeut: Regine, kannst du das dem Traum selbst sagen? Stell dir vor, dein Traum sitzt hier im Stuhl neben dir, und du sagst ihm, was du mir gerade über ihn erzählt hast.

(3) Klientin: Gut, ich will's versuchen. *(Mechanisch)* Traum, ich will dich loswerden, ich will dich endlich loswerden. Du belastest mich und beängstigst mich. *(Und tonlos)* Hau ab.

(4) Therapeut: Kannst du das lauter sagen?

(5) Klientin: Hau ab! Hau ab! *(Zwar laut, doch künstlich)*

(6) Therapeut: Wie fühlst du dich? Wie klingt deine Stimme?

(7) Klientin: Hohl und tot. Ich bin nicht dabei.

(8) Therapeut: Wo bist du?

(9) Klientin: Beim Inhalt des Traums.

(10) Therapeut: Gut, laß uns zum Traum zurückgehen. Bitte erzähl uns den Traum in der ersten Person Gegenwart, als erlebtest du ihn gerade jetzt. Und dann möchte ich dir gleich noch ein Spiel vorschlagen. Kannst du an jeden Satz anhängen: Und das ist meine Existenz!

(11) Klientin: Ich will's versuchen. Also ... Es ist Nacht, und das ist meine Existenz. Es ist dunkel um mich herum, und das ist meine Existenz ... Ich habe Angst, und das ist meine Existenz.

Die Klientin eröffnet die Interaktion mit einer PRÄSENTATION, d. h. einer Äußerung, in der sie ein Problem, einen wiederkehrenden Traum, als Thema der Therapiesitzung anbietet.[9] Der Therapeut reagiert auf die PRÄSENTATION mit einer ADRESSIERUNGS-ANLEITUNG. Sein Redebeitrag besteht aus einer ersten ADRESSIERUNGS-

ANLEITUNG, einer nachgeschobenen INSZENIERUNGS-ANLEITUNG und einer erneuten, inhaltlich identischen ADRESSIERUNGS-ANLEITUNG.

In (2) erklärt sich die Klientin nun zunächst bereit, sich auf die ADRESSIERUNGS-ANLEITUNG einzulassen, bringt aber auch ihren Zweifel zum Ausdruck, ob sie in der Lage sein wird, der ANLEITUNG nachzukommen. Die sprachliche Handlung des SICH BEREITERKLÄRENS als 'Vorbote' der Erfüllung eines direktiven Sprechaktes ist natürlich kein Zug, der für das gestalttherapeutische Gespräch spezifisch wäre. Die Beschreibung dieses Handlungstyps gehört deshalb nicht in das Dialogmuster für gestalttherapeutische Gespräche. Es wäre in einer allgemeinen Musteranalyse für AUFFORDERUNGS-REAKTIONS-Sequenzen zu behandeln. Es folgen vier Äußerungen der Klientin, die als POSITIVE REAKTIONEN auf die ADRESSIERUNGS-ANLEITUNG gelten können.[10] In (4) äußert der Therapeut eine typische EXPRESSIONS-ANLEITUNG. Die Transkriptionszusätze "mechanisch" "tonlos" geben Hinweise darauf, daß die Äußerungen der Klientin expressive Defizite aufweisen und der Therapeut deshalb eine EXPRESSIONS-ANLEITUNG gibt. Die Klientin kommt in (5) der EXPRESSIONS-ANLEITUNG nach. Wie der Transkriptionszusatz "zwar laut, doch künstlich" zeigt, gelingt es ihr jedoch nicht, eine lebendigere Ausdrucksweise zu finden, die mehr mit ihrem Gefühl zum Traum verbunden ist. In (6) äußert der Therapeut zwei FOKUSSIERUNGS-ANLEITUNGEN. Dabei ist die erste Äußerung *Wie fühlst du dich?* als ALLGEMEINE FOKUSSIERUNGS-ANLEITUNG zu werten; die zweite Äußerung *Wie klingt deine Stimme?* kann dagegen als SPEZIELLE FOKUSSIERUNGS-ANLEITUNG gelten. Die Beschreibung dieser sprachlichen Handlungen als FOKUSSIERUNGS-ANLEITUNGEN gibt ihre Funktion im gestalttherapeutischen Gespräch adäquat wieder. Sie sind nicht als Fragehandlungen zu verstehen, mit denen der Therapeut ein Wissensdefizit schließen will. Jede Verlaufsanalyse, die sich völlig unvoreingenommen einem solchen Transkript nähern wollte, könnte die dialogtypspezifische Funktion dieser Äußerungen leicht verfehlen. Mit den FOKUSSIERUNGS-ANLEITUNGEN in (6) ist die erste, durch die ADRESSIERUNGS-ANLEITUNG eröffnete Sequenz abgeschlossen. (7) ist eine POSITIVE REAKTION der Klientin auf die FOKUSSIERUNGS-ANLEITUNG (6). Die Äußerungen sind insofern mehrdeutig, als nicht klar ist, welche der beiden FOKUSSIERUNGS-ANLEITUNGEN damit bedient wird. (8) ist wiederum als FOKUSSIERUNGS-ANLEITUNG zu werten. Der Therapeut fordert die Klientin auf, sich bewußt zu werden, wo sie mit ihrer Aufmerksamkeit im Moment ist, und das Ergebnis dieser Wahrnehmung mitzuteilen. In (9) entspricht die Klientin der FOKUSSIERUNGS-ANLEITUNG (8) und gibt den Trauminhalt als Gegenstand ihrer Aufmerksamkeit an. Damit ist die zweite Sequenz dieses Gesprächs abgeschlossen, die durch (6) eröffnet wurde. In (10) leitet der Therapeut die Klientin nun an, sich wieder mit ihrem Traum zu befassen. Die erste Phase einer typischen Traumarbeit, in der der Therapeut den Traum als Geschichte in der Vergangenheit erzählen läßt, wird übersprungen. Hier fordert der Therapeut unmittelbar dazu auf, den Traum in der ersten

Pers. Sing. Ind. Präs. darzustellen. Daran schließt er einen weiteren Vorschlag für die Formulierung der Traumdarstellung an. Die Klientin soll an jede Äußerung den Satz *Und das ist meine Existenz* anfügen.[11] Auf diese ANLEITUNG ZUR TRAUMARBEIT reagiert die Klientin zunächst wieder mit der sprachlichen Handlung des SICH BEREIT-ERKLÄRENS und dann mit drei Äußerungen, die den Vorgaben der ANLEITUNG ZUR TRAUMARBEIT entsprechen. Aus Platzgründen müssen eine Reihe von Gesprächsbeiträgen übersprungen werden. Die Verlaufsanalyse soll bei der Äußerung (22) des Therapeuten wieder aufgenommen werden.

(22) Therapeut: Laß uns zum Traum zurückkehren. Du bist allein auf weiter Flur und ...
(23) Klientin: *(schweigt und fängt an, tiefer zu atmen.)*
(24) Therapeut: Was passiert?
(25) Klientin: Ich sehe das Bild jetzt noch viel klarer. Ich gehe auf der Landstraße, links und rechts sind Bäume und Gebüsch, und es raschelt in den Büschen, und ich komm' immer näher auf einen Hohlweg zu, und ... und ... *(Die Klientin atmet jetzt noch tiefer, und sie hält dann wieder die Luft an und ist sichtlich erregt.)*
(26) Therapeut: Und jetzt?
(27) Klientin: Ich will nicht weitergehen, ich weiß ganz sicher, daß ich überfallen werde ... von Mördern oder so ...
(28) Therapeut: O.K. Regine. Kannst du dich jetzt mal auf diesen Stuhl hier neben dir setzen und dir vorstellen, du seist einer dieser Mörder. Laß dir Zeit, und versuche, ein Gefühl dafür zu bekommen.
(29) Klientin *(hat den Stuhl gewechselt und sitzt gespannt vornübergebeugt. An ihrem Hals ist ein deutlicher Kragen festzustellen, d. h. der Ausschnitt ist normal gefärbt, während der obere Hals und das Gesicht blaurot anlaufen.)*
(30) Therapeut: Kannst du Regine sagen, was du mit ihr vorhast?
(31) Klientin: *(mit gepreßter Stimme)*: ... Ich ... ich ... ich bringe dich um.
(32) Therapeut: Kannst du das noch mal sagen?
(33) Klientin: *(mit unterdrückter Wut)* Ich bringe dich um!
(34) Therapeut: Lauter!
(35) Klientin: Ich bringe dich um! Ich bringe dich um!!
(36) Therapeut: Wem sagst du das?
(37) Klientin: Meiner Mutter.
(38) Therapeut: Regine, du scheinst unerledigte Geschäfte mit deiner Mutter zu haben. Kannst du ihr sagen, wofür du sie gerne umbringen würdest? Setz sie in diesen Stuhl hier und sprich mit ihr.

Mit (22) führt der Therapeut nach einer längeren Phase, in der die Aufmerksamkeit dem Verhalten der Klientin im Hier und Jetzt galt, zur Bearbeitung des Traums zurück. Die ANLEITUNG, den Traum weiter darzustellen, bleibt zunächst erfolglos. Die Klientin zeigt jedoch nicht-verbale Reaktionen. Die Therapeutenäußerung (24) *Was passiert?* kann als typische Äußerungsform einer FOKUSSIERUNGS-ANLEITUNG gelten. In diesem Fall wäre zu unterstellen, daß der Therapeut das Bewußtsein der Klientin auf die Veränderung ihrer emotionalen Befindlichkeit lenken will, die er aus ihrem veränderten Atemrhythmus abliest. (24) kann aber auch als Frage nach dem Inhalt des Traums verstanden werden. In diesem Sinne hört die Klientin (24) und fährt in (25) fort, ihren Traum darzustellen. (26) dürfte kaum als FOKUSSIERUNGS-ANLEITUNG zu werten sein; es liegt näher, (26) als einen Zuhörerzug in einer Erzählkommunikation zu deuten. Nach Fritz (1982: 286) kann ein Zuhörer B den Erzähler "A auffordern weiterzuerzählen, indem er äußert *und dann?*". Bei einer Erzählung, die ein Geschehen im Hier und Jetzt vergegenwärtigen soll, ist entsprechend die präsentische Form *und jetzt?* angebracht. (26) ist also keinem sprachlichen Handlungstyp zuzuordnen, der für das gestalttherapeutische Gespräch charakteristisch wäre; (26) stammt vielmehr aus dem Zugrepertoire des Erzählen-Spiels.

Die Klientin reagiert auf (26) mit einer weiteren Darstellung des Trauminhalts und sagt, daß sie sicher sei, von Mördern überfallen zu werden. Der Therapeut greift diese offensichtlich 'geladene' Aussage auf und gibt mit (28) eine INSZENIERUNGS-ANLEITUNG für eine IDENTIFIKATIONS-ANLEITUNG. Nachdem die Klientin der INSZENIERUNGS-ANLEITUNG nachgekommen ist, spricht der Therapeut in (30) die eigentliche IDENTIFIKATIONS-ANLEITUNG aus, d. h. er fordert die Klientin auf, in der Rolle des Mörders zu sprechen. (31) ist eine POSITIVE REAKTION auf die IDENTIFIKATIONS-ANLEITUNG. Aufforderungen, eine Äußerung zu wiederholen, wie (32) wurden oben den EXPRESSIONS-ANLEITUNGEN zugeordnet. Sie haben jedoch zusätzlich auch eine Funktion, die den FOKUSSIERUNGS-ANLEITUNGEN vergleichbar ist. Der Klient soll durch die Wiederholung einer Äußerung die Möglichkeit bekommen, zu spüren, was dieser Satz für Gefühle in ihm auslöst. Im gestalttherapeutischen Gespräch ist es durchaus üblich, einen Satz solange wiederholen zu lassen, bis der Inhalt der Äußerung als "gefühlter Selbstausdruck" (Perls 1976: 100) aufsteigt. Mit (33) entspricht die Klientin der ANLEITUNG zur Wiederholung. (34) ist eine klare EXPRESSIONS-ANLEITUNG, (35) eine POSITIVE REAKTION darauf.

(36) ist eine REGRESSIONS-ANLEITUNG. Mit diesem Handlungstyp fordert der Therapeut den Klienten auf, das, was er im vorhergehenden Redebeitrag ausgedrückt hat, in Beziehung zu früheren Erfahrungen zu setzen.[12] Wie ich in Hindelang (1989: 342) ausgeführt habe, kann die REGRESSIONS-ANLEITUNG als Gelenkstelle zwischen der Vertiefungsphase und der Transformationsphase im gestalttherapeutischen Gespräch verstanden werden. Ziel der Vertiefungsphase ist es, das 'unerledigte Geschäft'[13] zu identifizieren, das einem aktuellen Problem des Klienten zugrunde liegt. In der Transformationsphase soll das unerledigte Geschäft bearbeitet und zum Abschluß gebracht werden. Die Antwort (37) der Klientin auf die REGRESSIONS-ANLEITUNG zeigt dem Therapeuten, daß das Ziel der Vertiefungsphase erreicht ist. Das unerledigte Geschäft ist identifiziert. In (38) konstatiert der Therapeut diese Tatsache und beginnt sofort damit, die Klientin zur Bearbeitung ihrer Beziehung zur Mutter hinzuführen, indem er eine ADRESSIERUNGS-ANLEITUNG und eine nachgeschobene INSZENIERUNGS-ANLEITUNG äußert. Damit ist die Vertiefungsphase abgeschlossen, und die Transformationsphase des gestalttherapeutischen Gesprächs hat begonnen.

Anmerkungen

1 Eine ausführlichere Formulierung dieser These findet sich in Hindelang (demn., § 3.2).
2 Vgl. dazu etwa Hundsnurscher (1986) und Franke (1990).
3 Vgl. hierzu Franke (1990: 158-162).
4 Für eine ausführlichere Darstellung der ADRESSIERUNGS- und IDENTIFIKATIONS-ANLEITUNG siehe Hindelang (1989: 339-342).
5 Zur SPEZIFIZIERUNGS-ANLEITUNG siehe Hindelang (1989: 335 f.).
6 Perls (1976: 83) schreibt: "Wir fordern den Patienten auf, sich seiner Gesten, seines Atems, seiner Gefühle, seiner Stimme, seines Gesichtsausdrucks ebenso bewußt zu werden wie seiner drückenden Gedanken."
7 Perls (1976: 105 ff.) spricht in diesem Zusammenhang von seiner 'Schweiftechnik'. "Also schweifen wir zwischen Vorstellungen und Körpergefühlen [...]". (Perls 1976: 107)
8 Eine vollständige Analyse des Gesprächstextes ist aus Platzgründen nicht möglich.
9 Zur PRÄSENTATION vgl. Hindelang (1989: 334).
10 In Hindelang (1989) wurden vereinfachend als Klientenzüge nur POSITIVE und NEGATIVE REAKTION unterschieden. Daneben gibt es natürlich auch die verschiedenen Formen "nicht-spezifischer Reaktionen" (vgl. dazu z. B. Franke 1983: 77) auf seiten des Klienten. Zu therapeutischen Reaktionsmöglichkeiten auf solche Klientenäußerungen vgl. Perls (1976: 97f.).
11 Diese spezielle kommunikative Übung kommt in dem von mir untersuchten Material nur an dieser Stelle vor. Sie wurde deshalb nicht in das allgemeine Muster ANLEITUNG ZUR TRAUMARBEIT aufgenommen. Eine vergleichbare Stelle findet sich jedoch in Perls (1976: 206). Der Therapeut äußert als Teil einer ANLEITUNG ZUR TRAUMARBEIT folgendes: "[...] Und wenn dir das Schwierigkeiten macht, dann fang so an: 'Wenn ich ein Pfad wäre, würde ich die und die Existenz haben.'"
12 Zur Beschreibung der REGRESSIONS-ANLEITUNG siehe Hindelang (1989: 342f.).
13 Zum Begriff des 'unerledigten Geschäfts' siehe Hindelang (1989: 333) und ausführlich Polster/Polster (1983: 46-50).

Literatur

Büntig, W. (1977): "Die Gestalttherapie Fritz Perls". In: Eicke, D. (ed.): Freud und die Folgen II (Die Psychologie des 20. Jahrhunderts. Bd. III) (Zürich: Kindler) 1044-1066.

Franke, W. (1983): INSISTIEREN. Eine linguistische Analyse. - Göppingen: Kümmerle.

- (1990): Elementare Dialogstrukturen. Darstellung, Analyse, Diskussion. - Tübingen: Niemeyer.

Fritz, G. (1982): Kohärenz. Grundfragen der linguistischen Kommunikationsanalyse. - Tübingen: Narr.

Hindelang, G. (1989): "Dialoggrammatische Beschreibung psychotherapeutischer Kommunikation. Vertiefende Interventionen im gestalttherapeutischen Gespräch". In: Weigand, E. / Hundsnurscher, F. (eds.): Dialoganalyse II. Referate der 2. Arbeitstagung Bochum 1988. Bd. 1 (Tübingen: Niemeyer) 331-345.

Hindelang, G. (demn.): "Sprechakttheoretische Dialoganalyse". In: Hundsnurscher, F. / Fritz, G. (eds.): Handbuch der Dialoganalyse. (Tübingen: Niemeyer).

Hundsnurscher, Franz (1986): "Dialogmuster und authentischer Text". In: Hundsnurscher, F. / Weigand, E. (eds.): Dialoganalyse. Referate der 1. Arbeitstagung Münster 1986 (Tübingen: Niemeyer) 33-49.

Perls, F. (1976): Grundlagen der Gestalt-Therapie. Einführung und Sitzungsprotokolle. - München: Pfeiffer.

Polster, E. / Polster, M. (1983): Gestalttherapie. Theorie und Praxis der integrativen Gestalttherapie. - Frankfurt am Main: Fischer Taschenbuch Verlag.

Wittgenstein, L. (1969): Philosophische Untersuchungen. Schriften 1. - Frankfurt am Main: Suhrkamp.

INITIATIVE UND RESPONS

Eine Analyse der Entwicklung der Gesprächsstrukturen in deutschen Interlanguage-Interviews

Knud Anker Jensen

1. Einleitung

Ziel dieses Aufsatzes[1] ist, eine Langzeituntersuchung von Gesprächen zwischen deutschen Muttersprachlern (MS) und dänischen Deutschlernern (NMS) vorzustellen. Die Hypothese der Untersuchung ist, daß die Verteilung von Einfluß und Dominanz in den Gesprächen sich im Laufe des untersuchten Zeitraumes ändert, so daß der NMS als Folge der Entwicklung seiner fremdsprachlichen Kompetenz einen wachsenden Anteil am gemeinsamen kommunikativen Raum gewinnt. Es wird weiterhin angenommen, daß diese Entwicklung vom Zugang zu deutschsprachigem Unterricht während des untersuchten Zeitraumes abhängig ist.

2. Datenmaterial

Die deutschen lernersprachlichen Daten wurden an der Universität Odense in der Zeit von September 1979 bis Mai 1982 auf Tonträger aufgenommen. Von den verschiedenen Tests, die bei jeder Aufnahme durchgeführt wurden, bilden die halbstrukturierten Interviews zwischen einem deutschen Muttersprachler mit keinen oder nur geringen Dänischkenntnissen und dem dänischen Informanten die Grundlage der Untersuchung.

Zum Zeitpunkt der ersten Aufnahme waren die Informanten Schüler in der 9. Klasse der dänischen Volksschule und hatten 2 Jahre Deutschunterricht erhalten. Für diese Untersuchung wurden zwei Schüler ausgewählt, die die Breite der Informantengruppe widerspiegeln. Informant 4 verläßt die Schule nach der 9. Klasse, um eine Lehre als Schlosser anzufangen und erhält deshalb keinen weiteren Deutschunterricht. Informant 1 wechselt nach der 9. Klasse in die neusprachliche Linie des dänischen Gymnasiums mit Deutsch als zweiter Fremdsprache über.

Die Daten der Analyse bilden Transskriptionen der Tonbandaufnahmen. Da die Aufnahmen unterschiedlich lang sind, wurden ungefähr die ersten 100 Redebeiträge von jedem Interview analysiert. Ein Redebeitrag wird als die Zeit, in der eine Person das Rederecht hat, definiert. Äußerungen, die während des Redebeitrags des Partners produziert werden (Hörerrückmeldesignale), werden nicht als Redebeiträge betrachtet. Es wurden mit jedem

Informanten 5 Aufnahmen gemacht. Aus Platzgründen konzentriert sich die folgende Analyse auf das erste und letzte Interview mit jedem der beiden Informanten.

3. Methode

In einem Gespräch haben die Teilnehmer sowohl Rechte als auch Pflichten. Jeder Teilnehmer hat das Recht, Initiativen zu ergreifen und neue Themen einzuführen, und die Pflicht, angemessen auf die Konversationsbeiträge des Partners zu reagieren.

Wenn man von den konkreten Äußerungen abstrahiert, kann man ein Gespräch als eine Reihe von Initiativen und Responsen betrachten. Im Idealfall reagiert der Teilnehmer zuerst auf die Initiative des Partners und ergreift danach eine neue Initiative, um das Gespräch weiterzubringen.

Interaktionell gesehen sind Initiativen dominierend, da sie die Bedingungen für die adäquaten Handlungen des Partners bestimmen. Der Respons wird daher von der vorausgegangenen Initiative bestimmt. Eine Initiative-Respons-Analyse zeigt, in welchem Umfang die Teilnehmer den Verlauf des Gespräches bestimmen.

3.1. Die Initiative-Respons-Analyse

Die folgende Übersicht bezieht sich auf den Aufsatz von Linell/Gustavsson/Juvonen (1988). Ziel der Analyse ist zu untersuchen, in welchem Umfang das vorliegende Gespräch von dem 'idealen' Gespräch abweicht. Das 'ideale' Gespräch ist symmetrisch in dem Sinne, daß die Gesprächsteilnehmer den gemeinsam etablierten konversationellen Raum in gleichem Umfang beherrschen.

3.1.1. Kategorien

Die IR-Analyse enthält 19 verschiedene Kategorien, die auf einer kleinen Anzahl von Initiative- und Respons-Zügen basieren:

1. Der grundlegende Unterschied zwischen Initiative und Respons.
2. Stärke und Umfang der Initiative, d. h. (explizite) (Auf-)Forderung vs. schwache, interaktive Unterstellung oder Behauptung.
3. Die Angemessenheit der Antwort, d. h. interaktionell akzeptierter Respons vs. partieller oder inadäquater Respons.

3.1.2. Interaktionspunkte

Um die Ergebnisse der Analyse für den Vergleich zwischen den verschiedenen Aufnahmen quantifizieren zu können, werden die Analysekategorien in 6 Gruppen eingeteilt, die je nach ihrem Initiativepotential 1 bis 6 Punkte erhalten. Äußerungen mit dem höchsten Initiativepotential erhalten die meisten Punkte, während die Äußerungen mit dem geringsten Initiativepotential auch die wenigsten Punkte bekommen.

Das symmetrische Gespräch ist dadurch gekennzeichnet, daß die Gesprächsteilnehmer erweiterte Antworten mit schwachen Initiativen geben, die den Partner dazu einladen, zu der neuen, inhaltlichen Initiative Stellung zu nehmen.

4. Analyse

Im folgenden werden das Analyseschema und die Punkteverteilung auf die 4 Gespräche mit den Informanten 1 und 4 angewandt. Das erste Gespräch des Informanten 1 dient als Illustration der Analyse.

4.1. Informant 1

4.1.1. il-in-0979-ot-9-1

Auf der Grundlage des Punktesystems wird ein globales Maß für die Kontrolle der einzelnen Teilnehmer über die Interaktion, der IR-Index, und den Abstand des Gesprächs vom 'idealen' Gespräch, die IR-Differenz, errechnet:

IR-Index	
Interviewer	3,76
Informant	2,57
IR-Differenz	1,19

Tabelle 1: IR-Index und IR-Differenz il-in-0979-ot-9-1

Je größer die IR-Differenz, desto größer ist die Asymmetrie des Gesprächs. Um die Ursachen für diese Asymmetrie näher zu untersuchen, werden eine Reihe von Koeffizienten berechnet:

- der B-Koeffizient (B = balance), definiert als der prozentuale Anteil an erweiterten Responsen mit schwacher Initiative an den Äußerungen eines Gesprächsteilnehmers und an der Gesamtzahl der Äußerungen im Gespräch;
- der M-Koeffizient (M = minimale Antwort), definiert als der prozentuale Anteil an minimalen, adäquaten Responsen an den Äußerungen eines Gesprächsteilnehmers und an der Gesamtzahl der Äußerungen im Gespräch;
- der R-Koeffizient (R = repair), definiert als der prozentuale Anteil an aufschiebenden Fragen an den Äußerungen eines Gesprächsteilnehmers und an der Gesamtzahl der Äußerungen im Gespräch;
- der S-Koeffizient (S = solicitation), definiert als der prozentuale Anteil an starken

Initiativen an den Äußerungen eines Gesprächsteilnehmers und an der Gesamtzahl der Äußerungen im Gespräch.

Art/Koeffizient	B	M	R	S
Interview	24	25	6	37
Interviewer	8	13	1	66
Informant	43	38	10	4

Tabelle 2: Koeffizienten il-in-0979-ot-9-1

Die Tabelle zeigt, daß 2/3 der Äußerungen des MSs starke Initiativen und mehr als 3/4 der Äußerungen des NMSs entweder minimale oder erweiterte Antworten sind. Der MS ist interaktionell dominierend, während der NMS sich überwiegend reagierend verhält.

4.1.2. il-in-0582-ot-11-1

Im Vergleich zu der ersten Aufnahme zeigt die Analyse eine ausgeglichenere Verteilung von Initiative und Respons zwischen den Gesprächsteilnehmern. Dies schlägt sich in der IR-Differenz nieder:

IR-Index	
Interviewer	3,09
Informant	2,72
IR-Differenz	0,37

Tabelle 3: IR-Index und IR-Differenz il-in-0582-ot-11-1

Die Tabelle zeigt einen markanten Rückgang der IR-Differenz. Die Koeffizienten zeigen, wie dieser zustande kommt:

Art/Koeffizient	B	M	R	S
Interview	25	30	7	27
Interviewer	20	29	5	33
Informant	30	31	9	16

Tabelle 4: Koeffizienten il-in-0582-ot-11-1

Der Abfall hängt vor allem mit Änderungen im interaktionellen Verhalten des MSs zusammen: ein deutlich angestiegener B-Koeffizient zusammen mit einem deutlichen Rückgang des S-Koeffizienten. Die Interaktionspartner haben ungefähr die gleiche Zahl von minimalen Antworten. Schließlich ist der S-Koeffizient des NMSs deutlich gestiegen. Dies unterstützt den Eindruck eines aktiveren Konversationspartners und führt zu der Schlußfolgerung, daß der Informant seinen Einfluß auf den Verlauf des Gesprächs signifikant gesteigert hat.

4.2. Informant 4

Wir kommen jetzt zu dem Informanten 4. Die Analyse folgt dem gleichen Muster wie bei dem Informanten 1, d. h. eine quantitative Analyse mit Kommentaren zu den Änderungen zwischen den beiden Aufnahmen.

4.2.1. il-in-0979-ot-9-4

Das Gespräch hat eine klare Verteilung zwischen Initiative und Respons: Der MS stellt Fragen, und der NMS gibt minimale Anworten. Dies zeigt sich im IR-Index und in der IR-Differenz:

IR-Index	
Interviewer	3,88
Informant	2,04
IR-Differenz	1,84

Tabelle 5: IR-Index und IR-Differenz il-in-0979-ot-9-4

Die IR-Differenz ist als Folge des niedrigen IR-Index des Informanten signifikant größer als bei dem Informanten 1. Die Koeffizienten zeigen, wo die Gründe für die hohe IR-Differenz liegen:

Art/Koeffizient	B	M	R	S
Interview	6	45	2	40
Interviewer	9	0	0	77
Informant	4	93	4	0

Tabelle 6: Koeffizienten il-in-0979-ot-9-4

Mehr als 3/4 der Redebeiträge des MSs sind explizit elizitierend, und fast alle Redebeiträge des NMSs sind minimale Antworten. Der Informant ist extrem passiv und zwingt dadurch den MS dazu, durch ständiges Nachfragen neue Initiativen zu ergreifen, um das Gespräch voranzubringen. Durch diese defensive Haltung des NMSs ist der MS interaktionell deutlich dominierend.

4.2.2. il-in-0582-ot-11-4

Das letzte Interview zeigt die gleiche Verteilung zwischen Initiative und Respons wie in der ersten Aufnahme, aber die IR-Differenz ist niedriger für das Gespräch als Ganzes:

IR-Index	
Interviewer	3,66
Informant	2,05
IR-Differenz	1,61

Tabelle 7: IR-Index und IR-Differenz il-in-0582-ot-11-4

Aus der Tabelle geht hervor, daß die niedrigere Differenz nicht mit einem Anstieg im IR-Index des NMSs zusammenhängt, sondern die Folge eines Abfalls im IR-Index des MSs ist. Die Koeffizienten zeigen den Grund dafür:

Art/Koeffizient	B	M	R	S
Interview	4	41	13	38
Interviewer	2	3	19	76
Informant	6	79	6	0

Tabelle 8: Koeffizienten il-in-0582-ot-11-4

Der Rückgang hängt vor allem mit dem Anstieg des R-Koeffizienten des MSs zusammen. Die höhere Zahl der vom MS eingeleiteten Reparatursequenzen verhindert, daß die IR-Differenz den gleichen Stand erreicht wie in der ersten Aufnahme.

Wir finden den gleichen passiven und defensiven Gesprächspartner und müssen feststellen, daß keine erkennbare Entwicklung des NMSs stattgefunden hat.

5. Konklusion

Wie am Anfang gesagt, haben beide Gesprächsteilnehmer im 'idealen' Gespräch den gleichen Einfluß auf den Verlauf des Gesprächs, d. h. die IR-Differenz wird 0 sein. Keiner der beiden NMS erreicht diesen Grad an Einfluß, aber der Informant 1 zeigt einen deutlichen Anstieg an Einfluß in der untersuchten Zeit. Dies gilt nicht für den Informanten 4, der auf dem gleichen niedrigen Stand bleibt. Die Forschungshypothese, daß der NMS in dem Umfang, in dem er an deutschsprachigen Interaktionen teilnimmt, seinen Einfluß auf den Verlauf des Gesprächs steigern wird, wurde damit bestätigt.

Die Entwicklung kommunikativer Kompetenz bedeutet, daß der Fremdsprachenlerner die Fähigkeit entwickelt, wachsende kommunikative Ansprüche zu erfüllen. Es ist wahrscheinlich, daß der Erfolg des Informanten 1 mit dem fortgesetzten Deutschunterricht zusammenhängt. Weil dem Informanten 4 deutschsprachige Kenntnisse und Fähigkeiten fehlen, kann er den steigenden Anforderungen nicht gerecht werden. Das Ergebnis ist ein Gespräch, das einem Verhör ähnlicher ist als einer alltäglichen Konversation.

Durch die IR-Analyse kann diese Entwicklung festgehalten werden. Sie ist aber in erster Linie deskriptiv. Die Ergebnisse der IR-Analyse können im Rahmen einer Untersuchung zum Fremdsprachenerwerb erst dann fruchtbar gemacht werden, wenn sie innerhalb einer umfassenden Theorie des Fremdsprachenerwerbs interpretiert werden. Eine solche Interpretation konnte in der vorliegenden Arbeit nur angedeutet werden.

Anmerkungen

1 Dieser Aufsatz entstand während eines Forschungsaufenthaltes an der Ruhr-Universität Bochum, der durch die Alexander von Humboldt-Stiftung ermöglicht wurde.

Literatur

Berens, F.-J. (1975): Analyse des Sprachverhaltens im Redekonstellationstyp 'Interview'. Eine empirische Untersuchung. - München: Hueber.

Glahn, E. (1992): An Analysis of learner - native speaker dyadic interaction with regards to dynamics, coherence and dominance. - Kopenhagen: Universität Kopenhagen (vervielf.).

Habermas, J. (1971): "Vorbereitende Bemerkungen zu einer Theorie der kommunikativen Kompetenz". - In: Habermas, J. / Luhmann, N. (1971): Theorie der Gesellschaft oder Sozialtechnologie (Frankfurt/ M.: Suhrkamp) 101-141.

Helm Petersen, U. / Wagner, J. / Hach, G. (1979): "ISAK: studies of danish learners' acquisition of German". - In: Journal of Pragmatics 3, 197-201.

Helm Petersen, U. / Wagner, J. (o. J.): ISAK Materialienband 2-5. Interviews. - Universität Odense: ISAK-Gruppe.

Henne, H. / Rehbock, H. (1979): Einführung in die Gesprächsanalyse. - Berlin etc.: de Gruyter.

Lappé, W. (1983): Gesprächsdynamik. Gesprächsanalytische Untersuchungen zum spontanen Alltagsgespräch. - Göppingen: Kümmerle.

Levinson, S. (1983): Pragmatics. - Cambridge etc.: Cambridge University Press.

Linell, P. / Gustavsson, L. / Juvonen, P. (1988): "Interactional dominance in dyadic communication: a presentation of initiative-response analysis". - In: Linguistics 26, 415-442.

Long, M. (1983): "Native speaker / non-native speaker conversation and the negotiation of comprehensible input". - In: Applied Linguistics 4/1, 126-141.

Rost, M. (1989): Sprechstrategien in 'freien Konversationen'. Eine linguistische Untersuchung zu Interaktionen im zweitsprachlichen Unterricht. - Tübingen: Narr.

Schank, G. (1981): Untersuchungen zum Ablauf natürlicher Dialoge. - München: Hueber.

Schegloff, E. / Jefferson, G. / Sacks, H. (1977): "The preference for self-correction in the organization of repair in conversation". - In: Language 53, 361-382.

Varonis, E. / Gass, S. (1985): "Non-native / non-native conversations: A model for negotiation of meaning". - In: Applied Linguistics 6/1, 71-90.

"*BASIC INSTINCT* SOLL JA SEHR GUT SEIN ..."

Zur Frage der Deutbarkeit initialer dialogischer Äußerungen

Werner Zillig

1. Die Beschreibungsperspektiven der Sprechakttheorie

Ich formuliere, was die Beschreibungsperspektiven der Sprechakttheorie angeht, zunächst die traditionellen Annahmen: Bei der Beschreibung von Sprechakten können im Prinzip drei Perspektiven eingenommen werden, nämlich (i) die Sprecher-Perspektive, wenn gefragt wird, welche Intentionen ein Sprecher Sp1 hat und welche Äußerungsform er in einer gegebenen Situation wählen kann, um seine Intentionen zu verwirklichen. Sodann (ii) die Hörer-Perspektive. Hier geht es um die Frage, aufgrund welcher interpretativer Regeln ein Hörer Sp2 aus der Äußerungsform und den situativen Bedingungen die Intention von Sp1 erschließt. Schließlich kann (iii) aus einer Beobachterperspektive heraus ein Unbeteiligter sowohl fragen, was Sp1 mit seiner Äußerung gemeint hat, als auch, wie Sp2 die Äußerung wohl versteht. Es ist klar, daß die letztgenannte Perspektive die sozusagen originär wissenschaftliche ist, denn der Beobachter hat an der Sprechsituation Anteil, ohne selbst, durch Emotionen oder eigene Interessen, in seiner Wahrnehmung gestört zu sein. Allerdings, auch das sollte gleich hinzugefügt werden, der Beobachter ist nur in einem extrem puristischen Modell wirklich r e i n e r Beobachter; er ist immer - erfahrener und abgeklärter Linguist, der er sein mag - selbst ein in seiner Interpretationsfähigkeit beschränkter, persönliche Normen extrapolierender und zu gern für allgemeingültig erklärender Mitbürger.

Was diese grundsätzlichen Beschreibungsperspektiven angeht, so haben, jenseits aller unterschiedlichen Auffassungen, die beiden gegenwärtig wohl einflußreichsten pragmatischen Modelle - das Kompetenz-Modell, das das handlungsrelevante Wissen als einen Teil des nun um eine pragmatische Komponente erweiterten Sprach s y s t e m s versteht, und das Diskurs-Modell, bei dem aufgezeichnete Gespräche analysiert und als begrenzt regelhaft dargestellt werden - eine große Gemeinsamkeit: Beide Modelle gehen davon aus, daß dem 'normalen Sprecher' der 'linguistische Experte' gegenübersteht, der sich in den Sprecher bzw. den Hörer hineinversetzt und die ablaufenden intentionalen und interpretativen Prozesse beschreibt oder aber als sehr geschulter Beobachter Daten so analysiert, daß die zugrundeliegenden Regeln des Handelns durchsichtig werden.

Wie sehr dieser Expertenstandpunkt als nicht-reflektierte Voraussetzung das gegenwärtige pragmalinguistische Denken bestimmt, läßt sich, wie ich meine, sehr gut an einer Denkfigur darstellen, die Konrad Ehlich vor kurzem entworfen hat. Ehlich geht in seinem 1992 erschienenen Aufsatz "Kommunikationsanalysen - Bedingungen und Folgen" recht hart mit der traditionellen Systemlinguistik, die er "Kernlinguistik" nennt, ins Gericht. Er sieht in dieser Form der Linguistik

> **die introvertierte Variante der Sprachwissenschaft, in der Objekt und Analyse, Forscher und Erforschte immer schon dasselbe sind, in der also der Forscher sich selbst als den idealen Sprecher/Hörer untersucht, indem er die Introspektion und nur sie bemüht, richtet sich diese Neugier auf eine sprachliche Welt außerhalb seiner selbst, auf Sprache als etwas anderes, als etwas, das gerade nicht mit der Sprache, die der Forscher kennt und spricht, vorab schon identisch ist. (Ehlich 1992: 36)**

Es folgt eine detaillierte Bestimmung der Probleme, die sich aus dem so entstehenden Beobachterparadox ergeben, und Ehlich kritisiert scharf die "paradoxale Qualität [...] der Erforschung von Kommunikation" und die "positivistischen Erwartungen, die die Verdinglichung des Forschungsobjektes zur ersten und notwendigen Voraussetzung des Forschungsprozesses erklären" (Ehlich 1992: 37). Er fordert am Ende nichts weniger, als - gegen diese bloße introspektive Beobachterei der Systemlinguisten - "eine Kommunikationsbefähigung der Klienten zu einer gesellschaftlichen Kompetenz hin zu befördern" (Ehlich 1992: 50). Ich finde eine solche Forderung durchaus wichtig und richtig. Nur: Ehlich bleibt selbst am Ufer, während er verlangt, daß man nun endlich den Strom durchqueren müsse. Er macht es nicht vor und skizziert es noch nicht einmal, wie denn diese 'Kompetenzbeförderung' in die Wege geleitet werden soll. Ich sehe nicht, wie der Sprecher oder die Sprecherin zu einem vollgültigen Subjekt werden könnte. Es ist hier wie bei einem anderen Problempunkt dieses Aufsatzes: Ehlich stellt mit der ganzen Wucht seiner Beredsamkeit die 'akademisch geschulten Wissensfunktionäre' (vgl. Ehlich 1992: 46) an den - wenn ich einmal so sagen darf - wissenschaftshistorischen Pranger; aber er erweist sich selbst mit dem ganzen Duktus seiner Rede und Sprachgewalt als eben ein Mitglied der Gilde dieser Wissensfunktionäre.

Doch zurück zum Thema. Ich glaube, daß also nicht nur jene Variante der linguistischen Pragmatik, die durch Introspektion das für das sprachliche Handeln notwendige Regelwissen rekonstruiert, ein Defizit aufweist, sondern daß dies in der ethnomethodologisch und soziologisch orientierten Diskursanalyse ebenfalls der Fall ist.

2. Systematische Antwort-Varianten und Sprecherreflexion

Ich möchte nun dieser reinen Expertenmethode, die gegenwärtig die linguistische Pragmatik beherrscht, eine andere gegenüberstellen, die die Reflexion normaler, d. h. nicht linguistisch vorgebildeter Sprecher selbst zum Thema macht. Ich habe darum normale, d. h. nicht linguistisch vorgebildete Sprecher gebeten, zu sagen, was ihnen durch den Kopf geht, wenn sie überlegen, wie Sp2 in einer gegebenen Situation auf eine ganz bestimmte Äußerung reagieren kann.[1] Ich habe in diesem Zusammenhang versucht, die möglichen Reaktionsweisen von Sprechern auf eine einzelne Äußerung wie

(1) ***Basic Instinct* soll ja sehr gut sein.**

mit Nicht-Sprachwissenschaftlern zu erörtern. Ich werde anschließend exemplarisch das, was einer der Befragten gesagt hat, mit einer Vorab-Analyse, die ich selbst erstellt habe, vergleichen, um zu sehen, welche Schlüsse sich aus möglichen Differenzen zwischen meiner systematischen Analyse und den Äußerungen des Befragten ziehen lassen.

2.1. Die Systemanalyse

Bei meiner Vorab-Analyse, in der ich entsprechend meinem eigenen Verständnis der Situation und der Äußerung eine Liste von Varianten und von Bedingungen der jeweiligen Antwortvarianten aufgestellt habe, bin ich davon ausgegangen, daß es für die Antwort von Sp2 zentral ist, ob Sp2 einerseits überhaupt weiß, daß *Basic Instinct* ein Film ist. Das schien mir auch in einer 'privaten Situation' wichtig, wenn also ein Ehepaar lesend im Wohnzimmer sitzt. Hier ist das Wissen von Sp1 um das Vorwissen von Sp2 im Hinblick auf das, wovon die Rede ist, von ausschlaggebender Bedeutung. Die Frage ist, ob man im allgemeinen davon ausgeht, daß ein Paar, das in einer Wohnung zusammenlebt, ein solches Wissen sofort teilt. Es könnte sein, daß (1) nur so gesagt wird, wenn sich der Mann darauf verlassen kann, daß die Frau bereits weiß, daß es um einen Film geht. Sicher war ich mir in diesem Punkt nicht. Ich habe also in meine Systematik als erste Alternative aufgenommen: NACHFRAGEN, wenn die Bedingung 'Sp2 weiß nicht, was *Basic Instinct* ist' erfüllt ist. In diesem Fall würde, durch NACHFRAGEN mit Äußerungen wie

(2) **Was ist das denn, *Basic Instinct*?**
(3) **Was ist das? *Basic* - was?**
(4) **Was soll das denn sein?!**

eine Klärung der Fragevoraussetzungen angestrebt, wobei die verschiedenen Äußerungsformen wiederum Hinweise auf konkrete situative Bedingungen geben.[2]

Das Wissen darum, daß *Basic Instinct* ein Film ist, der gerade in den Kinos läuft, ist also eine notwendige Voraussetzung für alle Dialoge, die nicht mit NACHFRAGEN weitergeführt werden. Kann dieses Wissen vorausgesetzt werden, so ist die in meinen Augen wahrscheinlichste Fortsetzung, daß Sp1 auch im weiteren einen ungefähr gleichen Kenntnisstand bei Sp2 annimmt. Zusammenfassend also etwa: Sp1 weiß, daß *Basic Instinct* ein Film mit Michael Douglas ist, daß es in diesem Film gewagte erotische Aufnahmen gibt, und sie hat irgendwo in der Zeitung vielleicht schon eine Besprechung dieses Films gelesen oder von Bekannten, die den Film bereits gesehen haben, ein Urteil über den Film gehört. Ich glaube, daß auf diese Weise eine Äußerung wie (1) in einen intentionalen Rahmen eingegliedert werden kann:[3] Sp1 will mit Sp2 über den Film *Basic Instinct* reden, wobei die Frage, was der Gegenstand des Gesprächs werden soll (das Urteil selbst, die Schauspieler, die Geschäftemacherei, der Geschmack in puncto Film usw.), noch offen ist.

Ist dies der Fall, so muß Sp2 zunächst einmal auf das Urteil eingehen, indem sie ihre ZUSTIMMUNG zu dem Urteil zum Ausdruck bringt, wobei die Zustimmung einfach und vorbehaltlos sein kann;

(5) **Ja, das hab ich auch gehört.**
(6) **Das find ich auch.**

es können aber auch MODIFIKATIONEN angeschlossen werden (Beschränkung z. B. auf die schauspielerische Leistung). Es kann auch eine ABLEHNUNG des Urteils ausgedrückt werden, wobei eine BEGRÜNDUNG der Ablehnung im Regelfall angeschlossen wird; auch hier sind MODIFIKATIONEN im bereits erwähnten Sinn möglich.

(7) Ich mag solche Filme, die nur auf den Effekt aus sind, nicht.

(8) Der Karasek hat im 'Spiegel' geschrieben, daß das eine ziemlich miese Klamotte ist.[4]

Ein anderer Fall tritt ein, wenn Sp2 darauf hinweist, daß sie von dem Film zwar gehört hat, aber kein Urteil abgeben möchte, solange sie ihn nicht selbst gesehen oder von irgendwo genauere Hinweise zum Inhalt und zum Aufbau des Films erhalten hat. Ich nenne dies 'ZURÜCKWEISUNG des Urteils, mit unterschiedlichen BEGRÜNDUNGEN',

(9) Das weiß ich nicht. Ich hab den Film ja nicht gesehen.

(10) Gib mir den Artikel auch mal. Ich möcht erst mal wissen, worum es da geht.

wobei klar ist, daß eine ZURÜCKWEISUNG keine Ablehnung ist. Es kann sein, daß irgendwann eine ZUSTIMMUNG oder eine ABLEHNUNG erfolgt.

Ich habe anschließend auch geprüft, ob die Äußerung (1) als ein indirekter Sprechakt und dabei als $\text{AUFFORDERUNG}_{\text{ind}}$, den Film noch an diesem Tag oder Abend zu besuchen, verstanden werden kann. Ich habe diesen Gedanken aber verworfen, weil ich davon ausgehe, daß in der geschilderten Situation Sp1 diese Intention explizit machen würde, etwa durch

(11) *Basic Instinct* soll ja sehr gut sein. Wollen wir nicht heute abend rein?

Selbstverständlich sind private Beziehungen denkbar, in denen eine äußerst 'indirekte Umgehensweise' der Partner untereinander ritualisiert ist, so daß eine Äußerung wie (1) auch als AUFFORDERUNG zu einem gemeinsamen Kinobesuch gilt; nur würde ich diesen Fall dann in eine 'Theorie der privaten Chiffren und Codes' verweisen. Dort kann (1) alles mögliche heißen, im Extremfall auch 'Ich habe Hunger. Wir sollten zu Abend essen.'

Selbstverständlich ließen sich die Detailanalysen noch weiter vorantreiben; ich war aber vor der Befragung der Meinung, daß die Hauptgesichtspunkte des Verstehens einer Äußerung wie (1) damit bereits umrissen waren. Es folgte nun die Erarbeitung der Interviews.

2.2. Methodisches Vorgehen bei den Interviews und der Auswertung

Bei den Interviews wurde folgende Situationsbestimmung vorgegeben:[5]

> Wir befinden uns in einem Wohnzimmer. Darin ein Mann und eine Frau. Beide ungefähr dreißig Jahre alt. Der Mann, zeitunglesend, läßt die Zeitung sinken und sagt zu seiner Frau, die in einem Buch liest: "*Basic Instinct* soll ja sehr gut sein ..." - Was kann deiner Ansicht nach diese Frau auf diesen Satz antworten, und was fällt dir ein, was da wichtig sein könnte, wenn die Frau nach ihrer Antwort sucht? Sag bitte einfach die wörtlichen Äußerungen, von denen Du glaubst, daß die Frau sie sagen könnte, und sag einfach dazu: Was geht im Kopf der Frau so vor sich, wenn sie nach einer Antwort sucht? Was überlegt sie in dieser kurzen Zeitspanne, in der sie nachdenkt, was sie antworten soll? - Also noch einmal: Es geht, erstens, um mögliche wörtliche Äußerungen der Frau und, zweitens, um das, was sie so denkt, während sie nach der Antwort sucht.

Diesen Text habe ich in langsamer, doch betonter Sprechweise in einer Du-Fassung und einer Sie-Fassung auf Band gelesen. Auf diese Weise sollte erreicht werden, daß bei den anschließenden Interviews die Aufgabenstellung wort- und betonungsgleich gegeben wurde.

3. Interpretation und Schlußfolgerungen

3.1. Eine Falldarstellung

Aus Umfangsgründen möchte ich im folgenden erste Interpretationen und Schlußfolgerungen meiner Untersuchung anhand eines besonders aufschlußreichen Einzelfalles dokumentieren und drei Thesen aufstellen. Zunächst einige Ausschnitte aus dem Interview:

(12) Interview 5. Alfons. (I = Interviewer; B = Befragter)

a. I: Also, was könnte jetzt die Frau drauf sagen. Oder was denkst du, daß sie vielleicht darauf sagt?

b. B: 'Ist mir eigentlich auch egal.' 'Was soll das jetzt?' 'Was hast du gelesen?' 'Was hat das damit zu tun?'

c. I: Was könnte 'ne andere Möglichkeit sein?

d. B: 'Ja, da haben wir ja gestern schon lange drüber gesprochen.' 'Wie war das noch mal mit dem *Instinct* und mit dem *Basic Instinct*.'

e. I: Also wenn jetzt die Situation wirklich so ist, er liest Zeitung, sie ein Buch, was könnte so das Wahrscheinlichste sein? Ist es das erste, was du gesagt hast?

f. B: Ich hab jetzt an die Zeitung und die Äußerung in erster Linie gedacht. Die Reaktion gesehen, daß das erst mal - daß die fremd nebeneinander gesessen haben. Also fremd vielleicht nicht, aber nicht in Kommunkation jeder mit dem anderen, sondern beschäftigt mit Zeitung und Buch. Eine andere Geschichte könnte auch sein, aus Sicht der Frau, daß sie denkt 'Warum stört der mich jetzt mitten in diesem Kapitel'.

[...]

g. I: Für wie stark hältst du die Möglichkeit - das ist eigentlich jetzt schon die weitergehende Sache -, daß gemeint ist 'Wir sollten gleich ins Kino gehn'? Oder nächste Woche vielleicht. Ist das denkbar oder ist das eher unwahrscheinlich?

h. B: Von außen betrachtet liegt es nicht nahe, es ist aber denkbar. Denk ich schon. Also weil ja, auf irgendeinem Denkhintergrund der Ausbruch aus diesem isolierten Gegenüber ja und daß dieses Signal ja keinen Zusammenhang zu beiderlei Tätigkeit haben muß, könnte es ja ein Signal aufgrund anderer Kommunikationen sein, was - also entweder die eine langweilt oder heißt 'Mensch, solln wir nicht was anderes machen?' oder *Basic Instinct* - was fällt uns jetzt Tolles ein, was wir tun könnten. Also eindeutig kann ich so nicht sagen. Weil - es haben beide eine unterschiedliche Situation zwischen Zeitung und Buch. Daß sie sich gegenübersitzen kann ein Ausdruck von Langeweile sein. Ein Ausdruck von Verharren mit individualisierten Tätigkeiten, mit denen jeder zufrieden ist, kann aber auch ein Einfall sein, jetzt was zu unternehmen. Ich weiß es nicht.

[...]

i. I: Also du wußtest, daß es ein Film ist?

j. B: Ne, wußt ich nicht.

k. I: Aha. Und hast du irgendetwas erschlossen? Also, was hast du jetzt gedacht, als du das gehört hast? Daß es ein Buch sein könnte?

l. B: Also ich hab jetzt vom Inhalt her gedacht an so 'ne Begrifflichkeit. Aus - so der Psychologie.

[...]

m. B: Ich kann aus dem Gegenübersitzen eine Form der Vereinsamung, aber auch eine große gegenseitige [?] Duldsamkeit erschließen. Ich weiß inhaltlich selbst von der Situationsbeschreibung eigentlich wenig. Eigentlich nichts. Es sei denn, ich interpretiere etwas hinein. Und genauso weiß ich von der

Zeitung und dem Buch recht wenig, wenn ich nicht was reininterpretiere. Ich könnte jetzt als Nächstes zum Beispiel fragen, aus Sicht der Frau: 'Meinste? Gib mir doch mal eben den Artikel.'

3.2. Interpretation der Falldarstellung

Zunächst ist überraschend, daß der Interviewte in a. sogleich vier alternative Äußerungsformen vorlegt. Dabei sind die ersten beiden Äußerungsformen nicht-kooperativ, die dritte geht auf die Voraussetzungen von (1) ein, um den Sinn dieser Äußerung erschließen zu können; diese Reaktion entspricht allerdings nicht den systematischen Möglichkeiten (2) - (4); es geht nicht um das, was mit *Basic Instinct* gemeint ist, sondern um die Frage, ob die Lektüre des Mannes der Anlaß für die Äußerung ist. Die vierte Form unter a. ignoriert die Vorgabe, daß beide Gesprächspartner lesen und nicht miteinander gesprochen haben; der Interviewte nimmt hier offenkundig an, daß die gegebene Äußerung aus einem Gesprächszusammenhang herausgenommen wurde.

Unter d. wird zunächst wiederum der 'größere Gesprächszusammenhang' zum Thema gemacht, wenn der Befragte annimmt, daß mit (1) auf ein länger zurückliegendes Gespräch Bezug genommen wird. Die zweite Äußerungsform unter d. geht auf den fremdsprachigen Referenzpunkt ein und entspricht damit ziemlich genau den in der Systematik angegebenen Möglichkeiten (2) - (4).

In f. wird klar, wie der Interviewte die Situationsdarstellung mit der Äußerung in Beziehung setzt. In Ergänzung der beiden ersten Äußerungen unter b. wird hier endgültig ersichtlich, daß vor allem die Störung des Lesens in den Blick genommen wird, und es wird weiterhin deutlich, daß die mögliche 'kommunikative Störung' für den Befragten eine zentrale Rolle spielt.

Die Überlegungen unter h. zeigen, daß eine Hierarchisierung nach Antwort- bzw. Verstehenswahrscheinlichkeiten durchaus vorgenommen wird. (1) als Aufforderung, ins Kino zu gehen, zu verstehen, wird als denkbar, aber nicht wahrscheinlich eingestuft. Bemerkenswert auch hier, daß wieder auf mögliche kommunikative Probleme eingegangen wird und daß tatsächlich versucht wird, (1) als Anspielung oder als Code zu interpretieren.

Überraschend ist nun, daß erst unter i. - l. klar wird, daß der Interviewte bis dahin gar nicht wußte, daß *Basic Instinct* der Titel eines Films ist. Im Bereich der meta-methodischen Überlegungen muß hier wohl geschlußfolgert werden, daß es die Interviewsituation war, die den Interviewten dazu gebracht hat, einfach so zu tun, als wisse er, worum es unter (1) geht. Diese Tatsache - daß die Interviewsituation selbst als Teil eines 'wissenschaftlichen Spiels' genommen wird und ihre besondere Rolle spielt - zeigt, wie komplex kommunikative Reaktionen sein können und wie stark diese Schachtelung der 'kommunikativen Überprüfung der Situation' sein kann.

Daß sich der Interviewte unter m. beklagt, weil er sich gezwungen sieht, etwas in die Situation 'reinzuinterpretieren', kann in unterschiedliche Richtungen gedeutet werden: Es kann dies einerseits ein Hinweis darauf sein, daß eine korrekte Interpretation aufgrund der geringen Daten nicht möglich ist; denkbar ist allerdings auch, daß diese Unsicherheit in einem bestimmten, noch näher zu bestimmenden Umfang auf eine permanente Unsicherheit bei der Einschätzung kommunikativer Situationen hinweist. Letzteres wäre nicht als ein spezifisches Defizit dieses Interviewten zu sehen, sondern als ein prinzipielles Problem des kommunikativen Umgangs mit Sprechern in derartigen Interviewsituationen.

3.3. Weiterführende Thesen

Ich meine, daß sich aus dem Interview die folgenden Thesen ableiten lassen (die im übrigen durch die anderen Interviews gestützt werden): 1. Es ist wissenschaftlich sinnvoll und nützlich, Gesprächspartner, die nicht linguistisch vorgebildet sind, als 'dialogisch kompetente Sprecher' zu befragen, um Hinweise auf Verstehens- und Interpretationsstrategien der Sprecher zu erhalten. 2. Die Einflüsse, die durch die Interviewsituation auf das Antwortverhalten der Befragten ausgeübt werden, sind erkennbar, kontrollierbar und ihrerseits für die Entwicklung einer komplexen Dialogtheorie von Bedeutung. Zu beachten ist dabei, "daß bei Ausfall eines oder mehrerer Informationslieferanten in der Regel ein [...] 'Switching' auf andere Informationsquellen durchgeführt" wird (Müller 1984: 15). Bestimmte Formen vor allem der psychologischen Analyse von 'Kommunikationsstörungen' haben das Alltagsdenken stark beeinflußt; auch recht einfache Äußerungen werden von den Sprechern daraufhin 'abgehört', ob sich darin Hinweise auf Irritationen, Spannungen und ganz allgemein auf eine gestörte Kommunikation finden lassen.[6]

Anmerkungen

1 Ich weiche damit von Brekles (1985: 145) Festlegungen zum Begriff 'Volkslinguistik' ab. Brekle geht dort davon aus, daß Äußerungen, "'nur' einen Erkenntnisgewinn über Sprachliches" zum Gegenstand haben, da solche Äußerungen "schon als sprachwissenschaftliche Aussagen zu qualifizieren" wären. Insgesamt weisen die Überlegungen Brekles, die dieser hier und in Brekle (1986) dargestellt hat, nachdrücklich darauf hin, daß Menschen tatsächlich in der normalen Kommunikation "im Interesse der Verständigungssicherung immer auch implizit Ansätze zu Theorien des Sinns sprachlicher Ausdrücke entwerfen" (Brekle 1986: 71), und ich meine, daß die Erforschung dieser impliziten Theorien der Kommunikation nicht nur indirekt, über sprachwissenschaftliche Interpretationen, sondern auch direkt, durch Sprecherbefragung, vorgenommen werden kann.

2 Vereinfacht kann man sagen, daß sich in der Reihenfolge (2) - (4) das allgemeine Vorwissen, nicht nur das Vorwissen um aktuelle Filme widerspiegelt. (2) ist die normale Äußerung, wenn zwar unklar ist, ob es sich bei *Basic Instinct* um einen Film oder vielleicht um einen Roman handelt, daß aber der grundsätzliche Referenzbereich 'englischer Titel von X' klar ist, wobei X wahrscheinlich schon den Bereichen 'Buch' oder 'Film' zugeordnet werden kann; d. h. Sp2 ist recht sicher, daß *Basic Instinct* nicht eine neue Hundefuttermarke oder was auch immer ist. (3) verweist, normale Hörverhältnisse vorausgesetzt, darauf, daß wahrscheinlich nicht nur die Englischkenntnisse sehr rudimentär bis nicht vorhanden sind; diese Reaktion legt darüber hinaus die Vermutung nahe, daß Sp2 auch dieses 'Ausländisch' als eine latente Störung im normalen kommunikativen Ablauf empfindet. Bei Äußerung (4) kann es sein, daß sich bereits vorhandene

Spannungen zwischen Sp1 und Sp2 in einer gereizten Nachfrage ausdrücken; es kann aber auch sein, daß, über die Bedingungen bei (3) hinaus, Sp2 unterstellt, Sp1 wolle mit seinen Kenntnissen allgemein und mit seinen Fremdsprachenkenntnissen im besonderen angeben.

3 Einige Überlegungen zur Kritik des gegenwärtigen linguistischen Intentionsbegriffs habe ich in Zillig (1993) zusammengestellt. Ich gehe dort davon aus, daß Intentionen nicht-propositional sind und oft - in einem näher zu bestimmenden Sinne - als vor- oder unbewußte Größen die Handlungen bestimmen. Eine genauere Auseinandersetzung mit diesem Problem ist hier aus Umfangsgründen nicht möglich.

4 Diese Äußerung ist natürlich auf eine höchst interessante Weise zwischen ABLEHNUNG und ZURÜCKWEISUNG angesiedelt. Eine eingehende Analyse dieser Zwischenstellung wäre aber eine eigene Aufgabe und ein anderes Thema.

5 Ich hatte ursprünglich vor, die Szene, um die es im folgenden geht, als Videoaufnahme zu präsentieren. Anschließend sollten die Befragten dann sagen, welche Antworten in der gegebenen Situation auf die Äußerung (1) gegeben werden können und welche Überlegungen die Frau in dieser Szene wohl anstellt, bevor sie antwortet. Ich habe mich dann aber entschlossen, die Situation und die darin enthaltene Äußerung (1) in einer Beschreibung vorzulegen, weil ich es noch einmal spannend fand, die möglichen Verständnisprobleme, die zwischen der Beschreibung und der Auskunft der Befragten stehen, mit zu berücksichtigen.

6 Natürlich muß hier eine im Zusammenhang mit der Psychoanalyse kalauernd formulierte Feststellung ('Die Psychoanalyse ist die Krankheit, für deren Therapie sie sich hält') als Möglichkeit mit bedacht werden: Es ist denkbar, daß die indirekten Einflußnahmen der Kommunikationsanalyse dahin führen, daß allerorten kommunikative Ungereimtheiten und Störungen gesehen werden, auch wenn zu solchen Vermutungen kein Anlaß besteht.

Literatur

Brekle, H. E. (1985): "'Volkslinguistik': ein Gegenstand der Sprachwissenschaft bzw. ihrer Historiographie?" - In: Januschek, F. (ed.): Politische Sprachwissenschaft. Zur Analyse von Sprache als kultureller Praxis (Opladen: Westdeutscher Verlag) 145-156.

- (1986): "Einige neuere Überlegungen zum Thema Volkslinguistik". - In: Brekle, H. E. / Maas, U. (eds.): Sprachwissenschaft und Volkskunde. Perspektiven einer kulturanalytischen Sprachbetrachtung (Opladen: Westdeutscher Verlag) 70-76.

Ehlich, K. (1992): "Kommunikationsanalysen - Bedingungen und Folgen". - In: Fiehler R. / Sucharowski, W. (eds.): Kommunikationsberatung und Kommunikationstraining. Anwendungsfelder der Diskursforschung (Opladen: Westdeutscher Verlag) 36-51.

Müller, K. (1984): Rahmenanalyse des Dialogs. Aspekte des Sprachverstehens in Alltagssituationen. - Tübingen: Narr.

Zillig, W. (1993): "Absicht und sprachliches Handeln". Radio-Essay (vervielf.).

TEXTLINGUISTIK

ZUM TEXTSORTENBEGRIFF AM BEISPIEL VON WERBEANZEIGEN

Kirsten Adamzik

> **Beschreibt man Werbesprache mit syntaktischen und lexikalisch-semantischen Kategorien, so wird man letzten Endes keine qualitativen Unterschiede zwischen Werbe- und anderen Texten feststellen. (Januschek 1974: 241)**

Zu diesem Ergebnis gelangt Franz Januschek in seinen Untersuchungen zur Werbesprache aus den 70er Jahren. Die Spezifik von Werbeanzeigen ist danach also nicht mit sprachstrukturellen Kriterien faßbar; Januschek sieht sie vielmehr in einer nur im Rahmen der Pragmatik analysierbaren Besonderheit, nämlich darin, daß Werbetexte von den Rezipienten nicht als Formen sprachlichen Handelns aufgefaßt und ganz anders behandelt werden als 'normale Kommunikation'.

Mit der These, daß Werbetexte sich v. a. durch eine besondere Rezeptionshaltung charakterisieren lassen, wird zwar ihr Sonderstatus auf eine andere Ebene verlagert, aber immerhin noch anerkannt. Anders dagegen in dem Beitrag von Fühlau/Wohlers (1981): Sie versuchen gegen Januschek nachzuweisen, daß Werbung nur stärker gegen die "von der Sprechakttheorie postulierten Bedingungen 'normaler' Kommunikation" (Fühlau/Wohlers 1981: 54) verstößt als andere Formen besonders der Massenkommunikation, daß sie nur das deutlichste Beispiel für die "deformiert-verdinglichte[ ] Kommunikation" (Fühlau/Wohlers 1981: 65) der kapitalistischen Gesellschaft ist. Bei Fühlau/Wohlers kommt denn auch ausdrücklich der Verdacht auf, die Linguisten hätten "das Wesen der Werbung verkannt und sich bei der Suche nach sprachlichen Spezifika einer imaginären Textsorte 'Werbesprache' verzettelt". Ein solcher Verdacht kann sich allerdings auch schon einstellen, wenn man Studien heranzieht, denen es bloß um eine deskriptive Erfassung textsortenspezifischer Merkmale von Werbeanzeigen geht. Besonders verblüffend habe ich immer die Analyse von Sandig (1972) gefunden: In ihrem bekannten Versuch "Zur Differenzierung gebrauchssprachlicher Textsorten" mit Hilfe einer Merkmalsmatrix wird der Reklame bei 18 von insgesamt 20 Merkmalen die Ausprägung $\pm$ zugeordnet. Ein Minuszeichen findet sich bei dem Merkmal 'weitgehend festgelegter Textaufbau' - auch dies also inhaltlich ein Merkmal für Variabilität -, so daß innerhalb der Matrix als einzige 'positive' Charakterisierung verbleibt, daß bei Reklametexten Sprecher und Hörer nicht gleichberechtigt sind.

Gegen solche überwiegend negativen Befunde steht nun u. a. das, was ich hier einfach als Tatbestand unterstellen möchte, nämlich die Existenz eines relativ festen Konzeptes von Werbeanzeigen in der Textsortenkompetenz der Sprachteilhaber. D. h. ich gehe davon aus, daß Werbeanzeigen sehr problemlos und sicher als solche erkannt und Abweichungen vom üblichen Muster relativ leicht diagnostiziert werden, daß Sprachteilhaber weit besser als bei anderen Textsorten in der Lage sind, das Muster (z. B. parodistisch) zu imitieren, und daß sie auf Befragen mindestens einige als typisch geltende Merkmale nennen können.

Damit ist das Problem umrissen: Werbeanzeigen können mit gewissem Recht ebensogut als relativ einförmig-eintönig bzw. eindeutig bestimmbar wie auch als höchst variables Muster angesehen werden. Daher die Frage: Inwiefern ist es sinnvoll, von Werbeanzeigen als Textsorte zu sprechen? Diese Frage führt allerdings unmittelbar auf das Problem des Begriffs Textsorte selbst und die Diskussion um die Tragfähigkeit verschiedener Analyseansätze in diesem Bereich. Diesen Fragen gilt mein eigentliches Interesse. Daher zunächst ein theoretischer Teil.

Zunächst zum Terminologischen: Ich habe bisher den Begriff Textsorte im vermutlich meistgebrauchten, nämlich unterminologisch-vortheoretischen Sinne gebraucht. Im weiteren sind nun Präzisierungen vorzunehmen. Ansätze im Bereich der Textsortenlinguistik werden seit langem danach unterschieden, ob sie auf textexterne, textinterne oder eine Kombination aus beiden Kriterien zurückgreifen. Ich werde mich im folgenden zur Formulierungserleichterung auf diese drei Ansätze mit den Ausdrücken Externmodell, Internmodell und Konglomeratsmodell beziehen.

Relativ verbreitet ist das Konglomeratsmodell, nach dem eine Textsorte als eine charakteristische Kombination aus außersprachlichen und sprachstrukturellen Merkmalen aufgefaßt wird. Mit dem Konglomeratsmodell gerät man natürlich leicht in Schwierigkeiten in bezug auf Arten von Texten, bei denen 'ausnahmsweise' eine untypische Verbindung von Merkmalen der beiden Kriteriengruppen vorkommt, wo also z. B. die externen Merkmale auf Textsorte A, die internen dagegen auf Textsorte B schließen lassen; und ebenso in bezug auf Texte, bei denen geradezu typischerweise keine sehr ausgeprägten Kombinationen externer und interner Merkmale zu beobachten sind. Dieses Problem hat zur Unterscheidung von stark normierten und weniger stark normierten Textsorten geführt - als Beispiel für letzteres wird natürlich auch die Werbeanzeige genannt (vgl. z. B. Brinker 1985: 124) -, und es ist sicherlich kein Zufall, daß empirische Textsortenanalysen sich bislang vorzugsweise mit stark normierten Textsorten befaßt und das Problem damit in gewisser Weise praktisch umgangen haben. Dennoch läßt sich auf diese Weise nur ein kleiner Teilbereich der vorkommenden Textsorten erfassen, und das grundsätzliche Problem bleibt bestehen.

Gehen wir nun zum Externmodell über. Was die Werbung betrifft, so scheint dies auf den ersten Blick die einzig 'richtige' Lösung zu sein, wenn man darunter diejenige verstehen will, die dem Alltagskonzept sehr weitgehend, wenn nicht gar vollkommen entspricht. Als Werbung könnten danach alle Texte zusammengefaßt werden, für die folgendes gilt:

> Mittelbarer oder unmittelbarer Sender ist jemand, der irgendwelche Waren oder Ideen produziert, vertreibt oder vertritt und der mit dem Text das Verhalten oder die Einstellung einer unspezifizierten Menge von Rezipienten in eine Richtung beeinflussen will, die seinen eigenen Interessen (als Produzent) dient, wobei unterstellt wird, daß das schließliche Verhalten der Rezipienten prinzipiell in ihrer freien Entscheidung liegt.

Entsprechend einer solchen Charakterisierung lassen sich nun Werbetexte recht gut in eine Gruppe zusammenfassen, die man selbstverständlich auch mit dem Ausdruck Textsorte

Werbung belegen kann. Aber natürlich hat dieser Ansatz einen Haken, nämlich das eingangs schon erwähnte Problem: Diese Texte weisen eben nicht alle unbedingt auch gemeinsame sprachliche Merkmale auf, oder noch schärfer gefaßt: über die internen Merkmale wird in diesem Definitionsansatz nicht das Geringste ausgesagt.

Nun kann man freilich aufbauend auf dem Externmodell sekundär eine Untersuchung der sprachlichen Formen anschließen - und damit kommen wir zurück auf die diversen Gesamtdarstellungen und Einzelanalysen zur Werbesprache. Auch diese legen nämlich mindestens implizit ein nach dem Externmodell bestimmtes Konzept von Werbung zugrunde. Diese Untersuchungen bemühen sich, in der entsprechend ausgegliederten Menge von Texten typische sprachliche Merkmale auszumachen. Das Ergebnis solcher Untersuchungen besteht in der Aufdeckung von Mustern, typischen sprachlichen Merkmalen. Wie wollen wir nun aber die Kombination dieser Merkmale nennen? Im Externmodell gibt es dafür keinen Begriff; denn Textsorte ist ja für die Kombination externer Merkmale reserviert.

Es versteht sich: Ich will diese terminologische Lücke hier keinesfalls als gravierendes Problem hinstellen - zumal es ja den Linguisten bei terminologischen Prägungen nicht gerade an Phantasie gebricht. Worauf ich vielmehr hinweisen möchte, ist das folgende: Ich kenne keinen Ansatz, für den folgendes gilt:

1) der Begriff Textsorte wird verwendet,
2) irgendwelche Arten von Texten werden genauer auf ihre sprachlichen Charakteristika hin untersucht, und es werden dabei charakteristische Konfigurationen solcher Merkmale beobachtet,
3) diese Merkmalskombination wird nicht als Textsorte bzw. als Bestandteil der Textsorte bezeichnet.

Anders gesagt: wie vage und vielfältig der Begriff Textsorte immer verwendet werden mag, die Grundvorstellung des vortheoretischen Begriffs, daß Textsorten nämlich etwas mit sprachlichen Charakteristika zu tun haben, ist so zentral, daß ausgeprägte Formmuster, sofern sie überhaupt in den Blick kommen, auf jeden Fall unter den Begriff Textsorte fallen. Ich konstatiere dies als Faktum und denke, daß sich mit diesem Hinweis eine ganze Reihe der Mißverständnisse und Divergenzen im Bereich der Textsortenlinguistik erklären lassen.

Ich komme damit zum Internmodell. Vorliegende Untersuchungsansätze, die diesem zuzuordnen sind, zeichnen sich durch dreierlei aus:

a) externe und interne Komponenten werden berücksichtigt,
b) beide Komponentenarten werden deutlich voneinander getrennt,
c) der Begriff Textsorte wird für eine Kombination sprachlicher Merkmale reserviert.

Wenn Sie also erwartet haben, daß ich nun über den theoretisch denkbaren und hier systematisch erwartbaren Versuch sprechen werde, bei Textsortenanalysen allein auf sprachstrukturelle Faktoren einzugehen und den situativen und pragmatischen Kontext gänzlich zu vernachlässigen, dann muß ich Sie enttäuschen. Ein solches Vorgehen kommt m. W. praktisch in Textsortenuntersuchungen nicht vor.

Auch hier ergibt sich die Notwendigkeit, einen weiteren Terminus einzuführen, diesmal für eine typische Kombination externer Komponenten. Das Problem ist also exakt dasselbe wie beim Externmodell - nur andersherum. Aber - das ist der wichtige Unterschied! - Ansätze nach dem Internmodell haben diese (ja nicht nur terminologische) Lücke gesehen, und sie haben sie gefüllt. Ich denke dabei etwa an einen der frühesten Beiträge zur systematischen Beschreibung von Textsorten, den Freiburger Ansatz zur gesprochenen Sprache mit seinem Begriff des Redekonstellationstyps, ferner an einen Vorschlag von Sandig aus dem Jahr 1983, wo in diesem Sinne Handlungsmuster und Textsorte kontrastiert werden. Ich halte Vorschläge wie diese - sie können hier nicht genauer besprochen werden - für die beste Lösung. Denn einerseits gewährleistet die systematische Berücksichtigung beider Komponentengruppen eine ebenso umfassende Analyse, wie sie das Konglomeratsmodell anstrebt, andererseits ermöglicht sie es wegen der klaren Trennung der verschiedenen Faktoren aber auch, diese kontrolliert aufeinander zu beziehen. Welche Vorteile dies bietet, hat Sandig in ihrem Aufsatz von 1983 bereits deutlich gemacht. Ich möchte ihre Überlegungen aufgreifen, werde mich allerdings einer etwas anderen Terminologie bedienen. Als Begriff für eine Kombination sowohl situativ-kontextueller als auch funktionaler Merkmale möchte ich den Ausdruck Interaktionssorte verwenden. Damit soll also eine typische Kombination heterogener externer Faktoren (Funktion, Medium, Kommunikationsteilnehmer usw.) bezeichnet werden. Den Begriff Textsorte verwende ich demgegenüber für eine typische Kombination sprachlicher Merkmale, die ebenso heterogene Bereiche umfaßt (Textumfang, -aufbau, Lexikon, Syntax, Themenentfaltung etc.).

Die beiden Argumente von Sandig können nach dieser Begriffsfestlegung folgendermaßen reformuliert werden:

1. Eine Interaktion einer bestimmten Interaktionssorte folgt nicht notwendigerweise der damit konventionell verbundenen Textsorte, d. h. die Interaktionssorte determiniert nicht die Auswahl einer Textsorte.
2. Ein Text nach einer Textsorte kann auch für eine andere als die üblicherweise assoziierte Interaktionssorte verwendet werden.

Ich möchte nun diese Überlegungen auf Werbetexte anwenden und verschiedene Typen unterscheiden je nach dem Verhältnis von Interaktions- und Textsorte. Der Einfachheit halber beschränke ich mich auf Anzeigen der Wirtschaftswerbung und werde aus Raumgründen konkrete Beispiele nur für seltenere Typen beibringen. Als ersten Typ unterscheide ich die Standardanzeige.

Die Standardanzeige entspricht am besten unserer vortheoretischen Vorstellung von einer Textsorte 'Werbeanzeige', und sie ist im Rahmen der deskriptiven Studien zur Werbesprache am besten beschrieben. Ich werde im folgenden allein diesen Typ als Textsorte im definierten Sinn bezeichnen. Die Standardanzeige ist das konventionelle Textsortenpendant zu einer Unterform der Interaktionssorte Werbung. Der Prototyp für eine solche Anzeige wirbt für einen verbreiteten Konsumartikel (Lebensmittel, Waschmittel, Autos, Zigaretten, Kosmetika u. ä.), spricht also Herrn und Frau Jedermann an und versucht, sie zum Kauf des entsprechenden Artikels zu veranlassen. Da die sprachlichen Charakteristika dieser Texte vielfältig (wenn auch nicht unbedingt systematisch und vollständig) beschrieben wurden, kann ich mich an dieser Stelle mit einem Hinweis auf die einschlägige Literatur entlasten und brauche nur kurz an einige Merkmale zu erinnern. Es handelt sich um Anzeigen, die im Sinne von Römer (1968) 'textarm' sind und in denen dem visuellen Element eine besondere Bedeutung zukommt. Der sprachliche Anteil kann sich auf den Produktnamen bzw. Logo beschränken, im allgemeinen enthalten die Standardanzeigen darüber hinaus aber einen Slogan, eine Schlagzeile und ggf. einen (kurzen) Haupttext. Thematisch geht es um die Präsentation, d. h. den Hinweis auf die Existenz und die Nennung von Eigenschaften des Produkts, sowie um seine Anpreisung und schließlich - zusätzlich oder alternativ - um den (potentiellen) Konsumenten in einer Bedürfnis- bzw. Bedürfnisbefriedigungssituation. Neben der Bedeutung von Wertwörtern, Komparativen usw. sei besonders erwähnt die Verwendung von Wortspielen und Anspielungen jeder Art - die Standardanzeige hat stark ausgeprägt intertextuelle Bezüge. Eine wesentliche Funktion dieser Merkmale besteht darin, Aufmerksamkeit und Interesse zu erregen und den Anzeigen damit Attraktivität zu verleihen. Diese Komponente ist so wichtig, daß man m. E. nicht umhin kommt, den Standardanzeigen eine typische Kombination unterschiedlicher Funktionen zuzusprechen und neben dem Informations- und Appellcharakter auch noch den Unterhaltungswert und die ästhetische Funktion zu berücksichtigen.

Der zweite Typ kann durch das Beispiel 1 exemplifiziert werden. Sandig hat solche Fälle als Verkleidungen bezeichnet, ich möchte dies noch etwas pointieren und von Maskeraden sprechen, um den karnevalistischen Zug solcher Arten von Mustermischung hervorzuheben. Das konstitutive Merkmal von Textsortenmaskeraden besteht nämlich darin, daß sie sofort als solche erkannt werden und als solche erkannt werden sollen. Die Textsortenmaskeraden bilden in gewisser Hinsicht den extremen Gegenpol zu Standardwerbeanzeigen, da sie nämlich von den erwartbaren Textsortenmerkmalen maximal abweichen, indem sie sich in eine andere Textsorte kleiden. Andererseits können Textsortenmaskeraden auch als die unmittelbare Fortführung der eben genannten Charakteristika der Standardwerbeanzeige angesehen werden. Denn das Verfahren der Textsortenmaskerade wird ausschließlich wegen des Verblüffungseffekts und der spielerischen Komponente, also zur Erhöhung der Rezeptionsattraktivität, eingesetzt.

(1)

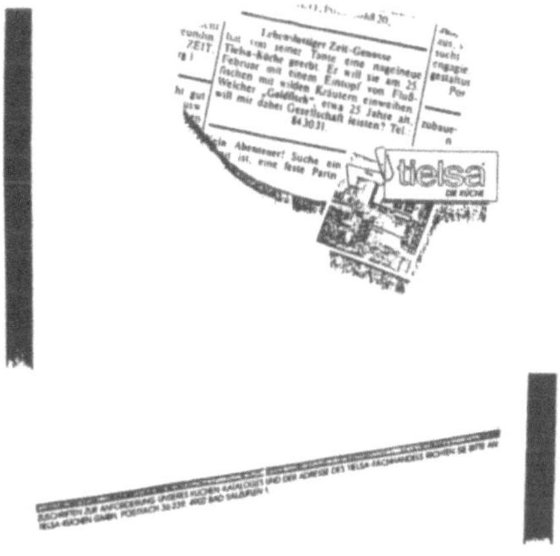

Den dritten Typ von Werbetexten, den ich unterscheiden möchte, bezeichne ich als Beigabe. Man könnte hier von einer ins Sprachliche verlagerten Form eines Werbegeschenks sprechen. Das wesentliche Merkmal von Werbegeschenken ist, daß diese einen eigenen Gebrauchswert haben, der u. U. vollständig unabhängig von dem jeweiligen Produkt ist. Für unseren Zusammenhang ist nun interessant, daß auch Texte als Werbegeschenke in Frage kommen. Man denke etwa an die als Werbeträger beliebten Kalender. Entscheidend ist, daß diese Texte einer anderen Interaktionssorte als Werbung folgen. Sie sind nicht mehr in erster Linie Medium der Werbung, sondern ein eigenes Produkt, eine Ware mit eigenem Gebrauchswert. Das Besondere am Beigabe-Typ von Werbeanzeigen ist also, daß Interaktionssorten kombiniert werden, daß nämlich zusätzlich zur Interaktionssorte Werbung eine Interaktionssorte X auszumachen ist. Sehr klare Beispiele für in Werbeanzeigen integrierte Textsorten, die einen entsprechenden Eigenwert haben, sind Kochrezepte, die der Werbung für Lebensmittel beigegeben sind.

Den vierten Typ bezeichne ich als informative Anzeigen. Die informativen Anzeigen stehen der Standardanzeige insofern am nächsten, als in ihnen das Produkt im Vordergrund steht und weder ein Bruch zwischen Interaktions- und Textsorte wie bei der Maskerade noch eine Kombination von Interaktionssorten wie beim Beigabe-Typ vorliegt. Es handelt sich um textreiche Anzeigen, die einen funktional mit dem Produkt in Verbindung stehenden Informationsteil haben, sich also eigentlich nur dadurch auszeichnen, daß der Beschreibungsteil einer Standardanzeige stark ausgebaut ist. Informiert wird nämlich über das Produkt oder den Sachbereich, innerhalb dessen das Produkt verwendet wird. Die von der Textsorte Standardanzeige abweichenden Elemente sind dabei weder interaktionssorten- noch themenfremd, sondern es handelt sich um funktional gleichgerichtete, eingebettete Teile und damit um eine komplexe Struktur, wie sie für die meisten Interaktionssorten charakteristisch ist, im Rahmen derer umfangreichere Texte produziert werden.

Als fünften und letzten Typ möchte ich den der Verschleierungen unterscheiden. Er könnte zusammen mit den Maskeraden unter das fallen, was Sandig Textsortenverkleidungen nennt, und hier sollte daher auch deutlich werden, warum ich eine weitere Differenzierung für sinnvoll halte. Als Verschleierungen fasse ich nämlich nur solche 'Verkleidungen' auf, die den Rezipienten darüber täuschen sollen, mit welcher Interaktionssorte er es zu tun hat, die - im Gegensatz zu Maskeraden - tatsächlich geeignet sind, Verwechselungen hervorzurufen. Das mit Abstand beste Beispiel, das ich dafür gefunden habe, ist Beispiel 2. Hier wird die Interaktionssorte Werbung mittels der Textsorte Zeitungsartikel realisiert, und die charakteristischen Textsortenmerkmale der Standardanzeige werden soweit als möglich vermieden.

Zum Abschluß meiner Überlegungen ist nun noch kurz der Stellenwert zu kennzeichnen, den ich den hier unterschiedenen fünf Typen von Werbeanzeigen einräume. Ich fasse diese Typen bzw. meinen Differenzierungsversuch nicht als ein Raster auf, entsprechend dem nun alle Werbetexte eindeutig zugeordnet werden können oder sollten. Die einzelnen Kategorien sind vielmehr als Eckwerte, als Idealtypen zu verstehen, denen ein einzelner Werbetext mehr

(2)

30 Anzeigen Sonnabend, 8. August 1992 - Nr. 184 KN

Beschichtetes Glas contra Umweltbelastung

Mehr Umweltschutz, mehr Wärmeschutz, weniger Heizkosten

Es ist noch immer zu wenig bekannt, daß Energiesparen die Umweltbelastung reduziert. Die drastische Reduzierung des Schadstoffausstoßes aus privaten Heizungsanlagen als Beitrag zur Luftreinhaltung ist ein Gebot der Vernunft für alle. Nicht weniger wichtig die Energiekostenreduzierung: Rund 80 Prozent der verbrauchten Energie im Privatbereich muß in die Raumheizung investiert werden.

Bei der Renovierung von Altbauten spielt Glas eine besondere Rolle. Immerhin hat dieser transparente Baustoff rund 80 Prozent Anteil am Bauteil Fenster. Er schützt nicht nur vor Sonne, Lärm, Einbruch und Kälte, sondern spart als Wärmefunktionsglas (z. B. iplus neutralR) erheblich Heizkosten. (akz)

Foto interpane/PRN

Hierzulande wird zu viel Energie und damit Geld zum Fenster herausgeworfen: Viele Millionen Fenster, und nicht nur in den fünf neuen Bundesländern, sind nicht einmal mit „einfachem" Isolierglas ausgestattet, obwohl der Mindest-K-Wert von 3,1 W/m²K bei Neubauten und Renovierungen schon lange Vorschrift ist. Tatsachen, die dem Energiespar-Effekt moderner Wärmefunktions-Isoliergläser (z. B. iplus neutral R von Interpane) ein ganz besonderes Gewicht geben.

Im Vergleich zeigen sich Ursache und Wirkung mehr als deutlich: Der Wärmedurchgangswert (K) beträgt bei Einfachglas 5,8, bei herkömmlichem Isolierglas 3,0 und nur bis zu 1,3 bei beschichtetem Zweischeiben-Wärmefunktions-Isolierglas iplus neutral R.

Eine K-Wert-Reduzierung um nur 0,1 Watt spart aber in der Regel bereits 1,2 Liter Heizöl pro Quadratmeter Glasfläche und Heizperiode. Das bedeutet für den Besitzer eines Eigenheimes mit 25 Quadratmeter Glasfläche eine mögliche Einsparung bis zu 1350 Litern Heizöl pro Heizperiode – allein durch besseres Glas!

Wären alle Fenster allein in den alten Bundesländern mit beschichteten Wärmefunktions-Isolierglas ausgestattet, würde die Menge, die im privaten Wohnungsbau an Heizöl einzusparen wäre, über 150 000 große Tanklastzüge füllen ... und der reduzierte Verbrauch die Schadstoffbelastung der Luft ganz erheblich herabsetzen.

Weitere Informationen: Interpane-Isolierglas-Gruppe, Sohnreystraße 21, 3471 Lauenförde, Tel.: 0 52 73 / 80 90. (akz)

Beliebter Teppichboden

Rund 90 Prozent der bundesdeutschen Hausfrauen bevorzugen als Bodenbelag in ihrer Wohnung Teppichboden und wollen daran auch nichts ändern. Das hat die Pegulan AG jetzt bei einer repräsentativen Befragung ermittelt. (akz)

oder weniger nahekommt. Eine solche Festlegung scheint mir nicht zuletzt deswegen notwendig, weil die einzelnen Typen auch noch untereinander gemischt werden können. Insbesondere enthalten ja Texte, die den Typen 2-4 nahekommen, in der Regel auch charakteristische Elemente der Standardanzeige (Typ 1), so insbesondere Produkt- bzw. Firmenname, Logo und ggf. auch den Slogan. Insofern relativiert sich denn auch der eingangs angesprochene Verdacht, daß man keine internen Merkmale finden kann, die für Werbetexte allgemein charakteristisch wären. Solche Merkmale gibt es sehr wohl, nur bestimmen sie oft nicht die Gesamtstruktur eines Werbetextes, sondern nur einen Teil davon, und auf ihrer Grundlage läßt sich außerdem die Varianz der Werbetexte nicht erfassen. Die analytische Unterscheidung von Interaktions- und Textsorte erlaubt es, den vielfältigen Variationsmöglichkeiten Rechnung zu tragen - und dies scheint mir ein nicht nur für Werbeanzeigen fruchtbares Verfahren zu sein.

Um schließlich zum Ausgangspunkt meiner Überlegungen zurückzukommen: So sehr es mir mit Januschek sinnvoll erscheint, die subjektive Einschätzung, die Rezeptionshaltung und den Umgang mit Texten durch die Rezipienten in der Analyse zu berücksichtigen, so fraglich erscheint es mir zugleich, für Werbetexte insgesamt eine einheitliche Rezeptionshaltung vorauszusetzen, nach der sie etwa von den Sprachteilhabern nicht zu den Formen sprachlichen Handelns gerechnet würden. Ich sehe keinen Grund zu der Annahme, daß die hier vorgenommenen Differenzierungen nicht auch von den Sprachteilhabern intuitiv erfaßt werden und einen entsprechend differenzierten und flexiblen Umgang mit Werbetexten hervorrufen. Daß das Mißtrauen gegenüber den informativen Teilen von Werbetexten (nach Typ 3 oder 4) ausgeprägter ist als bei anderen Texten, soll damit nicht bestritten werden. Ob freilich eine weniger mißtrauisch-kritische Haltung in bezug auf andere Texte, und zwar nicht nur solche der Massenmedien, unbedingt im Sinne und Interesse der Rezipienten ist, ist eine andere Frage.

Literatur

Brinker, K. (1985): Linguistische Textanalyse. Eine Einführung in Grundbegriffe und Methoden. - Berlin: Schmidt.

Fühlau, I. / Wohlers, H. (1981): "Konsumhandeln oder: Werbesprache als eine Textsorte des Kapitalismus". - In: Linguistische Berichte 72, 51-67.

Januschek, F. (1974): "Werbesprache - erklärt aus ihren Funktionen und ihren Rezeptionsbedingungen". - In: Sprache im Technischen Zeitalter 51, 241-260.

Römer, R. (1968): Die Sprache der Anzeigenwerbung. - Düsseldorf: Schwann.

Sandig, B. (1972): "Zur Differenzierung gebrauchssprachlicher Textsorten im Deutschen". - In: Gülich, E. / Raible, W. (eds.): Textsorten. Differenzierungskriterien aus linguistischer Sicht (Frankfurt a. M.: Athenäum Fischer) 113-124.

- (1983): "Textsortenbeschreibung unter dem Gesichtspunkt einer linguistischen Pragmatik". - In: Textsorten und literarische Gattungen. Dokumentation des Germanistentages in Hamburg vom 1. bis 4. April 1979 (Berlin: Schmidt) 91-102.

EINE FORTGESCHRITTENE SEMANTIKSPRACHE FÜR DIE PSYCHOLINGUISTIK DER TEXTVERARBEITUNG

Jacques François

1. Die propositionalen Bausteine des Textverarbeitungsmodells von W. Kintsch und T. A. van Dijk (1978; 1983)[1]

Nach W. Kintsch und T. A. van Dijk besteht das Textverständnis im Aufbau einer geordneten Abfolge von Propositionen der Form {Prädikator,Argumente} und dadurch in der Erkennung von Beziehungen zwischen den Propositionen. Ein Kohärenzbaum, der als Textbasis fungiert, wird aufgrund dieser Beziehungen aufgebaut. Das Modell funktioniert folgendermaßen:

1. Ein Text wird in Abschnitten verarbeitet, deren Länge jeweils etwa der eines Satzes entspricht. Das Modell enthält einen Parameter, dessen Wert der Zahl der in jedem Verarbeitungszyklus gebildeten Propositionen entspricht. Die so gebildeten Propositionen werden aufgrund der Wiederholung eines Argumentes auf einem Kohärenzbaum hierarchisch gegliedert.
2. Der Kohärenzbaum, der am Ende jedes Verarbeitungszyklus aufgebaut wird, enthält gewöhnlich zu viele Propositionen, als daß sie im Laufe des folgenden Zyklus im Kurzzeitgedächtnis aufbewahrt werden könnten. Aus verschiedenen Untersuchungen geht hervor, daß die Zahl der Propositionen des früheren Verarbeitungszyklus, die zur Kohärenzerhaltung im Kurzzeitgedächtnis aufbewahrt werden, zwischen 1 und 4 liegt. Die aufbewahrten Propositionen sind die (wohlgemerkt aufgrund der Wiederholung von Argumenten) hierarchisch übergeordneten und zuletzt gebildeten Propositionen.
3. Wenn die aufbewahrten Propositionen und die des gegenwärtigen Verarbeitungszyklus keine gemeinsamen Argumente teilen, soll eine Suche im Langzeitgedächtnis gestartet werden, um unter den früher gebildeten Propositionen eine zu finden, die als Bindeglied fungieren kann. Wenn eine derartige Proposition auffindbar ist, so wird sie in das Kurzzeitgedächtnis wiedereingeführt, sonst muß eine Inferenz aufgebaut werden.
4. Die so aufgebaute semantische Mikrostruktur wird im Laufe einer zweiten Verarbeitung um eine semantische Makrostruktur ergänzt. Diese Verarbeitung geht von einem kognitiven Schema aus, das die Bedürfnisse des Lesers oder Hörers berücksichtigt.
5. Die Reproduktionswahrscheinlichkeit einer Mikro- oder Makroproposition bei "free-recall-Aufgaben" hängt von der Zahl der Verarbeitungszyklen ab, an denen sie beteiligt ist: je höher die Zahl, desto größer die Reproduktionswahrscheinlichkeit.

2. Das Format der prädikativen Analyse im ersten Textverarbeitungsmodell von W. Kintsch und deren Verbesserungsvorschläge

Betrachten wir den von W. Schnotz (1988) untersuchten Mikrotext "Kunstwerke" aus Kintsch (1977):

(1) Die Griechen liebten schöne Kunstwerke. Als die Römer die Griechen besiegten, ahmten sie die Griechen nach. Sie lernten so, schöne Kunstwerke zu schaffen.

Dieser Mikrotext läßt sich so analysieren:

P1	lieben (Griechen, Kunstwerke)	P5	als (P3, P4)
P2	schön (Kunstwerke)	P6	lernen (Römer, P8)
P3	besiegen (Römer, Griechen)	P7	KONSEQUENZ (P4, P6)
P4	nachahmen (Römer, Griechen)	P8	schaffen (Römer, P2)

Dabei habe ich die Notation von Kintsch folgendermaßen verändert: zuerst wird die Funktion des Prädikators nach dem Muster der Prädikatenlogik hervorgehoben,[2] und zweitens wird unterschieden zwischen den lexikalisch oder morphologisch ausgedrückten Prädikatoren und den inferierten Prädikatoren. Diese werden groß geschrieben, z. B. KONSEQUENZ, während jene, nämlich Verben mit dem Status eines Prädikators mit zwei Argumentstellen (z. B. *lieben, besiegen, nachahmen, lernen, schaffen*), Adjektive mit dem Status eines Prädikators mit einer Argumentstelle (z. B. *schön*) oder Konjunktionen mit dem Status eines Prädikators mit zwei Argumentstellen (z. B. *als*) klein geschrieben werden.

Diese Analyse wirft verschiedene Probleme auf:

a) Zuerst weist sie offenbar gravierende Mängel auf: z. B. treten keine Tempusprädikate auf, so daß Relationen zwischen den Aktzeiten der einen Sachverhalt bezeichnenden Propositionen nicht erfaßt werden können. Solche Mängel sind aber durch die Einführung der entsprechenden Propositionen leicht zu beheben.

b) Schwieriger ist die Entscheidung, wann Begriffsbenennungen und wann Propositionen als Argumente zu wählen sind. Die Proposition P6 weist z. B. als zweites Argument die Proposition P8 auf. Diese Schreibweise ist insofern richtig, als P8 als ein Typ von Handlungen interpretiert werden kann. Das zweite Argument der Proposition P8 ist aber wiederum eine Proposition, nämlich P2. Hier ist diese Schreibweise unrichtig, denn P2 ließe sich paraphrasieren als *die Römer schaffen* [die Eigenschaft] *daß (die) Kunstwerke schön sind*, was widersinnig ist und der Absicht von Kintsch nicht entspricht.

Warum hat Kintsch diese inkonsequente Notation gewählt? Offenbar will er damit ausdrücken, daß das Akkusativobjekt von *schaffen* nicht nur *Kunstwerke*, sondern *schöne Kunstwerke* ist. Das heißt, daß diese Notation zur Erfassung eines eingeschränkten Individuen- bzw. Mengenbegriffes herangezogen wird. Festzuhalten ist also, daß in diesem Format die Einführung von eingeschränkten Individuen- und Mengenbegriffen unmöglich ist.

c) Wenn die vorhin vorgeschlagene Interpretation richtig ist, müßte auch P2 und nicht *Kunstwerke* in P1 als zweites Argument von *lieben* erscheinen. Wahrscheinlich geht diese zweite Inkonsequenz auf die unformulierte Absicht zurück, die Referenz beider NP *schöne Kunstwerke* zu berücksichtigen, denn die bei den Griechen beliebten Kunstwerke sind referentiell nicht identisch mit den später von den Römern geschaffenen Kunstwerken. Um die Referenz beider NP korrekt zu erfassen, müßten Referenzindizes eingeführt werden, etwa folgendermaßen:

P1' lieben (Griechen, Kunstwerke_{x1})	P8' schaffen (Römer, Kunstwerke_{x2})
P2' schön (Kunstwerke_{x1})	P9' schön (Kunstwerke_{x2})

Festzuhalten ist also erstens, daß die Einführung von Individuenbegriffen in diesem Format voraussetzt, daß sie referentiell identisch sind, und zweitens, daß das Wort *Kunstwerk*, das im Mikrotext zweimal auftritt, besser memorisiert werden sollte. Daraus folgt aber nicht, daß die jeweilige Identität der bei den Griechen beliebten und der von den Römern geschaffenen Kunstwerke memorisiert wird.

d) In diesem Format können offenbar keine Relatoren in Argumentposition auftreten. Nehmen wir als Beispiel einen Satz, in dem drei Verwandtschaftsbezeichnungen (*Vater, Sohn, Gatte*) auftreten:

(2) Peter verachtet seinen Vater, und Olga leidet unter der Verachtung ihres Sohns ihrem Gatten gegenüber.

Wir nehmen an, daß hier von drei Menschen x1, x2 und x3 die Rede ist, wobei x1 einmal als *Peter*, zum anderen als *ihr Sohn* (d. h. als Olgas Sohn), x2 einmal als *sein Vater* (d. h. Peters Vater) und zum anderen als *ihr Gatte* (d. h. Olgas Gatte) und schließlich x3 als *Olga* gekennzeichnet werden. Wie passen diese Individuen in das diskutierte Format? Der Versuch, die Kennzeichnungen *Vater*, *Sohn* und *Gatte* in Argumentposition einzuführen, scheitert an der formalen und inhaltlichen Inkorrektheit der Propositionen P2, P5 und P6, denn ungebundene Verwandtschaftsbeziehungen wie *Vater, Sohn* und *Gatte* können Argumentstellen nicht füllen:

P1 verachten (Peter, Vater)	P4 verachten (Peter, Gatte)
??P2 von (Vater, Peter)	??P5 von (Sohn, Olga)
P3 leiden-unter (Olga, P4)	??P6 von (Gatte, Olga)

Um formale Adäquatheit im Kintschschen Format zu erreichen, müßte man Benennungen von Individuenbegriffen und Verwandtschaftsbegriffen in die P.A. nur insofern einlassen, als sie im Satz effektiv zum Ausdruck kommen:

P1 verachten (Peter, $Ø_{x1}$)	P4 verachten($Ø_{x2}$, $Ø_{x1}$)
P2 Vater-von ($Ø_{x1}$, Peter)	P5 Sohn-von ($Ø_{x2}$, Olga)
P3 leiden-unter (Olga, P4)	P6 Sohn-von ($Ø_{x1}$, Olga)

Hier erscheint *Peter* unter der Benennung "Peter" als erstes Argument von P1 und zweites Argument von P2, während *ihres Sohnes* (durch Inferenz als *Olgas Sohnes = Peters* identifiziert) unter der Form "$Ø_{x2}$" als erstes Argument von P4 und von P5 auftritt. In Argumentpositionen treten daher zwei Sorten von formalen Entitäten auf, einerseits sog. nicht-referenzierte Benennungen, z. B. "Olga", andererseits sog. referenzierte Nicht-Benennungen, z. B. "$Ø_{x2}$".

Diese Schreibweise ist aber uneinheitlich, denn das Individuum x1 erscheint nur in Form einer nicht-referenzierten Benennung (*Olga*), während das Individuum x2 nur in Form einer referenzierten Nicht-Benennung (entweder *ihr Gatte* oder *sein Vater*) und das Individuum x3 einerseits in Form einer nicht-referenzierten Benennung (*Peter*) und andererseits einer referenzierten Nicht-Benennung (*ihr Sohn*) auftreten.

Noch zu nennen wäre das als Gegenstück zum Kintschschen Format konzipierte Format von G. Denhière (1984). In dieser Schreibweise wird referentielle Adäquatheit tatsächlich erzielt, aber dadurch wird die deskriptive Adäquatheit verfehlt. Um die Vor- und Nachteile der Denhièreschen Notation zu ermessen, vergleichen wir (für das Beispiel 4) auf der folgenden Tabelle links die formal revidierte Formulierung nach Kintsch (mit nicht-referenzierten Benennungen und referenzierten Nicht-Benennungen) und rechts die Denhièresche Formulierung in zwei Spalten: in der linken Spalte die P.A. mit zwei Sorten von formalen Entitäten in Argumentposition (Symbolen für Individuenargumente: x1, x2 ... und Symbolen für propositionale Argumente: z. B. P3) und in der rechten Spalte den Benennungen und relationalen Bezeichnungen der Individuenargumente:

Revidierte Formulierung nach Kintsch (1977)	*Formulierung nach Denhière (1984)*	
P1 verachten (Peter, $\varnothing_{x1}$)	P1 verachten (x1, x2)	x1: Peter
P2 Vater-von ($\varnothing_{x1}$, Peter)		x2: Vater-von x1/von Peter
P3 leiden-unter (Olga, P4)	P2 leiden-unter (x3, P3)	x3: Olga
P4 verachten ($\varnothing_{x2}$, $\varnothing_{x1}$)	P3 verachten (x1, x2)	x1: Sohn-von x3/von Olga
P5 Sohn-von ($\varnothing_{x2}$, Olga)		x2: Gatte-von x3/von Olga
P6 Vater-von ($\varnothing_{x1}$, Olga)		

Das Hauptcharakteristikum der Denhièreschen Schreibweise ist, daß die Beschreibung, unter welcher die Referenten zum Ausdruck kommen, nicht rekonstruierbar ist. Die angegebene P.A. würde nämlich auch für (3) gelten:

(3) Olgas Sohn verachtet deren Gatten. Seine Mutter leidet unter Peters Verachtung seinem Vater gegenüber.

Ob dieses Charakteristikum als Vor- oder als Nachteil aufzufassen ist, hängt von dem Gesichtspunkt ab: unter psycholinguistischem Gesichtspunkt ist es ein Vorteil, weil dadurch in den free-recall-Aufgaben Abweichungen in der Ausdrucksweise unberücksichtigt bleiben können. In linguistischer Hinsicht ist es aber ein Nachteil, weil dadurch Unterschiede in der funktionalen Satzperspektive (vgl. 4a vs. b vs. c) und Unterschiede in der Einschränkung der Individuenbegriffe (vgl. 5a vs. b) unbeachtet bleiben.[3]

(4) (a) Olga hat eine prächtige Teekanne aus Zinn erworben.
(b) Die Teekanne aus Zinn, die Olga erworben hat, ist prächtig.
(c) Die prächtige Teekanne, die Olga erworben hat, ist aus Zinn.

(5) (a) Die jenseits vom nördlichen Polarkreis lebenden Weißbären
(b) Die weißen jenseits vom nördlichen Polarkreis lebenden Bären

3. Kritik des gegenwärtigen Formats der prädikativen Analyse (Turner 1987, Kintsch 1988, Kintsch et al. 1990)

Zur Veranschaulichung des in der Forschungsgruppe von W. Kintsch gegenwärtig angewandten Formats der P.A. werden wir von der P.A. des ersten Satzes eines vulgärwissenschaftlichen Textes über die Entdeckung der Kontinentaldrift nach Turner (1987) ausgehen:

(6) **Während die Geologen die herkömmlichen Theorien der Unbeweglichkeit der Kontinente als unzulänglich zu betrachten anfingen, entwarf Wegener eine Theorie der Kontinentaldrift.**

P1 Wegener	P10 herkömmlich (P9)
P2 Theorie	P11 unbeweglich (P3)
P3 Kontinente	P12 THEMA-VON (P11, P10)
P4 driften (P3)	P13 unzulänglich (P12)
P5 THEMA-VON (P4, P2)	P14 betrachten [daß/als] (P8, P13)
P6 entwerfen (P1, P5)	P15 beginnen-zu (P8, P14)
P7 VERG/PERFEKTIV (P6)	P16 VERG/IMPERF (P15)
P8 Geologen	P17 während (P6, P15)
P9 Theorien	Anm.: Die Propositionen P7 und P16 sind hinzugefügt worden

In dieser Notation ist das Format kaum nachzuvollziehen. Aufgrund der Erörterung der Idiosynkrasien dieser Notation in Zusammenarbeit mit W. Kintsch schlage ich folgende Umformulierungen vor:

a) Zuerst sollen die Propositionen ohne Argument um eine Individuenvariable x ergänzt werden, z. B.

P1 Wegener => P1 NAME: Wegener (x)

b) Zweitens sind die Individuenvariablen auf verschiedenen Stufen unter schrittweiser Einschränkung zu beschreiben. In Argumentposition ist Pn durch x^{Pn} zu ersetzen, wobei x^{Pn} als 'Deskriptionssymbol' verstanden wird, d. h. als Bezeichnung "d e s I n d i v i d u u m s x, d a s i n d e r P r o p o s i t i o n P n g e k e n n z e i c h n e t w u r d e"[4].

c) Bei mehrstelligen Prädikationen muß die Argumentenstelle präzisiert werden, z. B. $x^{Pn/2}$ "das Individuum x, das in zweiter Argumentstelle der Proposition Pn gekennzeichnet wurde"[5]. Dabei lassen sich die Sachverhaltsvariablen ähnlich wie die Individuenvariablen behandeln, z. B. $e^{Pn/1}$: "der Sachverhalt e, der in erster Argumentstelle der Proposition Pn gekennzeichnet wurde".

d) Die d e s k r i p t i v e G e s c h i c h t e eines Beschreibungssymbols läßt sich aus den aufeinanderfolgenden Einschränkungen ablesen, z. B.

die Wegnersche Theorie der Kontinentaldrift
= das Individuum x, das
- in P1 als Theorie ($=x^{P1}$)
- in P2 als die Kontinentaldrift betreffend ($=x^{P2/2<P1}$)
- und in P3 als von Wegener herrührend ($=x^{P3/1<P2/2<P1}$) gekennzeichnet wurde

Die P.A. des ganzen Satzes sieht folgendermaßen aus:

P1 NAME: Wegener (x)
P2 GATTUNG: Theorie (x)
P3 GATTUNG: Kontinente (x)
P4 PROZESS: driften (x_{P3})
P5 THEMA-VON (e_{P4}, x_{P2})
P6 HANDLUNG: entwerfen (x_{P1}, $x_{P5/2}$)
P7 VERGANGEN/PERFEKTIV (e_{P6})
P8 GATTUNG: Geologen (x)
P9 GATTUNG: Theorien (x)
P10 EIGENSCHAFT: herkömmlich (x_{P9})
P11 EIGENSCHAFT: unbeweglich (x_{P3})
P12 THEMA-VON (e_{P11}, x_{P10})
P13 EIGENSCHAFT: unzulänglich ($x_{P12/2}$)
P14 TÄTIGKEIT: betrachten-daß (x_{P8}, e_{P13})
P15 PHASE: anfangen-zu (x_{P8}, e_{P14})
P16 VERGANGEN/IMPERFEKTIV (e_{P15})
P17 ZEITRELATION: während (e_{P6}, e_{P15})

Die hier eingeführten Beschreibungssymbole liefern drei Sorten von Beschreibungen:

a) Individuenbeschreibungen:

Wegener: x^{P1}
die/eine Theorie der Kontinentaldrift: $x^{P5/2}$
die Geologen: x^{P8}
die herkömmlichen Theorien der Unbeweglichkeit der Kontinente: $x^{P12/2}$

b) nominale Beschreibungen von Sachverhalten bzw. Eigenschaften:

die Kontinentaldrift: e^{P4}
die Unbeweglichkeit der Kontinente: e^{P11}

c) verbale Beschreibungen von Sachverhalten:

Wegener entwarf die/eine Theorie der Kontinentaldrift: e^{P6}
(*daß die herkömmlichen Theorien der Unbeweglichkeit der Kontinente unzulänglich sind*: e^{P13})
(*daß die Geologen die herkömmlichen Theorien der Unbeweglichkeit der Kontinente als unzulänglich betrachten*: e^{P14})
die Geologen fingen an, die herkömmlichen Theorien der Unbeweglichkeit der Kontinente als unzulänglich zu betrachten: e^{P15}

Die Vorteile der so umformulierten Notation von Kintsch (1988) liegen auf der Hand: die Notation besteht aus sortierten Propositionen, nämlich Gattungs-Propositionen, z. B. P1-P3, Sachverhalts-Propositionen, z. B. P4 (Prozeß), P6 (Handlung), P14 (Tätigkeit), Eigenschafts-Propositionen, z. B. P10, P11, P13, Relations-Propositionen, z. B. P5, P12, P17 und Tempus/Aspekt-Propositionen (P7, P16), und die Argumentstellen aller Propositionen werden mit Individuenbeschreibungs- oder Sachverhaltsbeschreibungs-Symbolen gefüllt, die die Adäquatheit des Formats sowohl in referentieller als auch in deskriptiver Hinsicht gewährleisten.[6]

4. Schlußbemerkungen

Aus der Erörterung der drei Formate von Kintsch/van Dijk (1978), Denhière (1984) und Kintsch (1988; 1990) ist hervorgegangen:

1) daß das ursprüngliche Format der P.A. von Kintsch formal, referentiell und deskriptiv inadäquat ist;

2) daß das referentiell orientierte Format von G. Denhière formal und referentiell korrekt ist,

aber über d i e e x t e n s i o n s e i n s c h r ä n k e n d e F u n k t i o n d e r P r o p o s i t i o n e n nichts aussagt und die Beschreibungen ignoriert, unter denen Objekte und Sachverhalte zum Ausdruck kommen;
3) daß das gegenwärtige Format der P.A. von Kintsch formal beinahe unverständlich ist, sich aber so umformulieren läßt, daß es r e f e r e n z i e r t e B e s c h r e i b u n g e n von Objekten und Sachverhalten liefern kann.

Auf dieser letzten Entwicklungsstufe läßt sich die Leistung der P.A. mit der Leistung fortgeschrittener Semantiksprachen, z. B. der von R. Bäuerle (1988)[7] und der von S. Dik (1989)[8] vergleichen, ohne für die Verarbeitung der free-recall-Aufgaben unbrauchbar zu werden.[9]

Anmerkungen

1 Diese Darstellung des Modells von Kintsch/Van Dijk geht auf G. Denhière/S. Baudet (1987) zurück.
2 Für P1 ist z. B. die Notation von Kintsch folgende: (lieben, Griechen, Kunstwerke).
3 Weitere Vorschläge zur Verbesserung der Denhièreschen P.A. sind in François (1990; 1991a) zu finden. In François (1991b) werden diese verschiedenen Notationen mit den "propositional schemes" von van Dijk/Kintsch (1983) verglichen.
4 Der logische Deskriptionsbegriff geht auf Peano, Russell und Reichenbach zurück. Die hier verwendete Notation versteht sich als Abkürzung der deskriptiven Notation mit Iota-Operator von Reichenbach (1966: 256-266); vgl. dessen Symbolisierung des Satzes *London is the capital of England* durch x1 = (ιx)c(x, z1). Dabei bezeichnet die Individuenkonstante x1 *London*, das Prädikatssymbol c die Relation *capital-of* und die Individuenkonstante z1 *England*.
5 In dieser Notation wird z. B. *ihr Sohn* (= Olgas Sohn) als $x^{Pn/1}$ bezeichnet, wobei Pn = Sohn-von (x, x^{Pm}) und Pm = NAME: Olga(x).
6 Die Notation wäre jedoch noch weiter zu verbessern, denn z. B. die Definitheit der Artikel und die Quantifikation der Individuen und Sachverhalten sind im vorgeschlagenen Format noch unbeachtet.
7 R. Bäuerle verwendet eine Semantiksprache, die die Diskursrepräsentationen von H. Kamp um Rollenprädikationen und Ereignistypen ergänzt.
8 S. Dik hat eine integrierte funktionelle Metasprache mit pragmatischen, semantischen und syntaktischen Funktionen eingeführt, die in mehrere linguistisch, sprachtypologisch und computerlinguistisch orientierte Publikationen Eingang gefunden hat.
9 Zur Veranschaulichung und Diskussion des hier vorgeschlagenen Formats vgl. François/Tapiéro (1992).

Literatur

Bäuerle, R. (1988): Ereignisse und Repräsentationen. Lilog-Report 43. - Stuttgart: IBM Deutschland.

Denhière, G. (1984): Il était une fois. Compréhension et souvenir de récits. - Lille: Presses Universitaires de Lille.

- / Baudet, S. (1987): "Traitement du texte". - In: Rondal, J. A. / Thibaut, J. P. (eds.): Problèmes de psycholinguistique (Bruxelles: Mardaga) 43-86.

Dijk, T. A. van / Kintsch, W. (1983): Strategies in discourse comprehension. - New York: Academic Press.

Dik, S. (1989): The theory of functional grammar. I: The structure of the clause. - Dordrecht: Foris.

François, J. (1990): "Classement sémantique des prédications et méthode psycholinguistique d'analyse propositionnelle". - In: François, J. / Denhière, G.: Cognition et langage - Les types de prédications en sémantique linguistique et psychologique, Langages 10, 13-32.

- (1991a): "La pertinence linguistique des représentations propositionnelles de la sémantique cognitive". - In: Sémiotiques 1 (Institut National de la Langue Française, Paris), 69-80.

- (1991b): "Acquisition, updating and ordering of knowledge in the reading of press agency wires". - In: Denhière, G. / Rossi, J. P. (eds.): Text and text processing (Amsterdam: North-Holland) 223-247.

- / Tapiero, I. (1992): La place et les variantes notationnelles de l'analyse prédicative dans la psycholinguistique du traitement des textes. Manuscrit CNRS U. R. A. D1297, Université de Paris VIII.

Kintsch, W. (1977): "Reading comprehension as a function of text structure". - In: Reber, A. S. / Scarborough, D. L. (eds.): Toward a psychology of reading (Hillsdale, N. J.: Erlbaum) 227-256.

- (1988): "The role of knowledge in discourse comprehension: a construction-integration model". - In: Psychological review 95, 163-182.

- / van Dijk, T. A. (1978): "Toward a model of text comprehension and production". - In: Psychological review 85, 363-394.

- / Welsch, D. / Schmalhofer, F. / Zimny, S. (1990): "Sentence memory: a theoretical analysis". - In: Journal of memory and language 29, 133-159.

Reichenbach, H. (1966): Elements of symbolic logic. - New York: Free Press Paperback, 2. A.

Schnotz, W. (1988): "Textverstehen als Aufbau mentaler Modelle". - In: Mandl, H. / Spada, H. (eds.): Wissenspsychologie (München-Weinheim: Psychologie Verlags Union) 299-330.

Turner, A. (1987): The propositional analysis system. - Boulder: University of Colorado (ms).

EFFECTS OF PRE-TESTING AND REVISING BROCHURES

Menno D. T. de Jong / Peter J. Schellens

1. Introduction

One of the major concerns in public information practice is the matching of brochure texts to the knowledge, interest and skills of the intended readers. Too often there is an enormous gap (in education, culture, age or linguistic skills) between the writer of a text and the target group. In addition, the target group itself can be large and undefined. However, the more a text is matched to its readers, the more effective it can be.

For this reason, the Dutch government increasingly makes use of reader-focused pre-tests to ensure that its public information brochures are optimally matched to the target group. So the feedback on the text is provided by a sample of members of the target group. The restrictions of a pre-test in Dutch public information practice are outlined in the following:

1 A brochure is tested in its *almost final version*. The text has been checked for grammatical errors and misspellings. Also, it is presented in an optimal lay-out.

2 The brochure will almost certainly be brought into circulation. So the pre-test has *no function to support a go/non-go decision*.

3 There is usually just *one version* of the brochure. This stands in contrast to advertisement pre-testing, which is often carried out to make a choice for one of the alternatives.

4 The *number of subjects* is *limited* to 15 to 20.

5 There are also *limitations of time and costs*.

Given these conditions, a small-scale, qualitative pre-test is the most obvious design. This implies that the main function of the pre-test is trouble-shooting. Another implication is that statistical processing of the pre-test results is useless. Even problems detected by only one subject must be taken into consideration for revision.

Although the usefulness of pre-tests is endorsed on a large scale, so far it has not been established that it really can improve the effectiveness of brochures. Moreover, there are uncertainties about the optimal pre-test design. For instance: which method should be chosen and how many subjects should be used? And what revision strategies can best be used in order to gain the maximum benefit from the results?

The study described in this paper forms part of a research project of the University of Twente, which must finally lead to a valid pre-test design for public information brochures. We have investigated the question whether a combination of three pre-test methods can help to improve a brochure. We have done this by: (1) pre-testing a brochure, (2) then revising the brochure on the basis of the pre-test results, and (3) finally performing two experiments with the original and the revised version of the brochure in order to establish the effects of pre-testing and revising.

In this paper an overview of the study as a whole is presented. First, a short description of the pre-tested brochure is given and after that the combination of pre-test methods used in the study is described. Then an overview of the pre-test results and the revision is presented. After that the two experiments are discussed. Finally, a number of conclusions are drawn.

2. Brochure "Huursubsidie 1991-1992"

The brochure that was used in this study is titled "Huursubsidie 1991-1992", i. e. rent subsidy 1991-1992. Dutch citizens can apply for rent subsidy if they have to spend relatively too much of their income on their house rent. The brochure has partly informative and partly instructional aims. It consists of two parts.

In part 1 the readers are informed about all the regulations concerning the rent subsidy, for example how to apply for it, the conditions for obtaining it, the ways to receive the money and what to do when you move from one house to another. The text of part 1 is brightened up by several drawings.

In part 2 of the brochure the readers can check whether they qualify for rent subsidy, and - if so - approximately how much they will probably receive. For this they first have to calculate their yearly income and their yearly rent. After that they can look up their rent subsidy in a table.

3. Pre-test methods

A combination of three pre-test methods was used. Part 1 and the text of part 2 of the brochure were pre-tested by using two methods: the plus-minus method and a short questionnaire. The tables in part 2 were pre-tested with the working aloud method. The number of subjects taking part in the pre-test was 30. They were all members of the target group of the brochure. Their level of education ranged from low to high. We shall give a description of each of the methods.

With the plus-minus method, the subjects are asked to read the brochure and to indicate positive or negative appreciation of text elements with a plus or a minus. The subjects can give a plus or minus for various reasons: for instance comprehensibility, acceptance, omissions and attractiveness of the formulation. They may choose the text elements for a plus or a minus themselves (a page, a chapter, a paragraph, a sentence, a word, a caption or an illustration). After that, they are individually interviewed about the exact motives for their plus and minus points.

Since the plus-minus method strongly focuses on local text problems, it was combined with a short questionnaire. The subjects had to answer five global questions about, (1) the appreciation of the front page, (2) the lay-out, (3) possibly missing information, (4) the overall readability, and (5) the ease of looking up information.

The usefulness of the tables in the brochure was tested with the working aloud method. The subjects were given the task to determine whether an imaginary person, with a given income and rent, would receive rent subsidy, and if so, how much. They had to continuously verbalize their thoughts and read aloud while completing this task.

4. Pre-test results

With respect to part 1 and the text of part 2 of the brochure, the remarks of the subjects for both methods were translated into 106 revision proposals. So one can say that our pre-test did yield a substantial number of revision proposals. Particularly if one takes into account that the tested brochure had - with slight changes - been in circulation for a couple of years and that it had been pre-tested and revised before. In the following classification of the revision proposals, together with some examples, we hope to give an impression of the kind of results the pre-test of the rent subsidy brochure yielded:

- In all there were 12 non-textual revision proposals. Subjects for instance commented on the poor legibility of the text, which was printed on a blue background. There were also a few comments on the illustrations.
- There were 11 revision proposals about the support of the process of information selection in the brochure. For instance: in two cases a number of subjects misinterpreted the intention of a text unit. In addition, there were problems with the structuring function of the captions. To conclude, the structure of one part of the brochure was definitely sender-based, whereas a reader-based structure would have been better.
- The majority of the revision proposals (51) concerned text comprehension. Some of the problems were: mental leaps, inconsistent terminology, implied textual relations, vague or difficult expressions, ambiguity, lack of examples and obscure references.
- A few, that is 4, revision proposals concerned the completeness of the information. In three cases the subjects wanted to know the reason for a certain regulation because the regulation itself appeared arbitrary.
- There were 18 revision proposals concerning the broad class of appreciation of the text presentation. Some of the problems were: redundancy of information, inconsistent classifications, unappealing formulation and too large text units.

- Finally, there were 10 revision proposals concerning the applicability of the information. For instance, the information was strongly focused on the 'normal' family situation; the regulations for other ways of living remained obscure. Another example: the texts in part 2 of the brochure were not at all tuned to the calculating tasks they were meant to support.

With regard to the tables of part 2 there were 5 revision proposals. Two of these proposals were concerned with the emphasizing of the instructions. This was because the subjects were inclined to miss them out. Two other proposals concerned the formulation of the instructions: one unclear and one ambiguous expression had to be replaced. One proposal concerned the elimination of a superfluous and distracting instruction.

5. Experiment 1

In the first experiment two matched groups (N=2x32) had to carry out a number of assignments with the brochure. The first group was given the original version; the second group was given the revised one. Because of the significant differences between part 1 and part 2 of the brochure, the effects of the revision on both parts of the brochure were measured separately.

For part 1 of the brochure, the subjects had to answer 24 questions. The questions were concerned with the use of the information of the brochure in fictitious cases. In addition, three other kinds of data were collected: (1) the time to read the brochure and the time to answer the questions, (2) the confidence of the subjects in their solutions, and (3) the opinions of the subjects about the brochure.

The most important score was the number of questions the subjects had answered correctly. As can be seen in table 1, the mean score has improved significantly. However, if we make a distinction between higher and lower educated subjects, we see that only the scores of the higher educated subjects have improved significantly (ANOVA, $F=5.236$, $p<.05$). The other collected data show no important significant differences between the two versions of the brochure. One result concerning the working time, though, is interesting. The revision of the brochure had significantly different effects on higher and lower educated subjects (ANOVA, $F=4.521$, $p<.05$). Lower educated subjects took less time to complete their assignments with the revised version. Higher educated subjects, on the contrary, spent more time with the revised version.

	Original version	Revised version	p
All subjects	15.72	18.00	p<.005*
Lower educated	15.19	15.81	n.s.
Higher educated	16.25	20.19	p<.001*

Table 1: Mean number of correctly answered questions (part 1)
* Mann-Whitney U test (one-tailed)

As for part 2 of the brochure, the subjects had to carry out one assignment: they had to decide whether a fictitious family qualified for rent subsidy, and if so, how much it would receive. Apart from that, the data concerning working time, confidence and opinions were also collected.

If we are only interested in the number of subjects who can look up the exact amount of rent subsidy, there are no significant differences between the original and the revised version of the brochure. This result is possibly caused by the difficulty of the assignment. However, there is indeed a significant difference (see table 2) in the number of subjects who were able to obtain a correct indication of the amount of rent subsidy. The other collected data show no important significant differences between the original and the revised version of the brochure.

	Original version	Revised version	p
All subjects (N=2x32)	7	15	p<.05*
Lower educated (N=2x16)	1	7	p<.05**
Higher educated (N=2x16)	6	8	n.s.

Table 2: Number of subjects who obtained a correct indication (part 2)
* Z-test (one-tailed)/ ** Fischer's Exact test (one-tailed)

Our conclusion from the first experiment is that the revision of part 1 of the brochure was especially useful for the higher educated members of the target group, while the revision of part 2 was especially useful for the lower educated members of the target group. If we do not make a distinction between higher and lower educated subjects, the effectiveness of both parts of the brochure was significantly improved by the pre-test and the revision.

6. Experiment 2

The second experiment was a so-called 'split-run session' (N=31). This experiment was carried out because it would provide feedback on the lower text levels, and possibly on the minor revisions. The subjects were confronted with text units from the original and the revised version of the brochure side by side. For every text unit they had to decide which version they preferred on a five point scale. Altogether there were 38 text units for which the subjects had to indicate their preferences.

The scores of the subjects have been conveniently rearranged (1 = the subjects like the original version much better; 5 = the subjects like the revised version much better). To allow for a judgement of the overall improvement of the brochure, the mean score of the subjects and the reliability intervals were computed. As can be seen in table 3 both part 1 and part 2 of the brochure had improved significantly. This judgement is valid for both the lower educated and the higher educated subjects.

	Mean score	Reliability interval (.05)
Brochure as a whole	3.71	3.59 - 3.83
Part 1 of the brochure	3.68	3.55 - 3.81
Part 2 of the brochure	3.97	3.78 - 4.16

Table 3: Mean scores and reliability intervals split-run session

Additionally, the scores of the 38 text units were considered seperately. In total, 27 text units had improved significantly, according to the subjects. Again there are differences between lower and higher educated subjects. According to the lower educated subjects, 'only' 16 of the text units had improved. According to the higher educated subjects, 24 of the text units showed an improvement.

As was the case with the results of the first experiment, the main conclusion from the second experiment is that the pre-test and the revision did lead to a significant improvement of the brochure. Again there are differences between the two distinguished levels of education.

7. Conclusions

In this paper we have discussed the first of a series of studies into the validity of reader-focused pre-test methods. The results of this study seem encouraging: both in the first and in the second experiment we established significant improvements in the brochure. However, the study has also generated some new research issues:

- The first issue concerns the differences between education levels. As there seem to be obvious differences in the effects of the revision between lower and higher educated subjects, it would be interesting to investigate whether lower educated subjects benefit from other types of revisions than higher educated subjects.

- The second issue concerns the revision. The revision of this brochure was performed by us. To further structure the revision process - and by doing so, to obtain more guarantees concerning the effectiveness of pre-tests in public information practice - we will try to formulate revision rules. It would also be interesting to investigate the revision strategies of different text writers with the same pre-test results.
- The third, and last, issue affects the validity of a reader-focused pre-test in the public information practice directly: it would be interesting to investigate to what extent these pre-test results could have been predicted by professional text writers. After all, if text writers are able to - or can be trained to - detect the same problems which emerged from the pre-test, time and efforts to carry out a pre-test can be saved.

Literature

Jong, M. D. T. de (1992): "Het pretesten van teksten. Een literatuuroverzicht". - In: Communicatief 5, no. 7 (in press).

Jong, M. D. T. de / Schellens, P. J. (1992a): Pretest van de brochure Huursubsidie 1991-1992. Deelrapport 1 van het onderzoeksproject Pretesten. Vakgroep Toegepaste Taalkunde, Universiteit Twente.

- (1992b): De kwaliteit van de brochure Huursubsidie 1991-1992 voor en na revisie op grond van pretestresultaten. Deelrapport 2 van het onderzoeksproject Pretesten. Vakgroep Toegepaste Taalkunde, Universiteit Twente.

Schriver, K. A. (1989): "Evaluating text quality: the continuum from text-focused to reader-focused methods". - In: IEEE Transactions on professional communication 32, no. 4, 238-255.

Schumacher, G. M. / Waller, R. (1985): "Testing design alternatives: a comparison of procedures". - In: Duffy, T. M. / Waller, R. (eds.): Designing usable texts (Orlando etc.) 377-403.

Vroom, B. (1987): "Publieksonderzoek met behulp van de plus-en-min methode". - In: Tijdschrift voor Taalbeheersing 9, no. 3, 256-271.

TEXTFUNKTIONEN VON NOMEN-NOMEN-KOMBINATIONEN

Volker Novak

Nomen in attributiver Funktion (z. B. *airfield* oder *committee member*) stellen ein höchst produktives Merkmal der englischen Gegenwartssprache dar. In der anglistischen Tradition werden diese Kombinationen aufgrund formaler Kriterien (z. B. Lage des Haupttons) häufig in die Kategorien 'Komposita' bzw. 'syntaktische Gruppen' unterteilt. Da aber solche Eigenschaften für die folgenden Überlegungen außer acht bleiben können, werden Konstruktionen aus attributivem Nomen plus Nomen als Nomen-Nomen-Kombinationen (kurz: NNK) zusammengefaßt. Zu ihnen zählen auch komplexe Formen, deren unmittelbare Konstituenten von Nomen dominiert werden, z. B. *the [[stationary-state] [wave function]]* (J05: 42)[1].

Während NNK bislang vor allem aus systemlinguistischer Perspektive beschrieben wurden, konzentriert sich dieser Beitrag auf Aspekte ihrer Verwendung in Texten. Nach einer kurzen Charakterisierung der semantischen Besonderheiten von NNK werden Ansätze für eine funktionale Beschreibung diskutiert. Ein weiterer Abschnitt erläutert die Umsetzung des hier verwendeten Begriffs von Textfunktion in eine korpuslinguistische Analyse. Die Ergebnisse dieser Analyse zeigen schließlich, daß Frequenz, Typen und Textfunktionen von NNK in hohem Maße durch ko- und kontextuelle Faktoren motiviert sind.

1. Semantische Charakteristika von NNK

In systemlinguistischen Beschreibungen von NNK nimmt die Herleitung ihrer Bedeutung aus zugrundeliegenden Sätzen eine zentrale Stelle ein. Bereits bei traditionellen Grammatikern findet sich die Idee, explizite Syntagmen als natürlichsprachliche Bedeutungsrepräsentationen für NNK zu nutzen. So analysiert Jespersen (1909-1949/1961, VI: 137) *railway company* als "company running a railway", *schoolboy* als "boy going to school" und sieht den kommunikativen Vorteil ("merit") von Komposita in ihrer Prägnanz ("conciseness"). Andererseits muß die eingesparte Information - in Jespersens Beispielen die Prädikate der entsprechenden Paraphrasen - vom Leser oder Hörer ergänzt werden. Quirk et al. (1985: 1243) demonstrieren die Ambiguität von *oil man* durch die Bedeutungsalternativen "(man who) sells/delivers/produces/investigates/ advocates the use of (oil)".

Schon Jespersen (1909-1949/1961, VI: 137) nennt zwei hauptsächliche Quellen, denen die zu ergänzende Information entnommen werden kann. Zum einen werden NNK durch den Kontext disambiguiert. Daß *approval test* im folgenden Beispiel nicht etwa 'test of someone's approval' bedeutet, geht aus dem Rest des Satzes hervor:

(1) British approval tests have been such that an explosive is failed if ignitions are obtained in any of the tests. (J72: 15)

Zum anderen trägt lexikalisches Wissen zur Rekonstruktion der Bedeutung bei: Für *pavement artist* (K27: 65) besteht die lexikalische Norm - sie ist präsent in Wörterbüchern - in der Bedeutung 'jemand, der auf Gehwege malt' (und nicht beispielsweise Skulpturen aus Pflastersteinen fertigt).

Heutige Modelle des Textverstehens nehmen als eine dritte, außersprachliche Wissenskomponente 'enzyklopädisches' oder Weltwissen an (vgl. z. B. Handwerker 1988). Auf seiner Grundlage würde man z. B. vermuten, daß ein *diamond slitting wheel* (J70: 80) nicht der Bearbeitung von Diamanten dient, sondern mit diesen besetzt ist.

Zusammenfassend läßt sich sagen, daß der semantische Gehalt von NNK nur teilweise aus der morphologischen Form erschließbar ist und deshalb die drei skizzierten Interpretationsquellen in den Vordergrund rücken. Dies wiederum hat - wie noch gezeigt wird - Konsequenzen für die genre-spezifische Verwendung von NNK.

2. Funktionen von NNK

Ansätze einer funktionalen Beschreibung von NNK lassen sich vor allem der Wortbildungsforschung entnehmen. Eine Systematisierung verschiedener in der Literatur vertretener Funktionen von Wortbildungen in Texten bietet Lipka (1990: 171). Von der "general function [...] of creating cohesion and coherence" unterscheidet er einige speziellere Funktionen (Lipka 1990: 171ff.)

a) "Information condensation": Diese Funktion erklärt sich aus semantischen Eigenschaften von Wortbildungen, die, bezogen auf NNK, im vorigen Abschnitt skizziert wurden.

b) "Pronominalization": Hierbei wird lexikalisches Material des Ko-Textes aufgenommen und in einer Wortbildung zusammengefaßt. Ein entsprechendes Beispiel aus dem Bereich von NNK wäre *free change in energy* (J01: 9) *[...] free energy change* (J01: 11).

c) "Semantic pronominalization" bezeichnet die zusammenfassende Wiederaufahme von Textelementen durch semantisch verwandte Formen, wie in dem folgenden Korpusbeispiel (vgl. *go to bed [...] nap*):

(2) After the curry, I wanted only to go upstairs to bed. I had long since become accustomed, and now addicted, to an after-curry nap. (K03: 23-24)

d) "Naming": Zur Erläuterung dieser Funktion verweist Lipka auf das bekannte Phänomen, daß die Benennung eines Referenten durch ein Wort die Existenz dieses Referenten als eigenständige Kategorie suggeriert ("Hypostasierung"). Auch an der NNK in (2) läßt sich diese Wirkung beobachten.

Neben den vier speziellen Textfunktionen nennt Lipka auch stilistische Funktionen von Wortbildungen, die z. B. durch wiederholte Verwendung desselben Wortbildungsmodells entstehen können.

Weiterhin stellt Lipka (1987: 65) fest, daß in einer Form mehrere der beschriebenen Textfunktionen zugleich auftreten können. Dieses Miteinander verschiedener Funktionen läßt sich mit Hilfe einer von Daneš (1987: 9ff.) entwickelten terminologischen Präzisierung des vielgebrauchten Begriffs 'Funktion' erklären. Daneš unterscheidet zwischen "functions of language" ("external functions") und "functions of units of a language system" ("internal functions"). Bei den erstgenannten handelt es sich um allgemeine Funktionen von Sprache (hier im Sinne von langage) wie etwa die von Bühler beschriebenen. Dagegen bezeichnet "interne Funktion" den Beitrag, den ein Element des Sprachsystems zur Konstitution einer übergeordneten Einheit leistet.

Die Überlagerung verschiedener Textfunktionen von Wortbildungen oder NNK (oder auch anderer Konstruktionen) entsteht nun dadurch, daß bei der Verwendung der betreffenden Formen Sprache zu kommunikativen Zwecken benutzt wird (externe Funktion) und gleichzeitig Einheiten verschiedener linguistischer Ebenen realisiert werden (interne Funktionen). Intern fungieren NNK zugleich als Konstituenten eines Satzes (syntaktische Funktion), als Teil der entsprechenden Propositionen (semantische Funktion) und als Elemente des Textes, in dem sie erscheinen (textuelle Funktion).

Indem sich die oben erwähnte Benennungsfunktion 'naming function' auf einen zentralen kognitiven Prozeß, nämlich Kategorisierung, bezieht, weist sie in gewisser Weise über die Sprache hinaus: Ein sprachliches Mittel trägt hier zur Ausgestaltung des menschlichen Erkenntnisapparates bei. Lipkas "naming function" wäre demnach als externe Funktion zu werten.

Syntaktisch fungieren NNK typischerweise in Nominalphrasen, wo sie den Kern sowie dessen engsten Prämodifikator ("prehead modifier"; vgl. Quirk et al. 1985: 1340) realisieren, z. B. in *a department's senior [administration officer]* (K01: 35).

Aus semantischer Sicht werden NNK häufig durch Paraphrasen bzw. Tiefenstrukturen mit propositionalem Charakter beschrieben (siehe Abschnitt 1). Für ihre Verwendung in Sätzen ergibt sich, daß diese Propositionen als Argumente in komplexeren Propositionen fungieren. Prädikatenlogisch ließe sich *the schoolboy greeted the oil man* wie folgt darstellen:

(3) GREET((GO TO(BOY,SCHOOL)),(SELL(MAN,OIL)))

Die Funktion der Informationsverdichtung kann auf das satzsemantische Prinzip der rekursiven Einbettung von Propositionen zurückgeführt werden und ist daher nicht primär textueller Natur.[2]

Als textuelle Funktionen im engeren Sinn sind Lipkas "specific functions", nämlich Pronominalisierung und semantische Pronominalisierung, anzusehen. Beide tragen zur Kohäsion und Kohärenz von Texten bei (Lipkas "general function"; s. o.) und sind - umgekehrt - ohne Bezug auf die Textebene nicht erklärbar.

3. Textfunktionen und Korpusanalyse

Von den genannten Textfunktionen im engeren Sinn ist die der semantischen Pronominalisierung einer Korpusanalyse am schwersten zugänglich. Das hängt zum einen damit zusammen, daß für die korpuslinguistische Erfassung dieser Funktion eine detaillierte semantische Analyse großer Textmengen nötig wäre, die z. B. eine Überprüfung von Wortfeldern und möglichen Konnotationen der verwendeten Lexeme einschlösse. Zum anderen zeigen Stichproben, daß selbst im Rahmen einer solchen Textanalyse die Funktion der semantischen Pronominalisierung für NNK vergleichsweise selten nachzuweisen ist. Wo sie dennoch auftritt, ist sie gewöhnlich mit der Rekurrenz morphologischer Elemente kombiniert (vgl. *after-curry nap* in (2) oder das Beispiel in Lipka (1990: 172).

Anders verhält es sich mit der Funktion 'Pronominalisierung', die eine Wiederaufnahme lexikalischen Materials beinhaltet. Hier ermöglichen Suchroutinen das schnelle Auffinden identischer Lexemstämme in maschinenlesbaren Korpora, und die Korpusanalyse zeigt, daß pronominalisierende NNK in bestimmten Textsorten relativ häufig gebraucht werden. In den hier untersuchten Fachtexten beruhen Pronominalisierungen typischerweise auf Reduktionen von Präpositionalphrasen (siehe (4a)) sowie 'clauses' (mit Deletion bzw. Nominalisierung des Prädikats in (4b) bzw. (4c)):

(4a) the displacement of the jet (J74: 17) [...]
the jet displacement (J74: 30)
(4b) the displacements are obtained from the models [...]
the model displacements (J76: 63-64)
(4c) Niobium is precipitated with ammonia [...]
the niobium precipitate (J01: 81-82)

Für solche Formationsprozesse wurden verschiedene Typologien entwickelt. So klassifiziert Wildgen (1983: 240f.) Beispiele wie (4a-c) als "anaphorische Komposition", im Gegensatz etwa zu den folgenden, die auf den Prozess "anaphorische Verdünnung" zurückgehen.

(5a) the vector equation [...]
this [ ] equation (J05: 27-28)
(5b) the higher strength material specimens (J71: 8) [...]
the lower strength [ ] specimens (J71: 10)

Weitere Typen und Subtypen textueller Formationsprozesse ließen sich durch das Korpus belegen. Im folgenden soll jedoch die allgemeine Textfunktion von NNK, nämlich ihr Beitrag zur Kohäsion und Kohärenz von Texten, diskutiert werden. Aus den oben genannten Gründen konzentriere ich mich dabei auf den Kohäsionstyp "lexical repetition" (vgl. Halliday/Hasan 1989: 81), d. h. auf die Interaktion zwischen dem lexikalischen Material in NNK und identischem Material des Kontextes. Dabei stellt sich die Frage, wie solche Beziehungen - über die Demonstration einzelner Beispiele hinaus - korpuslinguistisch erfaßt und bewertet werden können.

Einen Ansatzpunkt hierzu bietet Hasans Theorie von kohäsiver Harmonie ("cohesive harmony") (Hasan 1984; Halliday/Hasan 1989: 91-94). Diese Theorie versucht, den Grad der Kohärenz eines Textes durch die Anzahl und Struktur seiner kohäsiven Elemente auszudrücken.

Der folgende Textausschnitt (Nacherzählung eines Kindes; vgl. Hasan 1984: 189) zeigt, wie das Zusammenwirken verschiedener Kohäsionstypen (lexikalische Kohäsion, Pronomen) die referentielle und semantische Kontinuität des Textes signalisiert:

(6) S1 there was once a little girl and a little boy and a dog
S2 and the sailor was their daddy
S3 and the little doggy was white
S4 and they liked the little doggy
S5 and they stroke it
S6 and they fed it

Eine der kohäsiven Ketten des Textes (K1) besteht aus den Elementen *girl/boy* (S1) - *their* (S2) - *they* (S4) - *they* (S5) - *they* (S6). Sie signalisiert Referenz auf ein und denselben Referenten ("identity chain"; Halliday/Hasan 1989: 84). Eine andere Kette (K2) enthält die 'tokens' von *little* (S1, S1, S3, S4). Sie signalisiert keine referentielle, sondern eine semantische Kontinuität: Verschiedenen Referenten (*girl, boy, doggy*) wird eine gemeinsame Eigenschaft zugesprochen ("similarity chain"; Halliday/Hasan 1989: 84). Auch *stroke* (S5) und *fed* (S6) bilden eine solche Kette (K3). Durch ihre semantische Verwandtschaft - man könnte beide in einem Wortfeld CARE FOR ansiedeln - tragen sie zur Kontinuität des Textes bei. Textelemente, die in Kohäsionsketten integriert sind (z. B. *girl, boy, their oder stroke, fed*) bezeichnet Hasan (1984: 211) als "relevant tokens", solche, die es nicht sind, als "peripheral tokens" (z. B. *white* in S3).

An dem obigen Text läßt sich weiterhin beobachten, daß verschiedene Ketten durch semantisch-grammatische Beziehungen verbunden sind, K1 und K2 beispielsweise durch die Relation Attribut/Kern in *little/girl* und *little/boy* (S1). Ähnliches gilt für K1 und K3, die durch die 'tokens' *they/stroke* (S5) und *they/fed* (S6) die Beziehung Subjekt/Prädikat (semantisch: Agens/Aktion) eingehen. Wo solche Beziehungen zwei- oder mehrfach auftreten (wie in den obigen Beispielen), spricht Hasan von "chain interaction" und begründet die Relevanz dieses Konzepts wie folgt:

> Note that each of these chains is itself constructed on a semantic principle which creates unity among its members; now through the examination of the interaction of individual chains with each other a further source of unity is laid bare. This source resides in the fact that similar "things" are said about similar/same "entities," "events," etc. (Hasan 1984: 212)

Diejenigen Formen eines Textes, auf denen Interaktionen zwischen Kohäsionsketten basieren, nennt Hasan "central tokens". Als 'zentrale Elemente' gelten im obigen Text z. B. *they* in S5 und S6, nicht aber *their* in S2. Dieses 'token' ist relevant, jedoch nicht zentral.

Der Grad der kohäsiven Harmonie und damit der Kohärenz eines Textes ergibt sich nach Hasan (1984: 218) aus der Anzahl seiner zentralen Elemente: "the higher the ratio of CT [central tokens] to PT [peripheral tokens], the more coherent the text will be, all else being assumed equal". Hasan gründet diese Formulierung auf die Ergebnisse von Tests, in denen Leser intuitive Urteile über die Kohärenz verschiedener vorgelegter Texte abgaben.

4. Ergebnisse der Korpusanalyse

Für die Textanalyse wurden zwei Genres ('naturwissenschaftliche/technische Fachtexte' und 'fiktionale Texte') gewählt, in denen - der Literatur zufolge (vgl. z. B. Lipka 1987: 66) - textuelle Funktionen von NNK als besonders typisch bzw. untypisch gelten. Das untersuchte Material stammt aus den entsprechenden Abschnitten des LOB-Korpus, nämlich aus je 29 Passagen der Genres J ("Learned, Scientific") und K ("General Fiction"). Jede Passage enthält ca. 2000 orthographische Wörter laufenden Texts.

Die folgende Tabelle zeigt, daß hinsichtlich der Verwendung von NNK erhebliche Unterschiede zwischen den gleich großen Teilkorpora bestehen.

(7)

(a) LOB-Genre	(b) NNK insgesamt	(c) Zahl der Konstituenten						(d) institutionalisiert
		2	3	4	5	6	7	
learned/scientific	2290	1656	500	95	34	4	3	539
general fiction	604	533	64	5	2	0	0	441

Die Fachtexte enthalten drei- bis viermal so viele NNK wie die Romantexte (Spalte b) und darüber hinaus auch komplexere Konstruktionen (Spalte c). Das Korpus zeigt weiterhin, daß institutionalisierte, d. h. in Wörterbüchern verzeichnete[3] NNK (Spalte (d); z. B. *card trick* oder *cowboy*) in den fiktionalen Texten dominieren (441, 73%). Hingegen bestehen die NNK der wissenschaftlichen Texte zu weniger als einem Viertel (539, 24%) aus diesem Typ. Diese Zahlenverhältnisse lassen sich erklären, wenn man die semantischen Charakteristika von NNK (Abschnitt 1) mit Produktions- und Rezeptionsbedingungen der beiden untersuchten Genres korreliert.

In den wissenschaftlichen Texten motivieren sowohl pragmatische Prinzipien (wie z. B. die Relevanzmaxime) als auch technische Anforderungen (wie z. B. Seitenvorgaben für Veröffentlichungen) die Verdichtung von Information. NNK - insbesondere auch komplexe Formen - entsprechen diesen situationellen Anforderungen und werden gehäuft verwendet. Für die Adressaten wissenschaftlicher Texte kann zudem ein hoher Wissensstand in dem betreffenden Fachgebiet vorausgesetzt werden, der den Leser befähigt, ad hoc gebildete und deshalb durch das Lexikon nicht erschließbare NNK zu interpretieren.

Für fiktionale Texte sind die erwähnten Motive der Informationsverdichtung weit weniger plausibel, was für eine geringere Zahl von NNK spricht. Auch richtet sich 'general fiction' an einen breiteren Kreis von Lesern, als deren zuverlässigste gemeinsame Wissensbasis das Lexikon der betreffenden Sprache anzunehmen ist. Dieser Situation entsprechen eher institutionalisierte NNK.

Im folgenden werden einige Texte analysiert, deren NNK-Frequenz dem jeweiligen Genre-Durchschnitt (ca. 79 für J-Texte, ca. 21 für K-Texte) nahekommt. Die Ermittlung kohäsiver Bindungen beschränkt sich auf den Typ 'lexical repetition' (vgl. Abschnitt 3).

(8)

		J05	J74	J76	K02	K10	K12
(a) NNK	(tokens)	73	84	74	20	20	19
b) NNK	(types)	35	41	25	17	20	19
(c) NNK-Konstituenten	(types)	47	48	36	35	37	37
(d) im Kontext vorhandene NNK-Konstituenten	(types)	28	31	21	16	15	12
(e) im Kontext vorhandene NNK-Konstituenten	(tokens)	166	211	135	34	47	20
(f) NNK-Konstituenten (types) in verschiedenen NNK (types)		14	20	6	0	3	2

Zeile (a) enthält die Anzahl der NNK-'tokens' pro Text, Zeile (b) die Zahl der zugrundeliegenden Typen. Der kleinere 'type/token'-Quotient der J-Texte reflektiert den in Fachtexten gesteigerten Einsatz des Kohäsionstyps der lexikalischen Wiederholung.

Weil im Falle von NNK nicht nur einzelne lexikalische Elemente, sondern eine konstante semantische Beziehung wiederholt wird, liegt 'chain interaction' vor. Bei den Konstituenten solcher NNK handelt es somit um zentrale 'tokens', die - nach Hasan - zu kohäsiver Harmonie beitragen und die Kohärenz des Textes mitbestimmen.

Zeile (c) zeigt, wieviele unterschiedliche Konstituenten von NNK ein Text enthält. Zum Beispiel ergeben *blood group* und *blood transfusion* zusammen drei Konstituenten-Typen: *blood*, *group* und *transfusion*. Der Anteil von Konstituenten, die im Text auch außerhalb von NNK verwendet werden, liegt bei den J-Texten regelmäßig über 50%, bei K-Texten dagegen meist darunter (Zeile (d)). Auch sind die derart in den Text integrierten Konstituenten von NNK in J-Texten kontextuell 'aktiver', wie die Zahl ihrer kohäsiven Bindungen mit anderen 'tokens' (bezogen auf lexikalische Wiederholung) in (e) belegt: NNK in wissenschaftlichen Texten besitzen eine statistische Affinität zur Teilnahme an langen und somit oft thematischen Kohäsionsketten.

Daneben liefern die Zahlen in (e) auch indirekte Hinweise auf das Vorkommen spezieller Textfunktionen, weil ja jede Pronominalisierung (siehe Beispiele (4a-c)) in (d) zu Buche schlägt. Pronominalisierungen betreffen den Grad der Kohärenz eines Textes, weil sie - in veränderter syntaktischer Form - dieselbe semantische Beziehung zwischen identischen lexikalischen Einheiten durch den Text 'transportieren'. Die pronominalisierten Elemente werden dadurch zu 'central tokens' mit entsprechenden Konsequenzen für die Kohärenz des Textes.

Auch untereinander interagieren die NNK in den wissenschaftlichen Texten stärker als diejenigen in fiktionalen Texten. Zeile (f) gibt an, wieviele der NNK-Konstituenten aus (c) in mehr als einem der NNK-'types' auftreten. In den Texten des Genres J finden sich regelmäßig 'Familien' von NNK, die durch eine oder mehrere Konstituenten zusammengehalten werden.

Hierzu ein Beispiel aus Text J05:

(9)

electron	wave	
Bloch	wave	function
stationary state	wave	function
	wave	function
	wave	equation
	wave	length
	wave	mechanics
	wave	vector

Die 'tokens' von *wave* interagieren, wie die Analyse des Textes J05 zeigt, mit einer ganzen Reihe von Kohäsionsketten. Solche 'tokens' sind nicht nur zentral, sondern konstituieren auch sogenannte 'focal chains'. Deren Wirkung besteht nach Halliday/Hasan (1989: 94) darin, daß "a complete break in chain interaction does not take place - transition from one topic to the next is a merging rather than a clear boundary".

Resümierend läßt sich feststellen, daß die Verwendung von NNK nicht ohne Bezug auf das jeweilige Genre zu beschreiben ist. In den untersuchten Fachtexten, wo die semantischen Eigenheiten dieser Konstruktion den kommunikativen Anforderungen des Genres besonders entsprechen, übernehmen NNK regelmäßig die oben beschriebenen textuellen Funktionen. Die Tendenz, NNK in Fachtexten verstärkt als 'central tokens' zu verwenden, ist im Korpus nachweisbar. Umgekehrt erleichtern solche Textfunktionen die Interpretation ad hoc gebildeter und komplexer Konstruktionen, indem diese durch den Kontext motiviert werden.

Dieses Verwendungsmuster läßt sich in fiktionalen Texten nur beschränkt nachweisen. Dort rücken deshalb andere der simultan realisierbaren Funktionen von NNK in den Vordergrund: ihr benennender Charakter sowie die Möglichkeit, komplexe Sachverhalte in institutionalisierten, durch lexikalisches Wissen zugänglichen Syntagmen zu kondensieren.

Anmerkungen

1 In Klammern steht die Referenz auf das LOB-Korpus: (Genre/Text-Nr.: Satz-Nr.). "J" steht für das Genre "Learned, scientific", "K" für das Genre "General Fiction".

2 Bezeichnenderweise belegt Lipka (1990: 171f.) diese Funktion durch dekontextualisierte Beispiele.

3 Verwendet wurden das Oxford English Dictionary sowie Walker, M. B. (ed.) (1988): Chambers science and technology dictionary. Cambridge.

Literatur

Daneš, F. (1987): "On Prague School functionalism in linguistics". - In: Dirven, R. / Fried, V. (eds.): Functionalism in linguistics (Amsterdam etc.: Benjamins) 3-38.

Halliday, M. / Hasan, R. (1989): Language, context, and text. Aspects of language in a social-semiotic perspective. - Oxford: University Press.

Handwerker, B. (1988): "Wortbedeutung und Textverstehen". - In: Arntz, R. (ed.): Textlinguistik und Fachsprache. ALLA Symposion Hildesheim 13.-16. April 1987 (Hildesheim etc.: Olms) 333-348.

Hasan, R. (1984): "Cohesion and cohesive harmony". - In: Flood, J. (ed.): Understanding reading comprehension (Newark: International Reading Association) 181-219.

Jespersen, O. (1909-1949): A Modern English Grammar on Historical Principles. I-VII. - Kopenhagen: Munksgaard. - Nachdruck: London: Allen & Unwin, 1961.

Lipka, L. (1987): "Word-formation and text in English and German". - In: Asbach-Schnitker / Roggenhofer, J. (eds.): Neuere Forschungen zur Wortbildung und Historiographie der Linguistik: Festgabe für Herbert E. Brekle zum 50. Geburtstag (Tübingen: Narr) 59-67.

- (1990): An outline of English lexicology: Lexical structure, word semantics, and word-formation. - Tübingen: Niemeyer.

Quirk, R. / Greenbaum, S. / Leech, G. / Svartvik, J. (1985): A comprehensive grammar of the English language. - London: Longman.

Wildgen, W. (1983): "Makroprozesse bei der Verwendung nominaler ad-hoc-Komposita im Deutschen". - In: Deutsche Sprache 10, 237-257.

TEMPORALE ANAPHORA IN FIKTIONALEN NARRATIVEN TEXTEN?

Florian Panitz

1. Theoretischer Rahmen

1.1. Das Konzept der temporalen Anaphora

Der folgende Beitrag greift die Frage auf, inwieweit es gerechtfertigt ist, die Erstellung von Zeitreferenz durch temporale Elemente im Text, insbesondere durch Tempusmorpheme, in Analogie zur pronominalen Anaphora zu betrachten. Hierzu sollen die zahlreichen, teilweise inkompatiblen Konzepte temporaler Anaphora und temporaler Bindung im Text betrachtet werden.

Wie Partee (1973; 1984), McCawley (1971) u. a. verstehen wir unter temporaler Anaphora die Interpretation eines temporalen Elementes in bezug auf ein in der Regel im Text vorhergehendes Element, das als 'Antezedent' fungiert. Allgemein stellt Anaphora die Wiederaufnahme genannter oder implizierter Sachverhalte durch ein anaphorisches Element, z. B. durch ein Personalpronomen, dar. Sie fungiert als thematische Verankerung der Informationen des Textes:

(1a) Hans kaufte sich ein Auto. Es war sehr groß.
(1b) Gestern wurde das neue Klärwerk eröffnet. Dieses war ein großes Ereignis für die Stadt.
(1c) Marlene wollte gerne noch einmal in Babelsberg drehen. Sie fand es ein so schönes Filmstudio.

Hierarchisch müßte das anaphorische Element dem Antezedenten untergeordnet sein, denn eine definite Bestimmung des Referenten der Anapher ist nur über die Rekonstruktion des Antezedenten möglich. Diese kann wie in (1c) auch auf eher indirekte Art erfolgen.

Das skizzierte Konzept der Anaphora läßt sich bis zu einem gewissen Grad auf temporale Formen übertragen. So können auch explizite lexikalische Elemente anaphorisch interpretiert werden:

(2) Gestern kam er um 8 Uhr nach Hause. Eine Stunde später war er eingeschlafen.

In (2) ist das Temporaladverb *eine Stunde später* nur über den Antezedenten *gestern [...] um 8 Uhr* definit interpretierbar, welcher seinerseits eine deiktische Verankerung relativ zum Sprechzeitpunkt erfährt. McCawley (1971: 110) und Partee (1973) verweisen jedoch darauf, daß alle kontextsensitiven temporalen Elemente, also auch Tempusmorpheme, in gewisser Weise anaphorisch interpretiert werden können. Man beachte hierzu die folgende minimale narrative Sequenz:

(3) Gestern kam er um 8 nach Hause. Er machte sich Tee, telephonierte und ging ins Bett.

Folgen wir z. B. der in Partee (1973; 1984) vertretenen Auffassung, bindet sich das Tempusmorphem in *machte sich einen Tee* anaphorisch an das Temporaladverb *gestern [...] um 8*

Uhr, das Tempusmorphem in *telephonierte* an jenes in *machte* und das Präteritumsmorphem in *ging ins Bett* an jenes in *telephonierte*. Temporale Anaphora kann somit als Prinzip der Herstellung einer narrativen Sequenz gesehen werden. Auf die Problematik der in Verbindung mit dieser Annahme entwickelten Regeln der Textkonstitution in bezug auf "erzählende" Texte (z. B. Hinrichs 1981; 1986, Kamp/Rohrer 1983, Lo Cascio 1986, Partee 1984) soll im folgenden Abschnitt eingegangen werden, um in 2.1. bis 3.3. die gängigen Argumente für und gegen ein in Analogie zur pronominalen Anaphora entwickeltes Konzept der temporalen Anaphora zu überprüfen. Ein letzter Abschnitt wird den Möglichkeiten einer alternativen Integration textpragmatischer Funktionen der Kategorie 'Tempus' in eine textorientierte Tempustheorie gewidmet sein. Der Schwerpunkt der Betrachtungen liegt dabei auf der Analyse englischer und deutscher narrativer Texte.

1.2. Temporale Anaphora und Textkonstitution

Viele textsemantisch orientierter Ansätze (z. B. Hinrichs 1981; 1986, Kamp 1979; 1981b, Kamp/Rohrer 1983, Partee 1984, Reyle 1986) verstehen temporale Anaphora als textkohäsive Relation im unter 1.1. erläuterten Sinne und beschreiben die Interpretation temporaler Formen im Text in Analogie zu der Interpretation pronominaler Elemente. Der hohe Abstraktionsgrad zeitontologischer Konzepte führt aber dazu, daß die Beweisführung in bezug auf temporale Interpretationsprozesse auf Hilfsmodellen beruht, da keine eindeutige Zuordnung von Referenten zu Tempusmorphemen in Analogie zur Referenzzuweisung für Pronomina möglich ist. Die Komplexität temporaler Interpretationen spiegelt sich bereits in Minitexten wie (3), wo dem Präteritum neben der anaphorischen Funktion mindestens zwei weitere Aufgaben zukommen würden: eine deiktische der Lokalisation von Ereignissen relativ zum Sprechzeitpunkt und eine innertextlich-deiktische, da ja jede Ereignislokalisierung in diesem Text auch in bezug auf das einleitende Temporaladverb durchgeführt werden kann. Diese Multifunktionalität veranschaulicht für die englischen Vergangenheitstempora die Tempusanalyse nach Reichenbach (1947):

	R,E	S	Simple Past	(*he went*)
E	R	S	Past Perfect	(*he had gone*)

Das Simple Past drückt demnach Vorzeitigkeit einer Referenzzeit zu einer Sprechzeit und Gleichzeitigkeit einer Ereigniszeit mit der Referenzzeit aus, beim Past Perfect würde die Ereigniszeit zeitlich vor der Referenzzeit zu lokalisieren sein.

Narrative Texte werden in der Regel über das Vorhandensein einer vordergründigen Handlungskette, die mit dem sukzessiven Voranschreiten einer intervallartigen Referenzzeit in Verbindung gebracht wird, und einem Hintergrund, der zeitlichen Stillstand signalisiert, definiert (vgl. Partee 1984: 254, Hinrichs 1981: 58). Zeitliches Voranschreiten ist dabei in Abhängigkeit von den den Ereignisbeschreibungen zugrundeliegenden (idealisierten) Aspektklassen nach

Dowty (1972; 1986) zu sehen: "States" (*be sick*) und "Activities" (*push a cart*) werden als imperfektive 'Zustände' aufgefaßt, die durch die schwache Inklusion der Referenzzeit in der Ereigniszeit Handlungsstillstand signalisieren und Hintergrundinformationen liefern, während 'Accomplishments' (*draw a circle*) und 'Achievements' (*reach the top*) als perfektive 'Ereignisse' mit der zeitlichen Sukzession von Vorkommnissen in der vordergründigen Handlungslinie in Verbindung gebracht werden, wobei die Referenzzeit die Ereigniszeit schwach inkludiert (vgl. z. B. Hamann 1991: 411). In diesem Sinne 'perfektive Ereignisse', die jedoch zum textuellen Hintergrund gehören, werden als zeitlich zueinander ungeordnet angesehen (Schopf 1987: 197). Dieses idealisierte Muster eines narrativen Textes dient zwar in ähnlicher Form zahlreichen textlinguistisch orientierten Ansätzen als Grundlage (z. B. Reinhart 1984: 779, Tannen 1982: 2), stößt aber schon bei einfachen Texten auf Schwierigkeiten in seiner Anwendung: im obigen Sinne 'imperfektive' Formen bringen häufig die Handlungskette voran, Ereignisse im Hintergrund erscheinen zeitlich geordnet, 'imperfektive Zustände' werden durch den textuellen Kontext in 'perfektive Ereignisse' umgedeutet und umgekehrt, und letztendlich ist nicht deutlich, welche Erzähltechniken überhaupt noch als narrativ zu bezeichnen sind (vgl. z. B. Couper-Kuhlen 1989). Man beachte als symptomatisch die Komplexität der folgenden, recht 'normal' wirkenden Texteinleitung:

(4) (A) Eine Frau ging zum Bade. (B) Sie hatte vier, fünf Kinder und war sehr arm. (C) Sie ging zum Bade, um ihre Kinder zu waschen. (D) Wollte sie hier zum Wasserbecken herankommen, wurde sie von der einen gestoßen; wollte sie da herankommen, wurde sie von der anderen gestoßen. (E) Da das Bad voll war, wollte sie wenigstens die Kinder frottieren. (F) Sie sah sich um und fand die Abteilung der Vornehmen. (G) Sie ging hinein [...]. (aus: "Umm Mohammad und die vornehmen Frauen" - In: Arabische Märchen, Fischer 1991: 158)

Schon die thematische Wiederaufnahme des Ereignisses 'eine Frau geh- zum Bade' in (C) läßt sich nicht mit automatisierten Sukzessionsprinzipien für Referenzzeiten in Verbindung mit Ereignissen in Einklang bringen. Neben der Problematik der Einordnung von Zustandspassiva stellt sich in (D) das Problem der zeitlichen Begrenzung der 'Activity' *wollte [...] herankommen*, die hier in eine zeitlich-kausale Handlungskette 'sie will- herankommen - sie werd- gestoßen' eingebettet ist. Auch steht der zweite Teil des Satzes in zeitlicher Sukzessionsbeziehung zum ersten Teil; schließlich erlaubt die gesamte Konstruktion (D) die Uminterpretation sämtlicher Vorkommnisse in Iterativa, indem ausgedrückt wird, daß die Protagonistin öfter versuchte, hier und da an das Becken heranzukommen, was dem gesamten Ausdruck (D) wiederum Zustandscharakter gibt.

Sollten im obigen Sinne 'anaphorische' Beziehungen zwischen Tempusmorphemen in Form der Sukzession bzw. Nicht-Sukzession von Referenzzeiten zu beschreiben sein, müßte neben der Erzählung (narratio) und der Beschreibung (descriptio) die Explikation (explicatio), insbesondere die hierarchisch angeordnete Partikularisierung von Handlungsabläufen in unterschiedliche (Teil-) Handlungsketten, Beachtung finden:

(5) We were sitting in the blind that Wanderobo hunters had built of twigs and branches at the edge of the salt-lick when we heard the truck coming. At first it was too far away and no one could tell what the noise was. Then it was stopped and we hoped it had been nothing or

perhaps only the wind. Then it moved slowly nearer, unmistakable now, louder and louder until, agonizing in a clank of loud irregular explosions, it passed close behind us to be on up the road. The theatrical one of the trackers stood up. (E. Hemingway: "Green Hills of Africa", 1977: 12)

In (5) wird das Vorkommnis 'we hear the truck coming' in eine untergeordnete Handlungskette partikularisiert, von der 'it move slowly nearer' ebenfalls in die Sukzession der Zustände(!) 'be unmistakable' und 'be louder and louder' aufgespalten wird. Derartige hierarchische Verschachtelungen scheinen gerade in Erzähltexten die Regel zu sein, so daß in einschlägigen Aufsätzen formulierte Prinzipien temporaler Anaphora eher als Stipulationen denn als Erklärungen der diskursiven Funktion der grammatischen Kategorie 'Tempus' zu sehen sind. Insbesondere gilt es, lokale Beziehungen, z. B. zwischen benachbarten Sätzen, von globalen Beziehungen innerhalb eines Textes zu unterscheiden (vgl. Bäuerle 1988: 118). So können in bezug auf ihre zeitliche Positionierung ungeordnete Referenzzeiten (was z. B. nach Nerbonne (1984: 23) auf unzusammenhängenden Diskurs hindeutet) durch entsprechende 'globale' Einbettung in einen textuellen Zusammenhang kohärenter Bestandteil einer Erzählung werden, wie z. B. (6) als Teil eines inneren Monologs:

(6) Paul came to see us and told us about the fire. He will certainly call John. Unfortunately, he also called his aunt but she didn't understand anything. The insurance company will refund part of the damages. (Vgl. Adelaar/Lo Cascio 1986)

A priori können daher keine Aussagen darüber getroffen werden, ob (6) kohäsiver ist als (7):

(7) Paul came to see us and told us about the fire. He had dinner with us and we played, he the piano and I the violin. He left satisfied. (Vgl. Adelaar/Lo Cascio 1986)

Einige Autoren (z. B. Houweling 1986) definieren in diesem Zusammenhang bestimmte Tempora von vorneherein als anaphorisch und im zusammenhängenden Diskurs mit entsprechenden deiktischen Tempora kompatibel. So wäre das Past Perfect *had found* in (8) nur in Abhängigkeit von der 'deiktischen' Lokalisation einer Referenzzeit in der Vergangenheit zum Sprechzeitpunkt, viz. dem deiktischen Simple Past, interpretierbar:

(8) Al went to New York. Bo had found him a room. He went directly to it.

Eine derartige Einteilung der Tempora in 'deiktische' und 'anaphorische' vollzieht z. B. Lo Cascio (1986) bei der Erstellung von Textgrammatiken und ist mit den von Hinrichs (1986) oder Partee (1984) verfolgten Konzepten temporaler Anaphora inkompatibel, in denen ja alle Tempora im innertextlich-kontextuellen Zusammenhang eine anaphorische Funktion erfüllen.

Die Analogiebildung zwischen temporaler und pronominaler Anaphora ist also - insbesondere wegen der Schwierigkeit eindeutiger Referenzzuweisung zu temporalen Formen - problematisch. Die dementsprechend vage Formulierung idealisierter Prinzipien der Textkonstitution stößt in der praktisch-analytischen Anwendung auf derart große Probleme, daß es sinnvoll ist, das Konzept der temporalen Anaphora anhand der dafür angeführten Argumente kritisch zu hinterfragen.

2. Parallelen zwischen pronominaler und temporaler Anaphora

2.1. Das syntaktische Argument: Präzedenz und Kommando

McCawley (1971) und Smith (1981) versuchen, die für Pronomina postulierten Abhängigkeiten der Erstellung von Koreferenz mit potentiellen Antezedenten von Präzedenz- und Kommando-Relationen auf die Beziehungen zwischen temporalen Formen zu übertragen. Regeln für pronominale Anaphora werden meist über das Prinzip des C-Kommandos und der Präzedenz formuliert. Ein Pronomen darf demzufolge seinen Antezedenten nur dann präzedieren, wenn es ihn nicht gleichzeitig kommandiert, ansonsten wird die Koreferenz beider Elemente blockiert:

(9a) * He was tired last night, although Max couldn't sleep.

So würde sich in (9a) das Pronomen mit großer Wahrscheinlichkeit nicht auf *Max* beziehen. Ähnlich sollen nun temporale Elemente behandelt werden können:

(9b) ? Max couldn't sleep, although he was tired last night.

Betrachtet man das Temporaladverb *last night* in (9a) und (9b) als Antezedenten und das Tempusmorphem des Teilsatzes ohne Adverb als Anapher, könnte man (9b) als nicht-wohlgeformt betrachten, da sich *couldn't sleep* nicht auf den Zeitraum 'last night' beziehen können soll (vgl. McCawley 1971: 111), denn das 'anaphorische' Tempusmorphem steht zum 'deiktischen' Temporaladverb in Präzedenz- und in Kommandorelation. M. E. schließt aber auch (9b) die Interpretation der Koreferenz beider Elemente nicht aus; es handelt sich hier eher um Ermessensfragen als um explanatorische Regelformulierungen (vgl. Smith 1981, der bezüglich temporaler Elemente einen Hang zu 'Ausnahmen' vom Präzedenz- und Kommandoprinzip bemerkt). Insbesondere hat die koreferentielle Lesart in (9b) stärkere Akzeptabilität als die pronominale in (9a).

(10) The secretary had announced one day earlier that the treaty expired on Wednesday, October 28, 1992.

Nicht nur kommandiert und präzediert das 'anaphorische' Adverb *one day earlier* seinen Antezedenten *on Wednesday, October 28, 1992*, sondern auch das von einigen Autoren als 'anaphorisch' bezeichnete Past Perfect präzediert und kommandiert das 'deiktische' Simple Past, womit auch von syntaktischer Seite gegen die Klassifizierung bestimmter Tempora als 'deiktisch' oder 'anaphorisch' Gründe vorgelegt werden können. Insgesamt scheint die syntaktische Argumentation für eine Gleichbehandlung pronominaler und temporaler Anaphora zu schwach zu sein, um explanatorische Kraft bezüglich möglicher Antezedent-Anapher-Relationen haben zu können.

2.2. Semantische Kontextfindung

Häufig erlaubt es der diskursive Kontext, die Referenten indefiniter Elemente im diskursiven Verlauf definit zu identifizieren:

(11) Every farmer who owns a donkey beats it.

Ähnlich definite Kontextbildungen weisen temporale Formen auf (vgl. Partee 1984: 274):

(12) When ever Mary telephoned, Sam was asleep.

In der Logik werden Sätze wie (12) häufig wie Konditionalsätze behandelt, etwa in der Form *if Mary telephones, Sam is asleep* (vgl. Kamp 1981a). Man vergleiche hierzu (13a) mit (13b):

(13a) *If every man owns a donkey, he beats it.

(13b) *If Sheila always walks into the room, Peter wakes up.

(13a) und (13b) würden demnach doppelt ineinandergeschachtelte Konditionalgefüge darstellen, die offensichtlich keine definite Kontextbildung mehr erlauben. Hier scheint es sich jedoch eher um allgemeine Prinzipien dynamischer Informationsverarbeitung zu handeln als darum, daß sie ein Argument für eine Gleichsetzung pronominaler mit temporaler Anaphora darstellen könnten.

2.3. Parallelen der Deixis und Kontextverschiebung

Nerbonne (1984: 29) bemerkt, daß inner- wie außertextlich deiktisch fungierende Elemente anhand der gleichen Anzahl kontextueller Parameter ausgewertet werden:

(14) He said: "I was at the meeting yesterday."

Wie die Personalpronomen des eingebetteten Satzes und des Matrixsatzes anhand der Parameter 'Sprecher', 'Hörer' und 'Dritte' kontextuell zu verankern sind, so werden auch die temporalen Formen beider Teilsätze anhand derselben kontextuellen Parameter - z. B. der Sprechzeit 's', der Referenzzeit 'r' und der Ereigniszeit 'e' (vgl. Reichenbach 1947) - in ihren Kontext eingebettet. Die Verankerung der pronominalen und der temporalen Elemente im eingebetteten Satz unterscheidet sich von der deiktischen Einbindung im Matrixsatz lediglich durch die Art der Herleitung dieser Parameter:

(14')	Pronomina:	Tempora:
	$[\text{Matrixsatz}]_{\text{Spr., Hrr., Dritte}}$	$[\text{Matr.S.}]_{\text{s,e,r}}$
	$[\text{eingeb. Satz}]_{\text{Dritte, Hrr. Dritte'}}$	$[\text{eing.S.}]_{\text{e,e',r'}}$

Dieses deutet auf eine notwendige indexikalische Analyse kontextsensitiver Elemente in einer propositionsorientierten Semantik hin und stellt in der Tat jenen Punkt dar, der am ehesten Gemeinsamkeiten zwischen temporaler und pronominaler Anaphora aufzuzeigen vermag, denn sowohl temporale als auch pronominale Elemente sind in der Semantik kontextsensitiv zu interpretieren. Kontextherstellung unterliegt häufig pragmatischen Faktoren wie unserem Weltwissen. Folglich wird versucht, in den übrigen Argumenten für die Gleichbehandlung beider Arten der 'Anaphora' temporale Anaphora als Prinzip pragmatischer Kontextfindung darzustellen.

2.4. Das Prinzip der 'temporalen Anaphora' macht die Einführung unterschiedlicher tiefen strukureller Konjunktionen überflüssig.

McCawley (1971: 111) erklärt die im Rahmen des generativ-semantischen Paradigmas zunächst postulierten tiefenstrukturellen Arten der 'symmetrischen' Konjunktion *and*, etwa bei zeitlichem Stillstand, und der asymmetrischen Konjunktion (in etwa: *and then*) durch das Prinzip temporaler Anaphora für obsolet. Wir haben jedoch gesehen, daß 'temporale Anaphora' keine adäquate Theorie der Textkonstitution zu fundieren vermag. Besonders deutlich wird dieses dort, wo sich in einer einheitlichen Textsorte beide Arten der zeitlichen Verschachtelung ablösen:

(15) Brighton College of Technology promised they would examine whether she (the former Prime Minister Lady Thatcher) was a "myth or monster" during her 11 years at Number Ten. But last night lecturer Cecile Critchess admitted the 29 course may have to be scrapped. Labour MP Brian Wilson squipped: "It must be the first time Maggie's had trouble getting people to sign on [...] Brighton's Labour leader Steve Bassam wasn't surprised nobody had enrolled [...].

Die Relation zwischen *promised*, *admitted* und *squipped* wäre im Sinne McCawleys als assymmetrisch zu bezeichnen (zeitliche Abfolge), während zwischen *squipped* und *wasn't surprised* eine eher symmetrische Relation bestünde. Insgesamt stoßen wir hier auf dieselbe (unbefriedigende) Konzeption der temporalen Anaphora wie in den textsemantisch orientierten Ansätzen (vgl. 1.2.).

2.5. 'Default Values'

Ein weiterer Versuch, kontextuelle Abhängigkeit in Temporalsemantiken zu integrieren, stellt die Definition von 'Default Values' dar, die sowohl für temporale wie für pronominale Elemente in der Form: "Benutze den nächstliegenden Antezedenten, solange dieses plausibel erscheint" formuliert werden können, was aber bei temporalen Formen Probleme aufwirft:

(16) Letzte Woche machte X tatsächlich einen Spaziergang. Er verließ seinen Schreibtisch, ging die Treppe hinunter und lief wenigstens zehn Schritte. Was dann passierte, weiß ich nicht. Hinterher erholte er sich bei einem deftigen Braten.

Hier wird das anaphorische Adverb *hinterher* in ein komplexes temporales Beziehungsgeflecht integriert: als nächstliegender Antezedent kann das Tempusmorphem in *passierte* fungieren, jedoch käme auch jenes in *machte [...] einen Spaziergang* als Antezedent in Betracht. Der mögliche Bezug auf das letztere Tempusmorphem ergibt sich aus der hierarchisch partikularisierenden Struktur des Textes. Eine so komplexe Herstellung definiter Referenz über Personalpronomina würde schnell zu Mißverständnissen bei der Interpretation eines Textes führen. Wir haben gesehen, daß die häufig angeführten Argumente für eine ähnliche Erfassung pronominaler Anaphora und temporaler Beziehungen genaueren Analysen nicht standhalten. Dieses wiegt umso schwerer, als recht starke Argumente gegen die Annahme solcher Parallelen herangezogen werden können.

3. Argumente gegen eine Gleichbehandlung pronominaler und temporaler Anaphora

3.1. 'Freie' Lesart von Antezedenten

Dowty (1982) verweist darauf, daß im Gegensatz zur pronominalen Anaphora temporale Formen keine 'freie' Lesart von Antezedenten zulassen:

(17a) Every Englishman believes that he is brave.
(17b) Yesterday John left town.

Während (17a) eine Interpretation zuläßt, in der sich *he* nicht auf eine Person aus der mit *every Englishman* bezeichneten Gruppe bezieht, ist eine derartig 'freie' Lesart des temporalen Antezedenten *yesterday* in (17b) nicht möglich: das Tempusmorphem in *left* muß einen in *"yesterday"* enthaltenen Zeitpunkt lokalisieren. Eine Analogie zur pronominalen Anaphora würde sich nur bei temporal-anaphorischen Beziehungen zwischen Sätzen ergeben, man könnte *hinterher* in (16) eine 'freie' Lesart in bezug auf das unmittelbar vorhergehende Tempusmorphem zuschreiben.

3.2. Obligatorischer Gebrauch anaphorischer Elemente

Halliday/Hasan (1976: 8) verweisen auf den obligatorischen Gebrauch anaphorischer Pronomen, um Konstruktionen wie

(18a) * John took John's hat off and hung John's hat on a peg.

zu vermeiden. Dieses Verbot der Wiederholung eines als Antezedenten fungierenden definiten Elementes bezieht sich bei temporalen Formen auch auf 'anaphorische' Elemente:

(18b) ?He came into the room, then he sat down at the table, then he had something to eat.

Doch gilt hier kein absolutes Verbot, wie die Verwendung solcher 'runaway structures' als Stilmittel in der Literatur belegt (vgl. Longacre 1983: 33). Auch hier fällt es schwer, von einer Analogie zwischen pronominaler und temporaler Anaphora zu sprechen.

3.3. Textfunktion

Pronominale Formen sind ein strikter zu handhabendes Mittel der Herstellung textueller Kohäsion als temporale Formen. Dieses wird am Beispiel eines temporalen Perspektivenwechsels, in dessen Rahmen die textuelle Kohäsion einzig über Pronomina beibehalten wird, deutlich:

(19) At about eleven o'clock though, in the morning, I noticed that Ginger Nut would advance toward the opening in Partleby's screen, as if silently beckoned thither by a gesture invisible to me where I sat. The boy would then leave the office, jingling a few pence, and reappear with a handful of ginger-nuts, which he delivered in the hermitage, receiving two of the cakes for his trouble. He lives, then, on ginger-nuts, thought I; he never eats a dinner, properly speaking; he must be a vegetarian, then; but no; he never eats even vegetables, he eats nothing but ginger-nuts. (H. Melville: "Bartleby". - In: The Penguin Book of American Short Stories, Penguin 1969:86).

4. Fazit

Die Analogienbildung zwischen pronominaler und temporaler Anaphora wird der funktionalen Vielfalt temporaler Formen aus textpragmatischer Sicht nicht gerecht. Insbesondere die postulierte Ähnlichkeit zwischen den Funktionen von Tempusmorphemen und Personalpronomina ist im Hinblick auf die Textfunktion dieser Elemente als fraglich anzusehen. Weder definitorische Einteilungen in 'deiktische' und 'anaphorische' Tempora noch die Konzepte der 'temporalen Anaphora' als textkohäsive Relation im Rahmen textkonstitutiver Instrumentarien wie 'Erzählung', 'Beschreibung' und 'Explikation' ermöglichen eine adäquate textpragmatische Erfassung der betreffenden Formen. Die häufig angeführten Merkmale temporaler Lokalisation - wie der 'anaphorischen Bindung' oder 'temporalen Sukzession von Ereignissen' - können nicht automatisch mit der Konstitution einer bestimmten Textsorte in Verbindung gebracht werden. Statt des Begriffs der 'temporalen Anaphora' wollen wir daher an dieser Stelle den Terminus der 'lokalen Bindung' einführen und schlagen für die Kategorie 'Tempus' einen Analyseprozeß vor, der in etwa folgende Schritte zu durchlaufen hat: 'vorzeitig? - Perfekt?- definit lokalisiert? - lokal gebunden?' In diesem Rahmen könnten z. B. zeitlich zueinander nicht geordnete, aber in bezug auf den Sprechzeitpunkt definit zu lokalisierende Ereignisse (vgl. (15)) als 'vorzeitig, nicht-Perfekt, definit lokalisiert und nicht lokal gebunden' analysiert werden.

Literatur

Adelaar, M./Lo Cascio, V. (1986): "Temporal relation, localization and direction in discourse". - In: Lo Cascio/Vet (eds.) 251-297.

Bäuerle, R. (1988): Ereignisse und Repräsentationen. - Stuttgart: IBM Deutschland GmbH (= LILOG-Report 43).

Couper-Kuhlen, E. (1989): "Foregrounding and temporal relations in discourse". - In: Schopf, A. (ed.): Essays on tensing in English. II: Time, text and modality (Tübingen: Niemeyer) 7-25.

Dowty, D. R. (1972): Studies in the logic of verb aspect and time reference in English. - Austin: University of Texas at Austin.

- (1982): "Tenses, time adverbs, and compositional semantic theory". - In: Linguistics and Philosophy 5, 23-55.

- (1986): "The effects of aspectual class on the temporal structure of discourse: semantics or pragmatics?" - In: Linguistics and Philosophy 9, 37-61.

Halliday, M. A. K. / Hasan, R. (1976): Cohesion in English. - London etc.: Longman.

Hamann, C. (1991): "Semantics and pragmatics - the case of temporal conjunctions". - In: Linguistische Berichte 136, 403-337.

Hinrichs, E. (1981): Temporale Anaphora im Englischen (Examensarbeit, Universität Tübingen).

- (1986): "Temporal anaphora in discourses of English". - In: Linguistics and Philosophy 9, 63-82.

Houweling, F. (1986): "Deictic and anaphoric tense morphemes". - In: Lo Cascio/Vet (eds.) 161-190.

Kamp, H. (1979): "Events, instants and temporal reference". - In: Bäuerle, R. / Egli, U. / von Stechow, A. (eds.): Semantics from different points of view (Berlin etc.: Springer) 237-417.

- (1981a): "A theory of truth and semantic representation". - In: Groenendijk, J. / Janssen, T. / Stokhof, M. (eds.): Formal Methods in the Study of Language. I. (Amsterdam: Matematisch Centrum Amsterdam) 277-322.

- (1981b): "Evénements, représentations discursives et référence temporelle". - In: Langages 64, 39-64.
- / Rohrer, C. (1983): "Tense in texts". - In: Bäuerle, R. / Schwarze, C. / von Stechow, A. (eds.): Meaning, use, and the interpretation of language (Berlin, etc.: De Gruyter) 250-269.
Lo Cascio, V. (1986): "Temporal deixis and anaphor in sentence and text: finding a reference time". - In: Lo Cascio/Vet (eds.) 191-228.
- / Vet, C. (eds.) (1986): Temporal structure in sentence and discourse. - Dordrecht: Foris.
Longacre, R. E. (1983): The grammar of discourse. - New York etc.: Plenum Press.
McCawley, J. D. (1971): "Tense and time reference in English". - In: Fillmore, C. / Langendoen, J. (eds.): Studies in linguistic semantics (New York: Holt, Rinehart and Winston) 97-149.
Nerbonne, J. (1984): German temporal semantics: Three-dimensional tense logic and a GPSG fragment. - Bloomington/Ind.: Indiana University Linguistics Club (vervielf., Diss. Ohio State University).
- (1986): "Reference time and time in narration". - In: Linguistics and Philosophy 9, 83-95.
Partee, B. (1973): "Some structural analogies between tenses and pronouns in English". - In: The Journal of Philosophy 18, 601-609.
- (1984): "Nominal and temporal anaphora". - In: Linguistics and Philosophy 7, 243-286.
Reichenbach, H. (1947): Elements of symbolic logic. - New York: Macmillan.
Reinhart, T. (1984): "Principles of Gestalt perception in the temporal organization of narrative texts". - In: Linguistics 22, 779-809.
Reyle, U. (1986): Zeit und Aspekt bei der Verarbeitung natürlicher Sprachen (Diss. Universität Stuttgart).
Schopf, A. (1987): "The past tense in English". - In: Schopf, A. (ed.): Essays on tensing in English. I: Reference, time, tense and adverbs (Tübingen: Niemeyer) 177-220.
Smith, C.S. (1981): "Semantics and syntactic constraints on temporal interpretation". - In: Tadeschi, P. / Zaenen, A. (eds.): Syntax and semantics. XXIV: Tense and aspect (New York etc.: Academic Press) 213-237.
Tannen, D. (1982): "Oral and written strategies in spoken and written narratives". - In: Language 58, 1-21.

Analyse literarischer Texte

PROSODISCHE UND MUSIKALISCHE ASPEKTE DER "URSONATE" VON KURT SCHWITTERS

Thomas Diße-Runte

Die "Ursonate" von Kurt Schwitters gehört zu den bekanntesten Lautdichtungen des Dadaismus. Dies hängt überlieferungsgeschichtlich wohl mit dem Umstand zusammen, daß eine Schallplattenaufnahme aus dem Jahre 1932 erhalten ist, auf der Schwitters selbst zentrale Teile seines Werkes vorträgt.[1] Wer sich etwas eingehender mit dem Dadaismus beschäftigt, wird überdies feststellen, daß Schwitters' damalige Mitstreiter (z. B. Raoul Hausmann und Hans Arp) in ihren Berichten über die Dada-Performances der 20er und 30er Jahre die "Ursonate" des öfteren erwähnen; sie bildete in Schwitters' Programmen normalerweise das Hauptstück, welches den größten Effekt auf das Publikum machte.

1. Zum Gesamtaufbau der "Ursonate"

Die überlieferte gesprochene Version der "Ursonate" stellt nur eine partielle Präsentation des gedruckten Textes dar, der in vollständiger Form ebenfalls 1932 im hauseigenen Publikationsorgan des Autors als "Merz"-Heft Nr. 24 erschien. Durch die Mitarbeit des Setzers Jan Tschichold hatte der Text zu diesem Zweck eine graphische Gestalt erhalten, die den konstruktivistischen Charakter des Werkes besonders unterstreicht.[2] Diese schriftliche Version der "Ursonate" besteht aus vier Großabschnitten, die analog zu den Sätzen der klassischen musikalischen Sonatenform durch Tempobezeichnungen oder spezielle Formangaben charakterisiert sind, und zwar 1. "Rondo"[3] (mit dem Hauptthema *Fümms bö wö tää zää Uu, pögiff, kwii Ee*), 2. "Largo", 3. "Scherzo" (*Lanke trr gll* ...) mit eingefügtem "Trio" (*Ziiuu iiuu* ...), 4. "Presto". Insbesondere der erste und der vierte Satz bestehen aus einer Vielzahl von Wiederholungen, Variationen, Expansionen und Reduktionen der als Motive und Themen zugrunde gelegten Silbenreihen, so daß ein Vortrag der kompletten "Ursonate" nach Schwitters' Angaben (vgl. Lach 1973: 313) mehr als eine halbe Stunde in Anspruch nehmen würde. Auf der Schallplatte beträgt die Sprechdauer allerdings nur 3½ Minuten; hier stellt Schwitters aus dem ersten Satz lediglich die Hauptthemen vor, dann wird der erste Abschnitt des "Largos" gelesen (das in der Druckfassung eine dreiteilige A-B-A-Struktur aufweist); den Abschluß bildet der komplett vorgetragene dritte Satz.

Die enge Anlehnung an die musikalische Sonatenform wurde von Raoul Hausmann, der sich als Erfinder des 'optophonetischen Gedichtes' betrachtete, als ein 'falscher Klassizismus' moniert, welcher den Prinzipien des von ihm geschaffenen dadaistischen Genres wesensfremd sei (vgl. Hausmann 1972: 68). Schwitters half die Orientierung an den traditionellen Formen einer bestehenden Kunstgattung jedoch, seine eigenen poetischen Kompositionsprinzipien zur Konstruktion eines umfangreichen Werkes zu nutzen. Da nämlich eine motivische Verzahnung zwischen den Sätzen einer Sonate auch in der Musik nur fakultativ ist (wohingegen insbesondere das Tonartenverhältnis dort eindeutig normiert ist), konnte sich Schwitters legitimiert fühlen, seinerseits vier selbständige Lautgedichte, die aus unterschiedlichem Silbenmaterial konstruiert waren, als 'Sätze' einer Lautsonate auszugeben und des weiteren sogar noch ein fünftes Gedicht als sog. 'Kadenz' in den Schlußsatz einzuschieben.[4]

Über die Beschaffung eines allgemeinen Verknüpfungsprinzips für ansonsten autonome Einheiten hinaus gibt das gewählte Muster der Sonate für die einzelnen Sätze aber auch bestimmte prosodische Gestaltungsmaßstäbe vor. So sind etwa Tempo, Silbendauer und Rhythmisierung der Silbenfolgen im "Largo" auf eine gleichmäßig dahinfließende langsame Bewegung hin ausgerichtet, oder der heiter-groteske Charakter eines "Scherzos" wird durch den raschen Wechsel miteinander 'konzertierender' Themen zu imitieren versucht. Am stärksten musikalisiert ist der Mittelteil des dritten Satzes, das "Trio", dessen Vortrag durch Schwitters sogar eine Transkription in eine konventionelle musikalische Notation erlaubt.[5] Als Beleg für die enge Anlehnung an musikalische Vorbilder weise ich hier nur auf das zugrunde gelegte Metrum des 3/4-Takts hin, mit dem Schwitters das für den Menuett- oder Scherzo-Satz der Wiener Klassik kanonische Taktmaß übernimmt. Musikalische Wiederholungs- und Variationsverfahren auf makrostruktureller Ebene sind in der gesprochenen Version der "Ursonate" überdies für den gesamten dritten Satz nachzuweisen. Eine erste Symmetrie wird dort durch die Abfolge der Teile "Scherzo" - "Trio" - "Scherzo" hergestellt, eine weitere Symmetrie findet sich in der inneren Anlage des "Scherzos", dessen Teile so gruppiert sind, daß sich eine A-B-C-B-A-Struktur (mit einer kurzen Koda) ergibt.

In der wissenschaftlichen und essayistischen Literatur zur "Ursonate" sind die verwendeten poetischen Konstruktionsprinzipien gelegentlich mit den Verfahrensweisen der Zwölftonmusik gleichgestellt worden (so etwa von Heißenbüttel 1983). Eine solche Auffassung abstrahiert allerdings allzu stark von den spezifischen Regeln der Dodekaphonie und zeugt von einer wenig sorgfältigen Analyse der tatsächlich nachweisbaren seriellen Prinzipien in Schwitters' Lautdichtung. Schwitters bedient sich grundsätzlich sehr viel allgemeinerer Konstruktionstechniken, als sie von Schönberg für die Musik entwickelt worden sind. Will man einen vergleichenden musikhistorischen Bezug herstellen, so ist es weitaus angemessener, an Kompositionsverfahren aus der Vokalpolyphonie des 15. und 16. Jahrhunderts zu denken - speziell hinsichtlich der Verarbeitung und Verwandlung motivischen Materials durch Umkehrungs- und Spiegelungstechniken sowie durch Erweiterungen und Verkürzungen vorgegebener (Ton-)Reihen.

2. Phonetische und phonologische Eigenschaften des verwendeten Silbenmaterials

In der vorliegenden Art von Dichtung stellen Silben als kleinste selbständig realisierbare Einheiten des Sprechens die elementaren Bausteine dar. Unter phonetischen und phonologischen Aspekten können diese Silben insbesondere auf die Art der beteiligten Laute, auf phonotaktische Regularitäten in der Kombination der lautlichen Segmente und auf silbenstrukturelle Gegebenheiten wie Art und Umfang des Silbenanfangsrands, des Silbennukleus und des Silbenendrands untersucht werden. Dabei ist jeweils von Interesse, in welchem Maße die phonologischen Regularitäten einer Einzelsprache beachtet oder ignoriert werden, ob es eventuell zu Systemüberschreitungen kommt oder ob nur ein bestimmter Ausschnitt des einzelsprachlichen Systems genutzt wird. Ich fasse die wesentlichen Ergebnisse meiner Untersuchung der von Schwitters gesprochenen Version der "Ursonate" in einigen Thesen zusammen.

1. Alle verwendeten (Einzel-)Laute entstammen dem Lautinventar des Deutschen.
2. Es treten relativ viele unterschiedliche Laute auf; vor allem sind praktisch alle Vokale des Deutschen in ihrer gespannten und ungespannten Variante vertreten. Allerdings finden sich keine Diphthonge, und im konsonantischen Bereich fehlen einige wichtige Bestandteile des deutschen Lautinventars, insbesondere bestimmte Frikative, z. B. [š], [ç], [x], [h].
3. Die phonotaktischen Regularitäten des Deutschen werden weitgehend beachtet; es gibt jedoch ein abweichendes Vorkommen von silbischen Liquiden und Nasalen in betonten Silben.
4. Der Anfangsrand der Silben ist in der Regel auf ein Element beschränkt (sofern man auch die Affrikaten monophonematisch wertet); darüber hinaus werden relativ viele unmittelbar vokalisch anlautende Silben verwendet.
5. Es finden sich vergleichsweise viele offene Silben, während geschlossene Silben im Verhältnis zu ihrem sonstigen Vorkommen im Deutschen deutlich unterrepräsentiert sind und alle Silben mit einem Langvokal im Nukleus sogar grundsätzlich nicht mit einem Konsonanten geschlossen werden.
6. Aus der Bevorzugung offener Silben ergibt sich, daß das für das Deutsche wichtige Phänomen der 'Auslautverhärtung' in der "Ursonate" kaum eine Rolle spielt (obwohl es z. B. in der Aussprache von *fümms* belegt ist).

Die angeführten Regularitäten sind zu einem beträchtlichen Teil entstehungsgeschichtlich zu erklären. Als Ausgangspunkt für die verwendeten Silbenreihen dienten Schwitters zufällige Buchstabenfolgen, wie sie z. B. in den Buchstabengedichten Hausmanns als *fmsbwtözäu*, *pggiv* oder *qjyE* vorlagen,[6] aber auch in nichtästhetischen Gebrauchszusammenhängen als Abkürzungen auftreten.[7] Solche Buchstabenfolgen wurden durch lautes 'Lesen' in Silbenfolgen verwandelt, wobei gegebenenfalls bestimmte 'Hilfsvokale' einzufügen waren, um die Aussprechbarkeit überhaupt erst zu gewährleisten. Zum Teil operiert Schwitters dabei mit den Buchstabennamen des lateinischen Alphabets, wie sie im Deutschen konventionalisiert sind, zum Teil werden einzelne Konsonantenbuchstaben oder Folgen von Konsonantenbuchstaben aber auch mit Hilfe der im Deutschen verfügbaren zentralisierten Kurzvokale - wie [Y] in *fümms*, [œ] in *bö*, [I] in *pögiff* - zu aussprechbaren Silben gemacht.[8] Insgesamt läßt sich eine Tendenz des Autors nachweisen, aus dem vorgegebenen Buchstabenmaterial möglichst viele Silben zu gewinnen. Dazu wird die Anzahl der Nuklei erhöht, indem einzelnen Buchstaben eine eigene silbische Repräsentation zugeordnet wird, während der Umfang des Silbenendrands minimalisiert und der Anfangsrand auf (höchstens) ein Element beschränkt wird.

Das Fehlen von Diphthongen, von bestimmten Frikativen und der Affrikata [pf] ist ebenfalls entstehungsgeschichtlich bedingt. Entweder fehlen in der Buchstabenvorlage einfach die korrespondierenden Buchstabenverbindungen - wie z. B. <sch> oder <ch> -, oder eine Buchstabenfolge wird im Interesse einer umfangreicheren Materialausnutzung lautlich anders realisiert, als es bei einer normalen Lesart von Buchstabenfolgen in deutscher Orthographie erwartbar wäre (z. B. wird die Folge <zäu> nicht als [tsoY], sondern als [tsɛ'u:] ausgesprochen).[9]

Bezieht man unabhängig von der genetischen Erklärung die oben zusammengestellten phonetisch-phonologischen Beobachtungen auf die von Vennemann (1986: 38f.) formulierten universellen Präferenzgesetze für Silbenstrukturen, so ergibt sich, daß das Silbenmaterial der "Ursonate" hinsichtlich des Umfangs von Anfangs- und Endrand zu den übereinzelsprachlich bevorzugten Strukturen hin tendiert (d. h. zu CV-Strukturen wie in der Aussprache von *bö*, *wö*, *pö*, *zä*), doch wird diese Tendenz durch den übermäßigen Gebrauch von ausschließlich aus einem einzelnen (Lang-)Vokal bestehenden Silben (wie *ooo*, *aaa* etc.) sozusagen zu einer noch einfacheren Silbenstruktur hin 'überboten'. Das Gesetz, das einen möglichst hohen Sonoritätsanstieg vom Anfangsrand zum Nukleus (und von dort einen hohen Sonoritätsabfall zum Endrand) als besonders präferiert ausweist, hat keinen signifikanten Einfluß auf Schwitters' Silbenmaterial. Ebenso wird auch das für aufeinanderfolgende Silben formulierte 'Silbenkontaktgesetz' ignoriert: die Aneinanderreihung verschiedener (Lang-)Vokale, wie sie im "Trio" mit den Silbenfolgen ['i:u:] oder ['a:u:] begegnet, wird durch das betreffende Gesetz als ausgesprochen mißliebig gekennzeichnet.

Auch wenn in der "Ursonate" also prinzipiell keine außerhalb des deutschen Lautinventars stehenden Phoneme und Allophone auftreten, kann durch eine sorgfältige linguistische Analyse nachgewiesen werden, daß die Kombination der verwendeten Laute zu Silben und die Reihung dieser Silben zu Motiven und Themen keineswegs einfach die klangliche Struktur des Deutschen widerspiegeln. Die in der Sekundärliteratur vorzufindende gegenteilige Behauptung[10] ist somit zu revidieren.

3. Musikalisches und Sprachliches im suprasegmentalen Bereich

In der Forschungsliteratur wurde die "Ursonate" als eine "Klangfarbenkomposition" (vgl. Scholz 1989: 202) charakterisiert. Der Parameter 'Klangfarbe' wird in der Musik vor allem durch die Instrumentation und Orchestrierung bestimmt; in einem Lautgedicht sind es die akustischen Eigenschaften der Laute (Obertonreichtum etc.), welche die 'Klangfarbe' ausmachen. Bei Schwitters wird dieser Parameter insbesondere durch die Selektion und Verarbeitung des vokalischen Materials sowie der silbischen Konsonanten ausgenutzt. Ob damit aber bereits die 'materialimmanente Dominante' (etwa im Sinne der ästhetischen Theorie des Prager Strukturalismus[11]) identifiziert ist, läßt sich m. E. bezweifeln; vielmehr kommt die klangliche Wirkung der "Ursonate" erst durch die spezifische Gestaltung weiterer akustischer Parameter zustande, durch die die lautlichen Charakteristika der Sprache an die Grenze zur Musik geführt werden.

Betrachtet man beispielsweise die Parameter 'Tonhöhe' und 'Tondauer', so zeichnet sich das semiotische System der Musik unseres Kulturkreises gegenüber dem der Sprache dadurch aus, daß dort eine Fixierung bestimmter proportional skalierter Werte vorliegt: Tonhöhenstufen in festgelegten Intervallabständen und Tondauerwerte, die durch Vervielfachung oder Teilung eines Grundschlags (in der Regel mit dem Wert '2') errechnet werden. Das prosodisch-tonale System der Sprache weist dagegen innerhalb der durch die Sprechstimme vorgegebenen Bandbreite unendlich viele Abstufungen in Tonhöhe und Tondauer auf. Die Tonmuster, die hier standardisiert sind, sind durch Richtungsänderungen in einem kurvenförmigen Tonhöhenverlauf definierbar, aber nicht durch die Angabe diskreter Größen.

In der "Ursonate" werden die musikalische und die sprachliche Tonalität und Rhythmik teils konfrontiert und teils miteinander kombiniert. Ausgesprochen musikalisch stellt sich - wie gesagt - das "Trio" dar; zumindest in rhythmischer Hinsicht ist aber auch das "Largo" weitgehend musikalischen Mustern angeglichen. Eng an die standardisierte Satzintonation angelehnt sind dagegen (abgesehen von einer im aufsteigenden Oktavsprung gesungenen Silbenfolge *Jüü Kaa*) das zweite und das dritte Thema des ersten Satzes,[12] über deren Silbenreihen typische Frage-Antwort-Intonationsmuster realisiert werden.

Zu solchen semiotisch relativ klar dem einen oder anderen Zeichensystem zuzuordnenden Passagen treten in der "Ursonate" aber zahlreiche Übergangsphänomene, z. B. das deklamatorisch rhythmisierte *Lanke trr gll* im "Scherzo" (in klassischer metrischer Terminologie als Folge eines Spondeus und eines Jambus analysierbar) oder das ouvertürenartig vorgetragene *Fümms bö wö tää zää Uu* in der Einleitung des ersten Satzes. Ein Übergangsphänomen in melodischer Hinsicht stellen z. B. die aufsteigende Tonfolge über der Silbenrepetition *pe pe pe pe pe* oder das sequenzmäßig wiederholte absteigende melodische Motiv über *züüka* im "Scherzo" dar.

Klangfiguren wie die letztgenannten lassen eine Assoziation mit Vogelstimmen (wie beispielsweise bei Heißenbüttel 1983: 13) als relativ naheliegend erscheinen; man kann jedoch auch an einen infantilen Singsang denken, für den eine ähnliche 'Motivgestaltung' kennzeichnend ist. Durch die prosodisch-tonale Seite der "Ursonate" wird in dieser Hinsicht m. E. keine eindeutige Festlegung getroffen; ein bestimmtes laut-imitatorisches Programm läßt sich jedenfalls nicht ausmachen, sondern es ist der wechselnde Einsatz unterschiedlicher klanglicher Register, der als Gestaltungsprinzip dominiert. Dabei sind die einzelnen Klangfiguren ziemlich stark stilisiert, und man kann durchaus Motive aus der akustischen Umwelt des Menschen wiedererkennen. Die "Ursonate" erlaubt eine Herstellung derartiger Beziehungen allerdings nur zu relativ artikuliert erscheinenden Lautgebilden (sprachlicher oder nichtsprachlicher Art), während unstrukturierte Gebilde aus dem akustischen Spektrum des Werkes ausgeklammert bleiben. Hierin ist Schwitters noch weitaus weniger radikal als die spätere akustische Poesie oder die avantgardistische Musik seit den 50er Jahren.

Anmerkungen

1 Für die lautseitige Analyse der "Ursonate" greife ich auf eine Wiederveröffentlichung von Schwitters' Schallplattenaufnahme bei Mon (1971) zurück. Hinweise auf weitere (Hör-)Publikationen und Aufnahmen des Werkes mit anderen Sprechern entnehme man der Diskographie von Scholz (1989: 955-957).

2 In der von Lach besorgten Ausgabe der literarischen Werke Schwitters' erscheint der Text in einer dem Original nach-gesetzten Form (Lach 1973: 214-242), die aber gewisse (typo)graphische Abweichungen gegenüber der Erstveröffentlichung aufweist. Eine verläßliche Analyse der graphischen Struktur - die nicht der Gegenstand meines vorliegenden Beitrags ist - läßt sich daher nur auf der Grundlage des "Merz"-Heftes von 1932 durchführen.

3 Die Bezeichnung "Rondo" für den ersten Satz findet sich in einem der 'Nebentexte' zur "Ursonate", nämlich Schwitters' "erklärungen zu meiner ursonate" (vgl. Lach 1973: 312).

4 Eine Zusammenstellung der Publikationsorte, an denen Teile der "Ursonate" als unabhängige Einzelgedichte erschienen, bietet Lach (1973: 311f.).

5 Meinen Zuhörern beim Linguistischen Kolloquium habe ich eine entsprechende musikalische Transkription vorgelegt; ihre Wiedergabe muß an dieser Stelle jedoch aus Platzgründen unterbleiben.

6 Abbildungen der Plakatgedichte Hausmanns, denen die genannten Buchstabenfolgen entstammen, sind in Riha (1977: 36) zu finden. Aus Schwitters' Erläuterungen zur Entstehung seiner "Ursonate" (in Lach 1981: 290) geht hervor, daß er das Material nicht unmittelbar den gedruckten Vorlagen entnahm, sondern es gemäß einer Vortragsversion Hausmanns reproduzierte. Entsprechend unzuverlässig rekonstruiert Schwitters an der angegebenen Stelle die zugrundeliegenden Schriftzeilen als "F M S B W T C U / P G G F / M Ü" und "Q I E" (der Schrägstrich dient mir hier zur Markierung einer von Schwitters festgelegten Zeilengrenze).

7 Vgl. Schwitters' Erklärung zur weiteren Materialgewinnung (in Lach 1981: 290): "Alle anderen Lautverbindungen sind frei erfunden, teilweise unbewußt angeregt durch abgekürzte Aufschriften auf Firmenschildern oder aus Drucksachen, besonders aber durch die interessanten Aufschriften auf Eisenbahnstellwerkhäusern, die immer so interessant wirken, weil man den Sinn nicht versteht."

8 Gelegentlich macht Schwitters von diesem Mittel in der schriftlichen Version einen zu starken Gebrauch und fügt überflüssigerweise einen entsprechenden Vokal auch vor einen (der Schallplattenaufnahme zufolge) silbentragenden Nasal oder Liquid ein, z. B. bei dem als [Rŋts] ausgesprochenen *rinnz*.

9 Aufschlußreich ist in diesem Zusammenhang auch Schwitters' Anleitung zur Aussprache seines Buchstabengedichts "W W / P B D" (vgl. Lach 1981: 185).

10 So kritisiert etwa Schuldt (1972: 11), bei Schwitters decke "das Nationalsprachliche [...] die eigentliche Operation zu, die Wiederherstellung von Sprache".

11 Vgl. dazu insbesondere Mukařovský (1964: 20f.).

12 Die Themen erscheinen in graphischer Repräsentation als *Dedesnn nn rrrrrr, Ii Ee, mpiff tillff too, tillll, Jüü Kaa?* und *Rinnzekete bee bee nnz krr müü? ziiuu ennze ziiuu rinnzkrrmüü*. Die gewählten Satzzeichen vermögen die intendierten Intonationskonturen, wie sich aus dem Vergleich mit der gesprochenen Version erkennen läßt, aber nur sehr vage anzudeuten.

Literatur

Hausmann, R. (1972): Am Anfang war Dada. Hrsg. von K. Riha und G. Kämpf. - Steinbach bei Gießen: Anabas-Verlag.
Heißenbüttel, H. (1983): Versuch über die Lautsonate von Kurt Schwitters. - Wiesbaden: Steiner.
Lach, F. (ed.) (1973): Kurt Schwitters. Das literarische Werk. I: Lyrik. - Köln: DuMont Schauberg.
- (ed.) (1981): Kurt Schwitters. Das literarische Werk. V: Manifeste und kritische Prosa. - Köln: DuMont.
Mon, F. (ed.) (1971): Phonetische Poesie. Schallplatte. - Neuwied etc.: Luchterhand.
Mukařovský, J. (1964): "Standard language and poetic language". - In: Garvin, P. L. (ed.): A Prague school reader on esthetics, literary structure, and style (Washington, D. C.: Georgetown University Press) 17-30.
Riha, K. (ed.) (1977): Dada Berlin. Texte, Manifeste, Aktionen. - Stuttgart: Reclam.
Scholz, C. (1989): Untersuchungen zur Geschichte und Typologie der Lautpoesie. - Obermichelbach: Scholz.
Schuldt (1972): "Lautgestaltung. Beitrag zu einer Klärung des Begriffs an Hand der 'Ursonate'". - In: Text und Kritik 35/36, 10-12.
Vennemann, T. (1986): Neuere Entwicklungen in der Phonologie. - Berlin etc.: Mouton de Gruyter.

INTERTEXTUALITÄT DES SPRECHENS

Linguistische Untersuchungen zur Lyrik der russischen 'Post-Avantgarde'

Holger Gemba

1. Intertextualität

1.1. Der Begriff Intertextualität

Der Begriff 'Intertextualität' und seine Auslegung in der Textanalyse hat im Verlaufe der letzten Jahre innerhalb der Literaturwissenschaft Furore gemacht. Mit der Untersuchung der Intertextualität von Texten rückt die Relation von Text und gegebenem Textkosmos in den Vordergrund. Diese Perspektive hat die Hoffnung auf eine Überwindung strukturellen Textverständnisses geweckt.

So sieht Renate Lachmann mit der Kategorie der Intertextualität, die sie als eine Beziehung zwischen Texten versteht, ein Verlassen des strukturellen Paradigmas gegeben, denn "die Sinnkonstitution als Beziehungsqualität wird zum Gegenstand" (Lachmann 1990: 68). Stierle (1983: 7) findet sogar die Konzeption des Textes selbst in dieser Beziehung.

Gleichzeitig hat der Begriff 'Intertextualität' für große Skepsis gesorgt. Oft sind es die Vertreter und Fürsprecher des Begriffes selbst, die Zweifel über die Begriffsschärfe und Praktikabilität des in Mode gekommenen Terminus befällt. Renate Lachmann bezeichnet den "Intertextualitätsbegriff" als "einen der brisantesten [...] der zur Zeit geführten literaturwissenschaftlichen Diskussion" (Lachmann 1990: 7).

1.2. Fragestellung

In der Untersuchung des Phänomens Intertextualität kommen wir zu der nüchternen Erkenntnis, daß allein mit der Referenz eines Textes auf einen anderen noch keine Aussagen über die Illokution dieses Sprachspieles getroffen sind. Ohne die Berücksichtigung der zunächst textinternen kommunikativen Funktion intertextueller Signale wird die Relation Intertextualität zu einer leeren Größe, die wohl Spielarten von Textbezügen katalogisieren kann, nicht jedoch den 'Witz' dieses Kunstgriffs erfaßt und damit auch nicht zu einer Klassifikation von Untertypen schreiten kann.

Renate Lachmann vermeidet dieses Dilemma, wenn sie Texte als "Gedächtnisorte" (Lachmann 1990: 68) bezeichnet und in der Intertextualität des Textes sein Gedächtnis sieht (Lachmann 1990: 35). Meines Erachtens deutet sich hiermit jedoch nur einer der möglichen Zwecke intertextueller Bezüge an. Diese sind nur auf einer sehr abstrakten Ebene in ihrer kommunikativen Funktion zu systematisieren, eine weitergehende Analyse kann nur anhand des konkreten Ausgangstextes und seiner Referenztexte vorgenommen werden. Die anschließende Interpretation von Texten des zeitgenössischen russischen Dichters und Künstlers Dmitrij A. Prigow folgt der vorgegebenen theoretischen Perspektive.

2. Dmitrij A. Prigow

2.1. Dmitrij A. Prigow

Der russische Dichter und Künstler Dmitrij A. Prigow wurde im Jahre 1940 in Moskau geboren. Dort absolvierte er ein Studium am Stroganow-Kunstinstitut für Bildhauerei. Offizielle Ausstellungen blieben ihm bis zum Beginn der Perestrojka verwehrt. Die Publikation seiner ab 1971 entstehenden Gedichtzyklen, Prosatexte, Kleindramen, "Sowjetmythologien" und Alphabete beschränkte sich bis 1985 auf Samizdat-Ausgaben, seine Texte stehen in klarem Widerspruch zu den normativen Prinzipien des Sozialistischen Realismus. Prigows Schwierigkeiten mit dem Staat führten 1986 zu der Zwangseinweisung in eine Psychiatrische Klinik, die er allerdings aufgrund nationaler und internationaler Proteste wieder verlassen konnte.

Prigow publizierte ab 1979 in westlichen Emigrationszeitschriften. Durch seine Prawdaübermalungen und Lesungen wurde Prigow seit Mitte der achtziger Jahre in Westeuropa und den USA bekannt. Ab 1988 setzte eine rege Teilnahme an internationalen Ausstellungen und Literaturfestivals ein. In deutscher Sprache sind mittlerweile zwei Bücher mit "programmatischem Titel" (Wehr 1992: 4) erschienen: der "Poet ohne Persönlichkeit" (Prigow 1991) und "Der Milizionär und die anderen" (Prigow 1992).

Prigow ist neben seiner schriftstellerischen Praxis als Graphiker und Installationskünstler tätig, in seiner "visuellen Poesie" und seinen "poetischen Objekten" sprengt er oft die Grenzen zwischen Literatur und bildender Kunst (Prigow 1992: 201).

2.2. Dmitrij A. Prigow und der Moskauer Konzeptualismus

Mit der literarischen Strömung des sogenannten 'Moskauer Konzeptualismus', zu deren profiliertesten Vertretern Dmitrij Prigow neben Schriftstellern und Künstlern wie Andrej Monastyrskij, Wladimir Sorokin und Lew Rubinstein gehört, ist ein künstlerischer Rahmen vorgegeben, der im Hinblick auf die Fragestellung als besonders ergiebig erscheint und die Erforschung intertextueller Bezüge geradezu herausfordert.

In der Fortführung von und in der Anknüpfung an Traditionen der klassischen Avantgarde Rußlands gilt das Interesse der Moskauer 'Neo-Avantgardisten' "der zeichenhaften, der ideologischen Verfaßtheit der Realität" (Wehr 1992: 4). Hirt/Wonders bezeichnen die Methode des Moskauer Konzeptualismus als "teilnehmende Semiotik" (Prigow 1992: 195), Grundlage der künstlerischen Auseinandersetzung sind dabei "die Zeichenwelten des Alltags, die Symbole, Mythen und Rituale der sowjetischen Massenkultur." (Prigow 1992: 195)

Witte sieht in der konzeptualistischen Ästhetik einen "Prozeß der Entleerung in und mittels des vorgefundenen Kulturmaterials selbst" (Witte 1990: 378). Die Texte des Konzeptualismus führen das "Prinzip des Zitierens bis zur äußersten Konsequenz. Textproduktion wird zum Auflisten und Katalogisieren, [...] zum 'Sammeln' von Wort- und Bildmaterial. [...] Poesie ist keine produzierende, sondern eine reproduzierende Tätigkeit" (Witte 1990: 378). Der intertextuelle Verweis ist somit konstituierend für das ästhetische Programm des Moskauer Konzeptualismus.

2.3. Die Verdoppelung der Wirklichkeit

Aus der pointierten Einführung wird schon deutlich, daß das Verfahren des 'intertextuellen Verweises' im Rahmen der kurz skizzierten künstlerischen Strömung im wesentlichen zwei kommunikative Ziele verfolgt, die sich aus dem Akt des Zitierens selbst ergeben. Zum einen werden ideologische Jargons, Alltags-, Zeitungssprache, kurz Redeweisen aus allen denkbaren Sphären des Lebens, synkretistisch archiviert, in dem Spiel mit den Formen wird die Wirklichkeit, der sie entnommen sind, quasi verdoppelt. Diese Verdoppelung entspricht einer Simulation.

Prigows Selbstbeschreibungen und Stilisierung als "Poet ohne Persönlichkeit", als "Stimmen-Imitator", "Sprachrohr" und "Medium" kennzeichnen programmatisch den parasitären Charakter seiner Werke, in denen die Tätigkeit des Autoren zu einem Simulationsgenerator zu werden scheint, der die auf ihn hereinbrechenden Sinnsysteme wie Symbole, Losungen, Redeweisen und Schlagwörter neu anordnet oder in sogenannten Alphabeten katalogisiert oder alte sowjetische Mythen neu arrangiert.

3. Interpretationen

3.1. Die "Alphabete"

Die von Prigow so bezeichneten Alphabete umfassen bisher über 70 Texte eines noch nicht abgeschlossenen Zyklus. Als Beispiel für diese Textsorte, die Hirt/Wonders als "leere Formgerüste für ein debiles Stammeln" (Hirt 1992: 198) bezeichnen, werden im folgenden Auszüge aus dem Ersten Alphabet (1980) vorgestellt, das sich aus Losungen, Allgemeinplätzen und ordnungsschaffenden Vereinfachungen aus dem Volksmund zusammensetzt:

A Der Amerikaner ist ein Feind
Der Engländer ist auch ein Feind
[...]
I Italien ist die Heimat der Renaissance
Der Imperialismus ist innerlich faul und krank
K Der Chinese, der will uns provozieren
Der Kommunismus wird alles elektrifizieren
[...]
P Puschkin ist das reine Genie

Prigow ist aber auch ein Genie
Purischkewitsch ist aber kein Genie
R Die Heimat soll man wie seine Mutter lieben
Eins, zwei, drei, vier, fünf, sechs, sieben
[...]
Ja Ich - es gibt kein solches Wort
Ich fand für alles hier ein Wort
(Prigow 1992: 100 ff.)

Einschübe wie unter dem letzten Buchstaben des kyrillischen Alphabetes "Ja", der auch als das Personalpronomen "Ich" gelesen werden kann, unterstreichen den assimilierenden Charakter der Prigowschen Sprache, die ironisch und durchaus mit einem ludistischen Vergnügen die eigene kreative Komponente zu verdecken sucht. Anspielung, Verweis, Zitat, Kommentar und Kritik leben von einem identifizierten Autor-Ich. Was aber, wenn dieses chamäleongleich in den usurpierten Rollen, Gesten und Redestilen aufzugehen scheint?

Meines Erachtens handelt es sich hier um eine in das Extrem getriebene Spielart des intertextuellen Verweises. Nicht einzelne Elemente des Textes werden auf andere Referenztexte bezogen, der Text besteht scheinbar nur aus Referenzsignalen, die jedoch ohne ein identifizierbares Sprecher-Ich ins Leere laufen. Prigow sucht die Totalität des Simulationsprozesses zu verbergen, indem er das Autoren-Ich ausschaltet. Gleichzeitig thematisiert er diesen Vorgang und demaskiert damit das eigene literarische Verfahren.

3.2. "Der Milizionär"

Ein Paradebeispiel der dargestellten sprachlichen Strategie kann in dem Textzyklus "Der Milizionär und die anderen" aus den siebziger Jahren nachvollzogen werden, in dessen Zentrum ein Milizionär als Prototyp der sowjetischen Gesellschaft vor der Perestrojka steht.

Der 'Witz' und das Charakteristikum der Prigowschen Zitationstechnik besteht im Vorgang des Verweisens selbst, das, wenn es nicht in eine neue Sinnstruktur eingebettet wird, eine leere Maske zurückläßt. Die totale Adaption der 'fremden Stimmen' ist Ausdruck eines totalitären Bewußtseins, das der Dichter nachgestaltet, indem er es imitiert und simuliert. In dem neuen Bezugsbereich der Zitate bleibt allein eine sinnentleerte Hülle (vergleiche die leeren "Felder" in dem folgenden Zitat aus dem Zyklus "Der Milizionär und die anderen") zurück. Die ursprüngliche Bedeutung (der "Posten") ist aufgegeben.

Es steht der Milizionär
Allein inmitten leerer Felder
Den Posten hat er längst verlassen
Die Uniform nur angelassen.
(Prigow 1992: 21)

In der hier angewendeten allegorischen Lesart der Textstelle wird die von Michail Epstein konstatierte "Lyrik entleerter Ideologeme" (Epstein 1990: 364) des Moskauer Konzeptualismus deutlich, für deren ästhetisches Programm Epstein im übrigen deutliche Parallelen zu dem Zitatkatalog der 'Soz-Art' in der zeitgenössischen russischen Malerei sieht.

Die sprachliche Primitivität des "Milizionärs" kann in Zusammenhang mit einem Kommentar Prigows zur sprachlichen "Dürftigkeit" seiner Texte als Ausdruck einer archaisch-primitiven Gesellschaftsform gewertet werden, die gerade in der pathetischen Aneignung ihrer hohlen Masken und sprachlichen Stereotypen als sinnentleert erscheint. Das Vorhaben, durch Texte wie die "Alphabete" sprachliche Ordnung in eine komplexe Welt zu bringen, ist fingiert, die gültigen Sprach- und Denkmuster erlauben nur die ironische Pose ihrer Bewältigung:

> Die sprachliche Dürftigkeit (etwa im Vergleich mit den einstigen Festen sprachlicher Kultiviertheit), die poetisch in der lumpigen Niedrigkeit der Bilder, der Lexik, der Metren und Reime wiederkehrt, ist kein Mangel und keine Kuriosität, sie ist das Wesen des derzeitigen historischen Moments der russischen Sprache, eines Moments, in den wir nach dem Willen der Vorsehung gestellt sind und den wir als ein Schicksal ehrenhaft und auf uns selbst gestellt durchleben müssen. (Prigow 1992: 8)

Die zitierte Passage ist Prigows "Vorbekundung" (Prigow 1992: 5-8) entnommen, der Text stellt eine pathetische Einführung in die Sprache seiner Texte dar. Prigow kopiert dabei ein Textmuster, in dem sich der Autor selbst zur eigenen Biographie und zu seinen Werken einläßt. Das gewählte Pathos ist ein Zitat doktrinärer Redeweisen. Indem Prigow die Sprache der Macht spricht, entlarvt er ironisch die eigene Ohnmacht.

Bisweilen ist jedoch neben aller immanenten Gesellschaftskritik ein eindeutiges ludistisches Vergnügen an diesem Kunstgriff zu verzeichnen; so wird in der folgenden Strophe die gängige kommunistische Utopie von einer klassenlosen Gesellschaft parodiert, die allerdings fatalerweise eine Brüderschaft von Milizionären ist:

> Dann legt er seine Mütze nieder
> Den Gürtel auch und das Gewehr
> Und alle Menschen werden Brüder
> Und jeder wird ein Milizionär
> (Prigow 1992: 20)

Doch auch die Parodie und der heimliche Witz über die staatlichen Ordnungshüter ist, bedenkt man die Umstände der Prigowschen Textproduktion, eine zitierte Konvention. Prigow tritt somit selbst dann, wenn er scheinbar mit dem Text und dem zitierten kulturellen 'Bildspender' kreativ zu spielen scheint, hinter die zitierte Kulisse zurück. Vielleicht bezeichnet er sich nicht zuletzt deshalb selbstironisch als "Dichter ohne Persönlichkeit".

Manchmal jedoch nennt Prigow die Autoren, auf die er sich bezieht - es wirkt fast schon wie ein Scherz - auch selbst:

> Er lebt, er ist in unserer Mitte
> [gemeint ist der Milizionär, H. G.]
> Der Ritter, dessen hohen Rang
> Erst Liliencron und später Rilke
> Und später nur noch ich besang
> (Prigow 1992: 15)

4. Der 'Witz' der Prigowschen Texte

Prigow zeigt in seinen Texten eine ausgesprochene Vorliebe für die Konventionalität der zitierten Kulturtexte. Dabei adaptiert er Redeweisen und stellt diese durch ihre reine Zurschaustellung bloß. So simuliert er die Textart der zum Personenkult mißbrauchten Heiligenlegende in seinen sogenannten "Sowjetmythologien", erfindet "Zwanzig Erzählungen über Stalin" im Stile sozialistisch-realistischer Hagiographie, simuliert die Parteiensprache in seinen "Aussprüchen", "Vorschlägen", "Aufrufen" und "Nachrufen" und inszeniert in dem "Briefwechsel eines Schriftstellers" eine eigene Korrespondenz mit russischen Schriftstellern des 19. Jahrhunderts, wie Puschkin und Lermontow, und sowjetischen und russischen "Größen" des 20. Jahrhunderts, wie etwa Stalin. In seiner "Beschreibung der Gegenstände" demonstriert und parodiert Prigow die wirklichkeitssetzende Macht parteilicher Definitionen. In allen Texten wird dabei die gestaltete Wiederholung zum illokutionären Mittel der Anklage.

Prigow ist ein Meister in der Adaption vorgefundener, ideologischer Redeweisen und ihrer zugrundeliegenden sprachlichen Strategien und Verknüpfungsregeln. Seine Technik des totalen Zitates umfaßt die simulierte Textsorte in ihrer kulturellen Verankerung und ihren konstituierenden Sprachstrategien. Das dichterische Ich tritt scheinbar hinter den Text zurück, seine eigene Leistung ist der Prozeß der Wiederholung selbst. Dieser legt die zugrundeliegende "Dürftigkeit" und Entleertheit des gespiegelten Denkens im Akt des Verweisens bloß.

Erst im Spiel mit den vorgefundenden Formen und Materialien und ihrer Assimilation in Übertreibungen und Überspitzungen und in der Auswahl der kopierten Texte wird die Eigenleistung des Autoren deutlich. Prigow selbst benutzt in diesem Zusammenhang das Bild eines Regisseurs, der jenseits der Bühne von seinem Regietisch aus das Treiben auf der Bühne ordnet.

Der 'Witz' der Prigowschen Texte besteht in einer Sinnentleerung durch Wiederholung der vorgegebenen Schablonen und Sprachhülsen. Werden diese jedoch in einem weiteren, vom Leser zu erbringenden Schritt zurückgekoppelt an die Realität, auf die sie sich beziehen, so wird in der Affirmation der Formen die absolute Negation ihrer Quelle, der totalitären Wirklichkeit, deutlich. Durch den deutlichen Verzicht auf jedes parteiliche Belehren und jede offene wertende Einmischung erreicht Prigow dieses Ziel der Selbstentlarvung der Sprache der Diktatur durch sich selbst. In diesem Sinne sind auch seine Prawdaübermalungen zu deuten.

Literatur

Epstein, M. (1990): "Ein Katalog neuer Lyriken". - In: Thümler (ed.) 364-367.

Hirt, G. / Wonders, S. (eds.) (1984): Kulturpalast. Neue Moskauer Poesie & Aktionskunst. - Wuppertal: S-Press.

Lachmann, R. (1990): Gedächtnis und Literatur. Intertextualität in der russischen Moderne. - Frankfurt a. M.: Suhrkamp.

Prigow, D. A. (1991): Poet ohne Persönlichkeit. - Berlin: Literarisches Colloquium.

- (1992): Der Milizionär und die anderen. Gedichte und Alphabete. Nachdichtungen von Günter Hirt und Sascha Wonders. Leipzig: Reclam.

Stierle, K. (1983): "Werk und Intertextualität". - In: Schmidt, W. / Stempel, W.-D. (eds.): Dialog der Texte. Hamburger Kolloquium zur Intertextualität. Wiener Slawistischer Almanach. Sonderband 11 (Wien).

Thümler, W. (ed.) (1990): Moderne russische Poesie seit 1966. Eine Anthologie. - Berlin: Oberbaum.
Wehr, N. (1992): "Die Mitte mit dem Milizionär. Dmitri A. Prigow, ein russischer 'Poet ohne Persönlichkeit'". - In: Süddeutsche Zeitung Nr. 124, 30./31.05.1992, 4.
Witte, G. (1990): "Nachwort. Poesie nach der Poesie". - In: Thümler (ed.) 368-380.

IDIOMS IN DRAMA

T. Stoppard: Artist descending a staircase

Klaus-Dieter Gottschalk

1. I am mainly, but not exclusively, concerned with idioms of the structure Verb + Complement. An idiom is an expression consisting of more than one word; its meaning is not a function of the meanings of its constituent words.

1.1. Sträßler (1982) provides a pragmatic analysis of idioms in English conversations. Idioms in the 2nd person, like *Don't split hairs with me* and *You have travelled on his ticket*, may establish or reaffirm the hierarchy between speaker and addressee. 1st person idioms, however, are avoided by dominant speakers because of their self-abasing effect: *I was willing to bend over backwards to see your side of it*. 3rd person idioms are rather neutral and can safely be used among equals, either to seek agreement between speaker and addressee as to the status of the third party spoken about, or to assess a situation. Pragmatically, idioms and other types of repeated speech often give the speaker an advantage over the addressee because he draws on generally accepted ways of thinking and speaking, and because he appeals to something shared by convention.

1.2. This paper is about idioms as a dramatic device characterizing hierarchical relationships between persons in Tom Stoppard's radio play "Artist Descending A Staircase" (1972). I assume that speech in modern drama may be modelled on conversational English.

2. The play consists of 11 scenes on 6 time levels. It begins in the here-and-now of 1972, to be followed by flashbacks (a couple of hours earlier, the week before, in 1922, in 1920, in August 1914). Each scene is continued after August 1914 in chronological order from 1920 to 1972.

The characters appear in this order:

Scene 1	(in 1972) Martello, Beauchamp	Scene 11
2	(some hours earlier) Donner, Beauchamp	10
3	(the week before) Martello, Donner	9
4	(in 1922) Sophie (blind), B., D., M.	8
5	(in 1920) Sophie (blind), B., D., M.	7
6	(August 1914) B., D., M.	

The drama starts as a whodunit in 1972, after Donner's death.

The two old bachelors Martello and Beauchamp each insinuate that the other one has killed Donner. The flashbacks provide the audience with sufficient motives for the three men to have hated each other. The key to their quarrels is the blind girl Sophie, whom Beauchamp deserted in 1922, causing her suicide.

3. The radio play starts with a tape-recording of Donner's voice saying, just before he broke his neck: "Ah! There you are..." Whom did he refer to? In their rhetorical duel, Beauchamp and Martello implicate that the deictic utterance refers to one of the two, and he would have been Donner's murderer. There are various ways of using *there*: deictically, anaphorically, existentially, and in an idiom. When Martello suggests to stop the tape, Beauchamp does so using the idiom *there you are*, condescendingly; he says so right at the moment when the deictic utterance would have occurred on the tape. Although Martello should have understood the idiom non-deictically, he rejects the utterance by misinterpreting it: "On the contrary, Beauchamp, there y o u are" (with contrastive stress).

3.1. Rejecting an idiom may also mean rejecting any claim of superiority intended, in particular when a 2nd person idiom is involved. However, Beauchamp characteristically uses 1st person idioms, targeting himself in this scene, and yet negating the pragmatic inferences: *I'm not one to tell tales* and *I shall not cast the first stone*. And, similarly cancelling the self-targeting effect grammatically, he uses the past tense: *I was willing to bend over backwards*. Martello, on the other hand, uses 2nd person idioms, targeting Beauchamp, in expressions such as *you have travelled on his ticket / you came to grips with life [...] and killed Donner*, and rejecting his idiom *I shall not cast the first stone* by an illicit pronominalization: *You have cast it*. Martello thus violates one of the transformational restrictions on idioms and, for stylistic reasons, invests the proverbial *first stone* with pronominal reference, in addition to the anaphoric function of the pronoun.

3.2. Scene 1 illustrates two tendencies in using idioms: Beauchamp targets himself by using 1st person idioms, although negating them; he is on the defensive. Martello targets Beauchamp in 2nd person idioms, either conveying direct reproaches or turning Beauchamp's words into reproaches, and by rejecting idioms. So Martello comes out on top in this rhetorical duel.

4. Scene 2 takes place just before Donner's death. Here we can find out about Donner's and Beauchamp's relationship in 1972. Donner bosses Beauchamp by using 2nd person idioms: *You must come to terms with [...]* and *Don't split hairs with me*. He also complains of Beauchamp in 1st person idioms: *I see I'm wasting my breath* and *I'm trying to open your eyes*. Here self-targeting is another way of reproaching the addressee. Beauchamp, however,

seeks agreement with Donner by using 3rd person idioms: *my boots were worn to paper* or *things have come to a pretty pass*, when reminiscing. So far, Beauchamp is being dominated by Donner and Martello. Donner's 3rd person idiom is an unfriendly comment on Martello, inviting Beauchamp to share his views: "And how do I know he wasn't lying, just getting his own back?" These words serve as a transition to the third flashback.

5. In scene 3, Donner and Martello discuss Beauchamp and the past. Although Donner turns aggressive, the two men seem to treat each other as equals. They use few verb phrase idioms, rather some polite idiomatic formulas like *of course*. Once, Donner uses a 1st person idiom: "I got the whole thing back to front", when reminiscing. Martello's reply to an insult, "I beg your pardon?" is also a 1st person idiom, of course; again this instance of self-targeting results in a reproach, conventionally: The speaker reproaches the addressee of putting him in the awkward position of asking for pardon, rhetorically, as a result of the accusation. Obviously, there is some tension between these two men. However, the overall hierarchy in 1972 is this: Martello and Donner treat each other as equals, both dominate Beauchamp.

6. Scene 4 takes us back to 1922, when Beauchamp - nicknamed Biscuit - deserted Sophie and the blind girl committed suicide. As in scenes 1 and 2, Beauchamp may be considered to be the overall target and victim of the idioms when Martello explains his nickname: "Biscuit kept saying, 'Well, that takes the biscuit'." And similarly Donner reassures Sophie about Beauchamp's flirt: "I'm sure she doesn't think twice about him -". It is quite normal to use 3rd person idioms at the expense of a third party. However, it is an oblique way of targeting Beauchamp alias Biscuit by quoting his own use of a 3rd person idiom which he used to utter as a sentence idiom in a standard assessing function.

7. Scene 5 is a flashback to Sophie's calling on the bachelor friends for the first time, in 1920. There is a lot of polite language, especially Martello's *of course*, because everybody is on their good behaviour. The choice of idioms is polite and somewhat flippant. All in all, Sophie is the target of her own and the bachelors' idioms. The men are protective towards the blind girl, but they also show off, mildly displaying their superiority. Idiomatic meanings are punned against literal meanings in this scene, and in many ways the idioms allude to Sophie's handicap, even such innocent words as "You seem to be in very good hands, Miss Farthingale". Beauchamp's question, "Are you wearing blue stockings?", is understood literally by Sophie: "I don't know.. Am I?" This is not a rejection of the idiom teasing her about her intellectual interests as a blue-stocking, since Sophie is only too conscious of her handicap in dressing. Even though Sophie does not mind the *blue-stocking* pun at her expense, it is not fair: The grammatical change in the idiom from the simple present tense

to the expanded *-ing* form favours the literal reading of the expression rather than the idiomatic one 'are you being intellectual'. In this case the idiomatic reading becomes less likely while normally the idiomatic reading would have been the preferred one in unmarked contexts. There is also a misunderstanding about the literal meaning and the polite idiomatic formula *don't mention it*:

> Sophie: But I am - blind as a bat, I'm afraid.
> Beauchamp: Oh, I'm sorry.
> Sophie: Please don't mention it.
> Beauchamp: I will not, of course.
> Sophie: Oh, mention it as much as you like. And please don't worry about saying 'you see' all the time.

These somewhat clumsy remarks seem to mirror the strained attitude of the young men in the girl's presence and her strained reaction to their tension. Again a restriction on transforming idioms is flouted when Donner says, "Oh!, but it was my eye you caught". Furthermore, the pragmatic analysis of some utterances in terms of 1st, 2nd, or 3rd person idioms is rather complicated, e. g. "it was my eye you caught" and Sophie saying "I will raise their eyebrows". And when Sophie says," no one can open my eyes", the third party no one does not even exist, so it cannot be the target of the idiom; the target has to be the first person in my eyes.

7.1. These structures of the various idioms are ill at ease. The reason for this may eventually be that in 1920 we have reached the root of Martello's, Donner's, and Beauchamp's strained relationship over Sophie. The idiom structures mark the psychological relevance of this flashback. In this early scene, the three young men do not express or test their mutual hierarchical attitudes by addressing one another with 1st or 2nd person idioms in Sophie's presence. This flashback is about the budding relationship between the young men and Sophie, her dependence on them and her apologetic self-targeting: "Oh dear, I'm telling everything back to front". This self-targeting attitude may be seen as part of her suicide.

8. Scene 6 is a flashback which takes us to the pre-Sophie period in the bachelors' friendship, in August 1914. It gives us an opportunity of watching out for early hierarchies and Sophie's subsequent influence on the young men. On their walking tour in August 1914, both Beauchamp and Donner use few idiom-like expressions: Beauchamp is neutral in his use of summarizing expressions as *in fact* or "The artist is a lucky dog". However, he displays superior airs otherwise, lecturing his friends. Donner is gruff, requesting Beauchamp twice to *shut up*, but rather leaving Martello alone. Martello likes to consider himself superior to his friends. He talks accordingly: "[...] you're talking like tenderfeet. I am older than you". He gives advice in the imperative form: "Tell you what - give Mouse a go", asking Beauchamp to let Donner ride his horse. He also quotes his uncle in the Foreign Office as

a source of his own superiority; his uncle had reassured him about the political situation in August 1914: "walk your socks off". (This is a twofold instance of repeated speech; it is idiomatic and a quotation.)

8.1. From 1914 until 1972, the three friends behave rather consistently: Martello is the glib talker, who seems to know what's going on and speaks accordingly, fluently using idioms in support of his status. Beauchamp likes to regard himself as the intellectually superior one, but in 1914 as in 1972 he is dominated by Martello. Donner is the gruff one in all the flashbacks, attacking Beauchamp, but sparing Martello, at least overtly in his use of 2nd person idioms. While in scene 6 the three bachelors seem rather equal in status, not using many idioms anyway, their future hierarchical relationship has been outlined as early as in August 1914. Their involvement with Sophie only gave them the motives for treating each other hierarchically in 1972: Martello stays aloof from all the bitterness since he remained just a good friend of Sophie's after having introduced her to his artist friends. For him, Sophie represents female beauty, esthetically. Donner is aware of having lost Sophie to Beauchamp, perhaps by a simple misunderstanding on whose painting Sophie saw before she turned blind. He resents Beauchamp deserting her. His early gruffness turns into bitterness; Beauchamp is the main target of his idiomatic attacks. Beauchamp has little reason to attack either of his friends since he was the lucky one who was free to give up Sophie. He is on the defensive against his friends' reproaches. His use of neutral idioms, largely, is a way of demonstrating intellectual superiority and aloofness. But both his friends do not grant him moral superiority, Martello trying to get him off his high horse in scene 6 and exploding his myth about not casting the first stone in scene 1.

9. Neither Beauchamp nor Martello had a good motive for killing Donner. Rather Donner would have had a motive for killing Beauchamp, Donner being the more aggressive one anyway. These conclusions are based on the conversational analysis of idioms, within the context of the drama and its action. Both for Beauchamp and Martello I would plead "not guilty" of killing Donner, on linguistic grounds.

9.1. The radio-play ends as it started: The tape-recording is reproduced, but within the context the noises are to be interpreted differently. It now seems likely that Donner killed himself by accident as an Artist Descending a Staircase, inadvertently. While the printed text does not mark the appropriate intonation of the key sentence "There you are..." at the beginning of the text, it becomes obvious that the deictic term *there* is stressed when the play ends. At the beginning the text says: "(e) DONNER's voice, unalarmed: 'Ah! There you are...'" This could be a greeting to a person entering the room or a deictic utterance with the stress on *there*; the intonation has to be kept rather neutral between these alternatives so as to allow for the mystery of the whodunit. The play ends with Beauchamp chasing a fly, and the original loop of the tape is reproduced and described as "(e) BEAUCHAMP: 'Ah! There you are." This utterance is different from Beauchamp's first idiomatic "There you are." as addressed to Martello in scene 1, of course.

9.2. We may claim that the usage and structure of idioms have provided the audience with a series of subliminal clues as to the hierarchical relationships among the bachelor friends and as to the likelihood of whether Donner's death was due to murder or rather an accident.

10. By and large, the characters in Stoppard's play use idioms in a way corresponding to conversational English in order to mark their hierarchies. However, the structure of their idioms occasionally violates syntactic restrictions for the purpose of creating a pun and switching from idiomatic to literal meanings. Such less acceptable transformations are possible on the textual level even if systematically blocked in transformational grammar. Idioms also serve to seek agreement and partnership; frozen polite formulas are typical of token submission and equality, e. g. *of course* and *How do you do?* in answer to *How do you do?*

Negating idioms is an effective way of turning self-abasement into a claim of superiority, e. g. Beauchamp: *I'm not one to tell tales* or *I shall not cast the first stone*. On the other hand, 1st person idioms may also sound reproachful although their original literal meaning conveys humility: *I beg your pardon?*

10.1. Statistically, scene 1 exceeds the normal conversational text frequency of idioms. The number of idioms involved in a change of tense is also unusually high, at the beginning, and Martello even marks them adverbially although adverbial phrases of time and location tend to be rare in combination with idioms in English conversations: "Mental acrobatics, Beauchamp - I have achieved nothing but mental acrobatics - nothing! - whereas you, however wrongly and for whatever reason, came to grips with life at least this once, and killed Donner".

10.2. There may be a biographical reason for Stoppard's heightened awareness of the stylistic potential to be found in idioms and their somewhat unexpected usage, syntactically and statistically speaking. He was born in Czechoslovakia as Thomas Straussler and took his mother's name in England, where he was educated. Although this biographical detail might raise the question whether his characters use idioms unidiomatically, informal comparisons with other British authors show that Stoppard's characters do not deviate too much from modern stage conversation.

Literatur

Fraser, B. (1970): "Idioms within a transformational grammar". - In: Foundations of Language 6, 22-42.

Gottschalk, K.-D. (1982): "How to describe idiomatic language within the framework of universal grammar". - In: Dirven, R. / Radden, G. (eds.): Issues in the theory of universal grammar (Tübingen: Narr) 159-196.

- (1986): "Idiomat". - In: Grazer Linguistische Studien 25, 147-159.

- (1987): "Idiomatische Wendungen in Lehrtext und Drama". - In: Melenk, H. et al. (eds.): 11. Fremdsprachendidaktiker-Kongreß (Tübingen: Narr) 259-267.

Newmeyer, F. J. (1974): "The regularity of idiom behavior". - In: Lingua 34, 327-342.

Stoppard, T. (1973): Artist descending a staircase & Where are they now? Two plays for radio. - London: Faber.

Sträßler, J. (1982): Idioms in English. A pragmatic analysis. - Tübingen: Narr.

ANALYSEPRAKTISCHE ABLEITUNGEN ZU EINEM MODELL DES LITERARISCH-KÜNSTLERISCHEN DISKURSES

Am Beispiel der Erzählung "Im Himmel und auf Erden" von Ingeborg Bachmann

Eberhard Müske

1. Einführung

In seiner Monographie zu Ingeborg Bachmann merkt Kurt Bartsch zum erzählenden Prosatext "Im Himmel und auf Erden"[1] an, daß bei diesem - ebenso wie bei den lyrischen Texten Bachmanns, die zwischen 1948 und 1953 geschrieben wurden, und ebenso wie bei den Texten des sogenannten Todesarten-Zyklus - "keine utopische Ausrichtung" (Bartsch 1988: 47) zu bemerken sei. Statt dessen werde hier vielmehr von Ereignissen erzählt, in denen Menschen in extrem ausgeprägten existentiellen Konflikten agieren. Hierbei werde vor allem die Frau dargestellt als vollkommen an die Lebensform des Mannes angepaßtes Geschöpf; der Mann hingegen sehe oft als einzigen Ausweg aus seiner Konfliktsituation die Vernichtung - genauer: das In-den-Tod-Treiben - der Frau. Was man sich als Hintergrund dieser existentiellen Konflikte vorzustellen habe, benennt Christa Wolf in ihrem Nachwort zum Erzählband "Undine geht" (Wolf 1976: 229) mit dem Ausdruck "technische Perfektionierung der barbarischen Banalität" hochentwickelter (kapitalistischer) Gesellschaftssysteme. Ingeborg Bachmann selbst sei es, die von dieser Situation betroffen ist: "Sie spielt nicht mit der Verzweiflung, Bedrohtheit und Verstörung: Sie ist verzweifelt, ist bedroht und verstört". Solche und ähnliche Wertungen und Interpretationen finden natürlich ihren Niederschlag auch in Lehrwerken für das Studium und den Deutschunterricht in den Schulen. Dennoch - oder vielleicht sogar deshalb - stellte Lerchner (1990) fest, daß in den letzten Jahren ein rapide sinkendes Ausbildungsniveau bei Studienbewerbern für das Fach Deutsch zu verzeichnen sei. Zum einen finden sich vorgefertigte Interpretationen und Wertungen, zum anderen jedoch auch eine Art 'Verheimlichung' der Wege und Methoden, mit Hilfe derer solche oder ähnliche Interpretationen und Wertungen zu erzielen sind. Auf diese Weise wird letztlich verhindert, daß Literaturvermittler (Lehrer, Erzieher etc.) Hilfe zur Selbsterkenntnis erhalten und weitergeben können. Statt Lust auf und an Literatur werden Frust und Ablehnung produziert.[2]

Die Leistungsfähigkeit eines Modells des literarisch-künstlerischen Diskurses kann nur beurteilt werden nach seiner Fähigkeit, Voraussetzungen dafür zu schaffen, daß dadurch die Möglichkeit entsteht, den eigenständigen und kreativen Zugang von Literaturkonsumenten hilfreich zu begleiten und zu befördern. Ein praxisorientiertes Modell vom literarisch-künstlerischen Diskurs muß also letztlich geeignet sein, produktive und lustvolle Annäherungsprozesse an Interpretationsvoraussetzungen, an das literarische Werk, mithin den Zugang zum Werk zu ermöglichen oder zu erleichtern. Es muß also auch Antwort geben können auf die Frage, warum oder vielleicht auch ob es überhaupt zutrifft, daß bei Ingeborg Bachmann die Frau vor allem dargestellt werde als vollkommen an die Lebensform des Mannes angepaßtes Geschöpf (und wenn ja, was man sich darunter konkret vorstellen sollte) und daß der Mann oft als einzigen Ausweg aus seiner Konfliktsituation die Vernichtung - genauer: das In-den-Tod-Treiben - der Frau sieht, usw. usf. Denn wie man nach Lektüre der Erzählung unschwer bemerken wird: An keiner Stelle des zu untersuchenden Erzähltextes ist explizit von derlei die Rede.

2. Zu einigen Modellbestandteilen

Lerchner unternimmt seit einigen Jahren den Versuch, ein dynamisches Modell des literarisch-künstlerischen Diskurses vorzustellen.[3] Es handelt sich hierbei um ein mögliches Beschreibungsinstrumentarium bezüglich des komplexen Gegenstandes 'literarisch-künstlerischer Diskurs', mit dem Vorzug gegenüber anderen, von vornherein ganzheitlich übergreifend und multidisziplinär orientiert zu sein. Dies ist für mich der ausschlaggebende Grund für die Bevorzugung dieses Modells (nachfolgend Basismodell genannt) gegenüber anderen. Gleichwohl war und bin ich der Überzeugung, daß ein Modell grundsätzlich nicht alle Aspekte und Zusammenhänge eines komplexen Phänomens gleichermaßen gründlich berücksichtigen kann, daß es immer in einigen Punkten unzulänglich bleibt. Vornehmlich die Frage nach dem Anteil des sogenannten Alltags- oder Weltwissens, des Wissens über Handlungszusammenhänge im Alltag, von mir als Sachverhaltswissen bezeichnet, die Frage also nach dem Anteil dieser Sorte von Wissen an der Konstituierung einer inhaltsorientierten Repräsentation[4] sowie die Frage nach dem Anteil dieser Wissensstrukturen an einem denkbaren Prozeß der Herstellung eines literarischen Werkes im Rezipientenbewußtsein (auch: des Sinns, der Aussage, des Gehalts eines Textes) bleiben im Basismodell recht unterbelichtet. Welche Möglichkeiten sich aber bei Berücksichtigung dieser Sorte von Wissensstrukturen auch für das Aufdecken von Interpretationsvoraussetzugen ergeben können, soll nunmehr gezeigt werden.

3. Auswirkungen der Modellmodifizierungen auf Analyse- und Synthesetätigkeit (Ingeborg Bachmann: "Im Himmel und auf Erden")

Um eine Annäherung an die (alltagsweltlichen) Sachverhalte zu erreichen, die der Text präsentiert, wähle ich als eine von verschiedenen annehmbaren Möglichkeiten: das propositionalsemantisch basierte Verfahren der Textoidanalyse (Metzeltin/Jaksche 1983). Mit der Textoidanalyse verfolge ich keinen Selbstzweck, sondern ich sehe hierin eine unter anderen Möglichkeiten, relevante textsemantische Tatbestände[5] eliminieren zu können, um möglichst umfassend Kenntnis zu erhalten von den expliziten und (präsupponierten) impliziten Sachverhaltszusammenhängen; kurz: um die Frage beantworten zu können, was denn 'wirklich im Text'steht.[6] Dieses Verfahren hat jedoch noch einen weiteren Zweck: Es wird hierdurch möglich, die dominierenden, also zugleich die Vertextung organisierenden Sachverhalte, die Schlüsselsachverhalte, herauszufiltern. Dies verstehe ich zugleich als eine wichtige Stufe auf dem Wege zur Beschreibung der Textbedeutung. Im Anschluß hieran frage ich nach der textspezifischen Ausformung der Schlüsselsachverhalte (Frames, expandierte Frames und literarisch-künstlerische Bilder). Letzteres verfolgt den Zweck, die textvermittelten Steuersignale für den mentalen Prozeß der Generierung von alternativen Weltentwürfen zu erfassen.

Insgesamt werden also zwei Typen mentaler Vorstrukturierungen (Textoide und mentale Modelle) aufeinander bezogen. Die Begründung hierfür ist zu sehen in der spätestens seit der KI-Forschung allgemein akzeptierten Erkenntnis, daß unser Wissen von der Welt nur zum Teil an einzelne lexikalische Einheiten gebunden ist, daß vielmehr vermittelt über die individuelle mentale Umsetzung von 'Welt' bildhafte Vorstellungen generiert werden, die zumindest in Form vager Spuren als ständig modifizierte permanente Interpretationshintergründe funktionieren.

4. Analyseweg

Zunächst wird eine Hypothese bezüglich des dominierenden Textoidtyps unternommen. Bezüglich des vorliegenden Textes können zwei transformative Textoide eliminiert werden. Sie sind verteilt auf die beiden handelnden Figuren des Textes.[7]

Anschließend an dieses Analyseverfahren wird der Versuch unternommen, die Textoide aufeinander zu beziehen. Dieser Vergleich kann u. U. dazu führen, daß funktionelle Unterschiede bei gleichnamigen Textoidbestandteilen festgestellt werden können. Da an diesen Stellen die Konfrontation von Figuren besonders deutlich wird, nenne ich sie Schnittstellen. Für den hier zu analysierenden Text muß jedoch festgestellt werden, daß die Textstruktur keine Schnittstellen zwischen den Textoiden anbietet, da keine funktionellen Überschneidungen bei gleichnamigen Makropropositionen erkennbar werden. Zentrale Sachverhalte können also nur textoidintern erwartet werden. Es muß also die Frage gestellt werden, welche Schlüsselsachverhalte sich hinter den Textoiden 'verbergen'. Versucht man dies, so fällt auf, daß es eine große Zahl übereinstimmender Funktionen bei gleichnamiger Textoidbelegung gibt. Dieses nun deutet auf die Textstrategie, nicht die Konfrontation zweier Figuren vorzuführen, sondern vielmehr deren enge Verbindung zu einer untrennbaren Einheit - wobei die Figur der Amelie geradezu als in die Figur des Justin 'eingeschmolzen' erscheint (und nicht etwa umgekehrt).

Aus diesen Befunden ergibt sich die Notwendigkeit, die Frage nach dem/den Schlüsselsachverhalt(en) abweichend von bisherigen Erfahrungen zu beantworten: Nicht etwa die funktionell miteinander konfrontiert erscheinenden Sachverhalte sind als Schlüsselsachverhalte zu interpretieren, sondern der der dominierenden Figur (Justin) zugewiesene dominierende Sachverhalt (Makroproposition bzw. Textoidsegment). Da das zentrale und damit dominierende Segment eines transformativen Textoids nach der Definition von Metzeltin/Jaksche (1983) immer die Transformation (T) darstellt, kann es nun nicht schwerfallen, textdominierende Sachverhalte zu bestimmen. Im Falle von T von Justin ist nochmals auszuwählen; und zwar derjenige Sachverhalt, der in dominierender Weise zur Selbsterkenntnis Amelies und zu deren Suizid führt: Justin beauftragt Amelie, seine schwarze Mappe aus dem Kontor zu holen.

Nun gibt es bezüglich von Sachverhalten die Vorstellung, daß in der Regel die Mitglieder einer Sprachgemeinschaft eine im wesentlichen gemeinsam geteilte Vorstellung darüber besitzen, was einen Sachverhalt ausmacht und was 'normalerweise' nicht dazugehört. Das erste bezeichne ich (bezogen auf die Füll-Elemente eines jeweils konkreten Textes) mit dem Term 'expandierter Frame', das zweite mit 'Expansionsmodifizierungen'.[8]

Es trifft zu, daß Schemata (wie z. B. Frames) nicht - wie bisher vermutet - notwendigerweise allein von der sprachlichen Oberfläche initiiert werden müssen. Diese Möglichkeit haben ganz sicher auch (andere) Schemata selbst. Sofern es sich dann aber nicht um freie Assoziationen handelt (die natürlich nicht modelliert werden können), sind meiner Meinung nach nur noch Sub-Frames vorstellbar (beispielsweise impliziert der 'Restaurant-Besuchs-Frame' den 'Speisekarte-Erbitten-Frame', den 'Plaziert-Werden-Frame' usw.) oder alternative Bezeichnungen des gleichen oder eines ähnlichen Sachverhalts, oder es muß sich gänzlich um eine andere Art Schema handeln. So kann natürlich 'Ein Restaurant besuchen' durchaus auch einem Textschema 'Kriminalgeschichte' folgen. Dieses Schema ist dann nicht extensional, sondern intensional orientiert (Eco 1987), also kein Frame.

Ich versuche nun, den ersten Frame (JEMANDEN ZU EINER HILFELEISTUNG AUFFORDERN) zu beschreiben, die Modifizierungen, die der Text nahelegt, sowie die Konsequenzen, die dieses für die Ausprägung eines 'übergeordneten Sachverhalts' hat - ich nenne diesen 'übergeordneten Sachverhalt' literarisch-künstlerisches Bild.

Also zunächst eine Beschreibung der Frame-Expandierung und des Modifizierungspotentials. Ich folge hierbei der hierarchischen Struktur eines allgemeinen Frame-Konzepts. Der Einfachheit halber biete ich hier keine detaillierte Slot-Benennung und Füllung, sondern lediglich eine globale Beschreibung:

> Es besteht für den Auffordernden aus bestimmten Gründen (Zeitmangel, körperliche Gebrechen, Unfähigkeit etc.) nicht die Möglichkeit, eine bestimmte Handlung selbst auszuführen. Deshalb fordert dieser Mensch, der sich in einer Notlage befindet, einen anderen Menschen, von dem er glaubt, daß er die von ihm selbst nicht zu realisierende Handlung durchführen kann, auf, eine bestimmte Handlung auszuführen. Der Auffordernde ist sich im klaren darüber, daß er in die Handlungsabsichten und momentanen Tätigkeiten des anderen Menschen eingreift. Er ist sich deshalb auch bewußt darüber, daß u. U. eine Gegenleistung für die erbrachte Hilfeleistung zu tätigen sein könnte. Er glaubt bzw. weiß, daß er diese Gegenleistung erbringen kann.

Expansionsmodifizierungen:

> Ungewöhnliche 'Füllung' usueller und Einführung neuer Leerstellen: Die Hilfeleistung bezieht sich auf einen offensichtlich vom Auftraggeber gestohlenen oder unterschlagenen Gegenstand; der Auftraggeber wäre sehr wohl selbst in der Lage, die gewünschte Handlung auszuführen. Der Auftraggeber setzt eine unwahre

Behauptung als Begründung für seinen Auftrag: Er gibt vor, die Mappe im Kontor vergessen zu haben. Von dem Bewußtsein über eine möglicherweise zu erbringende Gegenleistung ist nichts zu bemerken. Der Auftraggeber setzt die Auftragnehmerin von Beginn des Geschehens an unberechtigterweise unter 'Wiedergutmachungsdruck'.

Aufgrund der festzustellenden Expansionsmodifizierungen kann hier eigentlich nicht mehr von einem Sachverhalt JEMANDEN ZU EINER HILFELEISTUNG AUFFORDERN gesprochen werden. Vielmehr haben wir es hier wohl nach den Regelungen des Bürgerlichen Rechts zu tun mit dem Sachverhalt JEMANDEN NÖTIGEN (NÖTIGUNG).[9] Wir müssen also nunmehr fragen, ob mit der Kennzeichnung JEMANDEN NÖTIGEN (NÖTIGUNG) dem tatsächlich vorgeführten Geschehen ausreichend Rechnung getragen wird.

Vereinfachen wir (aus Platzgründen) nochmals das vorgeführte Verfahren, so wird lediglich untersucht, welche 'unpassenden' oder eben das durchschnittliche Verständnis von diesem Sachverhalt überschreitenden Elemente zu benennen sind. In diesem Beispiel ist wohl folgendes wichtig: Würde es sich tatsächlich um JEMANDEN NÖTIGEN (NÖTIGUNG) handeln, würde nicht nur die Frau, sondern auch der Mann durch die Polizei verhört worden sein. Da jedoch nur Amelie verhaftet werden sollte, muß angenommen werden, daß die Polizei eine 'Umdeutung' in Richtung Straftat 'an sich' vorgenommen hat. Also auch der Ausdruck JEMANDEN NÖTIGEN (NÖTIGUNG) trifft nicht die von Justin tatsächlich angezielte transformative Handlung. Vielmehr erscheint dieses JEMANDEN NÖTIGEN (NÖTIGUNG) nun als eine ÜBERTRAGUNG DER GESAMTVERANTWORTLICHKEIT FÜR DIE STRAFTAT auf Amelie.

Stellt man sich erneut die Frage, ob denn tatsächlich der Sachverhalt ÜBERTRAGUNG DER GESAMTVERANTWORTLICHKEIT FÜR DIE STRAFTAT textvermittelt aktualisiert werden soll, muß auch dies - v. a. angesichts des Zweckes eines solchen Tuns - stark bezweifelt werden. Wenn nämlich ein Täter seinem 'Tatwerkzeug' die Gesamtverantwortung an einem Verbrechen zuzuweisen versucht, dann ist ein solches Tun v. a. dadurch motiviert, sich erstens von der eigenen Schuld 'reinzuwaschen' und zweitens den alleinigen Nutzen aus der Straftat zu ziehen. Wenigstens der zweite Punkt einer derartigen Motivation wird hier jedoch unterlaufen; und genau dies ist wohl die wichtigste Expansionsmodifizierung: Justin kann ja eigentlich zu keinem Zeitpunkt erwarten, der Nutznießer des gestohlenen oder unterschlagenen Geldes zu werden; die Polizei würde es zwangsläufig beschlagnahmen. Dem ersten Punkt der Motivation kann Justin gestrost entgegenblicken: Amelie wird nicht verraten, wer sie denn beauftragt hat, die Mappe aus dem Kontor zu holen. Justin darf sich sicher sein, daß Amelie sich verhaften lassen wird, um von ihm Unheil abzuwenden. Die Motivation persönlicher Bereicherung wird also ersetzt durch das Motiv, Amelie verhaften zu lassen; man könnte auch zugespitzt formulieren: JEMANDEN BESEITIGEN LASSEN.

Und erst wenn man nun fragt, welche Gründe es wohl hierfür gibt, kommt man - unter

Einbeziehung des gesamten Textes - dahin, anzunehmen, daß es sich hierbei möglicherweise um den Versuch eines vom "barbarischen Jahrmarkt des Lebens" bedrängten Mannes handeln könnte, sich aus einer ausweglosen Lebenssituation, aus einem existentiellen Konflikt zu befreien.

Es handelt sich hier um das wahrscheinlich sehr seltene Beispiel eines Textes, der sich nicht jeweils lediglich einer einsträngigen Belegung des Musters Frame-Initiierung, Frame-Expandierung und Expansionsmodifizierung bedient (wie in den meisten bisher von mir untersuchten Texten), sondern der es dem Rezipienten auferlegt, mehrmals hintereinander einen expansionsmodifizierten Frame (ein Bild) wiederum als Basis für eine erneute Expansionsmodifizierung zu begreifen.[10]

Das literarisch-künstlerische Bild besteht also im Kern aus einem alltagsweltlichen Begriff von einem Sachverhalt. Des weiteren rechnet der Adressant (Autor) mit der Möglichkeit des Rezipienten, beispielsweise die Anlagerung neuer Merkmale 'an passender Stelle' zu realisieren und darüber hinaus dann das Ergebnis dieser Kombination von Merkmalen als Zeichen für die Generierung eines 'übergeordneten Begriffs'[11] zu interpretieren. Etwa so: Wenn der Sachverhalt JEMANDEN ZU EINER HILFELEISTUNG AUFFORDERN textstrukturell (textintern) mit den Eigenschaften versehen wird, daß die Hilfeleistung sich auf einen offensichtlich vom Auftraggeber gestohlenen oder unterschlagenen Gegenstand bezieht, daß der Auftraggeber sehr wohl durchaus selbst in der Lage wäre, die gewünschte Handlung auszuführen, daß der Auftraggeber eine unwahre Behauptung als Begründung für seinen Auftrag setzt - er gibt vor, die Mappe im Kontor vergessen zu haben - usw., dann kann es sich nicht mehr um den ursprünglich initiierten Sachverhalt JEMANDEN ZU EINER HILFELEISTUNG AUFFORDERN handeln, sondern schon eher um den Sachverhalt JEMANDEN NÖTIGEN (NÖTIGUNG). Dies ist ein neuer Begriff, ein neuer Inhalt, unabhängig davon, ob man ihn JEMANDEN NÖTIGEN (NÖTIGUNG) nennt oder anders, es ist ein B i l d , das der Text nicht 'sagt', sondern 'zeigt'.

Dies ist zugleich eine denkbare Erklärung dafür, wie neue Inhalte übertragen werden können.[12] Damit behaupte ich jedoch nicht, daß literarisch-künstlerische Bilder nur allein auf diese Weise generiert werden können, ich habe nur bisher die Erfahrung gemacht, daß dies in Erzähltexten relativ häufig in dieser Weise vorkommt.[13]

Meine Hoffnung, die Freude an Literatur bei Schülern und Studenten immer wieder wecken zu können, knüpft sich zu einem großen Teil an meine Zuversicht, daß eine methodisch geeignete Umsetzung des skizzierten Verfahrens (neben anderen) den Mechanismus der Sinnerschließung nachvollziehbarer und faßbarer in Erscheinung treten lassen kann.

Anmerkungen

1 Bei der ausgewählten Erzählung "Im Himmel und auf Erden" handelt es sich um eines der weniger beachteten Prosastücke der Schriftstellerin. Der Text erschien zusammen mit "Das Lächeln der Sphinx" und "Die Karawane und die Auferstehung" 1949 in der "Wiener Tageszeitung", also vier Jahre vor Ingeborg Bachmanns erster selbständiger Publikation, dem Lyrikband "Die gestundete Zeit". Meine Analysen basieren auf der Ausgabe: Bachmann (1987: 487-490).

2 Um diesem unbefriedigenden Zustand abzuhelfen, v. a. um die theoretisch-methodologischen Voraussetzungen für die Erstellung von Handreichungen für den Lehrer zu verbessern, arbeiten auch in Halle schon seit einigen Jahren Sprach- und Literaturwissenschaftler (bisweilen auch gemeinsam in interdisziplinären Arbeitsgruppen) an der Vervollkommnung multidisziplinär ausgerichteter Modelle zur Strukturbeschreibung und Analyse künstlerischer Literatur.

3 Ich muß hier die Kenntnis des Basismodells voraussetzen. Vgl. hierzu v. a.: Lerchner (1986: 123-138).

4 Inhalt wird hierbei als eine mentale Größe verstanden.

5 Im Sinne von: maßgeblich beteiligt am Prozeß der Bildgenerierung.

6 Es ist jedoch in jedem Falle notwendig, eine textspezifische Sortierung von Basispropositionen aufzuzeichnen. Aus diesem Grunde ist eine simple Aneinanderreihung im Sinne einer Sachverhaltsliste, wie sie mir unlängst ein Student präsentiert hat, vollkommen unzureichend:

* 1. Handlungsträger sind eine Frau (Amelie) und ein Mann (Justin).
2. Justin hat Amelie einmal geschlagen.
3. Nach dem Schlag hat sich Justin wieder in sich selbst zurückgezogen.
4. Justin ist sehr erregt, er steht in einer Streßsituation, usw. usf.

7 Aus Platzgründen muß ich hier auf eine Präsentation leider ganz verzichten.

8 Hierin folge ich Müller (1984: 18, Fußnote 8), indem ich eine allgemeine Modellvorstellung von Schema, Rahmen, Script, Szene etc. zugrunde lege. Auf ebendiesem Hintergrund definiere ich Frames als kognitive Vorstrukturierungen bezüglich des Rezeptionsvorgangs auf der mittleren Ebene konzeptueller Teilsysteme, als komplexe Szenen der realen Welt, als mentale Modelle; oder anders: als typisierte und gleichzeitig dynamische gegenständlich-konkrete Bilder von Realitätsausschnitten - diese ihrerseits definiert als Sachverhalte, komplexe Sachverhalte und Sachverhaltszusammenhänge - mit einer bestimmten Charakteristik.

9 Vielleicht aber auch - alternativ dazu - eine ANSTIFTUNG ZUR TAT.

10 Erste Expansion: JEMANDEN ZU EINER HILFELEISTUNG AUFFORDERN
- Nach einer Modifizierung d i e s e r Expansion: JEMANDEN NÖTIGEN (NÖTIGUNG)
- Nach einer Modifizierung d i e s e r Expansion erneute Expansion: ÜBERTRAGUNG DER GESAMTVERANTWORTLICHKEIT FÜR DIE STRAFTAT
- Nach einer Modifizierung d i e s e r Expansion erneute Expansion: JEMANDEN BESEITIGEN LASSEN

11 Denkbar wären statt dessen auch die Termini 'Paradigmenwechsel' oder 'switch'.

12 Ob die 'fremden' zu integrierenden Handlungselemente hingegen fiktiv sind oder nicht, ist bezüglich der Frage, ob sie einen Beitrag zu einer neuen Bedeutung leisten, nebensächlich!

13 In stark verdichteten Texten hingegen werden literarisch-künstlerische Bilder wohl eher direkt über die Kombination von Merkmalen globaler Themen generiert. Ich versuche hier lediglich zu zeigen, daß es mir vornehmlich um die Beschreibung von Bildgenerierung geht. Der jeweilige Weg zu diesem Ziel kann über Propositionen und/oder Frames führen, möglicherweise aber auch über Wortfelder, semantische Felder (Isotopien) oder auch über Themen des Textes (wie in der Inhaltsanalyse angenommen). Welchen Weg man günstigstenfalls einschlagen sollte, ist natürlich abhängig von den jeweiligen Textgegebenheiten.

Literatur

Bachmann, I. (1987): Ausgewählte Werke. II. Erzählungen. - Berlin/Weimar.

Bartsch, K. (1988): Ingeborg Bachmann. - Stuttgart.

Eco, U. (1987a): Semiotik. Entwurf einer Theorie der Zeichen. - München.
- (1987b): Lector in fabula. Die Mitarbeit der Interpretation in erzählenden Texten. - München.
Lerchner, G. (1986): "Grabbes 'Napoleon oder die hundert Tage': Organisationsformen und Funktionen der Textgestaltung". - In: Werkinterpretationen zur deutschen Literatur (Berlin) 123-138.
- (1990): "Gefallen und weiter gar nichts". - In: DU 7/8.
Metzeltin, M. / Jaksche, H. (1983): Textsemantik. Ein Modell zur Analyse von Texten. - Tübingen.
Müller, K. (1984): Rahmenanalyse des Dialogs. Aspekte des Sprachverstehens in Alltagssituationen. - Tübingen.
Wolf, C. (1976): Nachwort. - In: Bachmann, I.: Undine geht (Berlin/Weimar) 221-233.

REGISTER DER MÜNDLICHEN SPRACHE IN DEN TRAKTATEN ZWEIER FRANZÖSISCHER ZEITGENÖSSISCHER AUTORINNEN

Michèle Perrein: Entre chienne et louve
Benoîte Groult: Ainsi soit-elle

Luzian Okon

1. Michèle Perrein und Benoîte Groult haben zwei soziologisch-moralphilosophische Traktate verfaßt, in denen sie über die Stellung der Frau in Geschichte und Gegenwart in polemischer Weise nachdenken. Schon die Titel der beiden Schriften sind polemisch und provokativ zu sehen: Michèle Perrein (1978: 123, 126, 127) wandelt die französische, eigentlich harmlose Redewendung *entre chien et loup*, d. h. in der Dämmerung (le crépuscule), ab zur Formel: "entre chienne et louve", womit sie schon die Stoßrichtung ihrer Untersuchung anzeigt. Die Frau hat noch den Rang einer Hündin, weiter im Text spricht sie dann von der immer noch vorhandenen "clochardisation" der Frau, aber "louve" müßte sie werden, wenn sie in ihrer Anerkennung als Mensch und auch in der sozialen Skala aufsteigen will. Benoîte Groult (1975: 76) wandelt die liturgische Formel der Kirche *ainsi soit-il* gleich *Amen* polemisch ab zu "ainsi soit-elle", so sei sie, die Frau, nämlich *épouse* und *mère*, die allenthalben und permanent von Hausarbeiten geplagte Frau: "l'infiltration maligne des travaux domestiques dans tous les actes de leur vie" (1975: 86), im Extremfall dann ungleich schärfer formuliert "bétail humain asservi" (1975: 102) oder ironisch-liebenswürdig "servante du foyers" und "poupée de luxe" (1975: 216). Was sie nach wie vor nicht darf: "se réaliser", was ihr nach wie vor versagt ist: "le don merveilleux de participer au monde, la possibilité de se faire confiance et de se réaliser". Der Frau wird nach wie vor keine eigentliche Autonomie zuerkannt, ihr Leben souverän zu gestalten; davon sind beide Autorinnen restlos überzeugt. Anders gesagt: an der Definition der Frau hat sich nichts geändert. Sie lautet in einem klassischen Standardwerk des Grand Siècle, im Dictionnaire françois von Pierre Richelet (1680), bündig wie folgt: "Femme s. f. Prononcez famme. Créature raisonnable faite de la main de Dieu pour tenir c o m p a g n i e à l' h o m m e." Dieses Zitat kommt im Buch von Benoîte Groult zwar nicht vor, wäre aber sinngemäß zutreffend für ihre Argumentation.

2. Beide Autorinnen haben profunde Kenntnisse in Geschichte, Literatur, Psychologie, Soziologie, Philosophie, Benoîte Groult überdies in Ethnologie und Medizin. Mit zahlreichen Zitaten belegen sie absurde Thesen und Theorien, nennen Namen von Olympe de Gouges über Flora Tristan bis Helene Deutsch und Fanny Deschamps (1978: 37, 45-57, 83; vgl. auch

Sandra Dijkstra 1992: 8), alle - außer Helene Deutsch, ein empfindlicher Störenfried für die Emanzipation der Frau - im positiven Sinn.

3. Beide Autorinnen legen ihre Thesen in der Erzählform (des allwissenden Erzählers) dar, in einer Sprache, die oft am Übergang von Schriftlichkeit zur Mündlichkeit angesiedelt ist und deshalb Register des Mündlichen aufweist. Ihre Sprache ist opulent und vielschichtig, ihr Stil ist explosiv, ironisch-sarkastisch und virulent und hat fast immer eine polemische Konnotation. Die Polemik ist besonders sichtbar in den überaus zahlreichen 'phrases interrogatives' und 'phrases exclamatives', die bei beiden Autorinnen ein Viertel bis ein Drittel des Textes ausmachen. Aber auch der normale Aussagesatz - 'la phrase déclarative' - ist sehr oft nicht frei von Polemik, eine neutrale Haltung wird selten bis gar nicht eingenommen. Beide Autorinnen bedienen sich einer sehr engagierten, polemischen Argumentationsprosa, um Inkongruenzen und - nach ihrer Meinung - Absurditäten aufzuzeigen und ihre Thesen und Verbesserungsvorschläge darzulegen. Ihr Stil ist das genaue Gegenteil der 'impassibilité' von Gustave Flaubert, die die Stimme des Autors ganz in den Hintergrund drängt. Die Formel von Jacques Moeschler (1985: 47) ist unbedingt auf die Prosa unserer beiden Autorinnen anzuwenden:

> L'argumentation est (donc) indissociable de la polémique, vu que défendre une thèse revient toujours à la défendre contre d'autres thèses.

Eemeren und Grootendorst (1982: 1) definieren (in ihrer "stipulative definition", wie sie sagen) den Begriff "Argumentation" allerdings viel umfangreicher, wenn sie formulieren:

> Argumentation is a social, intellectual, verbal activity serving to justify or refute an opinion, consisting of a constellation of utterances wich have a justifying or refuting function and being directed towards obtaining the agreement of a judge who is deemed to be reasonable.

Interessanterweise setzen sie die "social" vor die "verbal activity". Es ist jedoch ohne weiteres zutreffend, daß Michèle Perrein und Benoîte Groult mit ihrer Sprache und ihrem Stil, also ihrer "verbal activity", eine soziale Breitenwirkung beim mit 'bon sens' begabten Leser anstreben, der als kritischer Leser und Beurteiler, also als "judge" angerufen wird.

Sprache und Stil beider Autorinnen weisen erhebliche Elemente oder Register der mündlichen Sprache auf, wenn auch der Stil von Benoîte Groult gelegentlich gepflegter und auch ein wenig klassisch-gedämpfter als der Stil von Michèle Perrein erscheint. Ihre explosiv-zornige, oft auf ein Crescendo hinauslaufende Argumentationsprosa benötigt 'markers'/'marqueurs' wie: *car, en effet, bien que, pourtant, donc, ainsi* und auch *mais*, die die Funktion von "connecteurs argumentatifs" haben, im Sinne von Sorin Stati (1990: 69), oder auch die Funktion von "organisateurs argumentatifs", sozusagen Stützpfeiler der Argumentation, im Sinne von J.-P. Bronckart (1985: 83), da die Argumentation stufenweise gestaltet wird und dann in einem Crescendo detoniert oder explodiert: als Beispiel zitieren wir die Frau in der armseligen Vision von Professor Pierre Haury anläßlich des Congrès international de sexologie médicale (Paris 1974), wie sie bei Benoîte Groult (1975) erscheint: Der Vergleich zwischen Frau und Leghenne wird stufenweise aufgebaut, indem, wie Sorin Stati (1990: 70) formuliert, sogenannte "jalons textuels" konstruiert werden:

Très bien. Tout cela est logique et efficace. Mais qu'on reconnaisse alors que la femme n'est qu'un animal domestique de plus et qu'on peut la traiter comme un boeuf, une oie ou une poule, la châtrer ou l'engraisser pour favoriser son 'integration sexuelle' et la mettre en cage pour améliorer sa vocation de pondeuse. (Groult 1975: 104)

Die Frau wird - im Sinne dieses idiotischen Professors - praktisch gleichgesetzt (in der folgenden Aufzählung) mit einem "animal domestique", einem "boeuf", einer "oie" oder "poule", um dann schließlich als "pondeuse" (Leghenne) in den Käfig eingesperrt zu werden, wobei der Käfig ("la cage") dann das Crescendo der polemischen Argumentation darstellt. Innerhalb dieser langen Satzperiode wird der Vergleich also gleichsam orchestriert und aufgebaut in der Form von "jalons textuels", aber dieser Satz leitet über, transphrastisch übergreifend, mit einem konklusiven "d'ailleurs" zum nächsten Satz und zum nächsten Abschnitt, zu einer weiteren Detonation: "C'est ce qu'on a toujours fait, d'ailleurs" (Groult 1975: 104), leitet so die Diskussion des nächsten Abschnitts ein und endet in der gewichtigen und bestürzenden Folgerung: "On n'a rien tenté pour les femmes." Ähnlich, in Argumentationsstufen, verfährt Michèle Perrein, wenn sie die geplagte Frau nachdenken und fragen läßt:

Mon besoin de protester contre l'injustice, contre le maintien en état d'infériorité, contre la censure, contre le mépris tranquille dans lequel nous sommes entretenues, sont-ils viscéralement féminins ou produits d'école masculine digérés et mis en pratique? (Perrein 1978: 144f.)

Der den Stufenbau der Argumentation markierenden "jalons textuels" sind in diesem Fall: "l'injustice", "le maintien en état d'infériorité", "la censure", "le mépris tranquille" (wichtig das Epitheton "tranquille", d. h. man macht nicht viele Worte für die Frau als niederes Wesen), und die Überlegung mündet in die kapitale Frage aus: ist mein Protest überhaupt in autochthoner Weise (*viscéralement*) weiblich oder plappere ich nur die Terminologie der Männer nach, also: bin ich am Ende zu dumm, um eigenständig zu argumentieren? Bin ich nicht schon von der arroganten Meinung der Männer angesteckt? Wie wir gesehen haben, fungieren die 'phrase interrogative' und die 'phrase exclamative' allein schon wegen ihrer 'intonation ascendante' (Jean Dubois 1976: 20) als mündliches Element und als dramatische Diktion. Aber ganze Satzperioden, auch im einfachen Aussagesatz - 'phrase déclarative' -, haben einen eindringlich- mündlichen Klang, eine mündliche Kadenz. Die Syntax der beiden Autorinnen hat also einen gewichtigen Anteil an der mündlich erscheinenden Sprache, die eigentlich permanent den Dialog mit dem Leser sucht. In der Lexik sind zu nennen: affektiv gebrauchte Adverbien, etwa *très bien* im Sinne von *verdammt nochmal*, pittoresk-familiäre Wörter wie *cahin-caha* (*péniblement*), Substantive fremden Ursprungs, etwa *gourbi* (*habitation arabe, cabane*), das explosive *ça*, etwa bei Michèle Perrein (1978: 143): "ça oui! Alors les femmes", in diesem Fall kombiniert mit Ausruf und anschließender Frage, ebenfalls "ça", kombiniert mit einer Satzsegmentierung: "ça (,) je l'avale mal" (Perrein 1978: 131), im Sinne von: *das kann ich ganz und gar nicht herunter schlucken!*

Abgesehen von der explosiven Sprache ('langue'), die wir analysiert haben, dokumentieren die beiden Autorinnen verschiedene Sprechweisen ('langages'), die wir einteilen möchten in:

- aggressive und offensive Sprache
- fragende und insinuierende Sprache
- fragend ironische Sprache

- polemische Sprache
- exklamative Sprache
- fragend polemische Sprache
- exklamativ polemische Sprache
- repetitive Sprache
- fragend repetitive Sprache
- fragend polemische und repetitive Sprache

Alle diese Sprechweisen ergeben dann den polemischen, kombattanten, virulenten, engagierten Stil. Natürlich sind die Übergänge zum Teil fließend, etwa zwischen polemischer und aggressiv-offensiver Sprache. Aus Gründen der Interpretation ist diese Komponentenzerlegung jedoch nicht unwesentlich.

Wir geben nun einige konkrete Beispiele:

insinuierende Sprache:

Les motifs sont clairs, n'est-ce pas? Rester femme sous peine de mort. (Groult 1975: 45)

kombattante und polemische Sprache:

Il avait bien fallu nous octroyer une âme au concile de Nicée, mais attention! l'âme aussi avait une sexe. La nôtre n'était pas de nature aussi divine que l'âme masculine. (Groult 1975: 45)

On leur ferma donc toutes les portes sur la vie, hormis quatre: celles de la chambre à coucher, de la cuisine, de la buanderie et de la chambre d'enfants. (Groult 1975: 47)

Les Noirs ont obtenu l'indépendance. Les prolétaires se sont unis. Les femmes seulement demeurent soumises et désunies, handicapées par le lien très spécial et souvent délicieux qui les unit à leurs 'oppresseurs'. (Groult 1975: 47)

aggressive und offensive Sprache:

Mais le sexisme est plus profond et plus endémique encore que le racisme. (Groult 1975: 49)

fragend-ironische Sprache:

Qui assure à la mère, même quand elle travaille en plus au-dehors, sa part de repos, un moment de cette paix qu'on nomme si justement 'royale'? (Groult 1975: 76) (sous-entendu: natürlich niemand!)

polemische Sprache in Extremform:

Ben Bella est en prison. Les femmes aussi. (Groult 1975: 100)

Ce sont des histoires d'organes féminins, donc sans importance. Chacun fait ce qu'il veut de sa femme, de sa Maison, de son chameau, n'est-ce pas? Cela ne regarde personne. (Groult 1975: 91)

fragende und polemische Sprache:

Qui peut mieux parler de la clitoridectomie qu'un journalist mâle? (Groult 1975: 95)

exklamative und polemische Sprache, ebenfalls in Extremform:

Et quand on dit à sa créature 'je t'aime', on croit lui avoir suffisamment rendu justice! (Groult 1975: 111)

fragend-polemische und repetitive Sprache:

Alors *qui* délivrera ces femmes? *Qui* dénoncera cutte honte? Qui nous sauvera? (Groult 1975: 113)

Komponentenzerlegung des Gedankens mit asyndetischer Reihung und Detonation als Höhepunkt (eines unlösbaren Problems) und wiederholter Gebrauch des 'indexicals' *qui* als weiteres mündliches Element sind hier die sprachlich-rhetorischen Strukturen.

fragend-polemische und repetitive Sprache:

Je prétends pour ma part que, *malgré* les recherches, *malgré* l'étude de nos fantasmes, *malgré* nos rêves, *malgré* la définition de notre Œdipe, *malgré* notre sacro-saint complexe de castration [...] est-ce que couper le clitoris, couper les ailes, couper l'élan, mettre des mors, des licous, des corsets, ne serait pas aussi castrer? (Perrein 1978: 147)

Der Höhepunkt der langen Tirade, der Virulenz, erscheint dann im Nachsatz: "les analystes lorsqu'ils traitent des femmes ne peuvent en parler que comme résultat."

4. Die Virtuosität des Fragens legt Zeugnis ab von der thematischen Besessenheit der beiden Autorinnen, von ihrer konsequenten und bohrenden Suche nach 'justice' für die Frauen - oder auch umgekehrt: die thematische Besessenheit mündet aus in eine Virtuosität des permanenten Fragens. Der Terminus *'justice'* ist ein 'mot-clé' in beiden Traktaten. Dieses häufig wiederkehrende Lexem ist am besten zu fassen im Sinne der "social semantics" von M. A. K. Halliday (1973: 72f.), wo Sprache als "meaning potential" und als "behaviour potential", als "categorization of behaviour in terms of disapproval (or approval) on moral grounds" aufgefaßt wird. Man könnte ebenso Simon C. Dik (1979: 4f.) zitieren mit seiner Functional Grammar, in der er definiert: "a language is an instrument of social interaction".

Die beiden Autorinnen betreiben konsequent soziale Interaktion. Das Wort *justice* deckt ein weites onomasiologisches Feld ab: *liberté, honneur, se réaliser, reconnaissance* (im Sinne von Anerkennung).

5. Versuchen wir abschließend die Sprache der beiden Autorinnen, genauer ihre Sprechweisen, sprachwissenschaftlich einzuordnen: Roman Jakobson (Thomas A. Sebeok 1960: 357) erkennt der Sprache fünf Funktionen zu:

	referential	
emotive	poetic phatic	conative
	metalingual	

Die Sprache der beiden Autorinnen ist natürlich zunächst referential, dann aber permanent conative, da sie in einem fiktiven Dialog mit dem Leser beständig Kontakt aufnimmt, und schließlich hochgradig emotive.

Geoffrey Leech (1974: 40ff.) schlägt ebenfalls fünf Funktionen der Sprache vor und bezeichnet sie als:

informational
expressive
directive
phatic
aestethic

Die ersten drei Funktionen treffen auf die Sprache von Benoîte Groult und Michèle Perrein zu. Sorin Stati (1990: 35-58) schlägt wesentlich andere Funktionen der Sprache vor:

la fonction érotétique (fragend, stimulus en dialoge)
la fonction assertive (bejahend, feststellend)
la fonction épistémique (mitwissend)
la fonction directive (befehlend)
la fonction expressive-émotive
la fonction commissive (promesse, menace)
la fonction performative (to perform an act of doing)[1]

la fonction phatique
la fonction écho

Es ist evident, daß die fonction érotétique und die fonction épistémique bei beiden Autorinnen bei weitem im Vordergrund stehen. Darüber hinaus ist die fonction expressive-émotive allenthalben anzutreffen, sie ist sozusagen der Grundtenor.[2]

Anmerkungen

1 Lyons (1986: 174)
2 Zur 'fonction épistémique' vgl. auch Crystal (1991: 98).

Literatur

Bronckart, J.-P. (1985): Le fonctionnement des discours. - Neuchâtel/Paris: Delachaux/Niestlé.
Crystal, D. (1991): A dictionary of linguistics and phonetics. - Oxford: Blackwell.
Dijkstra, S. (1992): Flora Tristan. Feminism in the age of George Sand. - London: Pluto Press.
Dik, S. (1979): Functional grammar. - Amsterdam etc.: North Holland Publishing Company.
Dubois, J. (1976): Grammaire de base. - Paris: Larousse.
Eemeren, F. H. van / Grootendorst, R. (1982): "The speech acts of arguing and convincing in externalized discussions." - In: Journal of Pragmatics 6, 1-24.
Groult, B. (1975): Ainsi soit-elle. - Paris: Grasset.
Halliday, M. A. K. (1973): Explorations in the function of language. - London: Arnold.
Leech, G. (1974): Semantics. - Harmondsworth: Penguin Books.
Lyons, J. (1986): Language, meaning and context. - Bungay (Suffolk): Fontana.
Moeschler, J. (1985): Argumentation et conversation. Elements pour une analyse pragmatique du discours. - Paris: Hatier-Crédif.
Perrein, M. (1978): Entre chienne et louve. - Paris: Grasset.
Richelet, P. (1680): Dictionnaire françois. - Genève: Widerholt.
Sebeok, T. A. (ed.) (1960): Style in language. - London: Wiley.
Stati, S. (1990): Le transphrastique. - Presses universitaires de France.

Soziolinguistik

Sprache und Gesellschaft

OTHERLECT AND MOTHERLECT USAGE AT INTERNATIONAL CONFERENCES

Zrinka Babić

1. Introduction

After discussing the notions 'motherlect' and 'otherlect' this paper approaches socio-linguistically and psycholinguistically some aspects of multilingual communication at international scholarly conferences among people whose native-language societies are of different size and international importance, e. g. the speakers of 'world', or 'major' vs. 'minor' languages.

2. Motherlect and otherlect

2.1. Motherlect

2.1.1. The motherlect is the first or the only language a person speaks. Only in prenatal life does it literally mean mother's language, as this is the only time when the (unborn) child is unavoidably and irreplaceably influenced by the mother's speech. Here I will mention only a few findings concerning verbal communication during the prenatal period (for more see e. g. Verny/Kelly (1981), Verny (1987), Fedor-Freybergh/Vogel (1988), Chamberlain (1988), Babić (in press)). The unborns' ear is fully developed by 20 weeks gestational age. However, prenatal speech communication is not only limited to hearing - the unborn experiences his/her mother's speech through his/her body conduction. This experience includes the sounds of the mother's voice and her body vibrations caused by her speech. The unborn reacts to speech by movement; it can be taught to move in a particular way in response to specific words. The newborns' first cries are so full of information about their mothers' speech characteristics that they can be matched. Newborns recognize and prefer their mothers' voice over other female voices, they prefer the story that she reads to them while in utero to a new story, even the story their father had read to them. There are indications that the rudiments of a language may be traced to prenatal life.

2.1.2. The prenatal experience is unique because there are no other options but to motionally, emotionally and otherwise respond to a particular language and to use it individually in mutual communication. That experience is reflected later in the child's language development: the language serves as a means of communication, but it is also a means of expressing oneself and a means of identification with the immediate environment. Emotional grounds usually determine which lect a child is identify with, e. g. which lect he/she acquires as the first language. After the child is born, the motherlect does not necessarily have to be the mother's language, it may be the father's, the sibling's, the grandparent's, the nanny's, the neighbour's, etc. Nevertheless, the term 'motherlect' is used here instead of 'first language' to stress it's emotional and identificational importance.

2.2. Motherlect vs. otherlect

2.2.1. Otherlect is any language other than the motherlect, a language, or a lect that is learned (often in school, in some other organized form, through the media, etc.). To start with, it is the conscious effort involved in learning another language, directed away from the acquired language, what distinguishes motherlect from otherlect. In multilingual situations the motherlect is the first language, the language that is acquired (therefore it can be a second language if a person is bilingual), while the otherlect refers to any language that is learned and therefore, a foreign language.

In most cases the difference between the motherlect and otherlect is reflected in different levels of language competence. A person cannot express oneself in otherlect as well and as easily as in the motherlect, i. e. his/her communicative abilities are therefore somewhat impaired. When speaking a foreign language one is not in the same position as some other speakers who use it because it may be their motherlect. This is often the case if that foreign language belongs to the group of so-called 'major' languages, or widely taught languages.

In some respect learning a standard of what is considered to be the same language does not differ from learning a foreign language. Learning a standard is viewed to be easier than learning a foreign language, although this may not be the case, since the difference between the standard and various dialects can be bigger than between some other languages. However, generally people are daily exposed to standard in their everyday lives, they use it very often, which is not the case with a foreign language. But the difference which in this context matters the most and which distinguishes the usage of standard from the usage of a foreign language, is the fact that when speaking the standard a person finds himself in the same position with all other speakers who use it, because the standard is otherlect for everybody else.

3. Communication at international conferences

3.0. Foreign-language barriers at international conferences can be overcome by the use of a common language, by using several languages, by simultaneous or consecutive interpretation or even by translation. The choice between these options depends on who participates in the conference, what it is about, where it is held, why and which languages appear as possibilities, and how they are viewed by the participants involved.

3.1. International scholarly conferences are primarily meant to be a good opportunity for direct, immediate communication among people with similar professional interests, they can gain insights into the newest developments in the field in a short space of time. A person can listen to presentations of research his/her colleagues are involved in, learn about their newest results, meet them personally, exchange comments, ideas, set plans for joint research, etc.

3.1.1. It is not so important to understand every word, as for example, in international political life. Communicating referential information in detail can always be made available through translation somewhat later, as this is not all what international scholarly conferences are about. This is not always clear to all who present their work at conferences. Some participants obviously think that they have to present as much as possible of what they know about a topic and to present all the results in detail. In order to achieve such a maximum they prepare full written versions of their presentations and read them at conferences. Even if they share the motherlect with the audience, the listener has to be extremely motivated to follow the presentation all the time - sentences and whole text designed for written medium, in spoken medium typically are overloaded with information. If the speaker uses the motherlect which is otherlect for the listeners, he will not be in harmony with the audience, as well as he will not be in harmony with the medium (for more on styles of presentation see Babić 1986). One can best present one's work in one's motherlect, but if the listeners do not share motherlect with him/her, they will not be in the same position. From the listener's point of view, it is better if the speaker gives his/her presentation in some otherlect. Considerate oral presentation in otherlect, with some help from notes or written quotes would probably be the best choice at international conferences.

3.2. Choice of language

3.2.1. A good way to deal with multilingual situations at conferences would be to have one common language which is not motherlect to any of the participants, just as some language societies with different lects have a standard lect. But for reasons presented even within a particular language society, this is not easy to achieve. Artificial languages, such as Esperanto, are not even close in overtaking some natural languages. Dead natural languages, such as Latin, are culturally determined. Any 'major' natural language, such as English, is the motherlect of too many people to offer equal opportunities to all participants.

3.2.2. A usual way of dealing with multilingual communication problems at international conferences is to choose a number of languages which will serve as official languages. At conferences held in Europe, in most cases the number is three. If the conference is widely international, the languages chosen are usually English, French and German (e. g. 27. Linguistisches Kolloquium), or English, French and the host language (e. g. P.E.N. World Congresses - the one held in Barcelona included Catalan, not Spanish). Even when no languages are specified as official, it often turns out that the majority of participants speaks two or three languages, with English being the most dominant. For example, at the Fifth International Phonology Meeting held in Eisenstadt, Austria, in 1984, only so-called 'world' languages appeared. English was used by 87,4% of all participants, German (the host language) by 6,6%, French by 4,4% and by Russian 1,4%. At the Sixth International Phonology Meeting held again in Austria, in Krems, English scored even higher - 93,9%. French was used by 5,4% of the participants, and Russian by 0,6% participants, while nobody used German.

If the conference is focused on a specific issue, if it is geographically directed or limited, different languages may be chosen (e. g. at Paneuropean 'Alpen-Adria' meeting in Pazin, Croatia, the official languages were German, Italian and Croatian; at International Slavic Conferences official languages are all Slavic languages and 'world' languages, which turn out to be limited to German, English, French and Italian).

Including the host language among the official languages at international conferences shows another side of internationalism - enrichment of international culture by stressing, or at least acknowledging the uniqueness of each individual language. That way the speakers of 'minor' languages have the opportunity to be internationally recognized under the best presenting circumstances - giving a speech or participating in a discussion in their motherlect, which is the privilege of speakers of 'major' languages, a privilege they often have. Of course, if host 'minor' languages are included in multilingual communication, that makes simultaneous or consecutive interpreting a must, or blocks some part of the verbal communication.

3.3. Interpreting

3.3.1. If the conference is mainly international, e. g. if the majority of participants is not from one country with just a few foreign guests, simultaneous interpreting, even translation of prepared papers, or conclusions, are possible but expensive (if nobody's language is left out). Simultanious interpretation is not a too desirable means of overcoming language barriers in direct communication. Though it enables participants to understand all the textual information that is being presented, it may alienate them because it interrupts, or completely distorts direct communication.

3.3.2. Consecutive interpreting for all participants can be the best way to deal with language barriers if the participants come from just a small number of language communities, and if one of the main goals is to stress their equality and show respect for them, particularly for the less dominant languages, 'minor' languages and above all the language of the host country, or the host language community. That way all participants will find themselves in the same role, and they will have an opportunity both to get acquainted with different languages and to exercise patience necessary for multilingual communication.

4. Concluding remarks

If information is the central issue next to verbal communication at international conferences, the best way to overcome problems in multilingual communication is to use several widely taught languages; one restriction, however, should be observed: everyone should use otherlect, nobody should use motherlect (which is in agreement with Weydt 1994). If the stress is on multiculturalism, multilingualism as well as communicating information, more languages should be used with the help of interpretation, or perhaps translation of some main parts. If the stress is mainly on representation of the multilingualism and multiculturalism, when complete understanding of everything said is not expected, but only general insight into various research, all the languages of the involved participants should be included, possibly with the option of simultaneous interpretation.

References

Babić, Z. (1992): "Towards a linguistic framework of prenatale language stimulations". - In: Blum, T. (ed.): Prenatal perception, prenatal learning, prenatal culture. - Berlin etc.: Leonardo (in press).
- (1986) "Izlagaci i slusaci u vremenskom procjepu". - In: Jezik, 3, 70-78.
Chamberlain, D. (1991): Babies Remember Birth. - Los Angeles: Jeremy P. Tarcher, Inc.
Fedor-Freybergh, P. / Vogel,V. (eds.) (1988): Prenatal and perinatal psychology and medicine. Encounter with the unborn. - New Jersey: The Parthenon Publishing Group.
Verny, T. (ed.) (1987): Pre- and perinatal psychology. An introduction. - New York: Human Sciences Press.
- / Kelly, J. (1981): The secret life of the unborn child. - New York: Dell Publishing.
Weydt, H. (1994): "Welche Sprache für Europa?" - In: Akten des 27. Linguistisches Kolloquiums, Münster 1992 (in press).

DIE ROLLE DER KIRCHE IN BILINGUALISMUSSITUATIONEN

Gabriele Birken-Silverman

Einleitung

Sprachwandelprozesse sind in der Vergangenheit vorwiegend im Rahmen der historischen Strataforschung unter den Aspekten Substrat, Adstrat, Superstrat im Hinblick auf die Beschreibung der Resultate des Sprachkontakts betrachtet worden. Demgegenüber stehen erste Ansätze der vor allem auf Weinreich gründenden und durch die Soziolinguistik der 70er Jahre befruchteten Sprachkontaktforschung. Sie stellt im Sinne einer "multidimensionalen Betrachtungsweise" (Ureland 1978: VIII) vielmehr den dynamischen Prozeß unter Berücksichtigung intra- und extralinguistischer Faktoren in den Mittelpunkt der Analyse der Sprache als einem polykulturellem System (Wandruszka). Während diese Methode besonders auf aktuelle und damit empirisch verifizierbare Sprachkontaktsituationen angewandt worden ist, steht eine dementsprechende Sichtung historischer Sprachkontaktsituationen weitgehend aus. Daher soll im folgenden die Rolle des die Sprachkontaktsituation beeinflussenden Faktors Kirche im Rahmen einer Bilingualismusanalyse anhand von vier Beispielen dargestellt werden:

1) die seit 500 Jahren währende Sprachkontaktsituation bei der größten ethnolinguistischen Minorität Süditaliens, den Albanern,
2) der Problemkomplex der (partiellen) Neuromanisierung Siziliens und Südkalabriens,
3) die Frage der antiken oder aber byzantinischen Gräzität Unteritaliens.
4) Zusätzliche Vergleichsmaterialien zu Interdependenzen zwischen Kirche und Bilingualismussituationen liefert das Bsp. der prov. bzw. frankoprov. Kolonien Süditaliens.

Im Sinne der Forderung Rohlfs' beruhen die folgenden Ausführungen auf persönlicher Kenntnis der betreffenden Sprachgebiete im Rahmen langjähriger Feldforschungen in Sizilien und Kalabrien seit 1973.

Da das gegenwartsbezogene Beispiel 1 ein stufenweises Zurückverfolgen der dynamischen Entwicklung des Bilingualismus und der Rolle der Kirche ermöglicht, kann hier die Analyse des Faktors Kirche als exemplarische Fallstudie gemäß den Modellen der modernen Kontaktlinguistik erfolgen. Demgegenüber betreffen Beispiel 2, 3 und 4 einen relativ weit zurückliegenden Zeitraum, für den vergleichsweise dürftige Materialien zur Verfügung stehen, so daß m. E. nur eine detaillierte kontaktlinguistische Analyse möglich ist. Indessen sind Beispiel 1 und 3 geschichtlich miteinander verbunden, so daß sie sich gegenseitig ergänzen können. Ferner existieren Berührungspunkte zwischen Beispiel 1 und 4, und Beispiel 2 und 3 weisen gewisse Parallelen auf, die entsprechende Rückschlüsse in Betracht ziehen lassen.

Die besondere Bedeutung der Religion bzw. der Institution Kirche im Zusammenhang mit der Darstellung von Sprachkontakten bzw. von Bilingualismus als eines möglichen Resultats ergibt sich einerseits aus dem Stellenwert, der ihr in den soziolinguistischen Theorien von Weinreich (1953) über Fishman, Gumperz und Ferguson bis Mackey zukommt, andererseits aus ihrer Schlüsselfunktion in diversen Fallstudien. Auf Weinreich geht die grundlegende Feststellung der Verknüpfung von Religionsbekenntnis und Sprachgebrauch in bilingualen Sprachgemeinschaften mit zwei Konfessionen zurück, die allerdings nicht generell zutrifft, so z. B. in Fällen, wo die Kirchensprache lediglich eine alte Tradition fortsetzt und u. U. von den Gläubigen gar nicht verstanden wird (s. u.). Fergusons Modell der Sprachvariation als normgebundene und institutionell geforderte Verhaltensaktivitäten (Ferguson 1959) impliziert Kirche als Funktions- und Situationsvariante. Aufbauend auf der Analyse der Sprachgemeinschaft ordnet Fishman (1972) die Variable Kirche bzw. ihre Vertreter unter die folgenden zu untersuchenden Punkte ein: Domänen sozialen Verhaltens, Dimensionen sozialer Beziehungen, Typen der Interaktion. Mackey schließlich betrachtet Kirche als eine Ursache von Bilingualismus sowie als eine externe Funktion, d. h. als eine Domäne des Sprachgebrauchs. Aufgrund der vorliegenden aktuellen und historischen Daten sollen im folgenden diese Punkte soweit wie möglich dargestellt werden und Vergleichsmaterialien liefern.

1. Kirchlicher Einfluß auf die Sprachverhältnisse in den italoalbanischen Kolonien

Die albanische Minorität Italiens mit ca. 105.000 Sprechern ist soziologisch erstens durch die Minderheitskategorie Sprache determiniert und zweitens durch die katholisch-orthodoxe Religion mit griechischem Ritus und Anerkennung der Oberhoheit des Papstes. Dabei ist wie auch für die folgenden Beispiele zu berücksichtigen, daß bis ins Mittelalter der differenzierende Faktor Religion gesellschaftlich wesentlich bedeutsamer war als der der Sprache, woraus zahlreiche Mißverständnisse überlieferter Dokumente resultieren. Ausgehend von der überwiegenden Herkunft der Ende des 15./Anfang des 16. Jhs. eingewanderten Albaner aus Südwestalbanien und Griechenland, vor allem vom Peloponnes, und der nicht seltenen Erwähnung miteingewanderter Nordalbaner und Slawen, ist für die religiöse Zusammensetzung Dominanz des orthodoxen Elements zugrunde zu legen, wie auch die weitere kirchliche Entwicklung in der Diaspora beweist. Sprachlich ist hier die griechische Liturgie zu unterscheiden von der Kultsprache z. B. des albanischen Katechismus, der von Gräzismen wimmelt,[1] und von der Kirchensprache im weiteren Sinne, die durch Latinismen gekennzeichnet ist.[2] Dabei sind die charakteristischen wirren Verhältnisse der Kirche im mittelalterlichen Albanien in Rechnung zu stellen:

> All dies erwirkte, daß bei dem albanischen Adel im XIV. und XV. Jahrhundert von religiöser Intolleranz dem Orthodoxismus gegenüber nicht eine Spur zu finden ist. Im Gegenteil scheint dieser Adel konfessionell öfters ein Amphibienleben zu führen und bewegt sich in Bezug auf den Glauben in jenem Medium, welches seinen momentanen Interessen gerade besser entspricht. (Šufflay 1916: 241)

So erklären sich m. E. die exzellenten Beziehungen des albanischen Heerführers Skanderbeg im Kampf gegen den Islam zum Kirchenstaat, während sich andere Familienmitglieder für die orthodoxe Kirche engagierten. Ferner ist die damalige Verbindung von politischer und kirchlicher Tätigkeit in Betracht zu ziehen, so daß z. B. der ständige Gesandte am Hofe des Königs von Aragon in Neapel Bischof Stephan von Krujë war - mit einem ihn begleitenden Dominikanerpater - und sich angesichts der islamischen Bedrohung zuerst die hohe Kurie nach Italien absetzte, so 1432 der Franziskaner Demetrius Albanensis nach Spoleto (Çabej 1933: 2). Im Rahmen der variierenden kirchlichen Verhältnisse des mittelalterlichen Albanien dürfte sich der hohe Klerus durch Multilingualismus mit Pluriglossie ausgezeichnet haben: neben Albanisch im Norden Latein, im Süden Griechisch und in der sogenannten slawischen Durchbruchszone Kirchenslawisch neben Venezianisch im Rahmen der Einsetzung von Bischöfen auf dem Peloponnes. So unterzeichnet der genannte Bischof von Krujë ein wichtiges lateinisches Dokument in Neapel mit griechischen Lettern, und auch der Vater Skanderbegs bediente sich zur internationalen Kommunikation des Griechischen.

Auf das Schwanken zwischen römischer und byzantinischer Kirche könnte auch die bisher ungeklärte Niederlassung des großen Exodus der Albaner nach Süditalien zwischen der 2. Hälfte des 15. und der 1. Hälfte des 16. Jhs. hinweisen, die in Gruppen häufig auf den Ländereien gr.-orth. und röm.-kath. Klöster angesiedelt wurden und damit deren Jurisdiktion unterstanden. Zu Basilianerklöstern gehörten z. B. S. Demetrio Corone, Macchia Alb. und S. Cosmo (S. Adriano), S. Giorgio (Patirion in Rossano), S. Basile (Craterete), Rota Greca und S. Benedetto Ullano (SS. Trinità di Cava), übrigens bis 1542 auch die benachbarte Waldenserkolonie S. Sisto, zu einem Dominikanerkloster (Altomonte) Firmo, zu Zisterzienserklöstern Acquaformosa und Falconara Alb. Dem Bischof von Cassano unterstellt waren Frascineto und Eianina. Zumindest seitens der Italoalbaner wird das Verdienst beansprucht, die geschwächte Position der Basilianer zwischen dem 13. und 16. Jh. durch ihre Einwanderung gefestigt zu haben (Kellner 1972: 41). Andererseits war durch die Verbindung zu katholischen Klöstern ein - wenn auch begrenzter - Kontakt zum italienischsprachigen Ambiente der ansonsten weitgehend autarken Kolonien gegeben: so wurden Frondienste verlangt, und die Mönche von Saracena und Altomonte beanspruchten das sogenannte Recht der Questua in Lungro und Firmo mit Errichtung einer Dependance in letzterem Ort.

Zu Anfang der Niederlassung v. a. in Süditalien war die religiöse Betreuung durch miteingewanderte Geistliche und bis 1564 durch die Zugehörigkeit zum gr.-orth. autokephalen Erzbistum Ohrid gesichert. Sprachlich kann für einen hohen Teil der Einwanderer und insbesondere der Oberschicht aufgrund ihrer Herkunft und der Durchsetzung des albanischen Idioms mit äußerst zahlreichen Gräzismen eine gewisse Zweisprachigkeit vermutet werden, so daß zu diesem Zeitpunkt die griechische Liturgie mit Epistel und Predigt in albanischer Sprache möglicherweise noch verstanden wurde. Aktive Kompetenz in vollem Umfang dürfte hingegen generell nur im Albanischen vorgelegen haben. Indessen scheint auch bei den Geistlichen die Kompetenz im Griechischen bereits in der zweiten Hälfte des 16. Jhs. derart reduziert gewesen zu sein, daß einige Ortschaften nicht nur aufgrund der einsetzenden Inquisition, sondern auch aufgrund des Mangels an ausgebildeten Priestern den griechischen Ritus aufgaben und sich dem röm.-kath. anschlossen. Gleichzeitig erfolgte nicht zuletzt aufgrund der Mißstände die Zuweisung zu katholischen Bistümern, z. B. der Albanerkolonien des westlichen Cratitals nach S. Marco Argentano, woraus sich eine stärkere Interaktion mit dem italienischsprachigen Ambiente entwickelte. Ähnliches gilt für S. Cosmo, wo 1609 der Zustand des Klerus dermaßen erbärmlich war, daß die Geistlichen weder der griechischen Liturgie noch des albanischen Vaterunsers mächtig waren, so daß ihnen röm.-kath. Hilfskräfte zur Seite gestellt wurden. Auf diese Weise zeichnet sich eine zunehmende funktionale Überschneidung von Albanisch und Latein bzw. Italienisch ab. Bereits im 16. Jh. mußten die Kinder aus dem Albanerort Cerzeto wegen des Fehlens einer eigenen Pfarrei zur Taufe in das kalabresische S. Marco Argentano gebracht werden (Zangari 1941: 86). Gleichzeitig folgte dem Verlust einer Funktion des Albanischen, der Predigtsprache, dort, wo die kirchliche Domäne nicht rekompensiert wurde, die völlige Aufgabe der Sprachtradition jedoch zumeist erst im Laufe des 19. Jhs. Die Kirchenbücher wurden z. T. in Latein (1619 in Piana degli Albanesi), aber auch frühzeitig in Italienisch geführt, so 1601 am selben Ort. Angesichts des bereits Ende des 16. Jhs. erfolgenden Zuzugs von Italienern erscheint die Sicherung des Fortlebens der Sprachtradition durch die Kirche insofern bemerkenswert, als Kinder einer Mischehe mit zumeist italienischsprachigem weiblichem Partner den Glauben des Vaters anzunehmen hatten, so daß über den i. a. eintretenden Sprachwechsel der Frau zum Albanischen hinaus die Konfession den Spracherhalt unterstützte. In Piana degli Alb. (Sizilien) mußten noch 1591 alle Zuwanderer den gr.-orth. Glauben annehmen. Daher zeichnete sich bereits im 16./17. Jh. die Notwendigkeit geistiger Bildungsstätten zur Wahrung der kulturellen Identität mit dem Ziel der Unterweisung von Priestern sowohl im griechischen Ritus als auch in der albanischen Sprache ab, nachdem bis 1733 Priester vom Peloponnes, aus Kreta und dem Epirus z. B. nach Sizilien geholt wurden. Im Rahmen dessen wurde 1648 auf Initiative des Albaners Reres in Mezzoiuso (Sizilien) ein kretisches Kloster gegründet, dem sich bald Basilianer anschlossen und das auch Missionsaufgaben in der alten Heimat der Albaner, in Südwestalbanien (Himarra), übernahm, 1716 entstand das Oratorium der Philippiner nach griechischem Ritus in Piana degli Alb., 1731 unter Leitung von Basilianerinnen das Marien-Kolleg am selben Ort, 1734 das gr.-alb. Priesterseminar in Palermo und 1733 das italoalbanische Kollegium in S. Benedetto Ullano (Kalabrien), 1792 transferiert nach S. Demetrio Corone (Kalabrien). Auf diese Weise war wenigstens für eine - wenn auch dünne - Oberschicht die Sprachpflege des Albanischen möglich, ein Zustand, der bis heute andauert (z. B. gibt es in den Albanerkolonien Kalabriens rund 40% Analphabeten bzw. Semianalphabeten in beiden Kontaktsprachen). Bis heute charakteristisch für die gesellschaftliche Position und die Beziehung zwischen Klerus und Albanern einerseits und dem italienischsprachigen Umfeld bzw. einst den Lehnsherren andererseits dürfte das Beispiel des Erzpriesters Luca Matranga aus Piana (ca. 1569-1619) sein:

> In particolare si occupa dei problemi, non sempre spirituali, dei suoi concittadini, curando i rapporti tra loro e l'Arcivescovado di Monreale (Mandala 1989: 221)
>
> [...] era lo stesso Matranga a ricoprire l'incarico di maestro di scuola. (Mandala 1989: 219).

Die numerischen Dimensionen veranschaulichen einige Zahlen für die sizilianische Albanerkolonien aus dem Jahre 1817: pro Ort 6 orthodoxe Kirchen, ein Seelsorger kam auf 288 Personen (Como 1983: 438).

Die Sprachverhältnisse bei den Italoalbanern sind im Laufe der 500jährigen Sprachkontaktsituation durch schichtenspezifischen Plurilinguismus (Albanisch, Standarditalienisch, regionale Varianten des Italienischen) mit Diglossie gekennzeichnet, d. h. durch Verwendung von drei Codes in domänen- und schichtenspezifischer Abhängigkeit. Im Prinzip beinhaltet die domänenspezifische Verteilung die Beschränkung des Albanischen auf den Privatbereich im Sinne einer low variety, den Gebrauch des Standard- bzw. regionalen Italienisch als high variety im öffentlichen Bereich sowie die Verwendung lokaler italienischer Varianten in informeller interkultureller bzw. interethnischer Kommunikation. Eine Sonderstellung nimmt der Bereich der Kirche ein, da ein Überlappungsbereich zwischen high und low variety vorliegt, insofern als diese Domäne sich einerseits durch hohes Prestige auszeichnet, andererseits durch den Gebrauch des Albanischen. Damit nimmt die Kirche eine hervorragende Funktion in bezug auf die Sprachpflege und Spracherhaltung ein, zu der ferner als die einzige Verbindung zur Heimat in der Vergangenheit entsprechende kirchliche Beziehungen traten. Bischofssitze sind seit 1937 Palermo (Sizilien), dem 1960 auch die lateinischen Pfarreien der Albanerdörfer unterstellt wurden und der seit 1967 unabhängig vom röm.-kath. Erzbischof in Palermo ist, sowie bereits seit 1919 Lungro (Kalabrien). Während eine Reihe ursprünglicher Albanersiedlungen - u. a. verursacht durch erzwungene Konvertierung zum röm.-kath. Ritus - die albanische Sprache aufgegeben haben, existiert der umgekehrte Fall, Bewahrung der Religion bei Verlust der Sprachtradition, praktisch nicht. Die einzigen Ausnahmen, Palazzo Adriano und Mezzoiuso (Sizilien), sind auf die erst nach 1966 erloschene Sprachtradition bei seit 1937 bestehender Zugehörigkeit zum Erzbistum Piana degli Albanesi zurückzuführen. Die sprachbewahrende Funktion der Kirche äußert sich in der Praxis im Gebrauch des Albanischen als Kirchensprache, wobei sich allerdings in jüngster Zeit zunehmende lokale Differenzen abzeichnen. Während Kellner (1972) für Piana degli Albanesi die Verwendung des Albanischen bei der Epistel und Predigt bezeugt gegenüber dem Gebrauch des Griechischen in den weiteren Teilen der Liturgie, werden in jüngster Zeit in Nordkalabrien Epistel und Evangelium auf Italienisch abgehalten, die Predigt wahlweise auf Albanisch oder Italienisch. Abgesehen von Kirchengesängen in griechischer Sprache spielen diejenigen in albanischer Sprache eine bedeutende Rolle, z. B. die Kalimere, die früher als eine Art im Chor gesungener Gebete zum Alltag gehörten, heute aber eher auf bestimmte Feste beschränkt sind. So liegt derzeit in der Liturgie Dreisprachigkeit vor: Griechisch als die ursprüngliche Kirchensprache, das indessen von den Gläubigen zwar rezitiert, aber nicht verstanden wird, Albanisch und Vordringen des Italienischen. Die Interaktion gestaltet sich in der Weise, daß die Kommunikation im kirchlichen Bereich für einen Großteil der Gläubigen zum Alltag gehört, und zwar v. a. der Frauen. Teilnahme an den kirchlichen Freizeitaktivitäten wie Handarbeitsstunden und die tägliche Beichte der älteren Frauen bewirken, daß sie den Einfluß der kultischen Gemeinschaftssprache jeden Tag erfahren.

Ferner hat der Klerus maßgeblich zur literarischen Überlieferung und Produktion beigetragen, die anfangs rein religiösen Charakters war. So erschien 1592 die erste albanische Katechismusübersetzung von Luca Matranga zur Belehrung der zu diesem Zeitpunkt noch weitgehend monolingualen Gläubigen, d. h. ohne Kompetenz des Italienischen. Auf Initiative des sikuloalbanischen Papás Paolo Schirò erschien 1912-1915 eine albanische Wochenzeitschrift ("Fjala e t'in Zoti" 'Das Wort Gottes'), die nicht nur der Unterweisung in der Religion, sondern auch in Sprache und Geschichte diente und kostenlos ausgegeben wurde. Diese Tradition setzt sich seit 1964 fort. Hinzu kommen die von verschiedenen Papás z. T. in albanischer Sprache herausgegebenen Zeitschriften wie "Lidhja", die für einen intellektuellen Leserkreis bestimmte "Zjarri" und jährlich veröffentlichte Kirchenblättchen, die für die meisten Italoalbaner das einzige Medium in der Muttersprache darstellen. Schließlich stammt ein erheblicher Teil philologischer Studien aus den Reihen der Geistlichen, wie das einzige umfassende Wörterbuch des Italoalbanischen von E. Giordano aus dem Jahre 1963, Glossare, Mundartbeschreibungen (F. Solano). In jüngster Zeit sind sprachpraktische Maßnahmen in Form der Organisation albanischer Alphabetisierungskurse intensiviert worden, da die Einführung des Albanischen als Schulunterrichtssprache und Unterrichtsfach bislang eine vom italienischen Staat nicht akzeptierte Forderung geblieben ist.

2. Kirchlicher Einfluß auf die Latinität Siziliens und Südkalabriens

Im Hinblick auf das relativ moderne Gepräge der sizilianischen und südkalabresischen Mundarten war von Rohlfs 1926 die sog. Neuromanisierungstheorie aufgestellt worden. Der Kerngedanke war der völlige Verlust der im 2./3. Jh. importierten Latinität infolge der Araberherrschaft vom 8.-12. Jh. und die Einleitung einer Neuromanisierung durch die Normannenherrschaft, vor allem aber durch die Ansiedlung galloromanischer Kolonisten. Während der Forscher diese Hypothese aufgrund mancher sprachlicher Belege dahingehend einschränkte, daß es sich wohl nur um eine partielle, aber umfassende Neuromanisierung gehandelt habe, verfochten italienische Sprachwissenschaftler wie Battisti stets die Gegenthese, d. h. einen Untergang der Latinität habe es in diesen Teilen Italiens nicht gegeben. Im einzelnen hat in jüngster Zeit Varvaro diese Position erläutert, und zwar geht er von einem Überleben des Lateinischen im christlichen Ambiente der niederen Bevölkerungsschichten aus, das er linguistisch als mozarabico siciliano klassifiziert nach der Bezeichnung der unter den Muselmanen lebenden Christen. Während religiöse Verfolgungen lediglich dem allerdings nicht seltenen Fanatismus einzelner Muselmanen zuzuschreiben sind (man vergleiche die Fälle erzwungener Konvertierung der albanischen und frankoprovenzalischen Kolonien in Kalabrien auf Initiative einiger Bischöfe), dürfte es sich so verhalten haben, daß lediglich die öffentliche Religionsausübung verboten war. Daraus resultierte der Schwund der am meisten bedrohten christlichen Oberschicht, während Unterschichtangehörige weniger zu befürchten hatten und daher ein bäurisches, mit Arabismen durchsetztes Sizilianisch fortleben konnte. Christen hatten sich allerdings durch das Bild eines Schweins äußerlich zu kennzeichnen. Die Assoziation 'Schwein' = lateinischer Christ = Italiener lebt übrigens bei den Italoalbanern im Sprichwort fort.

Obwohl als liturgische Sprache das Griechische zugrunde zu legen ist, scheint aufgrund dessen eine Aufgabe der sizilianischen Identität nicht gegeben, d. h. die Beibehaltung der Religion deutet auf die Bewahrung der Sprache, des zweiten Merkmals der kulturellen Identität, hin. Die Entwicklung des Bilingualismus skizziert Varvaro anhand historischer Dokumente in der Weise, daß im Jahre der arabischen Eroberung von Syrakus (878) selbstverständlich mit Hilfe eines Dolmetschers verhandelt werden mußte, während ab dem 11. Jh. Belege für Zweisprachigkeit (gr.-arab.) vorliegen. Für das 10. Jh. existieren noch Dokumente für ein reges Klosterleben in S. Filippo d'Agira und für die Ausübung des christlichen Glaubens einzelner herausragender Persönlichkeiten, für das 11. Jh. gibt es eine Reihe von Zeugnissen der Unterweisung im christlichen Glauben durch Priester in Castronovo, Traina und Demenna. Bei Ankunft der Normannen existierten noch Klöster mit griechischem Ritus wie vor der Araberherrschaft: S. Maria di Vicari, S. Filippo di Demenna, S. Michele Arcangelo di Brolo, dem auch Ländereien angehörten. Wie im Falle der gr.-orth. Kirche bei den Italoalbanern kommt hier der Kirche eine konservative Sprachhaltung und damit eine sprachbewahrende Funktion zu.

3. Kirchlicher Einfluß auf die Gräzität Süditaliens

Die Dialekte weiter Teile Süditaliens (Ostsizilien, Kalabrien, Apulien) sind durch starken griechischen Einfluß gekennzeichnet, wozu die Reste ursprünglich zahlreicherer griechischer Kolonien als heute in Südkalabrien und Apulien kommen. Rohlfs schrieb sowohl diese Siedlungen als auch die starke sprachliche Beeinflussung der süditalienischen Dialekte hauptsächlich der Kolonisation der Magna Graecia zu, in geringerem Maße dem byzantinischen Einfluß nach der Teilung des Imperium Romanum. Die entgegengesetzte Position, die den Einfluß der byzantinischen Gräzität für entscheidend hält, wurde v. a. von Battisti und Parlangeli vertreten. Da das sprachliche Belegmaterial z. T. umstritten ist und keinen entscheidenden Beweis für die eine oder andere Position liefern kann, ist gerade der Faktor Kirche einer detaillierteren Untersuchung würdig, da er einige bisher nicht in Betracht gezogene Anhaltspunkte bietet, die in gewisser Beziehung eine Parallele zu der Frage der Neuromanisierung in Sizilien aufweisen. Rohlfs vertritt in dieser Hinsicht eine ambivalente Position: einerseits mißt er der Entwicklung der byzantinischen Klosterkultur sprachlich wenig Bedeutung zu, andererseits stellt er die Sprachverhältnisse in den gräkanischen Zonen gerade in Zusammenhang mit der Bewahrung bzw. dem Rückgang des griechischen Ritus:

> Gli ultimi rifugi del rito greco comprendono proprio quelle zone in cui la lingua greca è sopravvissuta più a lungo nell'uso e in parte fino ad oggi. Si vede adunque come la continuità del rito greco sia strettamente collegata alla conservazione della lingua greca: la caduta dell'uno porta di conseguenza la perdita graduale dell'altra. (Rohlfs 1974: 153)

Historisch steht fest, daß im Zuge der byzantinischen Herrschaft in Süditalien der Einfluß der orthodoxen Kirche sich in der Gründung zahlreicher Basilianerklöster manifestierte (150 in Kalabrien). Diese Klosterkultur stand im 9./10. Jh. in Blüte und setzte sich in Nordkalabrien noch im 11. Jh. fort: z. B. mit der Gründung des Patirion in Rossano, das bis zur Einigung Italiens 1864 griechischsprachig gewesen sein soll (Salvi 1975: 125). Dabei ist gerade Nordkalabrien (nördliches Cratital zwischen Papasidero und Cerchiara) durch bisher nur unzureichend erklärten griechischen Einfluß gekennzeichnet. In Südlukanien reicht die Blütezeit der Klöster sogar bis ins 13./14. Jh. Gegenüber der Zurückweisung einer eventuellen Rolle der byzantinischen Kirche bzw. der Klöster im Zusammenhang mit der Sprachsituation durch Rohlfs stellen sich die Verhältnisse in anderem Licht dar, wenn man die Niederlassung der Albaner im 15./16. Jh. in eben diesem Gebiet berücksichtigt, wofür bislang keine plausible Erklärung gefunden werden konnte. Angesichts ihres gr.-orth. Glaubens und starker Durchsetzung ihrer Sprache mit bereits im Herkunftsland, in Südalbanien und auf dem Peloponnes rezipierten Gräzismen sowie aufgrund der Miteinwanderung von Griechen liegt nahe, daß zumindest ein Teil der Siedler auch des Griechischen mächtig war. Besonders bemerkenswert sind die Fälle S. Pietro di Galatina, Sternatia, Zollino, zu jener Zeit entweder griechischsprachig oder zweisprachig mit romanischsprachigem Idiom, das Lehensgut des albanischen Heerführers Skanderbeg wurde, und die Niederlassung anscheinend gemischter alb.-gr. Söldnertruppen, die zum Heer Demetri Reres gehörten, in der Diözese Gerace (Zangari 1941: 22). Der Ort soll im 14. Jh. noch griechischsprachig gewesen sein (Rohlfs 1974: 25). Laut Rodotà folgten die zugewanderten Griechen dem orthodoxen Ritus noch kurze Zeit, bewahrten hingegen "la volgare greca favella, in gran parte, trasfigurata e corrotta" (Zangari 1941: 22). Zu derselben Zeit wie etliche Albaner- und Waldenserkolonien, z. Zt. der Inquisition, wurde auch hier der byzantinische Ritus unterdrückt, und es kam zum Verlust der Gräzität. (vgl. Parlangeli 1960: 156). Ferner ist eine Ansiedlung in der Nähe der Basilianerklöster in Erwägung zu ziehen, so daß sprachlich und religiös eine Verbindung gegeben war. Für diese Wechselbeziehung spricht auch das Eintreten von it.-gr. Basilianern in das kretische Kloster von Mezzoiuso. Sprachlich ist besonders eklatant die starke Übereinstimmung der Gräzismen in den albanischen Mundarten mit denen in den grikanischen, woraus Rohr eventuellen Kontakt der nordkalebresischen Albaner mit den südkalebresischen Griechen in Erwägung zog. In jüngster Zeit hat hingegen der griechische Sprachwissenschaftler Jochalas darauf hingewiesen, daß es sich um bereits in Griechenland rezipierte Lexeme handeln dürfte. Hinzu kommt, daß sich die in beiden Idiomen vorhandenen griechischen Lexeme in diejenigen griechischen Landschaften zurückverfolgen lassen, aus denen ein Teil der Albaner nachweislich stammte und anscheinend auch die Griechen. Aus diesen Verhältnissen könnte für das Griechentum tatsächlich auf eine eher byzantinische Gräzität geschlossen werden, die die Heimat seit dem Vorrücken der Slawen zunehmend verließ und denen rund zwei Jahrhunderte später der Exodus der Albaner aus denselben Landstrichen auf der Flucht vor den Türken folgte.

4. Kirche und (franko)provenzalische Kolonien

Eine weitere heute stark reduzierte Minorität Süditaliens, die Frankoprovenzalen bzw. Provenzalen, sind als Minderheit wie die Albaner ursprünglich durch die Minderheitskategorien Sprache und Religion gekennzeichnet. Während sich bis heute nur Faeto und Celle (frankoprovenzalisch) in der Capitanata sowie Guardia Piemontese (provenzalisch) in Nordkalabrien erhalten haben, sind die einstigen Waldenserkolonien weitaus zahlreicher. Auffällig dabei ist die unmittelbare Nachbarschaft zu albanischen Niederlassungen einerseits und slawischen Ansiedlungen andererseits, so wie für die albanischen Kolonisten umgekehrt ebenfalls häufig von slawischen Einwanderern die Rede ist. So umfaßt der gesamte Landstrich östlich von Cosenza, die Catena Costiera, 10 Albanerkolonien und 8 waldensische Kolonien. Darunter soll S. Sisto aus einer alb.-it. Sprachgemeinschaft bestanden haben, d. h. zu den wahrscheinlich vor 1400 eingewanderten Waldensern wären Albaner hinzugekommen. Ähnlich beanspruchen in der Capitanata beide Ethnien die Besiedlung mancher Orte. Inwieweit die Niederlassung der Waldenser religiös begründet ist und warum diese sich ausgerechnet in demselben Gebiet wie andere Minderheiten vollzog, ist bislang nicht definitiv geklärt. Zumindest dürften sie von der ihnen freundlich gesinnten Politik des Hauses Anjou profitiert haben, so daß in den weitgehend isolierten und autarken Siedlungen die provenzalische Mundart alle Funktionen des täglichen Lebens erfüllte. Indessen führte die fanatische religiöse Verfolgung unter dem spanischen Herrscherhaus Aragon in der 2. Hälfte des 16. Jhs. (1560/61) zum Verlust des Status als offizielles Idiom. Die gewaltsame Ausrottung der Waldenser aus religiösen Gründen ging einher mit der Vernichtung der Sprachinseln in Montalto, S. Vincenzo, S. Sisto, Fuscaldo, Castagna, Vaccarizzo. Die Überlebenden des Genozids wurden in dem am längsten Widerstand leistenden Guardia P. der Aufsicht von Jesuiten oder Benediktinermönchen unterstellt. Trotz des Verbots der Traditionsträger, waldensischer Glaube und piemontesischer Dialekt, und des Zwangs zum täglichen Besuch der katholischen Messe konnten sich in Guardia P. sowohl die Religion als auch die Sprache bei Reduzierung ihrer Funktionen auf den Privatbereich bei 600 Sprechern bis heute erhalten, während das Italienische als offizielles und interkulturelles Kommunikationsmittel seitdem zunehmend dominiert. Diese Zeit des religiösen Fanatismus durch den Übereifer röm.-kath. Bischöfe und besonders der Jesuiten wirkte sich gleichfalls auf die benachbarten Albanerkolonien aus, wenn auch nur in Beziehung auf eine erzwungene Konvertierung (1571 in Falconara, 1607 in Mongrassano, Rota Greca, Cervicati, 1621 Belvedere, 1622 im sogenannten Kanton Albania, anschließend an die Grecia der Terra d'Otranto), der nach dem Verlust einer wesentlichen Domäne, der Kirchensprache, die Aufgabe der Sprachtradition jedoch erst im 19. Jh. folgte.

5. Schluß

Als Ergebnis zeichnet sich die enge Verbindung von Sprache und Religion bzw. kirchlicher Zugehörigkeit, den Merkmalen kultureller Identität, ab. Verlust der Religion führt zum Verlust einer der Sprachdomänen und kann einen Sprachwechsel herbeiführen. Zweitens zeichnet sich für den untersuchten süditalienischen Raum ab, daß eine intensive Erforschung der Kirchenverhältnisse des Mittelalters aufgrund von Archivarbeiten ein Desiderat darstellt. Darüber hinaus erscheint äußerst bedeutsam, die einzelnen Minderheiten und Sprachgruppen nicht wie bisher einer getrennten Betrachtung zu unterziehen, sondern Berührungspunkte und Parallelen herauszuarbeiten. Im Sinne von Oksaar (1979) ist daher zu fordern:

> What we need is: more case studies also analyzing group behaviour and paying more attention to the situation and the correlation between the linguistic and social dimensions of code selection and interference.

Schließlich wäre eine innersprachliche Analyse des religiösen Wortschatzbereichs in den betroffenen süditalienischen Mundarten eine Untersuchung wert.

Anmerkungen

1 z. B. *të mirosurit* 'cresima', *ofqieli* 'estrema unzione', *theotoqenë* 'Ave Maria'.

2 z. B. it.alb. *ëngjëll* < ANGELUS, *djall* < DIABOLUS, *qiell* < CAELUM, *klishë* < ECCLESIA, *lter* < ALTARUM, *prift* < PRESBYTER.

Literatur

Bellusci, A. (1990): Canti sacri tradizionali albanesi. - Cosenza: Centro Ricerche socioculturali Giorgio Castriota Skanderbeg.

Çabej, E. (1933): Italoalbanische Studien. Phil. Diss. - Wien (unveröff. Typoskript).

Como, D. (1983): "L'entità etno-ecclesiale siculoalbanese". - In: Guzzetta, A. (ed.): Etnia albanese e minoranze linguistiche in Italia (Palermo: Istituto di Lingua e Letteratura Albanese, Università di Palermo) 427-441.

Ferguson, C. (1959): "Diglossia". - In: Word 15, 325-340.

Fishman, J. (1972): "The relationship between micro- and macro-sociolinguistics in the study of who speaks what language to whom and when". - In: Pride, J. B. / Holmes, J. (eds.): Sociolinguistics (Harmondsworth: Penguin) 15-32.

Jochalas, T. (1992): "Considerazioni sull'elemento greco nell'arbëresh". - In: Birken-Silverman, G./ Rössler, G. (eds.): Beiträge zur sprachlichen, literarischen und kulturellen Vielfalt in den Philologien. Festschrift für Rupprecht Rohr zum 70. Geburtstag (Stuttgart: Steiner) 135-50.

Kattenbusch, D. (1981): "Die provenzalische Minderheit in Süditalien". - In: Ureland, P. (ed.): Kulturelle und sprachliche Minderheiten in Europa (Tübingen: Niemeyer) 41-51.

- (1982): Das Frankprovenzalische in Süditalien. - Tübingen: Narr.

Kellner, H. (1972): Die albanische Minderheit in Sizilien. - Wiesbaden: Harrassowitz.

Mackey, W. F. (1976): Bilinguisme et contact des langues. - Paris: Klincksieck.

Mandala, M. (1989): "Luca Matranga e la tradizione linguistica arbreshe attraverso fonti storiografiche inedite". - In: Guzzetta, A. (ed.): Il Contributo degli Albanesi d'Italia allo sviluppo della Cultura e della civiltà Albanese (Palermo: Istituto di Lingua e Letteratura Albanese, Università di Palermo) 207-233.

Oksaar, E. (1979): "Models of competence in bilingual interaction". - In: Mackey, W. F. / Ornstein, J. (eds.): Sociolinguistic Studies in Language Contact (Den Haag: Mouton) 99-113.
Parlangeli, O. (1960): Storia linguistica e storia politica nell'Italia meridionale. - Florenz: Felice Le Monnier.
Rodotà, P. P. (1758-1763): Dell'origine, progresso e stato presente del rito greco in Italia. I-III. - Rom. Nachdruck: Cosenza: Brenner 1986).
Rohlfs, G. (1974): Scavi linguistici nella Magna Grecia. - Galatina: Congedo.
Rohr, R. (1974): "Zum Problem Sprache und Nation". - In: Grothusen, K.-D. (ed.): Ethnogenese und Staatsbildung in Süosteuropa (Göttingen: Vandenhoeck & Ruprechts) 144-57.
Salvi, S. (1975): Le lingue tagliate. Storia delle minoranze linguistiche in Italia. - Mailand: Rizzoli.
Sciambra, M. (1964): La Dottrina Cristiana Albanese di Luca Matranga. - Città del Vaticano: Biblioteca Apostolica Vaticana.
Šufflay, M. v. (1916): "Die Kirchenzustände im vortürkischen Albanien. Die orthodoxe Durchbruchszone im katholischen Damme". - In: Thalloczy, L. v. (ed.): Illyrisch-Albanische Forschungen. I (München/Leipzig: Duncker & Humblot) 188-281.
Ureland, P. S. (ed.) (1978): Sprachkontakte im Nordseegebiet. Tübingen: Niemeyer.
Varvaro, A. (1981): Lingua e Storia in Sicilia. - Palermo: Sellerio.
Weinreich, U. (1953 / dt. 1976): Sprachen in Kontakt. - München: Beck.
Zangari, D. (1941): Le colonie italo albanesi di Calabria. - Neapel: Casella.

VON "AUFGABENBLATT" BIS "ZENTRALE FACHKOMMISSION"

Zur Organisation germanistischer sprachwissenschaftlicher Lehre und Forschung in der DDR

Claudia Happe

"Aufgabenblatt" und "Zentrale Fachkommission" sind ebenso wie beispielsweise "Forschungskollektiv", "Forschungsbericht", "Seminargruppenberater" oder "Operativer Einsatz der Zentralen Fachkommission" Begriffe aus dem Bereich der Organisation von Lehre und Forschung in der DDR, die zwar denjenigen, die in der DDR auf diesem Gebiet tätig waren, bestens bekannt sein sollten (so auch mir, ich habe vor der Wende mehrere Jahre lang an der Pädagogischen Hochschule in Güstrow gearbeitet und wechselte 1991 an die Universität in Vechta), die aber bei denen, die mit dem akademischen System der DDR nicht so vertraut sind, durchaus zu Unverständnis führen können. Anliegen dieses Beitrags soll es deshalb sein, einige Prinzipien und Strukturen der Organisation von Lehre und Forschung im Bereich der germanistischen Linguistik darzustellen.

Zuerst einige Bemerkungen zur Organisation der Lehre. Bei den folgenden Ausführungen beziehe ich mich ausschließlich auf die - so die genaue Bezeichnung - Ausbildung von Diplomlehrern für das Fach Deutsche Sprache und Literatur an Universitäten und Hochschulen der DDR. Die Absolventen dieses Studiengangs erwarben die Lehrbefähigung für die Klassen 5 bis 12.

Daneben - das sei nur der Vollständigkeit halber erwähnt - gab es auch die Ausbildung zum Unterstufenlehrer für die Klassen 1 bis 4. Sie erfolgte an Instituten für Lehrerbildung, die Fachschulcharakter hatten. Zugangsvoraussetzung für eine solche Ausbildung war der Abschluß der 10. Klasse, nicht das Abitur.

Eine relativ geringe Zahl von Studenten hatte an den Universitäten Berlin, Leipzig und Jena die Möglichkeit, eine Ausbildung zum Diplomgermanisten zu absolvieren. Sie war nicht auf eine spätere Lehrtätigkeit an der Schule ausgerichtet, umfaßte daher auch kaum didaktisch-methodische Disziplinen, war aber, was die Ausbildung in den germanistischen Fächern betraf, wesentlich umfangreicher als die Lehrerausbildung. Absolventen dieser Ausbildungsform wurden nach ihrem Studium z. B. in Verlagen beschäftigt oder auch als Lehrkräfte an Universitäten und Hochschulen.

Diplomlehrer für das Fach "Deutsche Sprache und Literatur" wurden in der DDR an Universitäten (Rostock, Greifswald, Berlin, Halle, Leipzig, Jena) und an Pädagogischen Hochschulen (Potsdam, Magdeburg, Halle, Leipzig, Dresden, Zwickau, Güstrow und zuletzt Neubrandenburg) ausgebildet.

Zu den Pädagogischen Hochschulen muß gesagt werden, daß sie nicht den Charakter der Einrichtungen gleichen Namens in den alten Bundesländern hatten. Sie wiesen zwar nicht das breite Ausbildungsspektrum der Universitäten auf, waren - zumindest seit den siebziger Jahren - aber insofern den Universitäten gleichberechtigte akademische Einrichtungen, als sie Lehrer nach den gleichen Studienprogrammen und mit den gleichen Abschlüssen ausbildeten wie Universitäten, über das Promotionsrecht verfügten und teilweise auch über das Recht zur Verleihung des Grades "Dr. sc.", der in der DDR den Stellenwert einer Habilitation hatte.

Die o. g. Universitäten und Pädagogischen Hochschulen unterstanden verschiedenen Ministerien, die Universitäten dem Ministerium für Hoch- und Fachschulwesen und die Pädagogischen Hochschulen sowohl diesem als auch dem Ministerium für Volksbildung, das ja bekanntlich sehr lange Jahre auf überaus energische Weise von Margot Honecker geleitet wurde.

Diese unterschiedlichen Unterstellungsverhältnisse führten - das bestätigen auch erste Interviews, die ich mit verschiedenen Sprachwissenschaftlern der DDR geführt habe - zu z. T. beträchtlichen Differenzen in bezug auf die Möglichkeiten, die der einzelne Wissenschaftler in Lehre und Forschung hatte.

Die Hochschulen und Universitäten waren wie folgt strukturiert: Sie wurden von einem Rektor und mehreren Prorektoren geleitet und gliederten sich weiter in Sektionen, an deren Spitze ein Sektionsdirektor stand. Er war der Disziplinarvorgesetzte sowohl der Mitarbeiter der Sektion als auch der Studenten, war also auch berechtigt, gegenüber Studenten, die gegen Ordnungen der Hochschule verstießen, sogenannte Disziplinarverfahren durchzuführen, die im schwersten Fall sogar mit der sofortigen Exmatrikulation enden konnten.

In den Sektionen waren Lehrende und Studierende mehrerer Fächer zusammengefaßt. Die Germanistik war an den verschiedenen Einrichtungen mit sehr unterschiedlichen Fächern im Rahmen von Sektionen kombiniert. So gab es z. B. an der Universität Greifswald eine Sektion "Germanistik, Kunst- und Musikwissenschaft", an der Pädagogischen Hochschule Erfurt eine Sektion "Germanistik, Slawistik, Kunsterziehung" und an der Pädagogischen Hochschule Dresden eine Sektion "Germanistik, Geschichte, Kunsterziehung".

Die Sektionen gliederten sich in Wissenschaftsbereiche, zu denen die Lehrenden jeweils eines Teilgebiets des Faches gehörten. Bezogen auf die Germanistik gab es zumeist drei Wissenschaftsbereiche: Sprachwissenschaft, Literaturwissenschaft und Methodik. Die Wissenschaftsbereiche wurden von einem Wissenschaftsbereichsleiter geführt, dem die wissenschaftlichen Mitarbeiter und auch die Hochschullehrer des Bereichs unterstellt waren.

An dieser Stelle ist zu betonen, daß sich das zahlenmäßige Verhältnis zwischen Hochschullehrern und wissenschaftlichen Mitarbeitern sehr von dem in den alten Bundesländern unterschied, die Zahl der wissenschaftlichen Mitarbeiter überwog in fast allen Einrichtungen deutlich. So gab es im Wissenschaftsbereich "Deutsche Sprache" an der Pädagogischen Hochschule Güstrow jahrelang nur einen Hochschullehrer, aber acht bis zehn wissenschaftliche Mitarbeiter. Es muß allerdings auch eingeräumt werden, daß häufig Hochschullehrerstellen aus Mangel an solchen Bewerbern, die sowohl die fachlichen als auch die nichtfachlichen Voraussetzungen erfüllten, nicht besetzt werden konnten.

Primär im Wissenschaftsbereich wurden den Mitarbeitern ihre Aufgaben in Lehre, Organisation und - da es vielfach eine personelle Übereinstimmung zwischen Wissenschaftsbereich und Forschungskollektiv (auf diesen Begriff wird später noch einzugehen sein) gab - auch Forschung zugewiesen. Das Instrument, mit dem diese Aufgaben dokumentiert wurden, war das Aufgabenblatt. In ihm wurden z. B. Zahl und Art der im Studienjahr zu erteilenden Lehrveranstaltungen festgehalten, ebenso Form und Inhalte der persönlichen fachlichen Weiterbildung, Aufgaben bei der Betreuung von Studenten, die Beteiligung an Forschungsprojekten, Aussagen über Zahl und Art geplanter Publikationen und über die jeweils dafür zu veranschlagende Zeit.

Dieses Aufgabenblatt, das jeder Mitarbeiter jährlich anzulegen hatte, mußte vom Wissenschaftsleiter und dem Sektionsdirektor genehmigt werden. Über die Erfüllung der in diesem Blatt fixierten Aufgaben hatte jeder Mitarbeiter am Semesterende zu berichten.

Zurück zum Studium bzw. zur Lehre: In der DDR gab es eine Ausbildung zum Diplomlehrer, an deren Ende die Lehrbefähigung für zwei Fächer stand. Ein Drittfach konnte nicht gewählt werden. Es gab eine festgelegte Kombination von Fächern, d. h. der Student konnte aus dem an einer Universität/Hochschule existierenden Angebot an Fächern nicht frei auswählen, er mußte sich für eine bestimmte Kombination entscheiden.

Ein Beispiel: An der Pädagogischen Hochschule Güstrow wurden Studenten für die Fächer Deutsch, Russisch, Mathematik, Physik, Biologie und Chemie ausgebildet. Das Studium des Faches Deutsch war mit dem des Faches Russisch kombiniert, die Fachkombination Deutsch/Biologie wäre nicht möglich gewesen. Warum eine freie Wahl der Fachkombination unter den organisatorischen Bedingungen des Studiums in der DDR nicht möglich war, wird noch zu zeigen sein.

Die Zahl der Studenten, die in einem Studienjahr immatrikuliert wurden - den Ausdruck "sich immatrikulieren" gab es im Sprachgebrauch der DDR interessanterweise kaum - war durch ministerielle Anordnung genau festgelegt, ebenso die Zahl der zu "planenden" Absolventen. Man nannte dies eine "Planauflage". Als Beispiel sei wieder die Pädagogische Hochschule Güstrow angeführt. Dort wurden in den achtziger Jahren jährlich ca. sechzig Studenten der Fachkombination Deutsch/Russisch immatrikuliert. Sie wurden in zwei Seminargruppen zusammengefaßt und durchliefen im Verband dieser Seminargruppen das Studium der verschiedenen Teildisziplinen der Fächer Deutsch und Russisch, Pädagogik, Psychologie und Marxismus/Leninismus. Die Seminargruppen besaßen den Charakter von Schulklassen, die die Lehrveranstaltungen nach einem gemeinsamen Stundenplan besuchten (daher auch keine anderen Kombinationsmöglichkeiten).

Umfang und Inhalte des Studiums der einzelnen Fächer, ebenso die Art der Lehrveranstaltungen, Zeitpunkt, Zahl, Art und Dauer von Prüfungen waren in Lehrprogrammen genau festgelegt. Sie wurden von der jeweils zuständigen Zentralen Fachkommission beim

Ministerium für Volksbildung und dem Ministerium für Hoch- und Fachschulwesen erarbeitet und von den genannten Ministerien als verbindliche Dokumente für die Ausbildung an Universitäten und Hochschulen der DDR bestätigt. Diese Lehrprogramme gab es zumindest seit den sechziger Jahren, der Grad ihrer Verbindlichkeit für die Lehrenden hat sich im Laufe der Zeit erhöht.

Als Beispiel seien die "Lehrprogramme für die Ausbildung von Diplomlehrern der allgemeinbildenden polytechnischen Oberschulen im Fach Deutsche Sprache und Literatur an Universitäten und Hochschulen der DDR" von 1982 angeführt, erarbeitet von der Zentralen Fachkommission Deutsch unter der Leitung von Professor Dr. habil. H. Hartmann. Dort werden die Lehrgebiete Sprachtheorie, Geschichte der deutschen Sprache, Grammatik/Lexikologie/Orthographie der deutschen Gegenwartssprache sowie Sprachliche Kommunikation/Stilistik als für die sprachwissenschaftliche Ausbildung im Fach verbindliche Disziplinen genannt. Zum Lehrgebiet Sprachtheorie werden u. a. folgende Aussagen gemacht:

> 1.1.1. Zielstellung
> Die Gesamtzielstellung besteht darin, dem Studenten die weltanschaulichen, methodologischen und fachwissenschaftlichen Grundpositionen bewußtzumachen, auf denen die Linguistik als marxistisch-leninistische Gesellschaftswissenschaft aufbaut. Der Student erwirbt das für seine künftige Tätigkeit als Lehrer erforderliche theoretische Verständnis für das Wesen der Sprache und der sprachlichen Kommunikation. Er wird in inhaltlicher Abstimmung mit dem Studium der Grundlagen des Marxismus-Leninismus und mit den Teildisziplinen der sprachwissenschaftlichen Ausbildung dazu befähigt, Grundfragen der Sprachtheorie auf die konkrete Sprachbeschreibung anzuwenden und die Bedeutung der Sprachtheorie für die Praxis zu erkennen. (Zentrale Fachkommission Deutsch 1982: 7)

Zum Inhalt einzelner Veranstaltungen wird u. a. ausgeführt:

> 1.1.2. Inhalt
> Einführung in die Sprachwissenschaft
> - Aufgaben und Disziplinen der Sprachwissenschaft:
> Die marxistisch-leninistische Sprachtheorie als Grundlage der Sprachwissenschaft, ihre übergreifende Funktion für alle spezielleren Disziplinen [...];
> Überblick über wichtige Teildisziplinen der Sprachwissenschaft und ihre Fragestellungen; aktuelle Aufgaben der Sprachwissenschaft in der gegenwärtigen gesellschaftlichen Entwicklung und die Verbindung mit anderen Wissenschaften, Sprachwissenschaft und Einzelphilologie (Zentrale Fachkommission Deutsch 1982: 9f.)

Die Lehrprogramme bildeten die Grundlagen für die Lehrkonzeptionen, die die für ein Lehrgebiet zuständigen Hochschullehrer zu erarbeiten hatten. Die Lehrkonzeptionen waren die durch den zuständigen Hochschullehrer vorgenommene individuelle Umsetzung des in den Lehrprogrammen Vorgegebenen und die Basis für die an den einzelnen Einrichtungen durchgeführten Lehrveranstaltungen.

Nun mag man die Vermutung hegen, so mancher Hochschullehrer hätte sich um das, was in den Lehrprogrammen stand, kaum gekümmert. Doch wie so vieles in der DDR wurde auch die Realisierung der Lehrprogramme kontrolliert, nämlich durch die Verfasser.

Mitglieder der Zentralen Fachkommission - sie setzte sich aus durch die Ministerien in diese Kommission berufenen Hochschullehrern der verschiedenen Hochschulen und Universitäten sowie Vertretern der Ministerien zusammen und hatte die Aufgabe, Lehrprogramme zu erarbeiten und deren Umsetzung zu kontrollieren - führten mehrmals jährlich sogenannte "Operative Einsätze" an Universitäten und Hochschulen des Landes durch. Ziel dieser Einsätze war es, wie gesagt, die Umsetzung der Lehrprogramme zu kontrollieren. Während dieser Einsätze hospitierten die Mitglieder der Kommission in verschiedenen Lehrveranstaltungen, nahmen Einblick in Lehrkonzeptionen, sprachen mit Mitarbeitern und Studenten.

Im Ergebnis eines solchen Einsatzes entstand ein Bericht an die Ministerien, der - je nach Einschätzung des Gesehenen - auch Auflagen für die besuchten Einrichtungen enthalten konnte, über deren Erfüllung dann wieder dem zuständigen Ministerium zu berichten war. Die Einschätzungen dieser "Operativen Einsätze", die in den oben schon erwähnten Interviews gegeben wurden, gehen von "freundlich-kollegial" bis "außerordentlich dirigistisch".

Natürlich konnte man durchaus versuchen, die strengen Vorgaben durch die Lehrprogramme dadurch zu umgehen, daß man in den Lehrkonzeptionen relativ vage, allgemein gehaltene Aussagen machte, so z. B. "Beschäftigung mit neueren Theorien der Sprachwissenschaft". Auf diese Weise konnten Inhalte in die Lehre hineingebracht werden, die offiziell nicht erwünscht waren, beispielsweise Fragen der Generativen Grammatik.

Insgesamt kann wohl festgestellt werden - auch das haben die Interviews bestätigt -, daß sich die Lehrenden an den Pädagogischen Hochschulen wesentlich stärker an den Buchstaben der Lehrprogramme orientierten als die an Universitäten Lehrenden. Der entscheidende Grund hierfür war sicherlich die sehr straffe Führung dieser Einrichtungen durch das Ministerium für Volksbildung.

Ähnliches wie in bezug auf die Organisation der Lehre läßt sich auch hinsichtlich der Organisation der Forschung konstatieren. Auch hier existierte ein staatliches Dokument, das die Grundlage für Forschungsinhalte bildete, der Zentrale Forschungsplan der marxistisch-leninistischen Gesellschaftswissenschaften der DDR. Für die sprachwissenschaftliche Forschung in der DDR ergaben sich für die Jahre 1981 bis 1985 beispielsweise folgende Aufgaben:

> Die Sprachwissenschaft erforscht die sprachlichen Voraussetzungen für die gesellschaftliche Kommunikation und trägt zu ihrer bewußten und effektiven Gestaltung bei. [...] Schwerpunkte sind Probleme des Zusammenhangs von Sprache, sozialistischer Gesellschaft, Lebensweise und Persönlichkeitsentwicklung. (Zentraler Forschungsplan der marxistisch-leninistischen Gesellschaftswissenschaften der DDR 1981-1985, 1980: 1225)

Auf der Grundlage dieses Zentralen Forschungsplans entstand ein gemeinsamer Forschungsplan der Pädagogischen Hochschulen (im Bereich der Universitäten gab es einen solchen gemeinsamen Forschungsplan, soweit ich weiß, nicht). Dort wurden sowohl Projekte, an denen alle Einrichtungen mitwirkten ("Z-Plan-Projekte"), als auch Projekte einzelner Einrichtungen aufgeführt. "Z-Plan-Projekte" unterstanden zwar der direkten Kontrolle durch die bereits genannten Ministerien, hatten aber den Vorteil, daß die Ergebnisse dieser Forschungen leichter publiziert werden konnten. Aus "Z-Plan-Projekten" entstand z. B. eine Reihe von Büchern zur funktional-kommunikativen Sprachbeschreibung.

Zusammenfassend ist festzustellen: Germanistische sprachwissenschaftliche Lehre und Forschung war in der DDR im Unterschied zu der vom Prinzip der Freiheit von Lehre und Forschung ausgehenden Germanistik der alten Bundesrepublik Deutschland in sehr starkem Maße durch zentrale Vorgaben bestimmt, die den Spielraum des einzelnen Lehrenden bzw. Forschenden einschränkten. Diese Feststellung impliziert aber keinesfalls eine Bewertung der Ergebnisse, die die germanistische Linguistik der DDR in Lehre und Forschung erzielt hat.

Literatur

Zentrale Fachkommission Deutsch (1982): Lehrprogramme für die Ausbildung von Diplomlehrern der allgemeinbildenden polytechnischen Oberschulen im Fach Deutsche Sprache und Literatur an Universitäten und Hochschulen der DDR. - Berlin: Ministerium für Volksbildung/Minsterium für Hoch- und Fachschulwesen.

Zentraler Forschungsplan der marxistisch-leninistischen Gesellschaftswissenschaften der DDR 1981 bis 1985 (1980) - In: Einheit 35, 1209-1237.

SPECIFIC LANGUAGE IMPAIRMENT

A new phenomenon in Croatian

Melita Kovačević

1. Introduction

Specific language impairment (SLI) as a category of language developmental disorder has been studied for many years and in quite a few different languages (see e. g. Clahsen 1988; Fletcher/Garman 1988; Johnston 1988; Leonard et al. 1987; Schöler et al. 1987). There are various definitions of SLI, partially due to the heterogenity of children's language performances. Bishop's (1991) definition of children with specific language impairment says that the child is impaired if there is any significant impaired aspect of language. Even though many questions regarding specific language impairment are still not answered and linguists and psycholinguists are trying to solve dilemmas, SLI is a well-known category of language disorder and has already been researched, though not in Croatian. Once psycholinguists, linguists and speech therapists decided to study difficulties of language development, particularly specific language impairment, they were confronted with a number of questions they could not answer. For a long time, especially the period after the Second World War because of our social climate, language issues were generally neglected the developmental psycholinguistic aspect, linguistic (theoretical), or just as a language phenomenon per se. The first study of SLI in Croatian started in 1988 at the Department of Logopedics, University of Zagreb. This short-term longitudinal project is comparable, concerning its concepts and methods, to "A comparative cohort-sequential study of language impaired and normally language developing 1st to 9th graders" (Schöler et al. 1987), which has been conducted in Heidelberg.

2. About the Project

2.1. Concept of the Project

This project employs a number of language variables and non-language variables (cognitive, metalanguage and "others"). Subjects are tested three times, every six months. Not all the variables are employed each time, because that would be too time-consuming. In addition, children's abilities to focus on task are taken into consideration. This paper will very briefly present results obtained on the basis of few variables in order to draw some general conclusions and to point to some linguistic barriers, but the author's main intention is to discuss specific linguistic and sociolinguistic issues which affect the problem of SLI as well. There will be no description of the method applied or detailed discussion of results, because this might take us away from our main concern.

2.2. Purposes of the Project

Regarding the purposes of the project there are two aspects: a linguistic and a psycholinguistic one. According to the linguistic aspect the goal is to describe deficits in the Croatian language (are those deficits specific for Croatian?) and to gain more insights into normal language acquisition of Croatian (in order to draw some parameters).

Psycholinguistically, the goal is to make an analysis of language usage and language information processing and to analyze the interdependence of cognitive abilities and SLI.

2.3. Results in short

According to results obtained so far, it is obvious that SLI children do not show a general language deficiency, although they have evident difficulties concering more complex and less common language forms (e. g. in plural formation, some Croatian nouns require a set of additional alternations of sound) (for more see e. g. Ljubešić/Kovačević in press; Vuletić/Ljubešić/Kovačević in press). These results support the concept of cue strength role in grammatical marking (MacWhinney et al. 1989). MacWhinney et al. (1989) say when a cue is less strong, less detectable and available and the task less frequent, children with SLI have more difficulties in solving the task. However, can we be sure what the cues in Croatian are, or better, what the cues for certain linguistic categories are? Unfortunately not.

3. Why is SLI a new phenomenon in Croatian?

The project on SLI initiated at the Department of Logopedics is the first study of language developmental disorder in Croatian. Prior to it there were only a few studies which dealt with this subject (e. g. Vuletić/students 1980; Vuletić/Arapović 1981). What is the reason for that? It is possible to trace the problem on two paths - education itself, and political connotations of the language (which affect education, too). For many years speech therapists (and students in general) have not been receiving enough linguistic education. For example, there were no Croatian grammar books available for more than fifteen years. That resulted in ignorance of language and insensitiveness to the language and language problems. This is just one illustration of how language was neglected. Further, probably more profound impact on language status, had political connotations of the language in the former regime. The intention was to underestimate the role of language and thus eliminate any national or social differences. The language was regarded as something that should make us equal, not different. In addition, any analysis of language or a more detailed language study would have lead us to the issue of two different languages Croatian and Serbian, or would at least have made us aware of the differences between them which would have been against the political regime of the time (for more see Ljubešić 1990). Language was not nurtured at all. What are the results of such a policy? There is no description of normal language acquisition in Croatian. Language acquisition was considered as a "normal, taken for granted" process which does not need to be particularly studied. Thus, even though Croatian has a very complex grammar, Croatian linguists, psycholinguists and speech therapists have no available description of the acquisition of Croatian. We even do not know which linguistic/grammatical category is more complex or requires more sophisticated knowledge of the child, or in what order the categories are acquired. At the moment, the only tool we have is our language intuition and randomly collected data. When observing any kind of language deviation the starting point should be the parameters of normals, which we lack. Thus, conducting our project on SLI children we face an absurd situation - simultaneous establishment of the language norm and language deviation. While trying to define features of specific language impairment in Croatian, we also seek for the characteristics of normal language development. In addition, there is an obvious need to develop an adequate terminology - it is impossible to describe the problem without having appropriate terms. Frequently, language deficits are not treated at all or are recognized only very late in childhood. As a consequence, many SLI children stay out of any kind of logopedic treatment, and this type of language disorder was not recognized before the late eighties (and is still known mainly in academic circles).

4. Conclusion

It is very difficult to deal with pathology of any kind or degree if we do not know what is "normal", but it is even more difficult to analyze one language by using the knowledge gained in another. Because of that, linguists have to analyze the acquisition of Croatian as soon as possible. In addition, because of the reciprocity between normal language development and a deviating one, language pathology should be studied more profoundly. Finally, language ought to be nurtured - this is the only way to become linguistically more educated, sensitive to language, to the way we speak, and to become capable of preventing or treating pathology in time.

Acknowledgement

This research project No. 5-07-059 is funded by the Ministry of Science of the Republic of Croatia.

References

Bischop, D. V. M. / Adams, C. (1991): " What do referential communication tasks measure? A study of children with specific language impairment". - In: Applied Psycholinguistics 12, 199-215.

Clahsen, H. (1988): Normale und gestörte Kindersprache. Linguistische Untersuchungen zum Erwerb von Syntax und Morphologie. - Amsterdam: John Benjamine.

Fletcher, P. / Garman, M. (1988): "Normal language development and language impairment: syntax and beyond". - In: Clinical Linguistics and Phonetics 2, 97-113.

Johnston, J. R. (1988): Specific language disorders in the child. In: Lass, J. N. / McReynolds, L. V. / Northern, J. L. / Yoder, D. E. (eds.) (1988): Handbook of speech and language pathology and audiology (Toronto: Decker).

Leonard, L. B./ Sabbadini, L. / Leonard, J. S. / Voltera, V. (1987): "Specific language impairment in children: crosslinguistic study." - In: Brain and Language 32, 233-252.

Ljubešić, M. (1990): Dysgrammatismus - eine unbekannte Diagnosekategorie in Jugoslawien. Paper presented at Colloquium Dysgrammatismus III: Subgruppen dysgrammatischer Kinder in Bad Homburg, 15-17.

- / Kovačević, M. (1992): "Some insights into specific language impairment in Croatian". - In: Scandinavian Journal of Phonetics and Logopedics (in press).

McWhinney, B. / Leinbach, J. / Taraban, R. / McDonald, J. (1989): "Language Learning: Cues or Rules?" - In: Journal of Memory and Language 28, 255-277.

Schöler, H. / Abele, T. / Kany, W. / Seeger, G. (1987): "A comparative cohort-sequential study of language -impaired and normally language developing 1st to 9th graders". - In: Inter. J. Rehabil. Res. 10, 338-339.

Vuletić, D. / Ljubešić, M. / Kovačević, M. (1992): "Istraživanje teškoća u jezičnom razvoju na primjeru tvorbe množine". - In: Defektologija 29 (in press).

- / Arapović, D. (1981): "Morfologija u govoru". - In: Defektologija 17, 35-46.

- / students (1980): "Struktura rečenice u govoru". - In: Defektologija 16, 43-52.

SPRACHGEBRAUCHSSTRUKTUREN UND HETEROGENITÄT DER KOMMUNIKATIONSGEMEINSCHAFT BEI DEN DEUTSCHEN IN DER GUS

Eine empirische Studie

Peter Rosenberg

1. Einleitung: eine empirische Studie in Sibirien

Mit dem Zusammenbruch der politischen Systeme in Osteuropa und der ehemaligen Sowjetunion und dem folgenden sozialen und ethnischen Desintegrationsprozeß in diesen Gesellschaften hat eine erhebliche Migration in die westlichen Länder, insbesondere in die Bundesrepublik Deutschland, eingesetzt. Teil dieser Migration ist die Auswanderung der Angehörigen der deutschen Minderheitsgruppen in Osteuropa und der GUS, die als Aussiedler in die Bundesrepublik kommen. In den vergangenen drei Jahren 1990 bis 1992 betrug die Zahl der Aussiedler fast 500.000 allein aus der ehemaligen UdSSR.[1]

Zu den wichtigsten Ausreisemotiven der Deutschen aus der GUS zählt die Erhaltung der ethnischen Identität und besonders der deutschen 'Muttersprache': Nach den Daten des letzten sowjetischen Zensus (1989) ist die Angabe für Deutsch als Muttersprache zum ersten Mal unter 50% gesunken. Dies ist jedoch oft mehr Ausdruck eines 'Zugehörigkeitsbekenntnisses' als tatsächlicher Sprachkompetenz.[2] Unter der Jugend ist das Russische schon lange zur dominanten Sprache geworden.

Es fragt sich, was - angesichts dieses Erosionsprozesses - von der deutschen Minderheit in der ehemaligen Sowjetunion übrigbleiben wird und wo die deutsche Sprache realistische 'Überlebenschancen' besitzt. Summarische Aussagen bieten hier meist nicht viel mehr als Spekulation, zumal die deutsche Minderheit in der GUS sehr heterogen ist. Empirische Einzelfallstudien fehlen noch weitgehend. Über die wichtigsten differenzierenden Faktoren, die über Sprachbewahrung oder Sprachwechsel zum Russischen entscheiden, haben wir in früheren Publikationen berichtet.[3] Die größte Stabilität deutscher Sprachkultur findet sich in den Siedlungen der alten 'Tochterkolonien', die um die Jahrhundertwende gegründet wurden und -da nie zur Gänze deportiert - kulturelle und sprachliche Kontinuität bewahren konnten.[4]

Im folgenden soll über eine empirische Untersuchung berichtet werden, die wir 1991 und 1992 in zwei deutschen Dörfern der Altaj-Region (Westsibirien) durchgeführt haben. Wir legen hier die ersten Ergebnisse der Gesamtstudie vor.[5]

1.1. Die Untersuchung

Es wurden zwei (zu fast 100 % deutsche) Orte ausgewählt, die sich vor allem in einem Punkt stark voneinander unterscheiden: Das Dorf Podsosnowo ist sprachlich relativ homogen (es wird eine wolgadeutsche Varietät gesprochen, die hessisch-pfälzische Züge trägt). Das Dorf Redkaja Dubrawa ist heterogen: Die Mehrheit (von 62%) besteht aus Mennoniten, einer protestantischen Religionsgemeinschaft, die einen sehr engen Gruppenzusammenhalt hat und deren Angehörige eine ostniederdeutsche Varietät sprechen. Daneben leben ein Drittel Katholiken (20%) und Lutheraner (14%) im Dorf, die jeweils andere dialektale Varietäten sprechen.[6] Dies ist eine Folge der sowjetischen Siedlungspolitik bis in die 1970er Jahre, nach der aus kleinen Dörfern größere Zentraldörfer gebildet wurden.

Mit der Studie haben wir Antworten auf drei Fragen erhalten wollen: (1) sollten genauere Erkenntnisse zu den Sprachverwendungsbereichen des Deutschen und Russischen gesammelt werden. Angaben zum Sprachgebrauch in den wichtigsten dörflichen Sprachdomänen sollten mit sozialen, altersmäßigen, konfessionellen und demographischen Daten korreliert werden. Die Untersuchung sollte sowohl genauere Informationen über die dörfliche Jugend erbringen, die meist pauschal als 'russischsprachig' angenommen wird, als auch präzisere Daten über die Abhängigkeit des Sprachgebrauchs von der 'Ortskontinuität' (bzw. der regionalen Herkunft) der Informanten, von ihrer beruflichen Tätigkeit (inklusive berufsbedingter Mobilität und beruflicher Sprachanforderungen), von Alter, Konfession und einigen weiteren Faktoren. (2) sollten die beiden Orte hinsichtlich der Homogenität oder Heterogenität der Kommunikationsgemeinschaft verglichen werden. Im Mittelpunkt stand dabei die Frage, ob das Russische in dem aus drei konfessionell und sprachlich verschiedenen Gruppen zusammengesetzten Redkaja Dubrawa einen größeren Verwendungsradius besitzt als in dem diesbezüglich relativ einheitlichen Podsosnowo. Letztlich ging es darum zu beobachten, inwieweit sprachliche Heterogenität innerhalb der Minderheitsgruppe dazu führt, daß das Russische zur Sprache des Inter-Gruppen-Kontakts unter den Deutschen und später des gesamten öffentlichen Bereichs wird.[7] (3) interessierten uns die drei Konfessions- bzw. Sprachgruppen in dem heterogenen Dorf selbst. Dabei war zu fragen, ob die Niederdeutsch sprechenden Mennoniten sich sprachlich anders verhalten als die übrigen Gruppen, wie der Inter-Gruppen-Kontakt bestritten wird und wer heute als Träger des Deutschen (bzw. seiner Varietäten) anzusehen ist.

Die Studie umfaßt zwei Teilaspekte: (a) eine Fragebogenerhebung über Sprachkompetenz und Sprachgebrauch des Deutschen und des Russischen in verschiedenen Verwendungsbereichen.[8] Hier wurde ein repräsentatives Sample unter den Erwachsenen (428 Fragebögen, das ist jeder fünfte bis sechste Einwohner) und eine Totalerhebung der Schuljugend beider Dörfer (739 Fragebögen) erhoben. (b) Sprachaufnahmen in den wichtigsten dörflichen Sprachdomänen.[9]

Wir geben im folgenden eine zusammengefaßte Darstellung der wichtigsten Ergebnisse der Fragebogenerhebung.

2. Die Sprachgebrauchsstrukturen

Beide Dörfer zeigen in den Informantenangaben relativ klar strukturierte Sprachdomänen: Der öffentliche Bereich gehört der russischen Sprache, der nicht-öffentliche eher dem Deutschen.

Ein Beispiel für den Privatbereich ist der Sprachgebrauch der Erwachsenen gegenüber der Mutter oder dem Ehepartner, der in (Abb. 1) und (Abb. 2) dargestellt wird.[10]

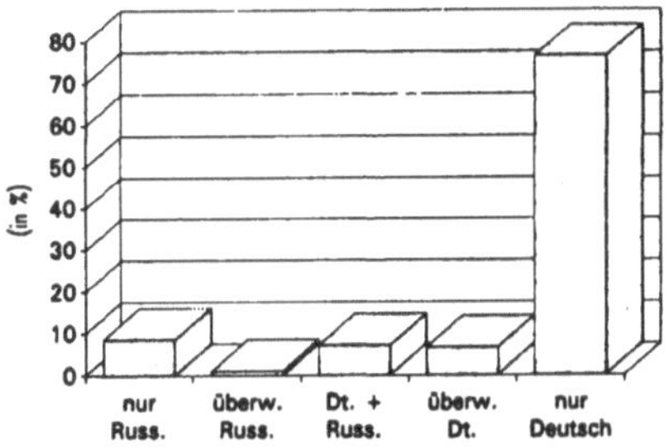

(Abb. 1) Sprachgebrauch mit der Mutter (Erwachsene - N=373)

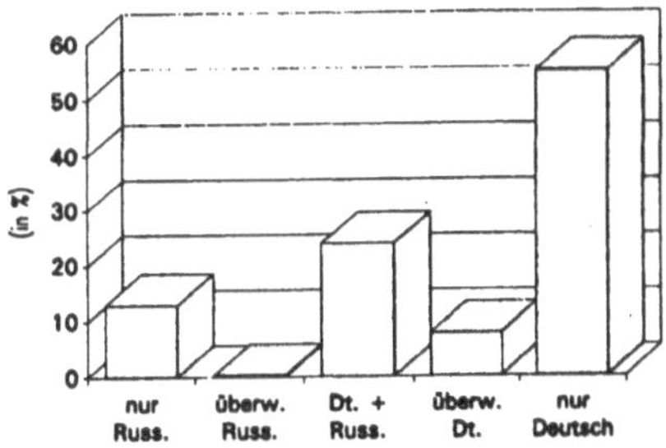

(Abb. 2) Sprachgebrauch mit dem Ehepartner (Erwachsene - N=400)

Mit der Mutter wird zu fast 80% "nur Deutsch" gesprochen (bei der Jugend ist die Struktur prinzipiell gleich, allerdings mit nur noch knapp 50% für den nur-deutschen Sprachgebrauch mit der Mutter).[11] Auch mit dem Ehepartner wird zu mehr als 50% "nur Deutsch" verwendet. Ein Viertel spricht mit dem Partner manchmal Deutsch, manchmal Russisch, was offenbar auch das Sprachverhalten gegenüber den Kindern prägt, wo wir die gleichen Werte sehen.

Ein Beispiel für den öffentlichen Bereich ist der Sprachgebrauch beim Arzt: Hier wird von etwa zwei Dritteln der erwachsenen Informanten "nur Russisch" angegeben. (Bei der Schuljugend ist auch in diesem Sprachverwendungsbereich die gleiche Struktur erkennbar, allerdings mit noch höheren Werten von knapp 80% für "nur Russisch".)

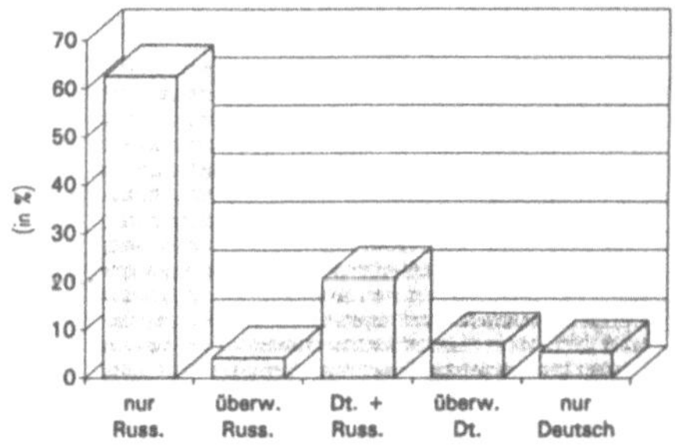

(Abb. 3) Sprachgebrauch beim Arzt (Erwachsene - N=425)

Die Angaben der Erwachsenen zum Sprachgebrauch beim Einkaufen ähneln (Abb. 3); die Jugendlichen dagegen sprechen hier hauptsächlich Russisch.

Die Antworten zur Sprachverwendung bei der Arbeit zeigen noch eine Dominanz des Deutschen (mit einer (Abb. 2 / 3) entsprechenden Verteilung), aber hier muß stark differenziert werden, um welche Berufe es sich handelt. Berufe, die eine höhere Bildung und vor allem eine Ausbildung außerhalb des Dorfes voraussetzen, sind stark vom Russischen geprägt:

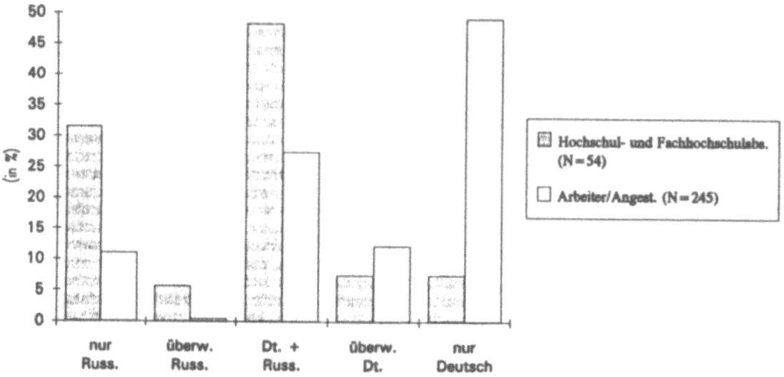

(Abb. 4) Sprachgebrauch bei der Arbeit (Erwachsene): nach Berufsgruppen

3. Der Vergleich der beiden Orte

Die beiden Dörfer unterscheiden sich beträchtlich voneinander: In dem sprachlich (und konfessionell) relativ homogenen Dorf Podsosnowo hat das Deutsche einen größeren Verwendungsradius als in dem von drei Varietäten des Deutschen gekennzeichneten heterogenen Dorf Redkaja Dubrawa. Dies gilt vor allem für den Öffentlichkeitsbereich, erkennbar z. B. an der Gegenüberstellung der Ergebnisse zum Sprachgebrauch bei der Arbeit in (Abb. 5) und insbesondere gegenüber dem Vorgesetzten in (Abb. 6), wo sich die Schaubilder der beiden Dörfer fast umkehren.

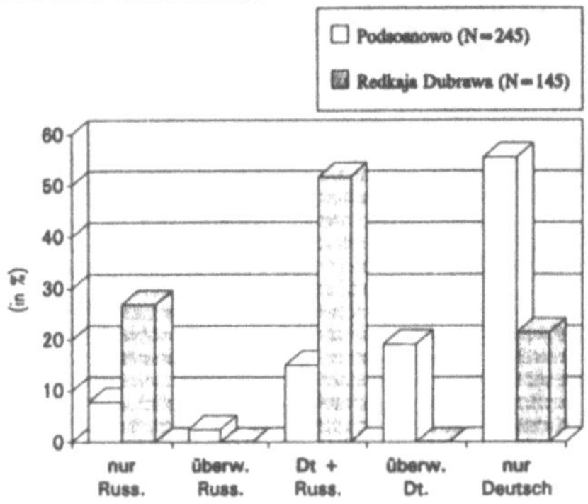

(Abb. 5) Sprachgebrauch bei der Arbeit (Erwachsene) Podsosnowo - Redkaja Dubrawa

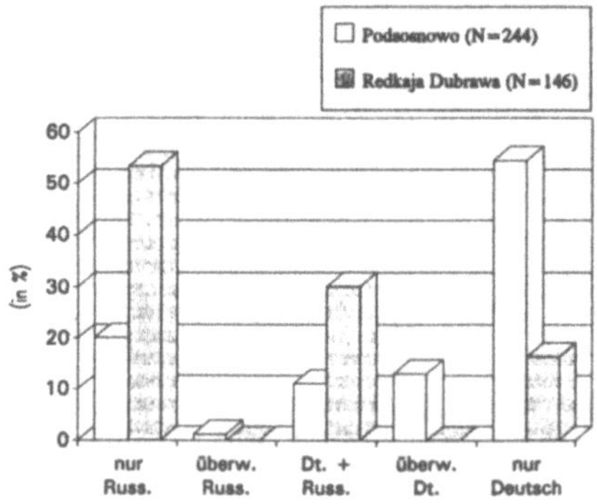

(Abb. 6) Sprachgebrauch mit dem Vorgesetzten (Erwachsene) Podsosnowo - Redkaja Dubrawa

Interessant ist in diesem Zusammenhang, daß sich in den beiden Dörfern die sozialen Gruppen durchaus nicht gleich verhalten: In Podsosnowo verstehen sich die örtlichen Leitungsberufe offenbar als 'Dorfhonoratioren', die sich als Vertreter deutscher Sprache und Kultur verstehen, während in Redkaja Dubrawa diese Berufsgruppe weitgehend auf Russisch kommuniziert.[12]

Wie in (Abb. 5) für die Arbeitssphäre erkennbar ist (dies gilt aber auch z. B. für die Sprachwahl von Erwachsenen wie Jugendlichen gegenüber Freunden), wird der engere sprachliche 'Außenkontakt' außerhalb des Familienbereiches in Redkaja Dubrawa teils auf Deutsch, teils auf Russisch bewältigt. Das weist uns bereits darauf hin, daß die Varietätenwahl hier nicht nur von der Sprachdomäne abhängt, sondern insbesondere auch vom Gesprächspartner und dessen Sprachgruppenzugehörigkeit, worauf wir unter Punkt 4 noch zu sprechen kommen.

Ein weiterer Grund der stärkeren Verwendung des Russischen in diesem Ort mag darüber hinaus in der geringeren Ortskontinuität der Bewohner dieses Dorfes liegen: Die Ortskontinuität, der Anteil der am Ort Geborenen, ist prozentual in Podsosnowo (mit 71%) drei- bis viermal so groß wie in Redkaja Dubrawa (mit 20%). Bei der Betrachtung der Daten in (Abb. 7) ist auffällig, daß Zugezogene (bzw. ihre Kinder) häufiger zum Russischen übergegangen sind, und zwar unabhängig davon, ob sie aus einer deutschen Siedlung stammen (was bei den meisten der Fall ist). Eine höhere Verwendung des Deutschen bei den im Ort Geborenen zeigt sich nicht nur - wie vielleicht zu erwarten wäre - für die Kommunikation außerhalb von Familie und engerem Freundeskreis, sondern auch für den Sprachgebrauch gegenüber Kindern, Ehepartnern und Freunden, wie sich in (Abb. 7) zeigt: Die Säule für die Kategorie "nur Deutsch" ist in allen drei Blöcken bei den aus dem Dorf Stammenden bei weitem am höchsten.

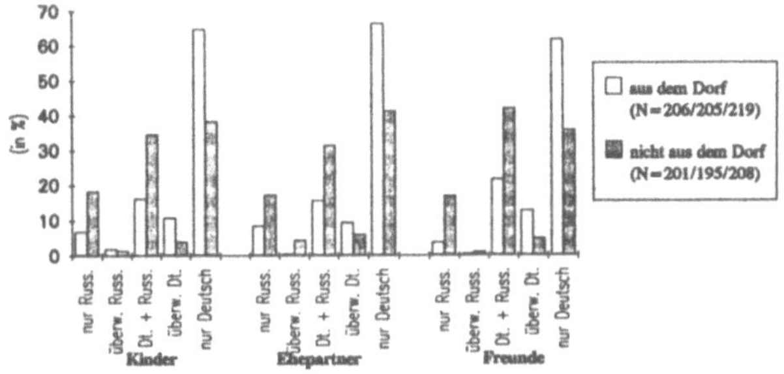

(Abb. 7) **Sprachgebrauch nach Herkunft (Geburtsorte) mit Kindern, Ehepartnern, Freunden (Erwachsene)**

Ortsmobilität scheint unter den gegebenen Voraussetzungen der Rußlanddeutschen, die in geschlossenen Kolonien lebten und nie eine einheitliche Sprachgemeinschaft kannten, eine Destabilisierung der deutschen Sprache zu bewirken. Die Deportationen als vielleicht äußerste

Form der Mobilität haben zu einer Entwurzelung in kultureller und sprachlicher Hinsicht geführt; die Bildung von Zentraldörfern vollendet diese.[13]

4. Der Varietätenkontakt zwischen den deutschen Sprachvarietäten

Die Deutschen in Rußland und der ehemaligen UdSSR haben eine erstaunliche Varietätenkompetenz: Sie haben nie eine einheitliche Sprachgemeinschaft (im Sinne eines einheitlichen 'Rußlanddeutsch') entwickelt und auch der hochdeutsche Standard ist seit langem nur noch bei den Ältesten verbreitet, die ihn vor 1938/41 in der Schule gelernt haben. Aber sie besitzen oft eine passive und manchmal sogar aktive Mehrdialektalität. Dies ist erstaunlich, wenn es sich um den 'Mennonitendialekt' handelt, denn dieser ist für die meisten Sprecher schwer zu verstehen. Eines seiner auffälligsten Merkmale ist die Palatalisierung des nd. /k/ (z. B. in *tjoartje* für 'Kirche', nd. *kerk* oder *kirke*).[14] Die 'mennonitische' ostniederdeutsche Varietät sei hier durch einen kurzen Ausschnitt einer Sprachprobe gekennzeichnet. Eine Studentin erzählt über ihre Eltern und die Lebensweise der Mennoniten im Dorf:[15]

> Mine Ellere sin nich jleebich en nü en de . schonn . latzte Johre wurdet beter (det) mit Perestroijka verbunge un . de .. habe nu meuer ok Mejlichtjeit/Mejlichtjeteaso . sind se im Darp de Mensche zwisch/twischen sich dichter jeworde de Jläibje mit de Nichjläibje (Meine Eltern sind nicht gläubig, und nun schon in den letzten Jahren wurde es besser, mit der Perestroijka verbunden, und die haben nun auch mehr Möglichkeiten, also sind im Dorf die Menschen einander nähergekommen, die Gläubigen und die Nichtgläubigen (Sprachprobe: Ostniederdeutsche Varietät der Rußlandmennoniten)

Die Mennoniten stellen in Redkaja Dubrawa die Mehrheit und die autochthone Bevölkerung. Zugleich sind sie durch ihren starken Gruppenzusammenhalt traditionell relativ resistent gegenüber russischen Außeneinflüssen.

Es ist deshalb kein Zufall, daß die Mennoniten am meisten Deutsch sprechen, und das heißt in der Regel ihre dialektale Varietät. (Allerdings ist auch die standardsprachliche Kompetenz der Mennoniten höher als die anderer Gruppen, was traditionell mit der bei ihnen überdurchschnittlichen Bildungsorientiertheit und der Funktion des Standards als 'Bibelsprache' zusammenhängt.) Wie (Abb. 8) deutlich macht, sind die Unterschiede zwischen den Religions- (und Sprach-)Gruppen in den öffentlichen Sprachverwendungsbereichen gering. Der Verlauf der Linien, die die Verwendung des Russischen oder des Deutschen zeigen, ist zwischen den konfessionellen Gruppen ziemlich ähnlich: In den 'statusorientierten' Kommunikationsbereichen (Sprachgebrauch mit dem Arzt oder dem Vorgesetzten) haben die Linien die Gestalt von 'Gefällekurven' mit höchsten Werten für das Russische, niedrigsten für das Deutsche. Für den Sprachgebrauch bei der Arbeit und beim Einkaufen ergeben sich 'Dreiecksfiguren' mit Höchstwerten für die mittlere Kategorie, der gemischten deutsch-russischen Sprachverwendung. In den n i c h t - ö f f e n t l i c h e n S p r a c h d o m ä n e n zeigen sich Unterschiede zwischen den Konfessionsgruppen. Hier liegen die Mennoniten in der Verwendung des Deutschen überall deutlich an der Spitze (quadratische Markierungen in (Abb. 9)). Während die 'Gefällekurven' des Sprachgebrauchs gegenüber der älteren Generation (diesmal mit Höchstwerten für das Deutsche) keinen nennenswerten Unterschied zeigen, weichen die Mennoniten gerade in den familiären Bereichen, in denen es um die Weitergabe der Sprache an die nächsten Generationen geht, vom Bild der anderen Gruppen ab: Im familiären 'Innenbereich', gegenüber Kindern und besonders Ehepartnern, dominiert das Deutsche noch, was bei den anderen Gruppen schon nicht mehr der Fall ist. In beiden Fällen wird die 'Dreieckskurve' durch ein 'Cross-Over' der Mennoniten abgeschwächt (Kinder) oder durchbrochen (Ehepartner).

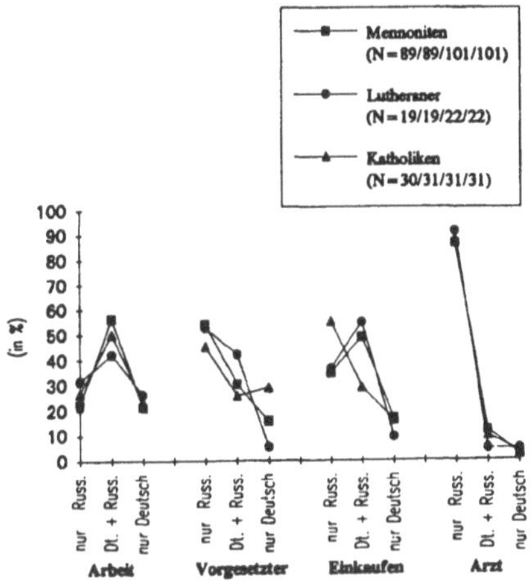

(Abb. 8) Redkaja Dubrawa (Erwachsene): Sprachgebrauch nach Religionszugehörigkeit - öffentliche Sprachdomänen

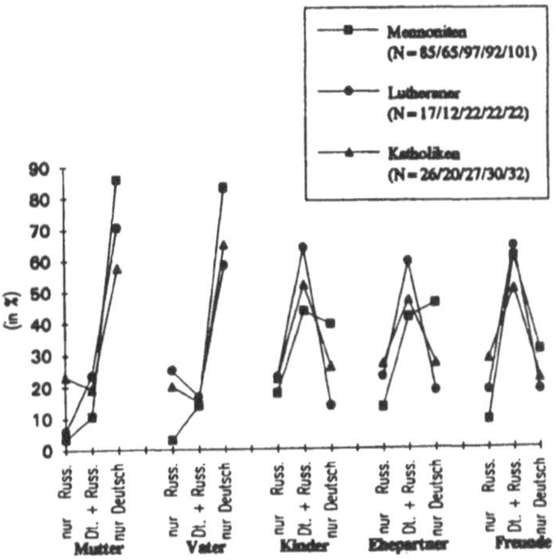

(Abb. 9) Redkaja Dubrawa (Erwachsene): Sprachgebrauch nach Religionszugehörigkeit - nicht-öffentliche Sprachdomänen

Die immerhin relativ hohen Werte für teils auf Deutsch, teils auf Russisch geführte Kommunikation, die zu den 'Dreiecksfiguren' führen (also im Sprachgebrauch bei der Arbeit, beim Einkaufen, mit Ehepartnern, Kindern, Freunden), weisen auf weitere notwendige Differenzierungen hin: Die Sprachwahl wird entscheidend davon beeinflußt, ob es sich um Intra-Gruppen-Kommunikation oder Inter-Gruppen-Kommunikation handelt.

Die Sprachwahl im Inter-Gruppen-Kontakt hängt sehr stark vom Alter der Sprecher und von der Dauer des Zusammenlebens mit Angehörigen anderer Sprachgruppen ab: Je älter die Sprecher sind und je länger sie in einem Dorf z. B. mit Mennoniten leben, desto eher verstehen oder sprechen sie den niederdeutschen Dialekt. (Dies gilt übrigens - nach den eigenen Angaben - sehr viel stärker für die Lutheraner als für die Katholiken.) Wir verfügen über Sprachaufnahmen, in denen ein Sprecher mit dialektal verschiedenen Gesprächspartnern abwechselnd seinen eigenen 'wolgadeutschen' Dialekt, eine oberdeutsch geprägte Varietät und die ostniederdeutsche Mennonitenvarietät aktiv verwendet.

Es ist jedoch andererseits nicht zu verkennen, daß besonders in der jüngeren Generation das Russische in solchen Varietätenkontaktsituationen vordringt: Es sind generell die Älteren, die noch am meisten Deutsch sprechen und auch am ehesten über eine Standardkompetenz oder über eine Mehrdialektalität verfügen, was zur Bewältigung der Inter-Gruppen-Kommunikation auf Deutsch unabdingbar ist.

Während bei den erwachsenen Mennoniten in der Intra-Gruppen-Kommunikation die niederdeutsche Varietät stark dominiert (die weiße Säule in (Abb. 10)), wird die Inter-Gruppen-Kommunikation je nach Fähigkeit und Gewohnheit der Gesprächspartner Deutsch oder Russisch geführt (die graue Säule in (Abb. 10)):

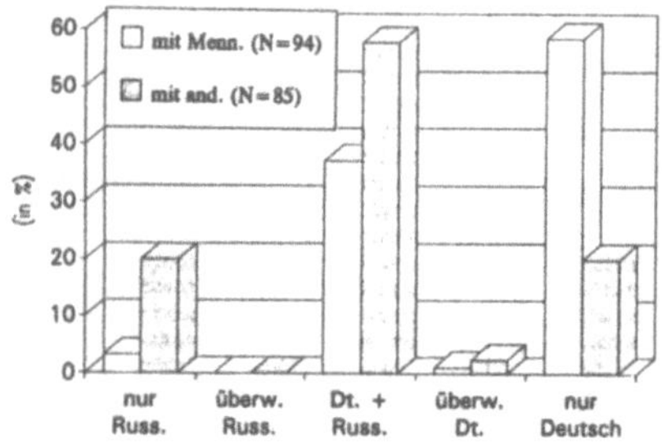

(Abb. 10) Mennoniten (Redkaja Dubrawa)
Erwachsene: Sprachgebrauch
mit Mennoniten - mit anderen

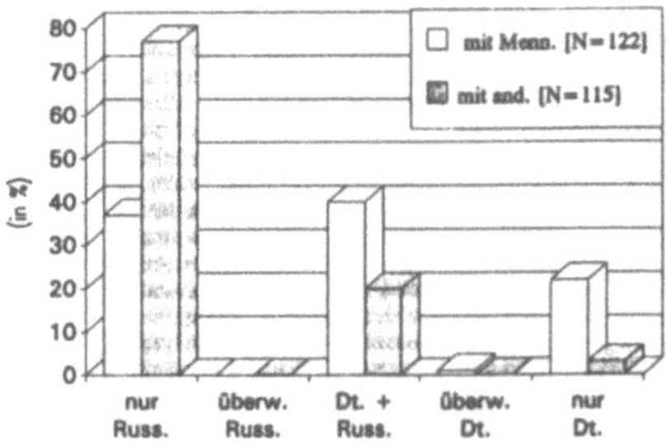

(Abb. 11) Mennoniten (Redkaja Dubrawa)
Jugend: Sprachgebrauch
mit Mennoniten - mit anderen

Das Bild der Erwachsenen für die Sprachwahl unter Mennoniten ähnelt auffällig der in (Abb. 5) dargestellten Sprachgebrauchsstruktur des Dorfes Podsosnowo. Die Graphik für die Jugend (Abb. 11) zeigt demgegenüber eine Tendenz des Vordringens der russischen Sprache, und zwar generell, auch in der Intra-Gruppen-Kommunikation, jedoch mit dem höchsten Wert für partiell deutschen, partiell russischen Sprachgebrauch, und immerhin über 20% geben an, nur Deutsch zu sprechen, was angesichts eines Mittelwerts für alle Jugendlichen des Dorfes von nur 4% weit überdurchschnittlich ist. In der Inter-Gruppen-Kommunikation besteht hingegen eine sehr strikte Festlegung auf rein russische Kontaktsprache.[16]

Fassen wir die hier dargelegten Ergebnisse der Untersuchung zusammen: Die Sprachgebrauchsstrukturen der beiden Orte zeigen eine deutliche Trennung zwischen den russisch geprägten öffentlichen Sprachdomänen und den nicht-öffentlichen Sprachverwendungsbereichen, in denen deutsche (dialektale) Varietäten einen größeren Gebrauchsradius besitzen. Zwischen den Polen der statusorientierten Domänen des Russischen (Arzt, Vorgesetzter) und den auf die ältere Generation bezogenen Kommunikationsbereichen des Deutschen bilden sich Übergangsbereiche aus (Ehepartner, Kinder, Freunde, Arbeitskollegen, Einkaufsgespräche), in denen die Kommunikation teils auf Deutsch, teils auf Russisch geführt wird. Der Verwendungsradius des Deutschen wird darüber hinaus von weiteren Faktoren beeinflußt wie u. a. dem Alter, der Ortskontinuität und der beruflichen Mobilität bzw. dem beruflichen Status der Sprecher.

Die (sprachliche und konfessionelle) Homogenität oder Heterogenität der Orte erweist sich heute als eine entscheidende Größe, die den Sprachwechsel zum Russischen fördert. Dies führt auch zu differierendem sprachlichen Verhalten der örtlichen 'Eliten'. Bei allgemein geringer Standardsprachkompetenz und in der jüngeren Generation abnehmender Mehrdialektalität wird das Russische zur Sprache des Inter-Gruppen-Kontakts. Bislang - in den älteren Generationen - war die sprachliche Heterogenität kein notwendiger Auslöser eines Übergangs zum Russischen. In der jüngsten Generation hat sich dies verändert: Das Russische dringt auf diese Weise auch in die nicht-öffentlichen Sprachverwendungsbereiche vor.

Das Deutsche wird heute wesentlich von der sublokalen Interaktionsgemeinschaft, in unserem Falle der Interaktionsgemeinschaft der Mennoniten, gestützt, die in der Intra-Gruppen-Kommunikation ihre dialektale Varietät verwendet. Die Sprachgebrauchsstrukturen lassen insbesondere in den familiär-freundschaftlichen Verwendungsbereichen erhebliche Unterschiede zwischen den sprachlich-konfessionellen Gruppen erkennen; sie sind jedoch nicht stabil, sondern zeigen in der jüngsten Generation ein Vordringen des Russischen.

Eine einheitliche Sprachgemeinschaft haben die Deutschen in Rußland und später der UdSSR nie gehabt. Träger deutscher Sprache und Kultur war immer die geschlossene deutsche Siedlung, die örtliche, meist dialektale Kommunikationsgemeinschaft. In den sprachlich weitgehend homogenen alten 'Tochterkolonien' hat das Deutsche noch seinen dominanten Status zumindest als Sprache des dörflichen Binnenbereichs erhalten können. Mit den Deportationen, weiteren Migrationen und zuletzt der sowjetischen Siedlungspolitik der Bildung von Zentraldörfern ist die heterogene Mischsiedlung heute in den meisten Regionen jedoch zum Regelfall geworden und hat die dörfliche Kommunikationsgemeinschaft in ihrer Funktion mehr und mehr aufgelöst. Träger des Deutschen, Träger auch der ethnolinguistischen Vitalität dieser Minderheit ist dort - gegenwärtig noch - die sublokale, teils religiös, teils sprachlich konstituierte Interaktionsgemeinschaft.

Anmerkungen

1 In den Jahren 1990 bis 1992 waren dies jeweils etwa 150.000; Schätzungen des Bundesinnenministeriums sprechen für 1992 von ca. 120.000. Wirksame politische Lösungen sind nicht erkennbar, weder in der Bundesrepublik - die 'Quotierung' der Aussiedlerzuwanderung wird den Prozeß nur verzögern, angesichts der Aufnahmeverpflichtung durch das Grundgesetz jedoch nicht verhindern - noch in der GUS - eine deutsche Wolgarepublik ist eher unwahrscheinlich und würde nur wenig nützen. Zwar werden die Deutschen, die in der ehemaligen UdSSR leben, in der Bundesrepublik gern unter dem Rubrum 'Wolgadeutsche' zusammengefaßt. Tatsächlich hat nur maximal ein knappes Drittel der Deutschen in Rußland bzw. der Sowjetunion in der Wolga-Region gelebt (bis 1941). Überdies gehörten die Wolgadeutschen - aus historischen, geographischen und politischen Gründen - eher zu den wenig angesehenen Bevölkerungsgruppen innerhalb der Rußland- oder Sowjetdeutschen. In eine Wolgarepublik würden daher heute nur wenige übersiedeln. Von russischer Seite wird einer solchen Territoriallösung harter Widerstand entgegengesetzt. Die Wolga-Region wird als "Herz Rußlands" betrachtet (so in einem 'offiziellen' Plakat in den Wolga-Dörfern im Januar 1990), in dem man - angesichts der Vertreibung von Russen aus den mittelasiatischen Republiken - kein 'neues Karabach' zulassen will. Die Zuwanderung von Deutschen an die Wolga seit Mitte der siebziger Jahre wird heute zunehmend zu einem Entwurzelungsfaktor, der die Weiterwanderung nach Deutschland auslöst.

2 Das aus bundesdeutscher Sicht paradoxe Spannungsverhältnis von weitgehendem Sprachverlust (der deutschen Sprache) und dennoch hoher Sprachloyalität faßt ein junger Rußlanddeutscher in einem Interview (im Rahmen einer kürzlich durchgeführten Aussiedlerbefragung in Berliner und Brandenburger Aussiedlerheimen) in die Worte: "Deutsch ist meine Muttersprache, deshalb will ich sie jetzt lernen."

3 Vgl. Rosenberg/Weydt (1992), Rosenberg (1991; 1993a).

4 Zu den relativ stabilen Gebieten dieser 'Tochterkolonien' gehören z. B. die Altaj-Region (Südwest-Sibirien), das Omsker Gebiet (West-Sibirien), die Region um Orenburg (Ural-Vorland) und Ufa (Baschkirien). In ihnen leben etwa ein Viertel der Deutschen der GUS. Alle anderen Siedlungen (besonders in der großen Zuzugsregion Kasachstan mit fast 50 % aller Deutschen) sind aufgrund der Deportationen und weiterer Migrationen in ihrer Bevölkerungszusammensetzung stark vermischt worden und weitgehend 'entwurzelt', was offenbar den Sprachwechsel zum Russischen beförderte.

5 Erste Ergebnisse zur Fragebogenerhebung unter der Schuljugend der beiden Orte finden sich in Rosenberg (1993a). Ein ausführlichere Darstellung der Gesamtergebnisse wird in Rosenberg (1993b) gegeben.

6 Die restlichen 4% hatten keine Angaben gemacht.

7 Bedingungen der Vitalität ethnolinguistischer Minderheitsgruppen sind von Giles/Bourhis/Taylor (1977) zusammengestellt worden. Zu den wesentlichen Steuerungsfaktoren zählen Giles/Bourhis/Taylor (1977: 308ff.) den (sozialen, ökonomischen, soziohistorischen und Sprach-) Status, verschiedene demographische Faktoren der Bevölkerungsverteilung (nationales Territorium, Konzentration, Bevölkerungsanteil) und Bevölkerungszahl (Anzahl, Geburtenrate, Mischehen, Immigration, Emigration) und die institutionelle Unterstützung der Minderheit (in Medien, Bildungssystem, Administration, Industrie, Religion und Kultur). Die (sprachliche, kulturelle, konfessionelle, soziale) Homogenität oder Heterogenität innerhalb der Minderheitsgruppe wird nicht erwähnt. (Vgl. Rosenberg 1993a)

8 Diese Verwendungsbereiche umfaßten für die Erwachsenen (ab 18 Jahren): Sprachgebrauch mit der Mutter, dem Vater, dem Ehepartner, den Kindern, den Freunden, den Arbeitskollegen, dem Vorgesetzten, beim Arzt, beim Einkaufen. Darüber hinaus wurde die Verwendung des Deutschen beim Schreiben, Lesen, Beten und Schimpfen erfragt; für Redkaja Dubrawa zusätzlich die Sprachkompetenz des Russischen, des hochdeutschen Standards und des 'mennonitischen' Dialekts sowie (für die Mennoniten) der Sprachgebrauch in der Kommunikation mit Mennoniten bzw. Nicht-Mennoniten.
Die Sprachverwendungsbereiche für die Schuljugend (7 bis 17 Jahre) umfaßten: Sprachgebrauch mit der Mutter, dem Vater, der Großmutter, dem Großvater, den Geschwistern, den Schulfreunden in der Pause, den Freunden am Nachmittag, dem Lehrer, beim Arzt, beim Einkaufen. Für Redkaja Dubrawa wurde zusätzlich die Sprachkompetenz des hochdeutschen Standards und des 'mennonitischen' Dialekts erfragt sowie der Sprachgebrauch in der Kommunikation mit Mennoniten bzw. Nicht-Mennoniten.
Der Fragebogen ist deutsch-russisch; der Wortlaut der Fragen zu den Sprachverwendungsbereichen begann jeweils mit: *Was sprichst Du mit ...* Dabei waren fünf abgestufte Antwortmöglichkeiten vorgesehen, die durch entsprechende Ankreuzung an die vorgegebenen Antworten *Deutsch* und *Russisch* markiert werden konnten: *nur Russisch* (ein Kreuz), *überwiegend Russisch* (ein großes Kreuz bei Russisch, ein kleines Kreuz bei Deutsch), *Deutsch und Russisch gleichermaßen* (zwei gleich große Kreuze), *überwiegend Deutsch* (ein großes Kreuz bei Deutsch, ein kleines bei Russisch), *nur Deutsch* (ein Kreuz). Als Kontrollebene war ein sprachlicher Tagesablauf auf einem vorbereiteten 'Zifferblatt' mit zwei verschiedenfarbigen Stiften (für Deutsch und Russisch) einzutragen und zu beschriften.
Die Daten über die Informanten umfassen: Namen, Alter (bei Schülern auch Klasse), Wohnort, Geburtsort, Herkunft der Familie (über Geburtsort der Großeltern), Beruf (bei Schülern Beruf der Eltern), Konfession.

9 Die Aufnahmen betreffen den Sprachgebrauch im familiär-freundschaftlichen Bereich, bei der Arbeit (Männer: Kolchosgarage, Frauen: Bierbrauerei), in der Dorfverwaltung, in der Schule, auf der Post, im Kaufladen, im dörflichen Krankenhaus (Sprechstunde), im Kindergarten (freies Spiel der Kinder im Alter von 2,5 bzw. 3,5 Jahren). Sie sind erst für Podsosnowo angefertigt und noch nicht vollständig ausgewertet.

10 Die folgenden Abbildungen beziehen sich alle (bis auf (Abb. 11)) auf den Sprachgebrauch der Erwachsenen. Die Daten für die Jugend werden nur im Text erwähnt; vgl. hierzu die Abbildungen in Rosenberg (1993a). In allen Abb. wird mit N= die Zahl der Informanten genannt, die Angaben zu der betreffenden Frage gemacht haben (mehrere Zahlen in Abb. 8 - 10 beziehen sich auf mehrere Fragen, die in einer Abb. zusammengefaßt wurden, und zwar in der Reihenfolge der dargestellten Fragen). Zur besseren Vergleichbarkeit

sind ab (Abb. 5) durchgängig die am stärksten vom Russischen geprägten Gruppen bzw. Sprachverwendungsbereiche mit grauen Säulen, die vom Deutschen geprägten mit weißen Säulen dargestellt.

11 Die Ergebnisse decken sich im übrigen: Für die Großmutter wird von der jüngsten Generation mit etwa 80% "nur Deutsch" der gleiche Wert angegeben wie von der mittleren Generation für die Mutter.

12 Dies zeigt sich etwa am Sprachgebrauch zwischen Eltern und Kindern, wo für die Leitungsberufe sowohl in den Angaben der Schüler (mit den Eltern) als auch der Erwachsenen (mit den Kindern) deutliche Unterschiede zwischen den verglichenen Orten bestehen. (Vgl. Rosenberg 1993a) Für Podsosnowo deckt sich dieser Befund auch mit den Sprachaufnahmen in der dörflichen Kolchosverwaltung.

13 Die Bildung von Zentraldörfern läßt uns den Prozeß der Mischung sprachlich unterschiedlicher Gruppen vor unseren Augen noch einmal nachvollziehen. Es handelt sich um einen Prozeß, der im geschlossenen deutschen Sprachgebiet über mehrere Jahrhunderte unter den Bedingungen einer allgemeinen Modernisierung vonstatten gegangen ist: den Prozeß der Herausbildung eines gemeinsamen Kommunikationsmittelsaus regional sehr verschiedenen Sprachvarietäten. Die dialektologischen Implikationen dieser sprachlichen Ausgleichsvorgänge sind von außerordentlichem Interesse, zeigen sie doch bestimmte Steuerungsfaktoren der Sprachmischung und des Sprachausgleichs wie im 'Reagenzglas'. Es sind diese Implikationen, die Schirmunski (1930: 113f.) hinsichtlich der Sprachmischung von einem "großangelegten sprachgeschichtlichen Experiment" sprechen ließen: "Durch ihre sprachliche Isolierung und deutliche Abgrenzung gegen einander bilden die Sprachinseln ein sprachwissenschaftliches Laboratorium von hervorragender Bedeutung, in dem wir an der Hand geschichtlicher Zeugnisse in einer kurzen Zeitspanne von 100 - 150 Jahren Entwicklungen verfolgen können, die sich im Mutterlande in mehreren Jahrhunderten abgespielt haben müssen." Vgl. zur sprachlichen Entwicklung der Deutschen an der Wolga bis zum Ersten Weltkrieg auch Rosenberg/Weydt (1993).

14 Bei der für das Ostniederdeutsche typischen Palatalisierung handelt es sich im übrigen um den gleichen Prozeß, der im Englischen zur dental-palatoalveolaren Affrikate in "church", im Schwedischen zum palatoalveolaren Frikativ in "Norrköpping" geführt hat, nicht um russische Interferenz!

15 Die Aufnahme wurde vom Verfasser mit Studenten der Pädagogischen Hochschule Barnaul im Januar 1990 durchgeführt. Die Sprecherin stammt aus Redkaja Dubrawa.

16 Diese Antworten entsprechen völlig den Ergebnissen einer Pilotstudie, die wir in einer 11. Klasse in Form eines sprachlichen Klassen-Soziogramms angelegt haben: Die mennonitischen Jugendlichen bilden ihre eigenen Netzwerke aus, in denen sie ihren 'mennonitischen' Dialekt benutzen, wechseln aber, sobald andere - auch deutsche - Klassenkameraden hinzukommen, zum Russischen.

Literatur

Giles, H. / Bourhis, Y. / Taylor, D. M. (1977): "Towards a theory of language in ethnic group relations". - In: Giles, H. (ed.): Language, ethnicity, and intergroup relations. - London: Academic Press.

Rosenberg, P. (1991): "Deutsch in der Sowjetunion". - In: Feldbusch, E. / Pogarell, R. / Weiss, C. (eds.): Neue Fragen der Linguistik. Akten des 25. Linguistischen Kolloquiums, Paderborn 1990 (Tübingen: Niemeyer) 125-131.

- (1993a): "Sprache, Identität und Sprachgemeinschaft bei den Deutschen in der ehemaligen Sowjetunion". - In: Eichinger, L. / Raith, J. (eds.): Tagungsband der GAL-Sektion "Kontaktlinguistik", Mainz 1991 (Arbeitstitel) (Essen: Brockmeyer) (ersch. demn.).

- (1993b): "Sprachgebrauchsstrukturen in zwei deutschen Dörfern Sibiriens". - In: Rosenberg, P. / Weydt, H. (eds.): Deutsch in der ehemaligen Sowjetunion (Tübingen: Niemeyer) (ersch. demn.).

- / Weydt, H. (1992): "Sprache und Identität - Neues zur Sprachentwicklung der Deutschen in der Sowjetunion". - In: Meissner, B. / Neubauer, H. / Eisfeld, A. (eds.): Die Rußlanddeutschen - Gestern und heute (Köln: Markus) 217-238.

- / - (1993): "Sprachen und Sprachgemeinschaft der Wolgadeutschen bis zum Ersten Weltkrieg". - In: Schramm, G. / Dahlmann, D. (eds.): Tagungsbeiträge der Konferenz über Geschichte und Kultur der Wolgadeutschen 1860 - 1914/17, Freiburg 1992 (Arbeitstitel, in Vorber.).

WELCHE SPRACHE FÜR EUROPA?

Harald Weydt

1. Einleitung

> Bezüglich des Gebrauchs der Sprachen braut sich in der Gemeinschaft ein Unwetter zusammen. Die Lunte glimmt, die den aus geballten Empfindlichkeiten bestehenden Sprengsatz zur Explosion bringen könnte (Bohle 1988).

Auf diese Stelle folgt, typisch, aber für unseren Kontext marginal, ein Argument zugunsten des Deutschen:

> Man braucht kein Sprachchauvinist zu sein, um sich irritiert zu fühlen, wenn die Sprache des volkreichsten EG-Landes an den Rand des linguistischen Geschehens gedrückt wird.

Angesichts dieser Lage ist es nicht verfehlt, wenn auch Linguisten über das Sprachenproblem in Europa nachdenken.

Mehr als 40% des Verwaltungshaushaltes der EG wird für die Gehälter von Dolmetschern und Übersetzern und ihre Produkte (also für den Sprachendienst) ausgegeben. 1991 wurden - allein für die Übersetzung ins Deutsche - 120.000 Seiten von 160 Übersetzern und Prüfern übersetzt. Jährlich nimmt die EG 250.000 Ausschreibungen vor. Da ist, besonders für kleinere Projekte, Zeit Geld, und die nicht englisch- oder französischsprachigen Nationen beschweren sich, daß Übersetzungen in ihre Sprachen zu spät erscheinen. Auf offizieller Ebene ist das Sprachenproblem bei weitem nicht gelöst; es wird bewußt ausgeklammert und im Vagen gelassen. Bangemann wird zitiert mit der Parole: "Keine formelle Regelung der Arbeitssprachen!"

2. Nachteile der Kommunikation muttersprachlich versus nichtmuttersprachlich

Bisher hat man in den Argumenten vor allem das nationale Prestige hervorgehoben. Es spielt z. B. sehr offen eine Rolle beim Kampf der Franzosen um den Gebrauch ihrer Sprache auf internationaler Ebene. Man stützt sich dabei auf zweierlei Argumente:

- einerseits auf den inhaltlichen Zugang zu den Informationen in der betreffenden Sprache ("Können das die Partner verstehen oder nicht?") und
- andererseits, wenn auch nur selten, auf den "Stallgeruch" (Frank 1981); damit ist ein gruppendynamisches Element gemeint: Sprecher gleicher Sprache schließen sich automatisch zusammen, weil sie durch die Sprache über eine gleiche Identität verfügen.

Ich möchte im folgenden noch einmal die Meinung vertreten, daß diese Erklärungen zu kurz greifen.

Es geht auch nicht um eine klare Trennung zwischen Inhaltsbezug und Image. Helga Kotthoff (1991) weist konversationsanalytisch nach, indem sie Gruppen von Muttersprachlern und Nichtmuttersprachlern je in Zweierpaaren kontrovers miteinander diskutieren läßt, daß, und ich glaube, das kann man verallgemeinern, der Nichtmuttersprachler systematisch unterliegen muß. Es handelt sich dabei nicht nur um rein inhaltliche und nicht nur um personale Aspekte, sondern beide sind verzahnt.

Die Unterlegenheit des Nichtmuttersprachlers manifestiert sich in folgendem:

- Er kontert nicht schnell in seinen Gegenargumenten.
- Er hat automatisch weniger Redebeiträge.
- Er ergreift nicht die 'turns' und unterliegt sehr deutlich in der Redezeit.
- Seine Bemerkungen wirken harsch und abgehackt.
- Ihm fehlt in einem hohen Maße die Orientierungsleistung.
- Er kann nicht zur Wahrung seines eigenen Images und des anderer beitragen, oder wenigstens erheblich weniger als die Muttersprachler.
- Seinen turns fehlt der Anschluß an Vorgänger-Äußerungen, deshalb werden entweder diese Vorgängeräußerungen, da ihnen nicht widersprochen wird, als akzeptiert angenommen; oder es bedarf eines hohen Kraftaufwandes und einer gewissen Entfaltung von Konfliktpotential, um diese Vorgängeräußerungen als nichtakzeptiert oder als teilakzeptiert darzustellen.
- Der Nichtmuttersprachler ist weniger in der Lage, einen Appell an gemeinsames Hintergrundwissen zu formulieren: so wirken seine Äußerungen als unbelegte und abwegige Behauptungen, wo der Muttersprachler sie als im gegenseitigen Interesse liegend und beruhend auf gemeinsamen Überzeugungen hinstellen kann.
- Insgesamt hat die Sprache des Nichtmuttersprachlers ein zu starkes Direktheitsniveau.
- Er vermag einem Gegenargument, das er vorbringt, nicht spielerische und beiläufige Eleganz zu verleihen, und das führt dazu, daß dieses zuviel Gewicht erhält; oder aber der Sprechende verzichtet auf seinen Widerspruch, um einem zu schroffen Konflikt aus dem Wege zu gehen.
- Seine Kompetenz, zu einem Kompromiß beizutragen, das heißt, diesen vor- und nachzubereiten, ist eingeschränkt. Er muß also sozusagen "mit einer Brechstange" arbeiten.
- Die turns des Nichtmuttersprachlers zeigen abrupte Phasenübergänge, verbunden mit fehlenden Beziehungsaktivitäten.
- Da Begleitsignale fehlen, ist es erst möglich, eine Äußerung zu interpretieren, wenn sie ganz abgeschlossen ist, so daß ihr argumentiver Wert aus dem Inhalt geschlossen werden muß.
- Das subtile Spiel der Positionsannäherung funktioniert nicht mehr.
- Mit einem Wort: die Konzentration auf den Inhalt und auf seine Formulierung wird mit einer Vernachlässigung der begleitenden, abmildernden und oft auf der Beziehungsebene verlaufenden Aktivitäten erkauft.

Auf dem Kolloquium habe ich hierzu exemplarisch die Sendung "DEUTSCHLANDGE-

SPRÄCHE - Zurück zur Nation", NDR vom 26.05.1992, moderiert von Peter Merseburger, analysiert; weitere Teilnehmer: Arnulf Baring, Peter Glotz, Luc Rosenzweig (jahrelang Korrespondent von Le Monde, jetzt Chef des deutschfranzösischen Senders Arte), Norman Stone (britischer Deutschlandexperte und Berater Margret Thatchers in dem bekannten Deutschlandseminar).

Man kann an diesem Gespräch zeigen, wie die beiden Nichtmuttersprachler Rosenzweig und Stone aufgrund fehlender Fähigkeiten im Bereich des Gesprächsmanagements immer mehr ins Hintertreffen geraten und zu Randfiguren verkommen.

Wenn der Muttersprachler mit einem Nichtmuttersprachler spricht, benutzt er einen anderem Stil als mit einem Sprecher der gleichen Muttersprache. Er spricht langsamer, versucht bewußt, sich dem anderen verständlich zu machen, er spricht aus der Position des Überlegenen und leistet deshalb weniger Beziehungsarbeit. Dieses führt notwendigerweise dazu, daß eine asymmetrische Kommunikation zustande kommt. Der Muttersprachler dominiert schon dadurch den Dialog, daß er seine volle Konzentration auf die Formulierung seiner Ziele richten kann, und überdies durch seine Beherrschung des Gesprächsmanagements. Wir können solche Konstellationen sehr häufig beobachten, zum Beispiel, wenn arabische Führer und Politiker der Dritten Welt Interviews auf Englisch geben; dann vermittelt sich sogar einem deutschem Fernsehzuschauer mit ordentlichen Englischkenntnissen der Eindruck einer gewissen Primitivität, und diese wird, oft unbewußt, der Position und der Person des Sprechenden zugeschrieben, ein Eindruck, der mit Sicherheit nicht entstehen würde, wenn der Sprecher sich seiner Muttersprache bedienen würde. Dieser Effekt ist nicht zu verhindern und wird notwendigerweise immer in langen Verhandlungen und Gesprächen zwischen Muttersprachlern und Nichtmuttersprachlern entstehen. Ohne hier eine Ergebenheitsadresse an unseren Ex-Außenminister Genscher oder den Kanzler abgeben zu wollen, muß man von diesem sprachlichen Gesichtspunkt aus sagen, daß sie zu Recht in Gesprächen mit englisch- und französischsprachigen Partnern sich nicht deren Muttersprache bedienen, sondern der Dolmetscher, denn sie stellen so die Gleichheit wieder her.

3. Das Problem und praktizierte Lösungsmodelle

Das Problem läßt sich also folgendermaßen beschreiben: Wie verhindert man in den Gremien der Europäischen Gemeinschaft eine Situation, in der der Dialog 'Muttersprachler vs. Nichtmuttersprachler' institutionell festgeschrieben wird?

3.1. Welche Lösungsmodelle werden in ethnisch gemischten Staaten bisher praktiziert?

Klassische Einwandererländer wie die USA, Brasilien, Australien, Neuseeland, Argentinien, Chile vertreten das Konzept des Schmelztiegels (melting pot). Wer in diese Länder einwandert, weiß von vornherein, daß er die Sprache seiner neuen Heimat zu lernen hat. Für die EG kommt das Schmelztiegel-Modell nicht in Frage.

In der Sowjetunion wurde - trotz gegenteiliger Bekundungen, die auf ein Konzept "Vielvölkerstaat" abhoben (Simon 1986) - in Phasen wechselnder Intensität eine Russifizierungspolitik getrieben, die einer Schmelztiegelpolitik nicht unähnlich ist.[1] Das im Alltag beobachtbare überlegene Auftreten von Russen gegenüber Vertretern anderer Sowjetvölker ist auch dadurch zu erklären, daß sie es im allgemeinen mit sprachlich unterlegenen Sprechern ihrer Muttersprache zu tun haben: Fast alle nichtrussischen Bürger der ehemaligen Sowjetunion können Russisch, es gibt nur wenige Russen, die weitere Sprachen der übrigen sowjetischen Völker sprechen, dabei lebt ein großer Prozentsatz von ihnen in den anderen Republiken. Der Gegenprobe einer gewandten Diskussion auf Usbekisch, Litauisch, Georgisch oder einer anderen Sprache haben sich bis zur Auflösung der Sowjetunion Russen nur selten unter Ernstbedingungen unterzogen.

Lösungen mit zwei völlig gleichberechtigten Sprachen versuchen Länder wie Kanada und Belgien, aber gerade da treten so große Schwierigkeiten in der Konkurrenz der beiden Sprachen auf, daß die Staaten - interessanterweise die einzigen in der (ehemals so genannten) westlichen Hemisphäre - auseinanderzubrechen drohen. Besser funktioniert dieses Nebeneinander in der Schweiz.

3.2. Esperanto

Man hat vorgeschlagen,[2] die historischen Einzelsprachen möglichst weitgehend im kulturellen Raum zu pflegen, für alles, was die übernationale Administration der EG betrifft, aber eine leicht zu lernende, einfache Sprache wie das Esperanto oder eine Variante davon, die vielleicht in bezug auf die Computer noch einfacher wäre, einzuführen. Ich kenne das Esperanto und die anderen Plansprachen zu wenig, um hier ein kompetentes Urteil fällen zu können, habe aber einige Bedenken. Zu befürchten ist, daß

- eine Sprache, die man nie mit Muttersprachlern, in einer Familie oder in einem Freundeskreis von Muttersprachlern sprechen kann, nur unvollkommen gelernt wird,
- sich diese Sprache sehr schnell in Dialekte aufspaltet, die dann wieder untereinander Kommunikationsschwierigkeiten bieten,
- sich aus einem vielleicht gar nicht näher analysierten Unmutsgefühl heraus in Europa keine Mehrheit für eine Sprache Esperanto findet.

3.3. Die Kollegiallösung

Sie besteht darin, daß mehrere Sprachen (für die EG kämen Englisch, Französisch, Deutsch, Spanisch, Italienisch in Frage) gleichberechtigt nebeneinander und mit Vorrang vor den anderen gebraucht werden. Sie hätte den entscheidenden Nachteil, daß Europa zu einer sprachlichen Zweiklassengesellschaft würde und daß innerhalb der Kollegialsprachen immer noch keine Entscheidung für die im Einzelfall zu wählende Sprache getroffen wäre.

3.4. Das Englische als allgemeine Verkehrsprache

Altkanzler Schmidt hat kürzlich in einem Interview gesagt, die Bemühungen, andere Sprachen (in diesem Fall das Deutsche) gegenüber dem Englischen stärker zu machen, könne man sich sparen: Wir würden über kurz oder lang doch alle in internationalen Angelegenheiten Englisch sprechen. Das ist der typische Ausspruch eines, der außergewöhnlich gut Englisch kann. Auch diese Lösung scheint nicht erstrebenswert. Die anglophonen Muttersprachler wären in jeder Diskussion privilegiert; sie würden mehr und mehr darauf verzichten, Fremdsprachen ernsthaft zu lernen; sie würden Aversionen der anderen auf sich ziehen; sie kämen in eine Verteidigungsposition gegenüber anderen Ländern (besonders Frankreich, vielleicht in Zukunft auch gegenüber Deutschland und Spanien), die den gleichen Status für ihre Sprachen beanspruchen würden. Verhängnisvoll würde sich das Prinzip "Alle sprechen Englisch" für alle die Ziele auswirken, die ideell mit der europäischen Einigung verbunden sind: Die vielfältigen fruchtbaren Begegnungen zwischen nichtanglophonen Ländern gingen zurück, wenn die Motive, die Sprache des anderen zu lernen, entfielen, da man die Sprache international nicht verwenden könnte. Schon jetzt ist, um ein illustrierendes Beispiel anzuführen, die Situation im Schulaustausch so, daß sich die britischen Schulen vor Austauschangeboten aus der ganzen EG nicht retten können, andererseits sind die englischen Schulen, Eltern, Kinder, Institutionen weniger als ihre Partner an solch einem Austausch interessiert, da für sie die Fremdsprachenkenntnis nicht wichtig ist. Aus dem gleichen Grund organisiert eine französische Schule lieber einen Austausch mit England als mit Italien. So schwindet, in dem Maße, in dem man zuläßt, daß das Englische die Gemeinschaft beherrscht, die große und von vielen als Hauptmotiv gehegte Hoffnung, daß mit der europäischen Einheit für viele Bürger die kulturelle Vielfalt als bereicherndes Element unmittelbar erlebt wird.

Es muß allerdings betont werden, daß grundsätzlich nichts dagegen einzuwenden ist, wenn zwei Mitglieder der Europäischen Gemeinschaft miteinander englisch sprechen. Die Situation ähnelt dann der in Nordamerika: wenn ein Ute- und ein Sioux-Indianer miteinander Englisch sprechen, ist das ein symmetrischer Dialog: keiner ist benachteiligt, weil beide sich einer Nichtmuttersprache bedienen. Ebenso ist es durchaus sinnvoll, wenn ein Este und ein Litauer miteinander russisch sprechen, oder ein Usbeke und ein Georgier.

Außerordentlich fragwürdig wird die Kommunikation auf englisch allerdings dann, wenn etwa eine italienische und eine spanische Firma - oder, noch schlimmer, eine spanische und eine portugiesische - auf englisch miteinander korrespondieren. Hier wäre es auch volkswirtschaftlich viel ökonomischer, wenn es in beiden Ländern eine breite Fremdsprachenstreuung gäbe, bei der auch die jeweils andere Sprache gelernt würde. Dann wäre jede Korrespondenz sehr einfach: Die spanische Firma schreibt einen Brief auf Spanisch, sie kann sicher damit rechnen, daß in der italienischen (portugiesischen) Firma jemand ist, der dieses verstehen kann (jedenfalls ist nicht sie dafür verantwortlich, sondern der Adressat), und die italienische Firma schreibt in ihrer Sprache zurück. Dieses ist sicher eine sinnvollere Lösung, als wenn beide Firmen sich anglophone Fremdsprachensekretärinnen und Übersetzer halten. Es setzt allerdings voraus, daß das Bildungswesen sich gerade nicht einseitig auf das Englische festlegt.

4. Ein Lösungsvorschlag

Keine der skizzierten Lösungen überzeugt, keine kann die vorhin unter 2 aufgeführten Bedenken zerstreuen und ihnen Rechnung tragen. Deshalb soll im folgenden ein alternativer Lösungsvorschlag vorgestellt werden.

Die hier vorzuschlagende Lösung besteht darin, daß jeder in übernationalen Gremien eine beliebige in der Europäischen Gemeinschaft anerkannte Sprache seiner Wahl sprechen und schreiben kann, mit einer Ausnahme: er darf sich nicht der nationalen Sprache des Landes, das er vertritt,[3] bedienen. Die gesamte übernationale Kommunikation beruht also auf dem Prinzip, daß niemand aktiv seine eigene Sprache in den Verhandlungen benutzt. Das gilt sowohl für die Gespräche zwischen zwei Gesprächspartern als auch für die Kommunikation in Konferenzen mit mehr Teilnehmern. Wenn sich zum Beispiel ein Sprecher der Sprache X und ein Sprecher der Sprache Y in einem Dialog befinden, so müssen sie sich einer von ihnen gemeinsam beherrschten dritten Sprache bedienen oder, wenn beide beide Sprachen verstehen, können sie sich darauf einigen, die Unterhaltung zunächst in der Sprache X und nach einiger Zeit in der Sprache Y und so weiter zu führen. Dieses Recht ist einklagbar. Das gleiche Prinzip gilt vermehrt in Konferenzen: Man mag dort durchaus Englisch, Französisch, Spanisch oder andere Sprachen sprechen; das steht jedem frei, und es wird sich sicher eine Präferenz einpendeln, nur gilt: Niemand bedient sich in seinen Äußerungen der eigenen Muttersprache, auch der englische, französische und deutsche Muttersprachler spricht eine Fremdsprache.

4.1. Nach- und Vorteile

Dieses Modell hat sicher Nachteile. Es ist wahrscheinlich ziemlich schwer durchzusetzen. Auch muß eingeräumt werden, daß es unbefriedigend ist, wenn zwei Gesprächspartner eine Nichtmuttersprache sprechen.

Es bietet jedoch so erhebliche Vorteile, daß man es, da eine ideale Lösung nicht in Sicht ist, vermutlich allen anderen vorziehen muß.

- Sein wichtigster Vorteil ist die Gerechtigkeit: Es garantiert, daß in den Gesprächen keiner benachteiligt wird.
- Es besteht ein großer Spielraum in der Sprachenwahl.

- Keiner drängt einem anderen die eigene Sprache auf.
- Durch den Zwang zur Beschäftigung mit einer anderen Sprache wird ein hohes Maß an gegenseitiger Toleranz, Respekt und ernsthaftem Aufeinanderzu- und Aufeinandereingehen geradezu institutionell erzwungen.
- Die Diskussionen dürften weniger ausufern; dieses Verfahren erzwingt per se relativ kurze Redebeiträge.
- Es fördert die allgemeine Beteiligung an der Diskussion.
- Die Wirksamkeit der Redebeiträge wird von rhetorischen Mitteln auf inhaltliche Aspekte und auf die objektive Gewichtung der Argumente verlagert.
- Jeder erfährt schmerz- und mühevoll, wie schwierig es ist, sich auf Dauer in einer fremden Sprache auszudrücken und durchzusetzen. Aufgrund dieser Erfahrung formuliert er rücksichtsvoll. Er lernt, die Beiträge der Partner von sich aus einzuordnen und pragmatisch zu interpretieren. Dadurch wird eine Konzentration auf die Sache erzwungen.
- Dadurch, daß Anglophone ausschließlich nicht-englische Sprachen benutzen, bedienen sich zunehmend auch Vertreter anderer Länder dieser Sprachen. Mit einer gewissen Automatik stellt sich eine größere Sprachenstreuung ein.

5. Schlußwort

Es wäre wahrscheinlich sinnvoll, diese Politik rechtzeitig vorzubereiten. Noch haben sich die Fronten nicht allzu stark verhärtet; es könnte sein, daß sich die Mehrzahl der Eurokraten durch eigene Erfahrung überzeugen ließe, eine solche Lösung anzustrengen.

Anmerkungen

1 These: Der Zerfall der SU ist zu einem guten Teil auch ihrer ethnischen Politik zuzuschreiben, die gerade nicht Ziele wie Vielvölkerstaat und Wahrung der einzelnen Kulturen und Sprachen im Auge hatte. Der weithin den Russen entgegenschlagende und der gegenseitige Haß der ethnischen Gruppen ist direkt und indirekt durch die Sprachenpolitik der Russen mit verschuldet.

2 Z. B. Frank (1981), analoge Gedanken in bezug auf das Englische bei Lafont (1990).

3 Diese Formulierung wurde statt "Muttersprache" gewählt; "Muttersprache" kann z. B. das Bretonische oder das Walisische sein. Die entsprechenden Personen sollten in den Gremien nicht französisch oder englisch sprechen.

Literatur

Bohle, H. (1988): "Europa, deine Sprachen". - In: Auslandskurier 2-3, 33-34.

Das Europäische Sprachenproblem. Verfasser unbekannt. O. O., 1-25.

Donat, M. von (1992): "Soll ich Deutsch sprechen?" - In: Die Zeit 21 vom 15.5.1992.

Frank, H. (1981): "Demokratische Zweisprachigkeit in Europa. Möglichkeiten einer europäischen Sprachpolitik unter Berücksichtigung der sprachlichen Minderheiten". In: Ureland, P. S. (ed.): Kulturelle und sprachliche Minderheiten in Europa. Aspekte der europäischen Ethnolinguistik und Ethnopolitik (Tübingen) 17-40.

Kotthoff, H. (1991): "Lernsprachliche und interkulturelle Ursachen für kommunikative Irritationen". - In: Linguistische Berichte 135, 375-397.

Lafont, R. (1990): "Der Sprachpluralismus in Europa (nach 1992)". - In: LILI 79, 43-54.

Nyborg, K. (1982): "Über die Mehrsprachigkeit der Europäischen Gemeinschaft". - In: Europäisches Parlament. Sitzungsdokumente 1982-1983, 1.6.1982.

Posner, R. (1987): "Good-bye, lingua teutonica?" In: Buddensieg, T. / Duwell, K. / Sembach, H.-J. (eds.): Wissenschaften in Berlin. III (Berlin: Mann) 195-208.

- (1990): "Gesellschaft, Zivilisation und Mentalität: Vorüberlegung zu einer Sprachpolitik für Europa". In: Hess-Lüttich, E. W. B. / Papior, J. (eds.): Dialog: Interkulturclle Verständigung in Europa (Saarbrücken: Breitenbach).

Simon, G. (1986): Nationalismus und Nationalitätenpolitik in der Sowjetunion. Von der totalitären Diktatur zur nachstalinschen Gesellschaft. - Baden-Baden: Nomos.

Sprachenfrage in der EG. Hrsg. vom Deutschen Bundestag. Auswärtiger Ausschuß UA für Fragen der EG 11, 168.

Wahl, J. (1992): "Deutsch in Euro-Babylon". - In: Rheinischer Merkur 23 vom 5.6.1992.

Witte, H. de (1989): "The impact of European Community rules on linguistic policies of the member States". Text prepared for the conference wanted: A language policy for the European Community, Bad Homburg, December 1989. - Erscheint in: International Journal of the Sociology of Languages (Sonderband hrsg. von Florian Coulmas).

SPRACHSTEREOTYP, DENKSTEREOTYP UND INTERKULTURELLE KOMMUNIKATION

Lew Zybatow

Untersuchungen zum Fremdverstehen und zur interkulturellen Kommunikation richten ihren Blick auf kulturspezifische Phänomene und die damit zusammenhängenden Weltmodelle, die Sinn- und Bedeutungshorizonte des Senders und des Adressaten. Einer dieser Horizonte muß sich in der interkulturellen Kommunikation immer auf den anderen - im Schleiermacherschen Sinne - "zubewegen", denn "wenn die Übersetzung weder den 'Schriftsteller' noch den Leser bewegt, dann bewegt sie und sich gar nichts, dann ist Ebbe, Flaute, tote Hose" (Schwarz 1989: 22). Daraus lassen sich Bedingungen für das Glücken einer Übersetzung ableiten.

Eine andere Frage ist, inwieweit bikulturelle Diskrepanzen und Distanzen (zwischen den benannten Horizonten) an den Produkten des "Übersetzens als kultureller Transfer" (Vermeer 1986) ablesbar bzw. meßbar sind. Dies soll nachfolgend an einigen ausgewählten Beispielen des Bulgarischen, Russischen, Slovenischen, Slovakischen, Tschechischen und Deutschen hinterfragt werden.

1. Betrachten wir zunächst einige Passagen aus Martin Walsers "Fliehendem Pferd" und ihre tschechischen, bulgarischen und russischen Translate:

(1) Zum Glück sei man heute so weit, *daß jeder nach seiner Façon bumsen könne.*
(2) Hel und er, zum Beispiel, *stünden unheimlich aufs Federn.* [...]
(3) Wenn er nicht bei der *Gruppenonanie* hätte beweisen können, daß sein Geschlechtsteil es mit jedem anderen aufnehmen konnte, wäre er wirklich verzweifelt damals. [...]
(4) Der Mensch sei zweifellos ein Fehler der Natur, aber der Kleinbürger sei die Erhebung des Fehlers zum Programm. Verklemmt wie Hitler, borniert wie ein bayerischer Ministerpräsident und böse wie Stalin. (Walser 1990: 50-53)

Russisch:

(1) K sčast'ju, nynče takie vremena, *čto každyj možet upravljat'sja na svoj fason.*
(2) ∅
(3) Esli by v izvestnom *mal'čišeč'em sorevnovanii* emu ne udalos' dokazat' [...]
(4) ∅ (Walser 1985: 47-49)

Bulgarisch:

(1) Slava bogu, položenieto veče bilo takova, *če v dnešno vreme vseki možel da se čuka po svoj manier.*
(2) Chel i toj naprimer *bili strašni v pružiniraneto.* [...]
(3) Ako pri *grupovoto onanirane* ne mu se bilo otdalo da dokaže, če polovijat mu organ bi mogâl da se meri s vseki drug [...]
(4) [...] Kompleksiran kato Chitler i tesnogrâd kato bavarski ministârpredsedatel. (Walser 1982: 277-279)

Tschechisch:

(1) [...] *že si každý může souložit podle svého gusta.*
(2) Například oni s Hel *jsou hrozně vysazení na pérování* . [...]
(3) Kdyby nebyl mohl pri *skupinové onanii* dokazet, [...].
(4) [...] Zakomplexovaný jako Hitler, omezený jako bavorský ministerský předseda. (Walser 1981: 30f.)

Die Originalphrase unter (1) *daß heute jeder nach seiner Façon bumsen könne* wird ins Russische übersetzt mit *[...] nach seiner Façon zurechtkommen/fertigwerden.* Der Satz (2) fehlt ganz, und die *Gruppenonanie* in (3) wird mit der recht nebulösen Umschreibung (*ein gewisser Jungenwettbewerb*) wiedergegeben, während die bulgarische und die tschechische Version dem Original entspricht. Die Walsersche Charakterisierung des Kleinbürgers unter (4) findet sich in der bulgarischen und der tschechischen Version ohne den Stalinvergleich und im Russischen fehlt der Satz ganz und gar.

Wie sind die vorliegenden Euphemisierungen, Neutralisierungen und Lücken in dem russischen Zieltext zu interpretieren? Als Einhalten/Nichtverletzen von kulturellen Normen, Konventionen bzw. soziokulturell/ideologisch bedingten Tabuzonen oder als Verletzung der übersetzerischen Loyalitätspflicht (vgl. Nord 1989: 105) dem Originaltext, dem Autor und dem Adressaten gegenüber?

Die Art der Übersetzung hängt offensichtlich von außersprachlichen Präferenzen ab, denn rein sprachlich betrachtet wären alle Ausgangstextverluste - wie ja auch die bulgarische und tschechische Übersetzung zeigen - übersetzbar gewesen.

2. Ganz anders gelagert sind dagegen Fälle, bei denen trotz einer lückenlosen sprachlichen Wiedergabe eine soziokulturell bedingte Unübersetzbarkeit oder nur partielle Übersetzbarkeit vorliegen kann. Ich meine die Translatabilität von Texten im Hinblick auf die darin explizit und implizit ausgedrückten Stereotypen. Bei dem Versuch, den Begriff des Stereotyps für translatologische Überlegungen brauchbar zu machen, will ich zwischen Sprach- und Denkstereotypen unterscheiden. Sprachstereotypen sind vorgefertigte Lexemkombinationen, die Normierungen formaler und inhaltlicher Art darstellen und durch ihre Fähigkeit, gedankliche Unterprogramme auszulösen, denkökonomische Züge tragen. Das Phänomen des Sprachstereotyps wurde unter anderer Bezeichnung - nämlich als "Automatisierung" - bereits von der russischen Formalen Schule behandelt, wonach Automatisierung heißt, daß bestimmte Formulierungsarten konventionell und für Textproduzenten und Adressaten gegenseitig erwartbar sind. Und hier setzt die Dialektik ein, denn einerseits können Formulierungsmuster so gebräuchlich werden, daß sich damit bestimmte Epochen, gesellschaftliche Zustände oder überindividuelle Denk- und Handlungsmuster identifizieren lassen. Andererseits wird aber die Verständigung durch die bloße Reproduktion eingespielter Formulierungen immer belangloser. Die "Kommunikation mit Hilfe von Stereotypen, sprachlichen Klischees, verbalen Versatzstücken, kurz: mit vorfabrizierten Texten bzw. Textteilen führt zu sozialpsychologisch ausweisbaren Deformationserscheinungen und letztlich zu nichtssagender Verständigung" (vgl.

Antos 1982: 41). Zweifellos läßt sich der Begriff des Stereotyps auch zur Charakterisierung eines gesellschaftlich-politischen Diskurses heranziehen. So zeichnete z. B. den einzigen politischen Diskurs in der ehemaligen Sowjetunion und den übrigen Ostblockstaaten eine ausgeprägte Formelhaftigkeit aus, durch die die Forderung Hatims durchaus erfüllbar war (vgl. Hatim (1990: 85): "Discourses are modes of thinking and talking [...] which have to be preserved in translation."). Die offizielle Kommunikation bestand eigentlich aus der bloßen Reproduktion eingespielter und in den Sprachen dieser Länder etablierter 1:1-Entsprechungen.

Doch an die Stelle der einstigen "Automatisierung" der politischen Texte ist heute ein gegenläufiger Prozeß - die "Entautomatisierung" - getreten. Zu diesem Zweck können z. B. die früheren Stereotypen in einem ungewöhnlichen, dem früheren Usus zuwiderlaufenden Kontext verwendet werden, wodurch sie selbst und auch das durch sie konstruierte Weltmodell in Frage gestellt, ja zerbrochen wird. Doch obwohl solche Sprachstereotypen wörtlich übersetzbar sind, können sie nur von Adressaten, die im real existiert habenden Sozialismus gelebt haben, als solche mühelos erkannt werden. Deshalb dürfte ihre wörtliche Übersetzung - wie z. B. *die Bitte der Werktätigen* in (6) - nur für ostdeutsche Adressaten funktional äquivalent sein, da für sie die Sprachstereotypen zugleich als metatextuelle Hinweise auf eine ironische Interpretation sofort erkennbar sind - für Adressaten ohne die entsprechenden soziokulturellen Erfahrungen wohl kaum.

(5) Kul'minaciej našego romana s polkovnikom stala *pros'ba trudjaščichsja* Benina ob ustanovlenii edinstvennogo vo vsej Zapadnoj Afrike pamjatnika voždju mirivogo proletariata Leninu, za sčet ego Rodiny, razumeetsja. (Sputnik, fevral' 1992: 10)

(6) Höhepunkt unseres Flirts mit dem Oberst wurde *die Bitte der Werktätigen* Benins, ein Denkmal (das einzige in ganz Westafrika!) für den Führer des Weltproletariats, Wladimir Lenin, aufzustellen, selbstverständlich auf Kosten von Lenins Heimat. (Sputnik, Februar 1992: 10)

3. Analog verhält es sich auch mit der Translatabilität von Texten in Hinblick auf die darin enthaltenen impliziten Denkstereotypen.

Die in den Sozialwissenschaften unter soziologischen, sozialpsychologischen, kognitiven u. ä. Gesichtspunkten definierte Kategorie des (sozialen) Stereotyps interessiert uns hier aus linguistisch-semantischer Sicht, und zwar als zu bestimmten Lexikoneinträgen gehöriges Denkstereotyp. Ausgehend von Putnam (vgl. Putnam (1979: 68): ein Stereotyp ist "eine konventionell verwurzelte [...] Meinung darüber, wie ein X aussehe, was es tue oder [...] sei") fasse ich Denkstereotypen als soziokulturell determinierte Wissensrepräsentationen auf, die über die semantische Struktur der Lexikoneinheiten hinausgehen und sich vor allem verbinden mit:

a) soziokulturellen Konzepten (z. B. zentralen Schlüsselwörtern einer Kulturgemeinschaft),

b) Bezeichnungen sozialer Kategorien.

Die unter a) fallenden Lexeme wie *revoljucija, svoboda, demokratija, pljuralizm* (dt. *Revolution, Freiheit, Demokratie, Pluralismus*) sind von ihrer semantischen Struktur her propositional und enthalten semantische Variablen, die durch verschiedene Ideologien entsprechend stereotyp besetzt sind. Das heißt, entgegen der recht verbreiteten Auffassung, daß die unterschiedliche Interpretation eines solchen politischen bzw. ethischen Begriffes jedesmal die Herausbildung einer neuen Bedeutung zur Grundlage hat, gehe ich mit Conrad (1987: 497) von einer invarianten semantischen Bedeutung für die ideologierelevanten Wörter aus, die er für das Wort *Freiheit* salopp etwa so umschreibt: "Freiheit ist ein Zustand, der dadurch charakterisiert ist, daß jemand das tun kann, was er will."

Unter Verwendung formallogischer Darstellungsmittel ergibt sich

(7) $WILL(x,H(x)) \wedge \sim Ey(BEWIRK(y,NICHT(H(x))))$,

womit der Zustand beschrieben werden soll, daß ein Individuum x eine Handlung H vollziehen will und es kein anderes Individuum y gibt, das bewirkt, daß x H nicht tut. Läßt man für x und y nicht nur Individuen, sondern auch soziale Gruppen, Instanzen usw. zu, so ist damit ein allgemeiner Rahmen gegeben, der geeignet ist, die in verschiedenen Wörterbüchern angegebenen Interpretationen oder Teilbedeutungen des Wortes "Freiheit" zu erfassen. Darüber hinaus bietet eine solche "offene" Bedeutungsstruktur eine hinreichende Erklärungsgrundlage dafür, wieso ideologierelevante Wörter verschieden oder auch undurchsichtig gebraucht werden können.

Soziokulturell geprägte Denkstereotypen enthalten auch die unter b) gemeinten Ausdrücke zur Bezeichnung der nationalen, familiären, geschlechtlichen, professionellen, politischen, kulturellen oder religiösen Zugehörigkeit (wie *Jude, Italiener, Vater, Mutter, Mann, Frau, Schwuler, Doktor, Intellektueller* usw.). Zwar läßt sich die Bedeutung dieser Wörter mit semantischen (d. h. analytischen) Merkmalen voll spezifizieren, doch darüber hinaus werden mit diesen Ausdrücken verschiedene Stereotypen verbunden, die als sozial geprägtes (Vor)Urteil die prototypischen Merkmale des repräsentativsten (besten/schlechtesten) Exemplars der entsprechenden Kategorie umfassen.

Das heißt, bei diesen Wörtern haben wir es mit dem soziolinguistischen oder pragmatischen Phänomen zu tun, daß allein das Nennen eines Namens ein entsprechendes Vorurteil gegenüber einer sozialen Gruppe oder einer sozialen Erscheinung hervorrufen kann.

Für die übersetzungswissenschaftliche Betrachtung interessant sind dabei die Fälle, bei denen die mit diesen Lexikoneinheiten verbundenen Denkstereotypen nicht versprachlicht, aber implizit mit ausgedrückt sind und diese Ausdrücke in eine andere Sprache zu übersetzen sind.

Betrachten wir dazu den Ausspruch *Pole blieb Pole* in einer Passage aus W. Koeppens "Tod in Rom" und seine slovenischen, slovakischen und russischen Wiedergaben in den vorliegenden Übersetzungen dieser Erzählung.

(8) Und dann würde sich's zeigen, was für ein feiner Kerl er war, mit Achtung, denn er bewunderte sich als fairen Krieger, als tötenden Sportsmann sozusagen, würde er vom Tommy sprechen und vom Ami und vielleicht sogar von den polnischen Legionären der Anders-Armee, aber das war nicht sicher, denn *Pole blieb Pole*, und auf dem Soldatenfriedhof würde man mit allseitig hehrem Gefühl sich selber und die Toten ehren. (Koeppen 1975: 30f.)

Der Kontext enthält keinerlei Information bezüglich der Kategorie "Pole". Die Partikeln *vielleicht, sogar* und der eine epistemische Einstellung ausdrückende Satz *aber das war nicht sicher* implizieren zwar, daß der Sprecher vor den Polen wahrscheinlich keine besondere Achtung hat. Aber der Satz *Pole blieb Pole* aktiviert mehr, er rekurriert implizit auf das in der Kulturgemeinschaft geltende Stereotyp in bezug auf die Kategorie "Pole" und setzt zugleich dessen Kenntnis als selbstverständlich voraus. Hier können aber die Kenntnisse ausgangssprachlicher kultureller Erwartungsmuster und Stereotypen beim Leser in der Zielkultur der Übersetzung nicht ohne weiteres vorausgesetzt werden. So steht der Übersetzer des obigen Textes vor einem Dilemma:

a) Entweder er geht davon aus oder hofft, daß der potentielle Leser der Übersetzung das z. B. von dem Satz *Pole blieb Pole* nur implizit aufgerufene, in der ausgangssprachlichen Kultur jedoch geläufige Stereotyp aufgrund seines Weltwissens, seiner interkulturellen Kompetenz kennt oder aus dem Gesamttext ableiten kann. In diesem Fall entscheidet sich der Übersetzer für eine relativ wörtliche Übersetzung - wie etwa die Übersetzung ins Slovenische *kajti Poljak ostane pač Poljak* (Koeppen 1979: 33).

b) Oder der Übersetzer muß versuchen, das beim potentiellen Durchschnittsleser seiner Übersetzung anzunehmende Defizit an kulturellen Verstehensvoraussetzungen in bezug auf das implizit ausgedrückte Stereotyp auszugleichen, wie dies z. B. die Übersetzung ins Slovakische *lebo Poliak je len Poliak* (Koeppen 1981: 180f., dt. *denn ein Pole ist nur ein Pole*) mit *lebo/nur* oder ins Russische *poljak, èto v konce koncov, tol'ko poljak* (Koeppen 1980: 368f., dt. *ein Pole ist schließlich nur ein Pole*) mit *v konce koncov tol'ko/schließlich nur* versucht, wodurch die entsprechende interkulturelle Kenntnislücke allerdings kaum geschlossen werden dürfte. Hier haben wir es mit soziokulturell determinierten Wissensbeständen zu tun, die ich Denkstereotypen nenne und die entweder schwer oder gar nicht übersetzbar sind. Solche soziokulturellen Denkbilder bzw. Denkstereotypen müssen nicht von allen Mitgliedern der soziokulturellen Gemeinschaft geteilt werden, werden aber von allen verstanden, da man die Stereotypen seiner Kulturgemeinschaft kennt. Und sie sind mit der Zeit veränderbar. Nach Bosch (1987) sind Stereotypen Default-Annahmen, die die Rolle von Faustregeln einnehmen, derer wir uns bedienen, solange wir entweder keinen Zugang zu relevanter kontextspezifischer Information haben oder solange wir uns mit einem groben Verständnis zufriedengeben. Es geht also immer um Default-Optionen nach der Regel: solange keinerlei Evidenz dagegen spricht, darf angenommen werden, daß ein Vertreter der Kategorie P die Eigenschaft Q besitzt. Das zeigt, daß Stereotypen durchaus revidierbar und wandelbar sind, dies jedoch von den Charakteristika des interkulturellen Austausches mit determiniert wird.

Hieraus ergeben sich weitere interessante Bereiche für die translatologische Forschung, auf die u. a. Pym (1991) hinweist. Außerdem könnten die Translatologie im allgemeinen und translatologische Forschungen im Bereich der Übersetzbarkeit/Unübersetzbarkeit von Sprach- und Denkstereotypen im besonderen in heuristischer Funktion auftreten, um relevante bikulturelle Inkongruenzen präziser zu ermitteln sowie Problemfelder der komparativistischen interkulturellen Forschung abzustecken.

Literatur

Antos, G. (1982): Grundlagen einer Theorie des Formulierens. Textherstellung in geschriebener und gesprochener Sprache. - Tübingen: Niemeyer.

Bosch, P. (1987): "Kontexte, Stereotype und Dynamik der Bedeutungskonstitution". - In: Rieger, B. (ed.): Dynamik in der Bedeutungskonstitution (Hamburg) 143-163.

Conrad, R. (1987): "Wesen, Status und Funktionsweise von Ideologien aus sprachtheoretischer Sicht". - In: Zeitschrift für Phonetik, Sprachwissenschaft und Kommunikationsforschung 40.4, 475-503.

Hatim, B. (1990): "Intertextuality and idiolect as intended meaning: a concern for both translator and literary critic alike: with special reference to Arabic". - In: Parallèles. Cahiers de l'Ecole de Traduction et d'Interpretation (Université de Genève) 12.

Koeppen, W. (1975): Der Tod in Rom. - Frankfurt/M.: Suhrkamp.

- (1979): Smrt v Rimu. - Ljubljana.

- (1981): Smrt' v Rime. - Bratislava.

- (1982): Smârt v Rim. - Sofija.

- (1980): Golubi v trave. - Moskva.

Nord, Ch. (1989): "Loyalität statt Treue. Vorschläge zu einer funktionalen Übersetzungstypologie". - In: Lebende Sprachen 3, 100-105.

Putnam, H. (1979): Die Bedeutung von "Bedeutung". - Frankfurt/M.

Pym, A. (1991): "Intercultural transfer as a key to the social conditioning of translation". - In: Thesen zur Konferenz "Grundfragen der Übersetzungswissenschaft". Leipzig, 25.-27.6.1991.

Schwarz, A. (1989): Comics übersetzen - besonders ins Deutsche und besonders in der Schweiz. - Lausanne. (CTL Travaux du Centre de Traduction Littéraire No 4)

Vermeer, H. (1986): "Übersetzen als kultureller Transfer". - In: Snell-Hornby, M. (ed.): Übersetzungswissenschaft. Eine Neuorientierung (Tübingen) 30-53.

Walser, M. (1990): Ein fliehendes Pferd. - Gütersloh: Bertelsmann Club GmbH.

- (1985): Na polnom skaku. - Moskva.

- (1982): Biagaštijat kon. - Sofija.

- (1981): Prchajici kůň. - Praha.

Zybatow, L. (1991): "Stereotyp und sprachliche Bedeutung. An Beispielen eines neuen politischen Diskurses der sowjetischen Presse". - In: Feldbusch, E. / Pogarell, R. / Weiß, C. (eds.): Neue Fragen der Linguistik. Akten des 25. Linguistischen Kolloquiums, Paderborn 1990 (Tübingen: Niemeyer) 151-157.

- (im Druck): "Selbstbild, Fremdbild, Weibsbild". - In: OPERA SLAVICA. Neue Folge.

- (im Druck): "Stereotype, linguistic meaning and political change". - In: Sammelband der Semiotik Projektgruppe "Stereotypen im europäischen Denken" des Wiener Europäischen Koordinationszentrums für sozialwissenschaftliche Forschung und Dokumentation (Wien).

UNTERNEHMENSKOMMUNIKATION

EVALUATION OF A COMMUNICATION PROBLEM SOLVING METHOD FOR ORGANIZATIONS

Lisette van Gemert / Egbert Woudstra

1. Introduction

Nowadays, much attention is paid to communication in organizations. In the Netherlands one can take courses about this subject at almost any university. In organizations the attention for communication as a supporting function of management processes is growing. At the universities the linguistic departments saw an opportunity to decrease the risk of unemployment for their students and claimed the field of organizational communication. However, in their courses and in their research they used only traditional linguistic instruments, while for solving the kind of communication problems organizations were interested in, they needed an approach in which organizational aspects were connected with linguistic aspects (Wyatt/Phillips 1988).

At our university we don't have students studying linguistics as their major. We teach communication to students of the department of Business Administration (BA). Right from the start, now two years ago, we decided that in the course a bridge should be built between our own discipline (linguistics) and the BA-disciplines. So for a course Communication in Organizations, we developed a communication model in which organizational and communication aspects were presented, and a procedure with which communication problems could be handled. In the course these problems were presented in the form of cases and real life situations. Examples of these problems are the writing of a communication plan, the formulation of bad news, the mix of communication means to optimize the client-service, the investigation of the implications of a take-over on the communication system.

In this paper we describe the way in which we evaluated and improved our original model and procedure. First we describe our original model and summarize the procedure we used. Then we present the results of the students evaluation and the interviews we held with four communication consultants. We also compared our procedure with two other problem solving approaches. At last we present the improved model and procedure.

2. Original model and procedure

The relationships between organization and communication are described in our model 'Twente Organizational Communication Model' (TOCOM). This model serves as a frame for analyzing communication problems. It consisted originally of two separated, though interrelated blocks (Van Gemert/Woudstra 1991). In one block the organization was described in terms of mission and strategy (what does the organization want), culture (norms and values) and structure (how is it organized).

These elements interact with five communication elements. Derived from mission and strategy are communication goals. The same applies to culture and structure. Communication culture describes the behaviour of the employees and the organization itself in terms of what is visible of norms and values. Communication structure refers to the structure represented by for instance, meetings and the flow of communication. Communication means specify all kinds of means (some in the form of texts) used in the organization. Of course they have a strong relationship with communication skills. All elements, in the organization block and in the communication block are interrelated. If one changes something in one of these elements one always has to be careful about changes elsewhere. The model is meant for the analysis of communication at all levels of the organization: for the organization as a whole and for any department.

To develop our procedure we needed a problem solving approach, suitable for all kinds of communication problems and consistent with our model. Other criteria we thought important:

1. The problem solving strategy should be of a convergating kind and should be of help in selecting the right research instrument. Case studies (Davenport/Sypher 1990) show that the biggest problem researchers are facing, are the allocation and diagnosis of the communication problem. We therefore introduce a convergating strategy in trying to allocate the communication problem in few of the TOCOM-elements as possible. With the help of specific problem-related instruments (following from the stage of the problem solving process and the distinguished TOCOM-element), the communication problem can be efficiently tackled.
2. The conditions for implementation should be clear at all times. We involved the implementation conditions right from the start in the procedure. The assessment of conditions and constraints is not only relevant for making realistic propositions, but also provides support for the execution of research and solutions.
3. The procedure should be practical to execute for students and for experts. This last criterium is important because the procedure is meant for use in an educational situation and in real life situations by experts.

In short, the procedure we used in the course consisted of four stages:

The first was the location of the problem in one of the communication elements of the TOCOM-model and the preliminary definition of the problem. The most important instrument in this stage is called the 'Twente Communication Checklist' (TCC). In the second stage the problem has to be analyzed and in the third stage one has to generate possible solutions and to make a choice. The last stage concerned the implementation and evaluation.

Because of its importance for our procedure we have to describe shortly the TCC. (For a detailed description see Van Gemert/Woudstra 1992) It is a compendious survey of 45 questions with items based on the five elements of the TOCOM-model. Within each item the checklist asks for symptoms and examples of communication problems. Besides, the questions are about the actual situation and the desired situation as well. The communication researcher has to decide if questions should be asked about all elements and in which order. Another kind of questions asks for organizational characteristics.

The TCC should give enough information to locate the problem in one or more elements. This is important because after this stage, the researcher has to choose from what angle he has to tackle the problem. For each angle, instruments are available.

The TCC can be used in the first stage as a guide for the interview with the client, mostly the managing director, and with other participants. In this stage other instruments for obtaining information are also available. Whether they will be used in this stage already, depends on the conditions and constraints uttered by the client and the organization, and on the possibility to formulate a problem. Other instruments to obtain information are for instance interviews, focusgroups, document analysis, observation and policy surveys.

3. Evaluation

The 24 BA-students made no negative remarks about the TCC or the model. The most important recommandations from the students about the procedure were:

- Pay more attention to the recursive character: students used the procedure often in a linear way, they did not return to an earlier stage.
- Pay more attention to the execution. Students needed a more structured format of the procedure in which major activities and the execution of these activities were more separated.

We interviewed four experts from different communication consultancy firms: we asked their opinion about our model, the procedure (TCC included), and the models and procedures they used themselves.

The opinion, the experts had about our model was in general very positive. They said they could easily recognize the elements that were important for communication in organizations. Negative remarks were made because of the absence of persons in the model. Obviously, it wasn't clear to them that we meant that persons should be an important aspect of all the elements of the model. Besides, they mentioned that one could get the impression that organizational elements and communication elements could be easily separated. One of the experts did not recognize that the model was meant to have impact for all levels of an organization. All experts missed the environment in the model. The procedure was generally valued positive by the experts, but they insisted to pay more attention to the communication with the client. Especially in the first stage, communication with the client was considered important because the client is in most cases not familiar with the approach of the communication researcher. Some experts said that also more attention should be paid at communicating with the people of the organization system involved. They stressed the importance of giving insight in the function and implications of the use of the instruments.

The TCC checklist was found very useful but they warned for the extensivity of the list.

In their own work all experts used an approach in which the usual stages of a problem solving process were present. However, only two approaches had a relation to a content model. One was more or less the same as our own TOCOM-model. The other one consisted of six related elements which in their turn should be related to the organization policy. The six elements were personnel, goals, content, strategy, means and organization. Three of the four experts used a rather linear procedure.

Before trying to make improvements we compared our procedure with two other problem solving procedures, one of the Education Department and one of the Business Administration Department. We chose to compare our procedure with the procedure used by the Education Department because it was meant for solving curriculum and study material problems. The design of study materials has a lot in common with the design of communication means. Our choice for the procedure of the Business Administration Department, was made because that procedure was meant to solve all kinds of organizational problems in organizations. Comparing our procedure with the other two showed that our procedure was underdeveloped in some stages. Especially in the planning stage, the other procedures were more extensive. All procedures, including our own, were meant to be recursive although for our procedure this was not very clear in our presentation.

4. Improvements

In our model we integrated the communication part more in the organization. We also made clear that the system functions in an environment. What we didn't change was the visibility of persons in our model. We felt that persons should be implicit in all elements.

(Fig. 1)

Twente Organizational Communication Model

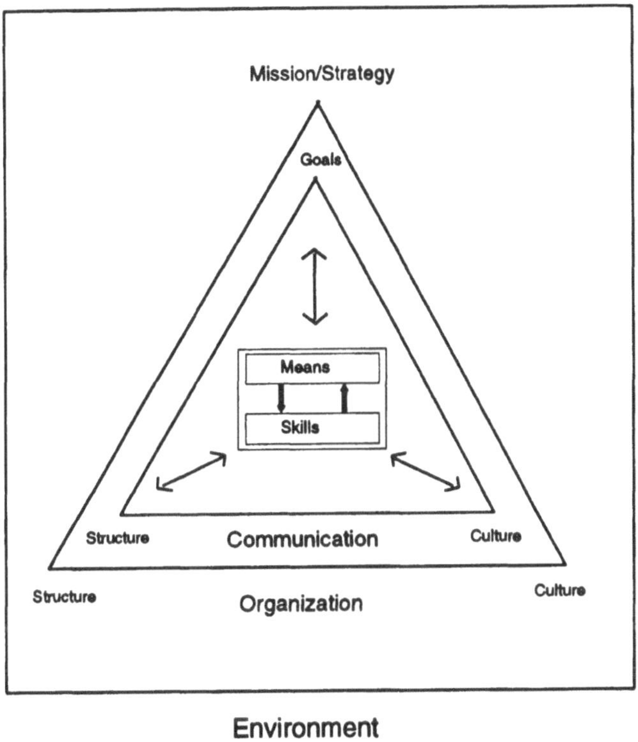

The format of the TCC was simplified by removing the questions concerning examples and symptoms to the beginning of each item instead of using them again in each item. In the procedure the communication with the client and the other people involved, is now made visible. The presentation of (intermediate) reports to other people than the client is optional and not obligatory because of the dependance of the situation. The relation with the instruments - to be presented seperately - was made visible with the word research. Feedback loops are drawn at the left side (fig. 2).

We tried to structure the format of the procedure by mentioning only the overall activities. We moved the steps consisting of questions concerning constraints, implementation and evaluation to the instrument part of our procedure, in the form of a survey. In this way we expect that students and experts can more easily decide if they want to use the surveys or not. Additionally, we made an overview of the instruments and their relation to the kind of problems they cover and their implications when using them in terms of number of people and time (van Gemert/Woudstra 1992).

(Fig. 2)

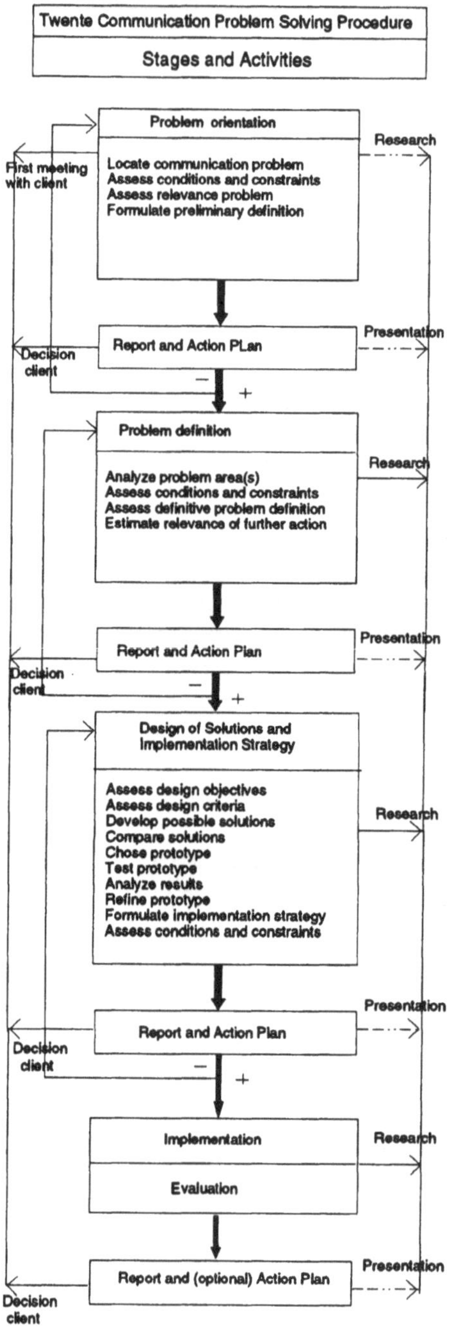
Twente Communication Problem Solving Procedure
Stages and Activities
Problem orientation
Locate communication problem
Assess conditions and constraints
Assess relevance problem
Formulate preliminary definition
First meeting with client
Research
Report and Action PLan
Decision client
Presentation
Problem definition
Analyze problem area(s)
Assess conditions and constraints
Assess definitive problem definition
Estimate relevance of further action
Research
Report and Action Plan
Decision client
Presentation
Design of Solutions and Implementation Strategy
Assess design objectives
Assess design criteria
Develop possible solutions
Compare solutions
Chose prototype
Test prototype
Analyze results
Refine prototype
Formulate implementation strategy
Assess conditions and constraints
Research
Report and Action Plan
Decision client
Presentation
Implementation
Evaluation
Research
Report and (optional) Action Plan
Decision client
Presentation

5. Conclusion

In this paper we have sketched what we feel is a good way of investigating communication problems. A communication researcher with a linguistic background has a solid procedure at his disposal. In the course of the process of problem solving he can decide at all stages if he feels familiar enough with the available instruments to use them. Especially for the researcher with a linguistic background - a background with which most organizations are not familiar - it is essential that the feedback shows whether the problems identified by the researcher and the rational behind them, are viewed by the organization in the same way.

Literature

Davenport Sypher, B. (1990): Case studies in organizational communication. - New York.

Gemert, L. van / Woudstra, E. (1991): "Ein theoretischer Rahmen für die Diagnose und die Lösung von Kommunikationsproblemen". - In: Bungarten, T. (ed.): Konzepte zur Unternehmenskommunikation, kultur und -identität. (Tostedt: Attikon Verlag).

- (1992) "Diagnosis and solutions of communication problems". - In: Bungarten, T. (ed.): Kommunikationsprobleme in Organisationen. Wege zu ihrer Erkennung und Lösung. (Tostedt: Attikon Verlag).

Wyatt, N. / Philips, G. (1988): Studying organizational communication. - Norwood, N. Y.

SPRACHREGELUNGEN IN UNTERNEHMENS- UND VERBANDSKOMMUNIKATION

Heike Hülzer-Vogt

1. Sprachregelungen und der öffentliche Auftritt

Öffentliche Kommunikation ist für Unternehmen oder Verbände in unserer multimedial geprägten Gesellschaft zum unabdingbaren Bestandteil ökonomischen Handelns geworden, das dazu dient, sich nach der Maßgabe des eigenen Selbstverständnisses 'eindrucksvoll' (vgl. Ungeheuer (1987b: 294f.) "Eindrucks-" versus "Ausdrucks-Kommunikation") vor- bzw. darzustellen, die Aufmerksamkeit von Meinungsbildnern, politischen Entscheidern und Verbrauchern auf sich zu ziehen und sich bei diesen Zielgruppen derart positiv in Szene zu setzen, daß das Selbstbild mit dem Fremdbild identisch wird. In einem von vorab determinierten Zielsetzungen umgrenzten inhaltlichen Feld öffnet sich ein Unternehmen (Verband) und zeigt Flagge, indem es (er) seine Positionen innerhalb unserer pluralistischen, von vielzähligen, vielschichtigen und miteinander konfligierenden Interessen strukturierten Lebenswelt um ein gewisses Maß transparenter macht. Mit dem Aspekt der Sprachregelungen öffentlicher Auftritte soll aufgezeigt werden, wie es um die gemeinhin propagierte Offenheit und Transparenz in der Unternehmens- und Verbandskommunikation bestellt ist, d. h. worin überhaupt Offenheit und Transparenz bestehen und wie weit sie tatsächlich reichen und reichen können vor dem Hintergrund spezifischer Interessen und ethisch-moralischer Ansprüche.

Muß man also auf der einen Seite konzedieren, daß Sprachregelungen legitimen wirtschaftlichen Interessen entspringen und deren Durchsetzung auf der Basis einer günstigen Selbstdarstellung unterstützen sollen, liegt doch auf der anderen Seite auf der Hand, daß Sprachregelungen ein der öffentlichen Kommunikation vorgeschaltetes Ergebnis bereits gefaßter Standpunkte sind, die keine Diskussion zulassen, so daß in der Kommunikation mit den jeweiligen Zielgruppen in der Öffentlichkeit keine gemeinsame Bedeutungsaushandlung geplant ist und eine solche nach Möglichkeit auch nicht stattfinden soll. Denn aus der Sicht des Unternehmens (Verbandes) gibt es an seinen s t e r e o t y p e n Äußerungselementen, die durch Sprachregelungen festgelegt worden sind, nichts zu deuteln. Ein autorisierter professioneller Unternehmenssprecher läßt sich auf andere als die von seinen Vorgesetzten ihm vorgegebenen Deutungen nicht ein, er verfolgt konsequent die Absicht, seine Worte und die damit verbundenen Auffassungen und Emotionen dem oder den Zuhörer/n 'einzudrücken'. Obwohl sehr häufig von Unternehmens- oder Verbandsrepräsentanten das Wort vom 'offenen Dialog mit der Öffentlichkeit' geschwungen wird, handelt es sich doch zumeist um eine vorbereitete Stellungnahme, um ein bloßes Verkünden einer festumrissenen Position auf einem eigens zu diesem

Zweck geschaffenen Podium. Ein Bühnenauftritt dieser Art entbehrt nahezu ausnahmslos der Eigenschaft echter Dialogizität, weil das inhaltliche Ergebnis in der Regel schon vorbestimmt und das Abrücken vom eigenen Standpunkt von vornherein ausgeschlossen ist. Nicht selten werden Anlaß, Thema, Ort und Zeit vom Unternehmen (Verband) selbst gewählt, so daß die Selbstdarstellung mit der nötigen Sorgfalt für einen gelingenden Auftritt optimal vorbereitet werden kann. Das bedeutet aber nicht, daß man Inhalte kommunizieren sollte oder dies ungeschoren könnte, die am Interesse der Zielgruppe vorbeischießen. Ein gemeinsames Rahmenthema muß die Botschafter des Unternehmens oder der Branche mit ihren Ansprechpartnern verbinden, damit man auch zukünftig - mit neuen Anliegen oder sogar Problemen - immer wieder an diese herantreten kann. Und entsprechend müssen sich die kommunizierten Inhalte an dem orientieren, was die Zuhörer interessiert. Das schließt Bewertungsdiskrepanzen bezüglich dieser Inhalte zwischen Sprecher und Hörern nicht aus. Die ernsthafte Wahrnehmung der eigenen Interessen erfordert häufig das argumentative Überzeugen Andersdenkender.

Bei allem Bemühen, sein Anliegen nach Plan durchzusetzen und sowohl Medien als auch politische Entscheider vor den Karren der eigenen Interessen zu spannen, können sich weder Unternehmenssprecher noch Lobbyisten der konstitutiven Eigenschaft der Kommunikation, der "gegenseitigen Steuerung" (Bühler 1927/1978: 39), entziehen, die von der Wechselwirkung zwischen den Kommunikatoren ausgeht und die wechselseitige "kommunikative Dominanz" des Sprechers und "kommunikative Subjektion" der Hörer (Ungeheuer 1974a/1987: 87; 1987b: 317) einschließt.

In die über die Kommunikation hinausreichenden unternehmerischen Entscheidungen - also im Bereich der Produktions-, Vertriebs- und Verkaufsstrukturen - läßt sich jedoch kein Betrieb und keine Branche gerne hineinreden. Diesbezüglich verwandelt sich die auf kommunikativer Kooperation basierende gegenseitige Steuerung schnell in den Versuch einer einseitigen Einflußnahme, z. B. die Medienresonanz zu beeinflussen, z. B. einer Vereinnahmung, sobald ein der Kommunikation übergeordneter Zweck anvisiert wird: z. B. die Verhinderung eines Warnhinweises auf den Etiketten von Genußmitteln. Ein In-Frage-gestellt-Werden wird hingegen nicht nur nicht akzeptiert (wenigstens nicht in der Öffentlichkeit; in privater Atmosphäre mag dies zugelassen werden), sondern bleibt außerdem oftmals unbeantwortet:

> das in der einen oder anderen Form ergänzend abwägende Abtasten von Standpunkten, die gewagte, aber immerhin erhellende und rechtfertigbare Hypothese, das auslotende Erörtern von Sachverhalten, die begriffliche Durchdringung der theoretischen Voraussetzungen praktischen Handelns ist nicht Sache öffentlichen Gesprächs. (Ungeheuer 1974b/1987: 123)

Findet dennoch einmal ein konkretes Hinterfragen statt - obschon eigentlich eine gute Vorbereitung des öffentlichen Auftritts dieses ausgeschlossen haben sollte -, hilft die Taktik der Ausflucht, nämlich daß man nichts weiß und auch nicht weiß, wann man etwas wissen wird, allerdings wenig: sie zeugt nicht gerade von Kompetenz und Glaubwürdigkeit und verhindert Akzeptanz. Zu deutlich offenbart sie, daß man nichts wissen will, und hinterläßt Zweifel an der Seriosität des Unternehmens (Verbandes) sowie an der Aufrichtigkeit der Kommunikation.

Trotzdem wird die Zuspitzung zu einer Konfrontation in öffentlicher Kommunikation fast immer auf diese ausflüchtende Weise abgewendet, werden Unstimmigkeiten geglättet und wird einer aufrichtigen Streitaustragung - im Sinne einer Kontroverse unter Experten oder eines Disputs (vgl. Hülzer-Vogt: im Druck) - ausgewichen. In der öffentlichen Kommunikation von Unternehmen (Verbänden) mit Journalisten, Meinungsbildnern und politischen Entscheidern gibt es so gut wie keine Streitkultur. Man fürchtet die im Vorfeld des kommunikativen Kontakts nicht strukturierbare und in der Streitsituation selbst nicht bis ins letzte Detail lenkbare Auseinandersetzung. An deren Stelle treten häufig - insbesondere mit politischen Entscheidern - vom Volksmund 'Kungeleien' genannte Verhandlungen hinter 'zugezogenen Gardinen'. Verschweigen und Vertuschen sind vielerorts präsent!

2. Instrument professioneller Öffentlichkeitsarbeit und Bestandteil einer globalen Kommunikationsstrategie

'Public Relations' ist die magische Formel der Industrie, mit der sich Unternehmen und Firmenzusammenschlüsse ein positives Image in der Öffentlichkeit zaubern wollen. Imageaufbau, Imagepflege und Imageverbesserung sind demzufolge der Nukleus der Öffentlichkeitsarbeit. Wichtigstes Kriterium für effiziente PR ist Offenheit, die - eigentlich - planmäßig und langfristig bei Mitarbeitern, bei der Öffentlichkeit (aufgesplittet nach definierten Zielgruppen) und am Markt bei den Verbrauchern Akzeptanz, Sympathie und Vertrauen dem Unternehmen (Verband) gegenüber erzielen soll:

> Zu einer überzeugenden Durchsetzung objektiver Erfordernisse gehören Glaubwürdigkeit und ein offenes Vertreten des eigenen Standpunktes. Passivität ("Kein Kommentar!") verführt dagegen eher zu negativen Spekulationen. (Heise 1992: 34)

Die Wirklichkeit der Unternehmens- und Verbandskommunikation sieht allerdings so aus, daß ausgewählte Sprecher keineswegs vorbehaltlos und blauäugig an die Öffentlichkeit herantreten, sondern meist mit einem durch eine globale Kommunikationsstrategie sowie ein definiertes und erlerntes Wortrepertoire gestärkten Rücken. Deshalb ist "öffentliche Sprache" meist "formelhaft", "restringiert" und "grenzt in weiten Bereichen an die Verwendung von Terminologien" (Ungeheuer 1974b/1987: 122). Im Rahmen der Kommunikationsstrategie werden für das besondere Unternehmen, den einzelnen Verband in Form von fixierten Jahresplänen die geeigneten Kommunikationsinstrumente (z. B. Presseinformationen, Direct-Mailings, Interviews, Broschüren etc.) und -anlässe (Veranstaltungen wie z. B. Pressekonferenzen, Fachtagungen, Messen, Jubiläen, Verleihungen etc.) sowie die Unternehmens- oder Verbandsbotschaften bis hin zu einzelnen spezifischen Wortverwendungen festgelegt, und zwar jeweils modifiziert in Abhängigkeit von der jeweiligen Kommunikationssituation und den jeweiligen Zuhörern (vgl. Ungeheuer (1987a: 92ff.) zur "modalen" Komponente der Kommunikation). Offenheit und Transparenz herrschen - vielleicht - in der Sache, dagegen herrscht - durchgängige - Abgeschlossenheit in der sprachlichen Darstellung der Sache. Diese Abgeschlossenheit durch Sprachregelungen, die sowohl die Wortwahl als auch die Ausdeutung der zu verwendenden Wörter übergreift, garantiert den einheitlichen öffentlichen Auftritt verschiedener Unternehmens- oder Verbandsrepräsentanten bei unterschiedlichen Gelegenheiten; auf diese Weise können mehrere Personen die gleichen Inhalte und emotionalen Stimmungen vermitteln und dazu beitragen, die sorgfältig gewählten Wörter mit einem "Gefühlswert" (vgl. Erdmann 1900/1925: 106f.) zu befrachten und diesen in die Zielgruppen zu transportieren - immer abgestimmt auf das gewünschte Image. Ergebnis soll also eine über einen langen Zeitraum konsistente und kontinuierliche Präsentation der Einstellungen und Ziele einer Körperschaft gegenüber Außenstehenden, d. h. externen Beobachtern, sein. Damit erweisen sich Sprachregelungen als ein Instrument der Corporate Communications für die Herausbildung und Stärkung einer sogenannten Corporate Identity. Sie integrieren die verschiedensten Kommunikationsmedien, -instrumente und -anlässe in ein ganzheitliches Kommunikationskonzept, das jedoch nur dann tragfähig ist, wenn es durch die entsprechenden unternehmerischen Entscheidungen und praktischen Handlungen (Umsetzungen) in einem Wirtschaftsunternehmen ergänzt und insoweit glaubwürdig wird.

Im Kontext der Corporate Identity ist auch der Wert einer funktionierenden internen Kommunikation nicht zu unterschätzen. Auch die interne Kommunikation zwischen einer Unternehmensleitung und ihren Mitarbeitern oder zwischen Verbandsfunktionären und den Mitgliedern gewinnt durch eine Sprachregelung an Qualität, denn anhand ihrer Einführung erklärt ein Unternehmer seinen Mitarbeitern oder ein Verbandsgeschäftsführer seinen Mitgliedern die strategische Unternehmens- bzw. Verbandspolitik, weiht sie sozusagen ein und stiftet bei ihnen sowohl Identifikation als auch das Gefühl, Teil einer größeren Einheit zu sein. Jeder einzelne Mitarbeiter und jedes einzelne Mitglied wirkt an der Bildung eines positiven Images des Gesamtkomplexes mit, wenn es gelingt, ihn oder es zur Übernahme der eingeführten Unternehmens- oder Verbandsterminologie zu bewegen und dazu zu motivieren, für die Körperschaft als Pars pro toto, sozusagen als imagebildender personaler Werbeträger aufzutreten. Erfolg oder Mißerfolg der internen Kommunikation können im Hinblick auf das Image des Unternehmens (Verbandes) bei Mitarbeitern oder Mitgliedern als Prüfstein für das Gelingen oder Mißlingen der Kommunikation mit externen Ansprechpartnern im Hinblick auf das Image, das Unternehmen (Verbände) bei diesen genießen werden, aufgefaßt werden.

Sprachregelungen leisten Hilfe bei der reflektierten und konsequenten Darstellung inhaltlicher Positionen. Und eines läßt sich von ihnen mit Sicherheit sagen: Sie betreffen immer sensible Bereiche. Welche Wörter und Formulierungen in öffentliche Kommunikationssituationen transportiert werden sollen, wird in unternehmens- und verbandsinternen Kommunikationsprozessen von den Strategen - auf der Basis einer sorgfältigen Situationsanalyse - ausgehandelt, indem sie die verschiedenen zur Verfügung stehenden Ausdrücke jeweils auf ihren semantischen Gehalt abklopfen und reflektieren, inwieweit diese geeignet sind, das angestrebte Image aufzubauen und zu tragen. Gelegentlich werden die als relevant herausgefilterten Termini schriftlich fixiert und in der Form eines Vokabelhefts z. B. den Außendienstmitarbeitern an die Hand gegeben, die dies als Leitfaden für ihren Kontakt mit den Kunden verwenden können.

Das Ausmaß der Sprachregelungen unterscheidet sich je nachdem, ob sie in einem Verband oder in einem Unternehmen getroffen werden. In einen Verband werden viele verschiedene Interessen seitens der Mitglieder hineingetragen, die erfahrungsgemäß nur einen kleinen gemeinsamen Nenner haben. Um der Einbeziehung einer breiten Basis und der Vereinheitlichung aller Wünsche willen muß die Verbandskommunikation oftmals sehr allgemein gehalten werden, was der Detailliertheit und Intensität im Verhältnis von Ausgesagtem und Auszusagendem abträglich ist. Ein einzelnes Unternehmen hingegen ist handlungsfähiger und in seinen kommunikativen Botschaften oftmals klarer und präziser, weil es sich nicht ständig der Devise 'allen wohl und keinem wehe' unterwerfen muß.

3. Primäre Funktionen von Sprachregelungen: Konsistenz und Kontinuität

Mittels der Sprachregelungen werden also Mißverständnisse, Ungereimtheiten und Widersprüche weitgehend vermieden, Bewertungsdiskrepanzen aufgelöst oder verdeutlicht, potentielle Konfrontationen ausgeschlossen oder im bewußten Umgang mit der Sprache absichtlich eingegangen und - dies ist ihre wichtigste Funktion - die inhaltliche Konsistenz und Kontinuität der Unternehmens- oder Verbandsbotschaften im Ensemble der öffentlichkeitswirksamen Verlautbarungen gewährleistet. Auf den Punkt gebracht heißt dies:

> Der Darsteller darf nicht mit verschiedenen Zungen reden, wenn er glaubwürdig sein will. Ausrutscher, Versprecher, Mißklang und jeder Anschein der Widersprüchlichkeit müssen vermieden werden. So wird die Darstellung zwangsläufig glatter und harmonischer als die Wirklichkeit, auf die sie verweist. (Mönch 1992: 45)

Wenngleich einerseits die Notwendigkeit, aus der Masse der konkurrierenden Unternehmen oder Interessenvereinigungen mit einem eindeutigen, unverwechselbaren und selbstverständlich positiven Profil hervorzutreten, regelmäßig zur einseitigen Hervorhebung des an einem Unternehmen oder einer Branche Positiven verleitet (vgl. Mönch 1992: 40), weil die Erfahrung zeigt, daß Ehrlichkeit eben nicht am längsten währt, sondern eher noch bestraft wird, so ist jedoch andererseits übermäßige Schönfärberei schädlich, die überzogen positive Darstellung manchmal sogar kontraproduktiv, weil sie ein beharrliches Mißtrauen evoziert, das kaum wieder zu beseitigen ist. 'Speak positive' ist demnach die Devise für die öffentliche Kommunikation. Mit einer soliden Sprachregelung, die sich in einer sehr differenzierten, manchmal allerdings an Haarspalterei grenzenden Ausdrucksweise niederschlägt, bemüht sich ein Unternehmen (eine Branche), die Präsentation der spezifischen Interessen und diesbezüglich relevanten Themen von assoziativ verfänglichen Wörtern freizuhalten und statt dessen unverfängliche, aber zugleich präzise Worte von Dauer zu wählen. Geeignete Ausdrücke müssen für spezifische Sinnzusammenhänge definiert werden und diesen vorbehalten bleiben, andere müssen dezidiert ausgegrenzt werden.

4. Beispiel für eine reflektierte Ausnutzung des Wortmaterials aus der Verpackungsdiskussion

Das ausgewählte Beispiel - die anscheinend unendliche Geschichte des 'Grünen Punkts' - verdeutlicht, daß mit der Wahl bestimmter Termini und Zeichen einerseits semantische Abgrenzungen vorgenommen, aber andererseits auch zu bestimmten Zwecken semantische Vagheiten erzeugt werden können. Der 'Grüne Punkt' kann darüber hinaus als aktuelles und weithin bekanntes Beispiel für die Irritationen - oder sogar die Irreführung? - einer breiten Öffentlichkeit, nämlich der Verbraucher, angeführt werden:

Wer nämlich glaubt, große und starke Worte mit kleinen, schwachen Handlungen abstützen oder ganz auf diese verzichten zu können, entwertet nicht nur die Sprache, sondern auch die Kommunikation und hat sich dabei schon manches Mal verkalkuliert. Diese Rechnung ist, wie ich im folgenden kurz skizzieren werde, auch der Duale System Deutschland GmbH - kurz: DSD - mit ihrem 'Grünen Punkt' nicht aufgegangen, der als Zeichen zugleich sprachlicher und (als Verpackungsaufdruck) ikonischer Art eine Verwertungsgarantie der Hersteller symbolisieren soll, von Verbraucherschützern und Verbrauchern allerdings als Etikettenschwindel aufgefaßt wird.

Als sich die DSD gründete - ihre Erfindung ist eine Reaktion der Verpackungshersteller auf die vom Bundesumweltministerium erlassene Verpackungsverordnung (VerpackVO), die nach dem Verursacherprinzip eine grundsätzliche Rücknahmeverpflichtung von Herstellern und Handel für Verpackungsmaterialien festschreibt und genaue Erfassungs- und Verwertungsquoten vorschreibt -, führte sie den 'Grünen Punkt' als Erkennungszeichen ein. Das Erkennungszeichen bedeutete zunächst nur, daß die Produkte, die der 'Grüne Punkt' ziert - seinerseits schillernd allerdings auch als roter, weißer oder blauer Punkt aufgedruckt -, in das zukünftig flächendeckende Sammelsystem der DSD integriert sind und daß die Hersteller dieser Produkte das Sammelsystem mitfinanzieren. Wohlweislich wurde dabei schon verschwiegen, daß sich die Hersteller ihren finanziellen Beitrag durch Produktmengenreduzierung oder Preisaufschläge wieder zurückholen und diese zum Teil so großzügig gestalten, daß sie daran noch verdienen.

Seit der Einführung des 'Grünen Punkts' prangern Verbraucherschützer (z. B. die Verbraucher-Initiative und die Arbeitsgemeinschaft der Verbraucherverbände) und die gesamte ökologische Bewegung, allen voran der B.U.N.D. sowie die Bürgeraktion "Das bessere Müllkonzept", im Verbund mit der Partei der Grünen an, daß der 'Grüne Punkt' den Verbrauchern gegenüber nicht in dieser Funktion eines bloßen Erkennungszeichens vorgestellt, sondern diesen als Gütesiegel, als "Symbol" (Peirce 1931/1965: CP 1.558 und CP 2.247 - 2.249) für wiederverwertbare Verpackungen präsentiert und so zum zeichenhaften Inbegriff der Umweltverträglichkeit umgemünzt wurde. Mit diesem Schachzug erreichte die DSD, daß viele Verbraucher Wiederverwertbarkeit und Umweltfreundlichkeit als Synonyme auffassen. In den Augen der Kritiker ist der 'Grüne Punkt' kein neutrales Zeichen, sondern ein Zeichen mit einem positiven Gefühlswert ("unmittelbarer Interpretant": Hardwick

1977: 110, 196) der ihm zu Unrecht beigelegt wurde, und sie unterstellen, daß für den ins Gerede gekommenen Punkt nicht zufällig die Farbe Grün gewählt wurde, sondern mit dieser Farbe absichtlich beim Verbraucher sowie bei den mit Pressekonferenzen umworbenen Multiplikatoren eine Assoziation zur grünen, unbefleckten Natur geweckt werden sollte, die einen Imagetransfer von der Natur zu den mit dem 'Grünen Punkt' gekennzeichneten Verpackungen ermöglicht. Verstärkt wird der Effekt durch die bildhafte Darstellung eines ewigen Kreislaufs, den "zwei gebogene Pfeile, der eine hellgrün, der andere dunkelgrün, rechtsherum verschlungen" (R. Kirbach, in: DIE ZEIT vom 3. April 1992), symbolisieren. Auch dabei steht die Natur Pate: das Ineinandergreifen in ihr von Entstehendem und Vergehendem, aus dem wieder Entstehendes hervorgeht. In Hinsicht auf seine Bildhaftigkeit ist der 'Grüne Punkt' ein 'ikonisches Zeichen' (vgl. Peirce 1931/1965: CP 1.558, CP 2.247 - 2.249). Durch den Imagetransfer auf der Basis einer Ähnlichkeitsrelation stehen die Verpackungen fortan im Licht der Reinheit, Natürlichkeit und Umweltverträglichkeit. Weil es aber gerade nicht die unbedenklichen Materialien sind, die den 'Grünen Punkt' tragen dürfen, fühlen sich die Verbraucherschützer von der Industrie wieder einmal aufgesetzt und wollen kein Mißverständnis konzedieren. Es sind Einwegverpackungen wie z. B. Getränkedosen, Wegwerfprodukte also, Zeugnisse der in Industriegesellschaften voll entwickelten Ex-und-Hopp-Mentalität, die den 'Grünen Punkt' scheinbar wahllos erhalten. Die Verbraucher-Initiative bezeichnete deshalb den 'Grünen Punkt' als 'Mogelpackung', als arglistige Täuschung des Verbrauchers, der mit dem Wissen um die garantierte Wiederverwertung beruhigt und zu Lasten der Mehrwegverpackungen zum sorglosen Konsum verleitet wird. Des weiteren wird der Verbraucher aus der Sicht der Verbraucher-Initiative regelrecht dazu aufgefordert, die Produkte mit 'Grünen-Punkt'-Verpackungen zu bevorzugen, und zwar mit dem Werbeslogan *Recycling lebt vom Mitmachen*. Im Getränkebereich hat dies bereits zur fatalen Fehlentwicklung einer neuen Dosenlawine geführt.

Dem Bundesumweltministerium werfen die Ökologen im Kontext des 'Grünen Punkts' vor, es mit der Verantwortung der Hersteller für den entstehenden Verpackungsmüll nicht ernst zu meinen, weil die VerpackVO statt der Abfallvermeidung und der Wiederverwendung die Wiederverwertung von sogenannten 'Wertstoffen' begünstigt. Der aufmerksame Beobachter der unendlichen Geschichte des 'Grünen Punkts' hat sicher schon die unsichtbaren Hände der Sprachregelung entlarvt, die über das Medium des 'Grünen Punkts' mit dem Wort *Wertstoff* den zu ignorierenden *Abfall* austauschen. Wertstoffe - es fragt sich nur, für wen oder wessen Portemonnaie sie von Wert sind. Die Antwort läßt nicht lange auf sich warten. Mit dem Schutzpatron Bundesumweltministerium über dem Haupt schwebend kann die Verpackungsindustrie ungehemmt weiterwachsen, solange sie die Wiederverwertung garantiert. Schließlich wird mit keinem Wort erwähnt, daß Verpackungsabfall unbedingt zu neuen Verpackungen wiederverwertet werden muß, so daß immer weiter neue Verpackungen aus Rohstoffen produziert werden können. Und auch die DSD muß als privatwirtschaftlich strukturiertes Unternehmen am Verpackungsabfall interessiert sein, denn je mehr Abfall sie umschlägt, desto höher steigen ihre Verdienstmöglichkeiten. Ein Wachstum übrigens, für das die wieder zu Jägern und Sammlern gewordenen Verbraucher die Zeche zahlen. Alle Beteuerungen der DSD, daß Vermeidung und Verminderung von Verpackungsabfällen erstes Gebot sei, verpuffen vor dem Hintergrund marktwirtschaftlicher Gesetze.

So ist es kaum verwunderlich, daß der derzeitige Sprecher des B.U.N.D., H. Friedrich (in: Gewerbe-Report 9/92: 11), den Austausch des 'Grünen Punkts' "durch ein neutrales Symbol" fordert und auch die Verbraucher-Initiative ihm die "rote Karte" (vgl. Hanna Gieskes, in: Die Welt vom 8. 2. 1992) erteilt.

Angesichts derartiger Auswüchse an Perfidie, wie sie die Verbrauchertäuschung durch den 'Grünen Punkt' auf ausländischen Mülldeponien demonstrieren, ist eine besondere Sensibilität bei Medien und Verbrauchern für solche Sprachregelungen, die den Zweck der Verharmlosung oder sogar Täuschung durch Begriffsverwirrung verfolgen, unverzichtbar. Allzu oft jonglieren z. B. Verpackungshersteller mit Ausdrücken wie *recyclingfähig, wiederverwertbar* oder *recyclebar,* um definitorische Festlegungen und Abgrenzungen zu vermeiden und die begriffliche Schwebe so lange wie möglich aufrechtzuerhalten. Die Überlegung der exakten Wortwahl kann somit darin gipfeln, so vage wie möglich zu formulieren, dabei aber so überzeugend wie möglich ökologische Verantwortung zu demonstrieren. Gerade im gesellschaftlichen Problemfeld der Müllbeseitigung läßt sich die Reihe der Beispiele fortsetzen: so verbirgt sich hinter der Bezeichnung *thermische Abfallbehandlung*, die die Bundesregierung verwendet, die ökologisch umstrittene Müllverbrennung und hinter der Bezeichnung *Sekundärrohstoffe,* die die Novelle des Abfallgesetzes vom 17. Juli 1992 lanciert, schlicht und ergreifend Abfall, der allerdings zu neuen Produkten wiederaufbereitet wird.

Weitaus häufiger aber sind Sprachregelungen seriöse Mittel, um Standpunkte und Sachzusammenhänge klar zu formulieren. Sie erstrecken sich aber gewöhnlich nicht darauf, auch die Rechtfertigung der Standpunkte mitzuliefern.

Literatur

Bühler, K. (1927/1978): Die Krise der Psychologie. - Frankfurt a.M./Berlin/Wien: Ullstein.

Erdmann, K. O. (1900/1925): Die Bedeutung des Wortes. Aufsätze aus dem Grenzgebiet der Sprachpsychologie und Logik. 4. Aufl. - Leipzig: Haessel.

Hardwick, Ch. S. (ed.) (1977): Semiotic and significs. The correspondence between Charles S. Peirce and Victoria Lady Welby. Ed. with the assistance of James Cook. - Bloomington/London: Indiana University Press.

Heise, W. (1992): "Krisen-PR". - In: MIT Mittelstandsmagazin 4, 34-35.

Hülzer-Vogt, H. (im Druck): "Wenn die Fetzen fliegen. Einige Überlegungen zu Streitaspekten in Gesprächen". - Vortrag, gehalten auf der 4. Arbeitstagung Dialoganalyse, Basel 1992.

Mönch, R. (1992): "Kommunikationsprobleme in der modernen Kommunikationsgesellschaft". - In: pr-magazin 3, 39-48.

Peirce, Ch. S. (1931/65): Collected papers of Charles Sanders Peirce. I: Principles of philosophy. II: Elements of logic. Ed. by Charles Hartshorne and Paul Weiss. - Cambridge, Mass.: The Belknap Press of Harvard University Press.

Ungeheuer, G. (1974a/1987): "Kommunikationssemantik: Skizze eines Problemfeldes." - In: Zeitschrift für germanistische Linguistik 2:1,1-24. - Wieder in: Ungeheuer (1987a) 110-128.

- (1974b/1987): "Öffentliche Kommunikation und privater Konsens". - In: Ungeheuer (1987a) 110-128.

- (1987a): Kommunikationstheoretische Schriften. I: Sprechen, Mitteilen, Verstehen. Hrsg. u. eingel. v. J. G. Juchem. Mit einem Nachwort von H.-G. Soeffner u. Th. Luckmann. Aachener Studien zur Semiotik und Kommunikationsforschung ASSK 14. - Aachen: Rader.

- (1987b): "Vorurteile über Sprechen, Mitteilen, Verstehen." - In: Ungeheuer (1987a) 290-338.

AKQUISEGESPRÄCHE

Kirsten Plog

1. Überblick und thematischer Hintergrund

Die Untersuchung beschäftigt sich mit einer speziellen Form von Unternehmenskommunikation, und zwar mit dem Telefonmarketing, mit Akquisegesprächen. Dieser Kommunikationsbereich bekommt eine immer höhere Bedeutung in der Wirtschaft. Gründe dafür sind die Zunahme der per Telefon verkäuflichen Leistungen, die mit dem Anwachsen des Dienstleistungssektors einhergeht. Eine immer stärker werdende Wettbewerbssituation zwingt zum Ausbau des Marketingbereichs, damit das jeweilige Unternehmen sich überhaupt am Markt behaupten kann. Der Kunde kommt selten von selbst, sondern muß durch Akquise erst gewonnen werden. Die Vorgehensweise, einen Neukunden durch Telefonakquise zu bekommen, soll ein Aspekt dieser Untersuchung sein. Dabei wird auch ein allgemeines Gesprächsablaufmuster vorgestellt. Ein weiterer Punkt ist dann die Auflistung von verschiedenen Gesprächsversionen, an der abzulesen ist, wie komplex und unüberschaubar die Kommunikationssituation für die Akquisiteure überhaupt ist und welche Barrieren es gibt, die effizienten Gesprächen im Weg sind.

Aus dieser Problemsituation ergeben sich unterschiedlichste Lösungsmöglichkeiten, die nur in ihren Ansätzen erfaßt werden: Daran hapern dann auch die Schulungen, in welchen diese Kommunikationsform trainiert wird. Man kann zwar begrenzt auf Literaturhilfen zurückgreifen - allerdings nur insofern, als sich der Gesprächstrainer sehr mühsam im Dickicht der angebotenen und zum Großteil recht populärwissenschaftlichen Literatur orientieren muß. Zudem ist der zu schulende Sachverhalt so komplex (vgl. Leicher 1990, Schwalbe 1987, Lötscher 1989), daß die Gefahr einer Überinformation der Trainierten, also der angehenden Telefonverkäufer, sehr groß ist, falls zu jedem Problemfeld Lösungsmuster und Informationen geliefert werden. Die Lernenden sehen dann sozusagen den Wald vor Bäumen nicht mehr.

Gesprächstrainer in der Wirtschaft brauchen demzufolge ein Instrumentarium zur effizienten Schulung von Telefonmarketing oder Akquise, das es bis jetzt in geeigneter Form noch nicht gibt; hier ist also die Hoffnung verankert, daß die Forschung dort helfen kann. Eine intensivere Zusammenarbeit zwischen Forschung und Praxis sollte angestrebt werden.

Die Ausarbeitungen beziehen sich schwerpunktmäßig auf eine Tätigkeit der Verfasserin als Gesprächstrainerin in einem Dienstleistungsunternehmen der Personalbranche, welches mit einer expansiven Marktstrategie ein starkes Interesse an Training und Einsatz effizienter Kommunikation hat. Dieses Unternehmen ist damit in seiner Zielsetzung jedoch nicht herausragend oder spezialisiert, sondern repräsentiert eine immer deutlicher werdende Ausrichtung auf den aktiven Verkauf, der in Unternehmen unterschiedlichster Branchen neuerdings verstärkt propagiert wird.

Auch Unternehmensberatungen haben sich bereits auf diese Situation eingestellt. Mit Schulungen und wiederum entsprechend geschulten Trainern versuchen sie diese Bedarfslage in ihre Programme einzubeziehen. In firmenexternen Bereichen bekommt das Thema Verkauf und Marketing einen höheren Stellenwert, die Zahl der Seminare in den öffentlichen und privaten Weiterbildungseinrichtungen steigt. Es gibt Seminare wie 'Verkaufstraining für Profis', die die Auftragsabschlußquote erhöhen wollen und versprechen, nach dem Seminar Kundeneinwänden völlig anders und streßfrei begegnen zu können (Angestelltenkammer Bremen, Programm Frühjahr 1992). Durch Training sollen Überzeugungsgespräche dann zielorientiert geführt werden, Fragetechniken und Argumentationen überzeugend eingesetzt werden (Programm Volkshochschule Münster, Frühjahr/Sommer 1992). Kommunikationstraining für das Telefonmarketing bietet auch BIMS (Programm des Bildungsinstitutes Münster, zweites Halbjahr 1992) an. Intensives Gesprächstraining soll das Medium Telefon für Neukundenakquisition und Verkaufsunterstützung dienstbar machen. Mitarbeiter der mittleren und oberen Führungsebene sind die Zielgruppe dieser Seminare. Der Angebotskatalog ließe sich hier ohne weiteres fortsetzen.

Per Telefon soll eine Dienstleistung, ein Produkt oder ein Konzept angeboten werden. Krankenversicherungen, Versicherungsunternehmen, die vielfältige Versicherungsprogramme anbieten, Buchverlage, Personalleasingunternehmen, sämtliche Unternehmen, die neue Abnehmer für ihre Produkte benötigen, mittlerweile sogar Werbeagenturen, die bisher noch aus 'Seriositätsgründen' skeptisch blieben, intensivieren ihr Akquisitionspotential.

Dafür werden zusätzliche Arbeitsplätze geschaffen und Telefonverkäufer mit unterschiedlichster Vorbildung eingesetzt, die in ihrer Arbeitszeit diesen Verkauf betreiben sollen. Dieser Personenkreis verfügt bei der Einstellung oft über wenig Hintergrundkenntnisse zum Sachgebiet und besucht deshalb unternehmensinterne oder -externe Seminare, in denen hauptsächlich Gesprächsschulungen durchgeführt und Akquisegespräche simuliert sowie nachher analysiert werden. Nach diesem oder einem ähnlichen Muster verlaufen die obengenannten Angebote der externen Schulungen ebenso wie die firmeninternen - insgesamt also ein Tätigkeitsfeld für Gesprächstrainer, die erstaunlicherweise immer noch verstärkt aus den Bereichen Wirtschaft und Psychologie kommen (erst in den letzten Jahren fühlen sich auch einmal Linguisten zuständig bzw. werden akzeptiert). Ein Fieldtraining vor Ort und Computerprogramme mit integrierten Verhaltensanweisungen für die Akquise können das firmeninterne Training abrunden.

Das Tätigkeitsfeld der Verfasserin soll nachfolgend exemplarisch dargestellt werden. Die Sachverhalte lassen sich jedoch, wie eingangs deutlich gemacht, auf den Großteil aller verkaufsorientierten Unternehmen übertragen.

Telefonmarketing in einem Dienstleistungsunternehmen der Personalbranche: Aufgabe der

Akquisiteure ist es, Entscheidungsträger wie Geschäftsführer und Abteilungsleiter unterschiedlichster Branchen per Telefon anzusprechen und von der Qualität der Dienstleistung des Unternehmens zu überzeugen. Dieser Verkauf oder Verkaufsversuch ist verkäuferinitiiert (Einkaufsgespräche werden an dieser Stelle nicht untersucht). Auch geht es nicht um die bloße Übertragung von Eigentumsrecht (in diesem Fall ist es die Dienstleistung - also eine eher abstrakte Einheit, die es zu übertragen gilt).

Gnann (1958) würde diese Dialoge nicht unter Aushändigungsverkäufe subsumieren, sondern unter Aufklärungsverkäufe:

> Beim "Aufklärungsverkauf" besteht auf seiten des Kunden zunächst überhaupt keine Nachfrage, da er keinerlei Bedürfnis nach, vielleicht sogar keine Kenntnis von der Ware hat. Der Verkäufer muß also zunächst einen Bedarf wecken, um dann dem Kunden die Bedeutung seines Guts für die Deckung dieses neuen Bedarfs erläutern zu können. (Marten 1985: 22)

Wie sieht nun eine solche Verkaufssituation konkret aus? Noch einmal Gnann (1958: 21): "Der Aufwand an persönlicher Verkaufskunst steigt in gleichem Maße, wie die Erklärungsbedürftigkeit der Ware für den jeweiligen Kunden zunimmt."

In diesem Sachgebiet werden folglich sehr hohe Anforderungen an die Kunst des Verkaufens gestellt. Es geht zum einen um die Darstellung einer abstrakten Dienstleistung - dieser Sachverhalt muß dem Kunden erst einmal ausführlich erklärt werden - zum anderen sitzt der Akquisiteur dem Gesprächspartner nicht gegenüber, sondern dieser ist fremd und nur eine Stimme am Telefon. Weder der Charakter noch die Stimmung des Kunden ist vorher bekannt und läßt alle Reaktionsmöglichkeiten bereits beim Gesprächseinstieg offen.

Ein weiterer Problemaspekt ist sicherlich die Tatsache, daß das Ansprechen eines Adressaten, um am Telefon etwas zu verkaufen, häufig sozial nicht akzeptiert ist, die Situation somit von vornherein einen negativen Anstrich bekommt.

Dies ist die Ausgangsbasis für ein Telefonat bzw. für bis zu 50 Telefonate pro Tag, die das Firmenkonzept von den Akquisiteuren fordert.

Welches Gesprächsmuster wird den so Geforderten nun angeboten, um mit der oben beschriebenen Akquisesituation fertig zu werden oder - besser noch - daraus mit einem positiven Ergebnis hervorzugehen; und zwar so, daß der Zweck des Gespräches, nämlich der Erhalt eines Auftrages, strategisch gesehen möglichst gut bzw. überhaupt erreicht wird?

2. Wege der Konzeptrealisierung

Das im Anhang aufgeführte Akquisekonzept wird vom Unternehmen angeboten und dient als Grundlage für jedes Akquisegespräch. In den Seminaren wird nach diesem Muster geschult. Die einzelnen Gesprächszüge in den simulierten und nachher auch in den nicht gestellten Gesprächen sollen dann am Muster nachvollzogen und überprüft werden.

Es gibt hier bestimmte Eröffnungszüge, in denen der Kontakt zum Kunden hergestellt, Interesse geweckt und der Sachverhalt demonstriert wird. Bestimmte Reaktionszüge - verbunden mit Argumentationen - und danach der Abschluß des Gespräches folgen. Ergänzt oder ausgeweitet werden kann die Interaktion durch Fragetechniken, die das Gespräch lenken sollen oder dem Informationsaustausch dienen.

Um typische Akquisegespräche mit Beispielzügen aufzuzeigen, müssen die Gesprächszüge im einzelnen analysiert werden. Diese Erläuterungen verweisen zum einen auf Subziele und zum anderen auf die Funktion der einzelnen Züge im Gesprächskontext:

- Vorstellung: Falls ein Kunde längere Zeit nicht oder noch nie vom Unternehmen des Akquisiteurs angerufen wurde, muß dieser Unternehmensvorzüge nennen, um sich von den anderen Anbietern bereits im Vorfeld des Gespräches abzuheben. Hier geht es mit anderen Worten um die Einmaligkeit bzw. die besonderen Vorzüge der angebotenen Leistung.
- Thema: Es soll ein Thema gewählt werden, welches für den Kunden interessant sein könnte (z. B. Saisonbetrieb, starke Wettbewerbssituation in der Branche, Verschlechterung der Auftragslage, kostenintensive Investitionen). Für den Kunden wird eine Problemsituation aufgezeigt, in die er immer einmal geraten kann. Es kann auch von einer defizitaufdeckenden Sequenz gesprochen werden (vgl. Kohl 1985).
- Vorteileinführende Argumentation: Hier wird ein Lösungskonzept aufgezeigt, wie der Kunde mit dem Problem, das thematisiert wurde, fertig werden kann. Es handelt sich um ein Problemlösungsspiel, welches auch im Rahmen von Bekehrungsspielen (vgl. Kohl 1985) typisch ist.
- Vorteile: Die vorteileinführende Argumentation wird abgerundet durch die Vorteile, die dem Kunden genannt werden, und die er dann nutzen kann, wenn er den Vorschlag des Telefonverkäufers akzeptiert. Beispiel: *Wenn Sie, Herr Kunde, mit unserer Firma zusammenarbeiten und uns einen Auftrag erteilen, dann haben Sie zufriedene Kunden, können Ihre Marktposition ausbauen und Umsatz und Ertrag steigern, und das muß doch für Sie interessant sein!*
- Einwand: Es existiert ein Katalog von Einwandbehandlungen, die alle Reaktionen des Kunden parieren können, falls dieser sich auf das Gespräch einläßt, jedoch noch nicht soweit interessiert ist, daß er einen Auftrag gibt (linke Version des Musters), sondern Bedenken hat oder Bedenken vorschiebt, die erst einmal entkräftet werden. Durch weitere Informationen müssen Zweifel abgebaut werden. Beispiel: Der Kunde äußert "keinen Bedarf", der Verkäufer reagiert: *Ich habe Verständnis dafür, daß Sie zur Zeit keinen Bedarf haben, aber Sie wissen ja aus der Vergangenheit, daß ein Bedarf immer wieder mal auftreten kann durch [...].* Die Entkräftung von Einwänden stellt die zentrale Phase des Überzeugens dar. Beispiel: Der Kunde hält das Unternehmen für unseriös, der Verkäufer antwortet (auszugsweise): *Wir sind ein seriöser Betrieb, seit [...] Jahren auf dem Markt und haben diverse Bescheinigungen, Nachweise und Referenzen für hervorragende Arbeit etc.*

- Fragen an den Kunden, die den Bedarfsrahmen noch mehr einkreisen und die Bedarfssituation des Kunden zum Beispiel in Hinblick auf konkrete Probleme oder Problemzeiten definieren.
- Gesprächsabschluß, in dem der Anrufer sich für das Gespräch bedankt, noch einmal den Firmennamen nennt und zukünftige Hilfe anbietet, um dem Kunden nachhaltig im Gedächtnis zu bleiben.

Problematik und Varianten einer Negativreaktion des Kunden: Bei der Betrachtung des vorliegenden Gesprächsmusters ist die nächste Überlegung, wie häufig in der Praxis bestimmte Zugabfolgen realisiert werden. Dafür gibt es Richtwerte, die sich aus der Praxis ergeben (keine Statistik).

Und zwar haben wir eine Realisierung der drei linken Graphen, die bei ungefähr 1% liegt! Nur eins von hundert Gesprächen führt zu einem Auftrag. Termine werden in ca. 10% der Fälle vereinbart. Ob es dann später tatsächlich zu einem Auftrag kommt, also das Ziel des Gespräches erreicht wird, ist fraglich. Ca. 90% der Gespräche verlaufen für den Verkäufer negativ. Verschiedene Ursachen können erfolglose Gespräche bewirken:

- Bringt der Kunde mehr als zwei Einwände vor, läßt sich das Gespräch für den Verkäufer kaum noch weiterführen, da der Kunde sonst schnell überstrapaziert ist und nachfolgende Akquisegespräche deswegen vielleicht von vornherein abblockt.
- Der Adressat kann Einwände vorschieben und nicht der Wahrheit entsprechend antworten, so daß keine gemeinsame Gesprächsbasis, die auf das Gesprächsziel des Verkäufers hinarbeiten würde, entstehen könnte.
- Der Kunde blockt das Gespräch mehr oder weniger aggressiv ab (Streitgespräch). Beispiel: *Wollen wir nicht, brauchen wir nicht, haben wir noch nie gebraucht.* Auch hier ist die Position des Akquisiteurs denkbar ungünstig.
- Vortäuschen eines absoluten Einverständnisses ist ein weiteres Mittel, um unliebsame Verkäufer schnell abzublocken. Beispiel: *Sobald eine Problemsituation entsteht, ruf' ich Sie sofort an, Ihre Telefonnummer steht hier ganz groß in meinem Kalender, da brauchen Sie sich gar keine Sorgen zu machen.*

Fazit - nur 10% der Gespräche sind kooperativ oder komplementär, die Akquisiteure haben zu ca. 90% kompetitive Dialogsituationen, und diese sind im Gesprächsablaufmuster äußerst unzureichend repräsentiert. Bei diesen Negativreaktionen werden keine konkreten Verkaufs -Sprachspiele (vgl. Hundsnurscher/Franke 1985) abgearbeitet, sondern Spiele, auf die die Verkäufer relativ schlecht vorbereitet sind.

Diese oben dargestellten Gesprächsversionen sind es aber gerade, die den Akquisiteuren nachhaltig die Motivation nehmen, weitere Gespräche zu führen, und sie zu dem Glauben führen, daß beim Kunden üblicherweise niemals eine Bedarfssituation vorliegt, Akquise also eigentlich überflüssig ist.

Ganz klar ist dies aber ein Trugschluß, denn Bedarf ist prinzipiell bei fast jedem potentiellen Kunden (schätzungsweise bei 90%) vorhanden, und gute Verkäufer - Verkaufstalente - beweisen das, indem sie dann plötzlich Aufträge erzielen, wo andere sich schon jahrelang erfolglos bemüht haben.

Abschließend soll betont werden, daß kein Unternehmen sich darauf verlassen kann, nur Verkaufstalente einstellen zu können, die von sich aus hohe Kommunikationskompetenz und Flexibilität mitbringen. Es muß ein geeignetes Trainingskonzept entwickelt werden, wie diese kommunikative Kompetenz optimal geschult werden kann. Zu fragen bleibt dann: Wie sieht das Training für gute Verkäufer aus, wieviel Kompetenz kann man überhaupt antrainieren und welche Konzepte - Verhaltenstraining, Motivation, Gesprächstraining für kompetitive Dialogsituationen, Konfliktbewältigung etc. - sind dafür notwendig? Gerade für die Akquise per Telefon und hier speziell für die Dienstleistungsthematik sind noch viele Fragen offen, die auch für die Linguistik ein aktuelles Thema darstellen können.

Literatur

Gnann, G. (1958): Die Problematik des persönlichen Verkaufens im besonderen Umgang mit dem Letztverkäufer. - Berlin: Duncker & Humblot.

Hundsnurscher, F. / Franke, W. (eds.) (1985): Das Verkaufs-/Einkaufsgespräch. Eine linguistische Analyse. Stuttgart: Heinz.

Kohl, M. (1985): "Skizze einer dialoggrammatischen Analyse religiöser Bekehrungsgespräche". - In: Kürschner, W. / Vogt, R. (eds.): Sprachtheorie, Pragmatik, Interdisziplinäres. Akten des 19. Linguistischen Kolloquiums, Vechta 1984. II (Tübingen: Niemeyer) 223-232.

Leicher, R. (1990): Noch besser telefonieren. - Heidelberg: Sauer.

Lötscher, A. (1989): "Thematische Organisation in Planungs- und Verkaufsgesprächen". - In: Deutsche Sprache 17, 114-136.

Marten, S. (1985): "Praxisbericht zum 'Persönlichen Verkauf'". - In: Hundsnurscher/Franke (eds.) 10-40.

Schwalbe, H. (1987): Verkaufswirksame Rhetorik. III. - Freiburg i. Br.: Haufe.

Anhang — Akquisitionsschema Neuakquisition

Firma vorstellen
Thema ansprechen
Vorteil nennen
Vorteil absichern

- bei Zustimmung
  - Fragen z. Kundensituation
  - Zusammenfassung
  - Abschlußfrage
  - Auftrag Termin
- bei Ablehnung
  - Einwandbehandlung
    - akzeptiert
      - Fragen zur Kundensit.
      - Zusammenfassung
      - Abschlußfrage
      - Auftrag Termin
    - nicht akzeptiert
      - Fragetechnik/Einwandbehandlung
        - akzeptiert
          - Fragen z. Kundensit.
          - Zusammenf.
          - Abschlußfrage
          - Auftrag Termin
        - nicht akz.
          - Gesprächsende

ANSCHRIFTEN DER VERFASSER UND HERAUSGEBER

Dr. Kirsten Adamzik, Departement de langue et littérature allemandes, Faculté des Lettres, Université de Genève, CH-1211 Genève 4

Prof. Dr. Jörn Albrecht, Institut für Übersetzen und Dolmetschen, Ruprecht-Karls-Universität, Plöck 57A, D-69117 Heidelberg

Zrinka Babić M. A., Department of Croatian, University of Zagreb, Salajeva 3, CRO-41000 Zagreb

Prof. Dr. Jørgen Chr. Bang, Odense University, Campusvej 55, DK-5230 Odense M

Susanne Beckmann, Germanistisches Institut, Westfälische Wilhelms-Universität, Johannisstr. 1-4, D-48143 Münster

Dr. Gabriele Birken-Silverman, Tattersallstr. 2, D-68161 Mannheim

Karin Birkner M. A., FU Berlin, Reichenbergerstr. 73a, D-13055 Berlin

Monika Budde M. A., Fehrbelliner Str. 49, D-10119 Berlin

Dr. Peter Canisius, Germanistisches Institut, Ruhr-Universität Bochum, Universitätsstr. 150, D-44801 Bochum

Prof. Dr. Bram ten Cate, Vakgroep Duitse taal- en letterkunde RUG, Faculteit der Letteren, Postbus 716, NL-9700 AS Groningen

Priv.-Doz. Dr. Anne B. Desbordes, Romanisches Seminar, Westfälische Wilhelms-Universität, Bispinghof 3a, D-48143 Münster

Thomas Diße-Runte, Kaiserin-Augusta-Str. 69, D-12099 Berlin

Prof. Dr. Arne Dittmer, Institut for Germansk Filologi, Københavns Universitet, Njalsgade 80, DK-2300 København

Prof. Dr. Jørgen Døør, Department of Philosophy, Odense University, Campusvej 55, DK-5230 Odense M

Stefan Engelberg, Sprach- und Literaturwissenschaften, Bergische Universität, Gesamthochschule Wuppertal, Postfach 100127, D-42001Wuppertal

Prof. Dr. Jacques François, 1 bis, villa du sentier, F-92270 Bois-Colombes

Gereon Franken, Englisches Seminar, Westfälische Wilhelms-Universität, Johannisstr. 12-20, D-48143 Münster

Dr. Ursula Frei-Borer, Via Maistra 15, CH-7500 St. Moritz

Sabine Frilling, Germanistisches Institut, Johannisstr. 1-4, Westfälische Wilhelms-Universität, D-48143 Münster

John D. Gallagher, Erlenallee 3, D-48155 Münster

Dr. Holger Gemba, Slavisch-Baltisches Seminar, Westfälische Wilhelms-Universität, Bispinghof 3a, D-48143 Münster

Dr. Lisette van Gemert, Vakgroep Toegepaste Taalkunde, University of Twente, Box 217, NL-7500 Enschede AE

Klaus-Dieter Gottschalk, Seminar für Englische Philologie, Universität Tübingen, Wilhelmstr. 50, D-72074 Tübingen

Michaela Greisbach, Seminar für Lernbehindertenpädagogik, Universität Köln, Frangenheimstr. 4, D-50931 Köln

Dr. Reinhold Greisbach, Institut für Phonetik, Universität Köln, Greinstr. 2, D-50939 Köln

Dieter Wolfgang Halwachs M. A., Institut für Sprachwissenschaft, Universität Graz, Mozartgasse 8, A-8010 Graz

Dr. Claudia Happe, Abt. Vechta der Universität Osnabrück, Driverstraße, D-49377 Vechta

Jianming He, Horstmarer Landweg 101, D-48149 Münster

Elke Hentschel, Fachbereich Germanistik, FU Berlin, Habelschwerdter Allee 45, D-14195 Berlin

Dr. Götz Hindelang, Germanistisches Institut, Westfälische Wilhelms-Universität, Johannisstr. 1-4, D-48143 Münster

Dr. Ulrich Hoinkes, Romanisches Seminar, Westfälische Wilhelms-Universität, Bispinghof 3a, D-48143 Münster

Dr. Heike Hülzer-Vogt, Jülicher Str. 8, D-53919 Weilerswist

Dr. Knud A. Jensen, Institut für Linguistik, Universität Aarhus, DK-8000 Aarhus C.

Dr. Menno D. T. de Jong, Faculteit Wijsbegeerte en Maatschappijwetenschappen, University of Twente, NL-7500 AE Enschede

Dr. Jana Klinckova, Lehrstuhl der slowakischen Sprache und Literatur, Pädagogische Fakultät, Komenský-Str. 20, SK-974Ol Banská Bystrica

Peter-Paul König, Germanistisches Institut, Westfälische Wilhelms-Universität, Johannisstr. 1-4, D-48143 Münster

Melita Kovačević M. A., Palmotičeva 64 A, CRO-41000 Zagreb

Catrin van Lengen M. A., Germanistisches Institut, Westfälische Wilhelms-Universität, Johannisstr. 1-4, D-48143 Münster

Dipl. Math. Enno Leopold M. A., FB II: Fach Computerlinguistik, Universität Trier, Postfach 3825, D-54228 Trier

Klaus Lintemeier, Koburger Weg 9a, D-48159 Münster

Cornelia Müller M. A., Fachbereich Germanistik, FU Berlin, Habelschwerdter Allee 45, D-14195 Berlin

Dr. habil. Eberhard Müske, Institut für Germanistik, MLU Halle-Wittenberg, Edvard-Grieg-Weg 6, D-06124 Halle

Dr. Wolfgang Niehüser, Saarstraße 7, D-48145 Münster

Prof. Dr. Daina Nitina, Philologische Fakultät, Universität Lettlands, Visvalza 4a, LR-1011 Riga LV

Volker Novak M. A., Institut für Anglistik, RWTH Aachen, Kármánstr. 17-19, D-52062 Aachen

Dr. Stephan Oberhauser, FB 8.1, Universität des Saarlandes, Florastr. 1, D-66123 Saarbrücken

Dr. Luzian Okon, Via Verbano 34, CH-6648 Minusio

Florian Panitz, Katharinenstr. 6a, D-26121 Oldenburg

Prof. Dr. Wolf Paprotté, Arbeitsbereich Linguistik, Westfälische Wilhelms-Universität, Hüfferstr. 27, D-48149 Münster

Dr. Vladimír Patráš, Pädagogische Fakultät, Komenský-Str. 20, SK-97401 Banská Bystrica

Dr. Oliver Pfefferkorn, Martin Luther Universität Leipzig, Eythraer Str. 60, D-04229 Leipzig

Julia Philippi, Dörpfeldstr. 2a, D-22609 Hamburg

Kirsten Plog M. A., Überwasserstr. 26, D-48143 Münster

Reinhard Rapp, FB Psychologie, Universität Paderborn, Warburger Str. 100, D-33098 Paderborn

Dr. Klaus Robering, TU Berlin, Ernst-Reuter-Platz 7, D-10587 Berlin

Dr. habil. Jolanta Rokoszowa, Lehrstuhl für Allgemeine und Indoeuropäische Sprachwissenschaft, Jagiellonische Universität, Skladowa 12/19, PL-30-010 Kraków

HDoz Dr. Eckard Rolf, Germanistisches Institut, Westfälische Wilhelms-Universität, Johannisstr. 1-4, D-48143 Münster

Dr. Peter Rosenberg, Fachbereich Germanistik, FU Berlin, Habelschwerdter Allee 45, D-14195 Berlin

Dr. Elisabeth Rudolph, Klaus-Groth-Str. 47, D-22926 Ahrensburg

Dr. Udo Sachse, Martin Luther Universität Halle-Wittenberg, Universitätsring 4, D-06108 Halle

HDoz. Dr. Jürgen Erich Schmidt, Deutsches Institut, Universität Mainz, Saarstr. 21, D-55122 Mainz

Agustín F. Seguí, FR 8.6, Universität des Saarlandes, Florastr. 1, D-66123 Saarbrücken

Dr. Klaus Siewert, Germanistisches Institut, Westfälische Wilhelms-Universität, Johannisstr. 1-4, D-48143 Münster

Hans G. Still, Brotteroder Str. 38, D-12249 Berlin

Prof. Dr. Wolfgang Sucharowski, Sprach- und Literaturwissenschaftliche Fakultät, Katholische Universität Eichstätt, Ostenstr. 26-28, D-85072 Eichstätt

Prof. Dr. Marian Szczodrowski, Universität Szczecin, ul. Kaliny 15/21, PL-71-118 Szczecin

Prof. Dr. Gerhard Tschauder, Germanistisches Institut, Ruhr-Universität Bochum, Postfach 1021148, D-44721 Bochum

Dr. habil. Freyr Roland Varwig, Römerstr. 14, D-61352 Bad Homburg

Dr. Grazyna Vetulani, Instytut Filologii Romanskiej, Al. Niepodleglosci 4, PL-61874 Poznań

Dr. habil. Zygmunt Vetulani, Instytut Matematyki, ul. Mateiki 48/49, PL-60769 Poznań

Dr. Rüdiger Vogt, Bahrenfelder Str. 119, D-22765 Hamburg

Birgit Vonhoegen, Knobelsdorffstr. 27, D-14059 Berlin

Andreas Wagner M. A., FB 02 Ev. Theologie, Johannes Gutenberg-Universität, Saarstr. 21, D-55122 Mainz

Dr. Ulrich H. Waßner, Institut für Allgemeine Sprachwissenschaft, Westfälische Wilhelms-Universität, Bergstr. 29a, D-48143 Münster

Dr. Heinrich Weber, Deutsches Seminar, Universität Tübingen, Wilhelmstr. 50, D-72074 Tübingen

Prof. Dr. Edda Weigand, Zentrum für Sprachforschung und Sprachlehre, Westfälische Wilhelms-Universität, Bispinghof 3a, D-48143 Münster

Prof. Dr. Harald Weydt, Fachbereich Germanistik, FU Berlin, Habelschwerdter Allee 45, D-14195 Berlin

Helmut Wiegers, Germanistisches Institut, Johannisstr. 1-4, D-48143 Münster

Dr. Egbert Woudstra, Vakgroep Toegepaste Taalkunde, University of Twente, Box 217, NL-7500 Enschede AE

Prof. Dr. Hengxiang Zhou, Ruhr-Universität Bochum, Universitätsstr. 150, D-44801 Bochum

HDoz. Dr. Werner Zillig, Germanistisches Institut, Westfälische Wilhelms-Universität, Johannisstr. 1-4, D-48143 Münster

Dr. Lew Zybatow, Stallbaumstr. 13, D-04155 Leipzig

Kolibri 360 GmbH
Ferdinand-Jühlke-Straße 7
99095 Erfurt, Deutschland
produktsicherheit@kolibri360.de